AF566500

Heinz-Helmut Schramm

Schalten im Hochspannungsnetz

Der Autor

Prof. Dr.-Ing. Dr. h. c. **Heinz-Helmut Schramm**, Jahrgang 1936, studierte Elektrotechnik an der TU Darmstadt. Er war zunächst im Forschungslabor und seit 1965 bis zu seiner Pensionierung 2001 im Schaltwerk Berlin der Siemens AG tätig, in der Konstruktion, in den Versuchsfeldern und schließlich als Entwicklungsleiter. In diesen Funktionen war er maßgeblich beteiligt an der Entwicklung von SF_6-Hochspannungs-Schaltgeräten und -Schaltanlagen sowie von Mittelspannungs-Vakuumschaltern.

Von 1985 bis 2004 war er Vorsitzender des IEC-Komitees TC17 für Schaltgeräte und Schaltanlagen sowie des Unterkomitees SC17A „Hochspannungs-Schaltgeräte und -Anlagen". Außerdem leitete er in den Jahren 1990 bis 1996 das CIGRÉ-Studienkomitee SC13 „Schaltgeräte".

Professor Schramm ist Honorarprofessor an der TU Berlin, wo er auch weiterhin eine Vorlesung hält. Daneben ist er noch an der Brandenburgischen Technischen Universität und an weiteren Berliner Hochschulen aktiv.

Im Jahr 2000 verlieh ihm die Universität Pilsen die Ehrendoktorwürde. Zudem ist er Ehrenmitglied des VDE und der CIGRÉ sowie Träger der CIGRÉ-Medal, der höchsten internationalen Auszeichnung der CIGRÉ.

Prof. Dr.-Ing. Dr. h. c. Heinz-Helmut Schramm

Schalten im Hochspannungsnetz

VDE VERLAG GMBH

Titelbild: 400-kV-Hochspannungs-Leistungsschalter in Schaltanlage in Tschechien. Siemens-Pressebild, www.siemens.com/presse

Bibliografische Information der Deutschen Nationalbibliothek
Die Deutsche Nationalbibliothek verzeichnet diese Publikation in der Deutschen Nationalbibliografie; detaillierte bibliografische Daten sind im Internet über http://dnb.dnb.de abrufbar.

ISBN 978-3-8007-3401-6

Druck: Beltz Bad Langensalza GmbH, Bad Langensalza
Printed in Germany 2014-12

Inhalt

1 Einleitung

In Übertragungs- und Verteilungsnetzen haben Schalter die Aufgaben des betriebsmäßigen Ein-, Aus- und Umschaltens, um das Netz den jeweiligen Anforderungen anzupassen, sowie die Funktion als Sicherheitselemente, um Menschen, Netz und Einrichtungen vor Fehlern bzw. im Fehlerfall vor den Auswirkungen des Fehlers zu schützen. Jede Schalthandlung bedeutet eine Änderung des Netzzustands und hat daher einen transienten Vorgang in der Spannung und/oder im Strom zur Folge. Da die Sicherheit des Netzbetriebs ein einwandfreies und zuverlässiges Funktionieren der Schaltgeräte voraussetzt, vor allem der Leistungsschalter, ist die Kenntnis dieser transienten Vorgänge eine wesentliche Voraussetzung für die Entwicklung, die Prüfung und den Einsatz geeigneter Schalter. Der Verlauf der transienten Vorgänge und damit die Beanspruchung der Netzkomponenten, ihrer Isolierung und des jeweiligen Schaltgeräts beim einzelnen Schaltvorgang sind abhängig vom Schaltfall, vom Aufbau und Betriebszustand des Netzes und der Last, gegebenenfalls von der Art des Fehlers und dem Fehlerort sowie von der Position des Schalters im Netz.

Dementsprechend richtet sich dieses Buch an Ingenieure in Energieversorgungsunternehmen, an Netzplaner, an Ingenieure in Prüfinstituten sowie an Entwicklungs-Ingenieure bei Herstellern von Schaltgeräten und Schaltanlagen.

Die Betrachtungen in diesem Buch beschränken sich auf Schaltvorgänge in Hochspannungsnetzen, d. h. bei Wechsel- bzw. Drehstrom-Bemessungsspannungen oberhalb 1 kV. Für den Spannungsbereich > 1 kV bis etwa 40 kV ist der Begriff „Mittelspannung" gebräuchlich geworden und wird auch in diesem Buch benutzt.

Hochspannungs-Schaltgeräte sind beim derzeitigen Stand der Technik nur in einem natürlichen oder erzwungenen Strom-Nulldurchgang in der Lage, den Strom zu unterbrechen. Es wird aus diesem Grunde nur das Verhalten von Hochspannungs-Wechsel- bzw. -Drehstromschaltern dargestellt.

Die Technik der Hochspannungs-Schaltgeräte, vor allem der Leistungsschalter, wird sich voraussichtlich noch über längere Zeit lebhaft weiterentwickeln. Von einer Darstellung konstruktiver Details wurde daher abgesehen, denn sie hätte nach einer relativ kurzen Periode nur noch historischen Wert. Eine nähere Begründung findet sich im Abschnitt 2.1.

Im Prinzip unterscheidet man Hochspannungs-Schaltgeräte nach ihren Aufgaben in Leistungsschalter, Lastschalter sowie Trenn- und Erdungsschalter.

Leistungsschalter sollen alle Schaltaufgaben im Rahmen ihrer Bemessungswerte beherrschen. Lastschalter werden zum Abschalten von Betriebsströmen mit einem Leistungsfaktor $\cos\varphi$ ab 0,7 sowie von kleinen induktiven und kapazitiven Strömen eingesetzt. Weiterhin sollen sie in der Lage sein, auf einen bestehenden Kurzschluss einzuschalten. Trennschalter haben die Aufgabe, im offenen Zustand eine sichtbare Trennstrecke herzustellen, während Erdungsschalter zum Erden abgeschalteter Netzelemente verwendet werden. Häufig werden Schaltgeräte eingesetzt, die mehrere dieser Funktionen kombinieren.

Die in diesem Band diskutierten Schaltvorgänge sind daher im Wesentlichen Hochspannungs-Leistungsschaltern zuzuordnen, in begrenztem Umfang auch Lastschaltern. Darüber hinaus werden in eigenen Kapiteln auch Schaltaufgaben betrachtet, die spezifisch sind für Trenn- und für Erdungsschalter sowie für Hochspannungs-Sicherungen und Lastschalter-Sicherungs-Kombinationen. Neben den verschiedenen Fehlerfällen, die im Netz auftreten können und von Leistungsschaltern zu beherrschen sind, wird das Schalten der verschiedenen Betriebsströme behandelt. Die härtesten Betriebsstrom-Schaltfälle sind die, bei denen Strom und Spannung um 90° elektrisch phasenverschoben sind, d. h., wenn der Strom in seinem natürlichen Nulldurchgang unterbrochen wird, steht der Scheitelwert der treibenden Netzspannung über den nun offenen Schaltkontakten an. Wird, wie in diesem Band und allgemein üblich, das Schalten rein induktiver und rein kapazitiver Betriebsströme diskutiert, so sind damit die Beanspruchungen durch Betriebsströme mit einem günstigeren Leistungsfaktor $\cos\varphi \pm 0$ abgedeckt. Der Vollständigkeit halber wird auch ein Überblick gegeben über die Verfahren zur Prüfung des Schaltvermögens von Hochspannungs-Schaltgeräten.

Die Schaltaufgaben der Hochspannungs-Schütze werden nicht behandelt, da Hochspannungs-Schütze in vielen Fällen in ähnlicher Weise wie Niederspannungs-Schütze verwendet werden. Die im Kapitel 20 gemachten Ausführungen gelten jedoch auch für Hochspannungs-Schütze, die zum Schalten von Motoren eingesetzt werden.

Ebenfalls nicht betrachtet werden Generator-Schalter und Generator-Lastschalter.

Seit Ende der 1960er-/Anfang der 1970er-Jahre wird wegen seiner überragenden Eigenschaften weltweit in praktisch allen Hochspannungs-Leistungsschaltern der Bemessungsspannung > 52 kV das künstliche Gas Schwefelhexafluorid (SF_6) als Lichtbogen-Löschmittel und als Isoliergas eingesetzt. Seit der zweiten Hälfte der 1970er-Jahre haben sich im Bereich der Mittelspannung, d. h. bei Bemessungsspannungen bis etwa 40 kV, Vakuum-Leistungsschalter durchgesetzt.

Dementsprechend basieren die aktuellen Veröffentlichungen der CIGRÉ (Conseil International des Grands Réseaux Electriques – International Council on Large Electric Systems) und der IEC (International Electrotechnical Commission), ohne dass dies explizit ausgedrückt wird, auf dem Verhalten dieser Schaltprinzipien und ihrer Wechselwirkung mit dem Netz. Obwohl noch sehr viele Leistungsschalter im Einsatz sind, die mit den früher verwendeten Medien Öl, Druckluft oder Wasser arbeiten, wird in diesem Buch ebenfalls vom Schaltverhalten unter SF_6 oder Vakuum ausgegangen. Es ist jedoch darauf geachtet worden, dass die gemachten Aussagen allgemeingültig bleiben.

Wie in den aktuellen Normen wird die Bezeichnung „Bemessungs-“ anstelle von „Nenn-“ gebraucht. Dies sind die Größen (Spannung, Strom etc.), für die die jeweiligen Geräte dimensioniert sind. Soweit der Begriff „Nenn-“ benutzt wird, sind die so bezeichneten Werte gleich den Bemessungswerten.

Als Nennspannung wird dementsprechend jeweils die Bemessungsspannung U_r angesehen. Die Bemessungsspannung ist die maximale Spannung, mit der in der jeweiligen Spannungsebene ein Netz dauernd betrieben werden darf. Sie ist daher der Bezugswert für die Isolierung aller Netzelemente. Die Geräte müssen auf diese Spannung ausgelegt und mit Bezug auf die Bemessungsspannung geprüft werden. In den Normen sind dementsprechend nur die Bemessungsspannungen genannt. Als Beispiele seien genannt: die Bemessungsspannung für das 110-kV-Netz ist 123 kV, für das 380/400-kV-Netz 420 kV.

Die derzeit gültigen Normen für Hochspannungs-Schaltgeräte DIN EN 62271-... (**VDE 0671-...**) sowie die damit in Verbindung stehenden Normen für spezifische Anwendungen beziehen sich auf Geräte für Bemessungsspannungen U_r bis einschließlich 800 kV. Bei CIGRÉ laufen Untersuchungen [78], welche Daten IEC für die Normung für Bemessungsspannungsebenen 800 kV $< U_r \leq$ 1 200 kV zu empfehlen sind.

Netze für Bemessungsspannungen oberhalb 170 kV sind durchwegs wirksam geerdet, d. h. niederohmig oder sogar starr. Mittelspannungsnetze, aber auch Netze für die Spannungsebenen von 72,5 kV bis 170 kV, werden sowohl ungeerdet oder hochohmig geerdet als auch wirksam geerdet betrieben. In den Beschreibungen der einzelnen Schaltfälle werden daher, soweit erforderlich, die Beanspruchungen für beide Betriebsweisen behandelt.

Der Vollständigkeit halber finden Sie am Ende des Buchs Kapitel, die sich mit der Bemessungs(Dauer)- und Kurzschluss-Strom-Tragfähigkeit sowie mit der Isolationskoordination von Hochspannungs-Schaltgeräten befassen.

Bedingt durch einen starken Anstieg des Verbrauchs an elektrischer Energie sind seit Mitte der 1950er-Jahre die elektrischen Übertragungs- und Verteilungsnetze in Europa und weltweit erheblich ausgebaut worden. Dies ging einher mit Untersuchungen des Verhaltens solcher Netze, um deren zuverlässigen Betrieb sowie die geeignete Dimensionierung und Prüfung der eingesetzten Betriebsmittel sicherzustellen. Diese Untersuchungen betrafen zum größeren Teil Netze der Spannungsebenen ab 362 kV. Ihre Ergebnisse wurden auf Netze ab 100 kV übertragen. Für Mittelspannungsnetze liegen kaum Messungen vor, sondern fast ausschließlich theoretische Untersuchungen. Die seinerzeit gewonnenen Erkenntnisse sind unverändert gültig. Dies schließt natürlich nicht aus, dass die damaligen Ergebnisse ergänzt werden durch neuere Arbeiten, die sich auf inzwischen gewonnene Betriebserfahrungen stützen und den fortgesetzten Ausbau der Netze berücksichtigen.

Es sollte daher den Nutzer dieses Buches nicht überraschen, einen verhältnismäßig hohen Anteil an Literatur aus den 1960er- bis 1980er-Jahren zu finden.

2 Ausschaltvorgang

Der Kurzschluss-Ausschaltstrom eines Leistungsschalters ist definiert als der Effektivwert des symmetrischen Kurzschluss-Wechselstroms zum Zeitpunkt der Kontakttrennung des öffnenden Schalters.

Tritt ein Kurzschluss auf, so klingt der Kurzschlussstrom von seinem Anfangswert I_K'' (subtransienter Anteil) über seinen transienten Wert I_K' (transienter Anteil) ab auf den Dauerkurzschlussstrom I_K. Die Abkling-Zeitkonstante des I_K'' liegt in der Größenordnung von 10 ms.

Geht man davon aus, dass der Netzschutz nach Kurzschlusseintritt etwa eine halbe betriebsfrequente Periode benötigt, bis er das Ausschaltkommando an den Schalter geben kann, und dass zwischen dem Einlaufen des Ausschaltsignals und der Trennung der Leistungsschalter-Kontakte weitere 20 ms vergehen (wie in **Bild 2.1** angenommen), so ist der Kurzschluss-Ausschaltstrom stets kleiner als der Anfangswert des Netz-Kurzschlussstroms.

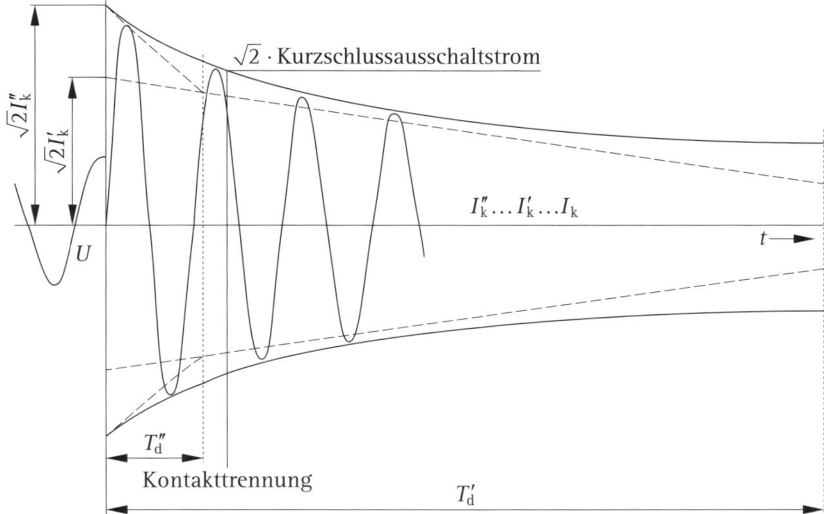

Bild 2.1 Verlauf des symmetrischen Kurzschlussstroms und Definition des Kurzschluss-Ausschaltstroms
(Annahme: Kontakttrennung etwa 30 ms nach Kurzschlusseintritt)

Für das Unterbrechen von Betriebsströmen ist diese Definition nicht relevant, da man davon ausgehen kann, dass Betriebsströme vor ihrem Abschalten einen konstanten Verlauf haben.

2.1 Stromunterbrechung

Werden zwei Kontakte galvanisch getrennt, so entsteht zwischen ihnen ein Lichtbogen. Er besteht aus ionisiertem und damit hochleitfähigem Gas, das als Plasma bezeichnet wird. Die Temperatur im Bereich seiner Achse erreicht eine Größenordnung von 30 000 K. Der Strom fließt nun über den Lichtbogen. Der Stromkreis ist daher trotz der Trennung der Kontakte noch nicht unterbrochen. Erst im Nulldurchgang des Stroms kann der Lichtbogen gelöscht und damit der Stromkreis unterbrochen werden. Voraussetzung für die Stromunterbrechung ist daher ein Stromnulldurchgang. Der Strom bleibt abgeschaltet, wenn die Strecke zwischen den offenen Kontakten nach der Lichtbogen-Löschung in der Lage ist, die dann auftretende Spannung zu halten.

Im Allgemeinen ist das vom Netzschutz dem Schalter übermittelte Ausschaltkommando nicht mit dem Strom- und Spannungsverlauf im Netz synchronisiert. Nach Empfang des Ausschaltkommandos vergehen mehrere Millisekunden, bis es zum galvanischen Trennen der Schaltkontakte kommt. Diese Zeit benötigt der Schalter, um seine Auslöse-Einrichtung zu aktivieren und seinen Antrieb in Bewegung zu setzen. Der Zeitpunkt der Kontakttrennung ist daher, bezogen auf den Strom- und Spannungsverlauf, ein rein zufälliger. Um nach dem Abschalten des Stroms die auftretende Spannung zu beherrschen, müssen die Kontakte einen gewissen Abstand erreicht haben, wenn der Strom bei einem Nulldurchgang unterbrochen wird. Die kürzeste Kontaktentfernung, bei der diese Bedingung erfüllt wird, wird als „minimale Löschdistanz“ oder „Mindestlöschdistanz“, die zugehörige Zeit, während der der Lichtbogen zwischen den Kontakten brennt, als

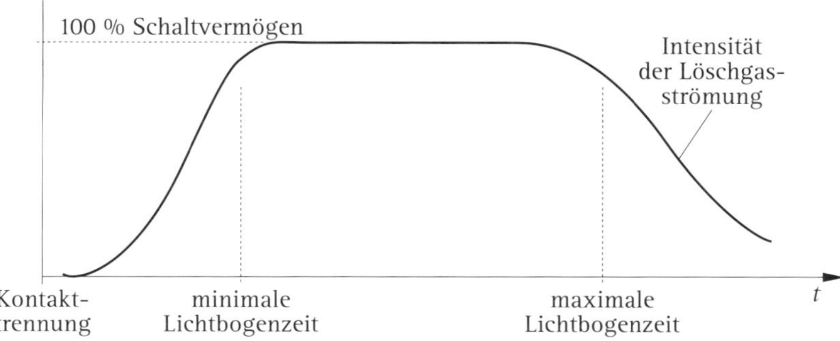

Bild 2.2 Bereich der möglichen Lichtbogenlöschung (bei Kurzschlussstrom)

„Mindest-Lichtbogenzeit“ oder „minimale Lichtbogenheit“ bezeichnet (**Bild 2.2**). Die Lichtbogenlöschung erfolgt dementsprechend im Zeitraum zwischen minimaler und maximaler Lichtbogenzeit („Lichtbogenfenster“).

Kurzschlussströme mit Effektivwerten von einigen zig Kiloampere gehen mit einem Gradienten di/dt von mehreren A/µs gegen null. Ein Beispiel: Der Kurzschlussstrom (Effektivwert) betrage 40 kA. Unmittelbar vor seinem Stromnulldurchgang hat er bei einer Netzfrequenz von 50 Hz ein di/dt von 17,8 A/µs, bei 60 Hz von 21,3 A/µs. Eine Synchronisation der Kontaktbewegung auf den entsprechenden Stromnulldurchgang wäre bei der erforderlichen zeitlichen Genauigkeit im Bereich weniger Mikrosekunden nahezu ausgeschlossen. Der Schaltlichtbogen erweist sich daher als ideales Synchronisations-Element zwischen den vom Netz vorgegebenen Stromnulldurchgängen und dem Abschnitt der Kontaktbewegung, in dem der Schalter zur erfolgreichen Lichtbogenlöschung und somit zur Stromunterbrechung in der Lage ist. Diese Aussage gilt umso mehr, als in vielen Fällen Stromnulldurchgänge nicht mit der Regelmäßigkeit des symmetrischen einphasigen betriebsfrequenten Stroms auftreten. Ein Beispiel hierfür ist ein Kurzschlussstrom mit überlagertem Gleichstromglied. Außerdem steht kein anderes Medium zur Verfügung, mit dem sich im Mikrosekunden-Bereich der Übergang vom nahezu ideal leitenden in einen hochisolierenden Zustand erreichen lässt, wobei die Widerstandsänderung in der Größenordnung $10^{10}\ \Omega$ liegt.

Mit der Annäherung des Stroms an den Nulldurchgang verringert sich der Energieumsatz im Lichtbogen und damit dessen Temperatur und leitfähiger Querschnitt. Dies führt zum Abklingen der integralen elektrischen Leitfähigkeit $g(t)$ des Lichtbogens. Voraussetzung für das Abklingen der elektrischen Leitfähigkeit ist die Rekombination von ionisierten Atomen zu neutralen Atomen und zu Molekülen. Da dieser Vorgang Zeit benötigt und den Abtransport von Wärme voraussetzt, folgt das Abklingen der elektrischen Leitfähigkeit der des Stroms mit einer Zeitverzögerung, die in Hochspannungs-Leistungsschaltern heutiger Bauart in der Größenordnung von einigen Zehntel Mikrosekunden liegt. Schematisch ist dies in **Bild 2.3** dargestellt. Die Zeitverzögerung zwischen dem Rückgang des Stroms und der Lichtbogen-Leitfähigkeit wird als „Lichtbogen-Zeitkonstante“ τ_{Lb} oder thermische Trägheit des Lichtbogens bezeichnet. SF_6-Leistungsschalter haben eine Lichtbogen-Zeitkonstante im Bereich 0,3 µs bis 0,5 µs.

Nach der Stromunterbrechung im Stromnulldurchgang steigt über der nun offenen Kontaktstrecke die vom Netz eingeprägte Spannung $u(t)$ an. Solange noch leitfähiges Plasma in der Kontaktstrecke vorhanden ist, verursacht dieser Spannungsanstieg einen „Nachstrom“. Er bewirkt einen Energieumsatz $u(t)^2 \cdot g(t)$ und damit das Wiederaufheizen des Plasmas. Dieser Energieumsatz ist umso geringer, je kürzer die Lichtbogen-Zeitkonstante und damit die Plasma-Leitfähigkeit in der Anfangsphase des Spannungsanstiegs ist und je langsamer die Spannung ansteigt.

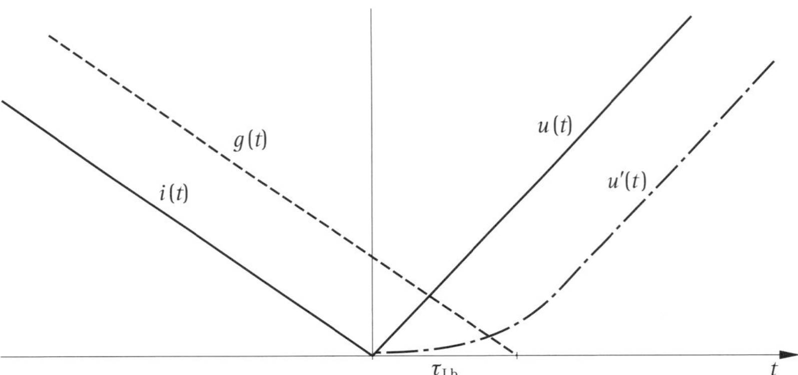

Bild 2.3 Verlauf von Strom $i(t)$, Leitfähigkeit $g(t)$ und Spannung $u(t)$ bei der Lichtbogenlöschung

Ob der Schalter erfolgreich den Strom abschaltet, hängt also davon ab, ob aus der Kontaktstrecke mehr Wärme abgeführt als durch diese Aufheizung erzeugt wird und sich damit die Abkühlung und elektrische Wiederverfestigung des Gases zwischen den Kontakten fortsetzen. Bei erfolgreicher Stromunterbrechung beträgt der Nachstrom nicht viel mehr als 100 mA. Ist der Nachstrom wesentlich höher, so heizt sich die Schaltstrecke erneut auf, das Plasma wird wieder leitfähig, und der vom Netz bestimmte Betriebs- oder Fehlerstrom fließt weiter. Durch eine Verzögerung des Spannungsanstiegs, wie es der Verlauf von $u'(t)$ in Bild 2.2 zeigt, kann daher das Ausschaltvermögen eines Schalters verbessert werden. Ein Beispiel dafür wird im Abschnitt 9.3 geschildert.

Bild 2.4 zeigt das Oszillogramm einer erfolglosen Stromunterbrechung. Der Schalter macht zunächst einen Versuch, den Strom zu unterbrechen. Da aber der Nachstrom zu hoch ist, heizt sich das Plasma wieder auf, und die Spannung bricht zusammen. Dies ist im Allgemeinen die Situation, wenn der Stromnulldurchgang früher als zur minimalen Lichtbogenzeit auftritt. Nach einer weiteren Strom-Halbschwingung kommt es wieder zum Stromnulldurchgang, der dem Schalter erneut Gelegenheit zur Stromunterbrechung gibt. Da nun der Kontaktabstand sich vergrößert hat, die Gasströmung intensiver geworden ist und die Spannungsfestigkeit der Strecke sich verbessert hat, verläuft in der Regel dieser neue Versuch der Stromunterbrechung erfolgreich. Stromnulldurchgänge, die im Zeitbereich zwischen minimaler und maximaler Lichtbogenzeit (Bild 2.2) auftreten, führen stets zu einer erfolgreichen Stromunterbrechung.

Dieses Schaltversagen in etwa der ersten Mikrosekunde nach dem Stromnulldurchgang wird als „thermisches Versagen“ bezeichnet. Dementsprechend spricht man während der ersten 1 µs bis 2 µs von der „thermischen Wiederverfestigung“

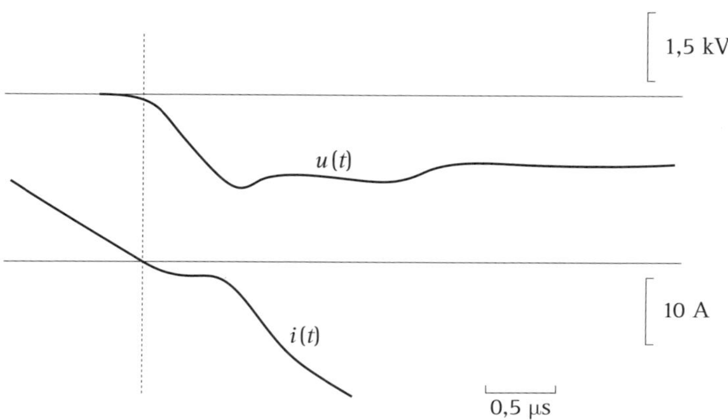

Bild 2.4 Erfolglose Stromunterbrechung (thermische Wiederzündung)

der Schaltstrecke. Nach dieser Zeit befindet sich in der Schaltstrecke weiterhin heißes Gas, dessen Spannungsfestigkeit jedoch schnell zunimmt. Zündet die Schaltstrecke nach erfolgreicher Stromunterbrechung während des Anstiegs der Einschwingspannung (siehe Kapitel 3) wieder durch, so gilt dies als „dielektrisches Versagen". Die erfolgreiche Wiederverfestigung der Schaltstrecke, häufig bis über den Scheitelwert der Einschwingspannung hinaus, wird „dielektrische Wiederverfestigung" genannt. Eine eindeutige Grenze zwischen der zeitlichen Phase der thermischen und der anschließenden dielektrischen Wiederverfestigung kann jedoch nicht definiert werden. Sie wäre zudem von der Bauweise des betrachteten Schalters abhängig.

Weitgehend empirisch ist für den Bereich der ersten Mikrosekunde, also dem Bereich, in dem die Grenzen des Schaltvermögens durch thermisches Versagen charakterisiert sind, für das Schaltvermögen ein Zusammenhang zwischen maximal beherrschtem Ausschaltstrom und der Anfangssteilheit der transienten Einschwingspannung (siehe Abschnitte 3.1 und 9.2) ermittelt worden:

$$I \cdot \sqrt{2} \cdot 2\pi \cdot f = I \cdot \sqrt{2} \cdot \omega = \mathrm{d}i/\mathrm{d}t = \frac{K}{\left(\mathrm{d}u/\mathrm{d}t\right)^{\alpha}} \tag{2.1}$$

Für SF_6-Leistungsschalter heutiger Bauweise gilt $0{,}4 < \alpha < 0{,}5$. Vakuum-Leistungsschalter beherrschen bei gleicher Anfangssteilheit $\mathrm{d}u/\mathrm{d}t$ der transienten Einschwingspannung höhere Ausschaltströme. Der Exponent α wird dementsprechend wesentlich kleiner als 0,4. Genauere Angaben sind nicht möglich, da dieser Exponent in jedem Fall von der Bauweise des Leistungsschalters abhängt.

Die Entwicklung besonders von Hochspannungs-Leistungsschaltern hat nach wie vor eine erhebliche Dynamik. Konstruktive Details orientieren sich weitgehend an den Erfahrungen, die in [15] und [16] niedergelegt sind.

Es gibt jedoch noch keine geschlossene physikalische Darstellung des Vorgangs der Lichtbogenlöschung und der elektrischen Wiederverfestigung im Bereich weniger Mikrosekunden, wie sie nach dem Unterbrechen von Strömen im kA-Bereich und dem anschließenden Spannungsanstieg um mehrere kV/µs zu beobachten ist. Der Grund ist, dass man es hier mit extrem instationären Vorgängen zu tun hat: Der Strom, und damit die den Lichtbogen heizende elektrische Energie, geht im Fall eines Kurzschlusses mit bis zu fast 40 A/µs gegen null. Die elektrische Leitfähigkeit der Lichtbogensäule folgt mit einer gewissen Verzögerung, die näherungsweise durch die Lichtbogen-Zeitkonstante charakterisiert wird. Dies alles geschieht in einer sich schnell verändernden Gas- und Plasmaströmung. Materialverdampfung aus den Lichtbogenkanal begrenzenden Isolierstoffen, bedingt durch die intensive, vom Lichtbogen erzeugte Strahlung, trägt bei zu einer Intensivierung der den Lichtbogen kühlenden Strömung. Die Geometrie des den Lichtbogen in seiner Länge und seinem Durchmesser begrenzenden Volumens verändert sich während des Ausschaltvorgangs infolge des konstruktiven Aufbaus der Schaltstrecke und der Kontaktbewegung.

Die vorliegenden physikalischen Beschreibungen des Lichtbogens beziehen sich weitgehend auf die Vorgänge im stationären Lichtbogen (beispielsweise in [17] und [18]). Sie vermitteln jedoch ein grundsätzliches Verständnis dafür, dass ein Lichtbogenplasma sich in seinen Materialeigenschaften grundsätzlich von denen der nicht ionisierten Gase unterscheidet. Soweit möglich wird auf die Vorgänge im Schalt-Lichtbogen in der Monografie [5] im Beitrag von K. Zückler eingegangen.

Um die Wechselwirkung zwischen dem Lichtbogen und dem Netz berechnen zu können, wurden phänomenologische Lichtbogenmodelle entwickelt, die den Lichtbogen als Zweipol betrachten. Dabei werden die physikalischen Zusammenhänge mittels elektrischer Größen beschrieben. Die Grundformen dieser Betrachtung gehen auf Cassie [21] und Mayr [22] zurück. Das Lichtbogenmodell von Cassie geht von einem zylindrischen Lichtbogenkanal mit konstanter Temperatur und veränderlichem Durchmesser aus. Der Strom, der Leitwert und der Wärmeeintrag sind proportional dem Durchmesser des Lichtbogens. Mayr betrachtet einen Kanal mit exponentieller Temperaturverteilung. Dies entspricht im Wesentlichen dem Lichtbogen bei kleinen Strömen und radialer Energieabfuhr. Dementsprechend wird das Modell von Cassie vorzugsweise zur Beschreibung des Lichtbogens im Hochstrombereich und das von Mayr zur Darstellung des Verhaltens in der Nähe des Stromnulldurchgangs verwendet. Diese Lichtbogenmodelle wurden vielfach weiterentwickelt, um zu verbesserten Vorhersagen des Schalterverhaltens unter bestimmten Beanspruchungen zu kommen, wobei ein erheblicher Fortschritt erreicht wurde durch die Kombination der Gleichungen von Cassie und Mayr [23].

In einer CIGRÉ-Broschüre ist der Stand der Lichtbogen-Modellierung zusammengefasst worden [24].

2.2 Ausschaltzeit

Die Gesamt-Ausschaltzeit ist die Summe aus der mechanischen Eigenzeit (mechanische Ausschaltzeit) des Leistungsschalters und der Lichtbogenzeit bis zur endgültigen dreiphasigen Stromunterbrechung.

Ein vom Netzschutz kommendes Ausschaltkommando aktiviert einen Auslöser, der den elektrischen Impuls durch Bewegen eines Stößels in einen mechanischen Impuls umwandelt. Damit wird der eigentliche Schalterantrieb angeregt. Bei Schalterantrieben, die über eine Feder betätigt werden, geschieht dies durch Lösen einer Verriegelung. Die in der Feder gespeicherte Energie schaltet daraufhin über einen geeigneten Mechanismus den Schalter aus. Wird der Schalterantrieb hydraulisch oder pneumatisch betätigt, so wirkt der Stößel auf ein Ventil, das den für den Ausschaltvorgang anstehenden Öl- oder Luftdruck freigibt.

Als mechanische Eigenzeit (mechanische Ausschaltzeit) wird die Zeit vom Einlaufen des Ausschaltkommandos bis zur Trennung der Schaltkontakte bezeichnet. Sie setzt sich zusammen aus der Zeit, die der Auslöser benötigt, und der Zeit, die von der Betätigung eines Antriebs bis zur galvanischen Kontakttrennung vergeht (**Bild 2.5**). Bei Hochspannungs-Leistungsschaltern beträgt die mechanische Ausschaltzeit im Allgemeinen etwa 20 ms.

Als Nenngröße wird die mechanische Ausschaltzeit ermittelt bei einer Umgebungstemperatur von 20 °C ± 5 °C, beim Nennwert der Steuer- und Hilfsspannung und bei der Nennfrequenz sowie – bei hydraulisch und pneumatisch betätigten Antrieben – beim Nenndruck des Antriebsmediums.

Um sicherzustellen, dass der Leistungsschalter auch bei einem Ausfall der Hilfsenergie abschalten kann, wird mindestens die Energie, die für eine Ausschaltung erforderlich ist, im Antrieb gespeichert. Ebenfalls aus Gründen der Sicherheit wird die Steuerspannung, mit der der Netzschutz den Schalter auslöst, einer vom Netz unabhängigen Quelle entnommen. Hierfür steht in den Schaltanlagen im Allgemeinen eine Batterie mit Gleichspannung zur Verfügung.

Auf die mechanische Eigenzeit folgt die Lichtbogenzeit. Sie beginnt mit der galvanischen Trennung der Kontakte, wenn der Lichtbogen gezündet wird, und endet mit der Stromunterbrechung und damit der Lichtbogen-Löschung im letztlöschenden Schalterpol des dreipoligen Schalters. Als Nennwert gilt die Lichtbogenzeit beim Unterbrechen des symmetrischen Bemessungs-Kurzschlussausschaltstroms. In der Typprüfung ist durch drei Ausschaltungen bei Nenn-Betriebsbedingungen des An-

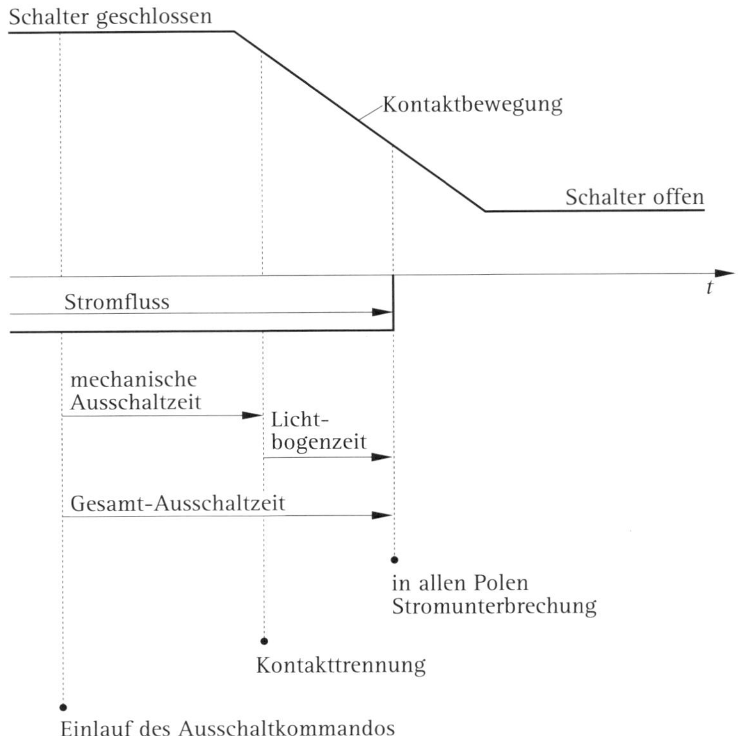

Bild 2.5 Definition der Zeitgrößen während einer Ausschaltung

triebs, der Steuerung und des Lichtbogen-Löschmittels die längste Lichtbogenzeit festzustellen. Sie gilt dann als Nenngröße des Leistungsschalters.

Die Zeitdifferenz zwischen der in Bild 2.2 dargestellten minimalen und maximalen Lichtbogenzeit soll, um ein sicheres dreiphasiges Abschalten zu gewährleisten, nicht unter einer halben Periode der Nennfrequenz des Schalters liegen. Dieser Zeitraum wird häufig als das „Lichtbogenfenster" des Schalters bezeichnet.

Für die Definition der Nenn-Ausschaltzeit sei für Leistungsschalter, die für den Einsatz in ungeerdeten Drehstromnetzen vorgesehen sind, auf Abschnitt 5.2 und für Leistungsschalter für Netze mit geerdetem Sternpunkt auf Abschnitt 6.3 verwiesen.

Wenn der Schalter beim Unterbrechen geringerer Ströme, also beim Abschalten von 60 % oder 30 % des Nenn-Kurzschlussausschaltstroms, längere Lichtbogenzeiten benötigt als beim Unterbrechen des 100-%-Werts, so wird die dabei ermittelte längste Lichtbogenzeit als Nennwert ausgewiesen.

Schaltleistungs-Typprüfungen sind gemäß den Normen bei den unteren Grenzwerten der Betriebsbedingungen des Antriebs und des Lichtbogen-Löschmittel-Drucks durchzuführen. Dadurch wird berücksichtigt, dass beispielsweise durch Schalthandlungen oder geringfügige Undichtigkeiten diese Werte auf einen noch zulässigen Stand absinken können. Da unter diesen Bedingungen die Lichtbogenzeiten länger sein können als bei Nenn-Betriebsbedingungen, wird die in der Typprüfung ermittelte Lichtbogenzeit nach einer in DIN EN 62271-100 (**VDE 0671-100**) angegebenen Formel in die Nenn-Lichtbogenzeit umgerechnet. Werden einphasige Kurzschluss-Ausschaltprüfungen zur Ermittlung der Nenn-Lichtbogenzeit des dreipoligen Schalters zugrunde gelegt, so ist zu berücksichtigen, dass der zeitliche Abstand der Stromunterbrechung im letztlöschenden Schalterpol vom erstlöschenden abhängig ist davon, ob der Schalter im geerdeten oder im ungeerdeten dreiphasigen Netz eingesetzt werden soll. Bei der Abschaltung im ungeerdeten Netz schalten der zweit- und der drittlöschende Pol gleichzeitig 90° elektrisch nach dem erstlöschenden Pol den Strom ab (siehe Abschnitt 5.1). Im geerdeten Netz beträgt dieser zeitliche Abstand 120° elektrisch (siehe Abschnitt 6.2).

2.3 Gleichlauf der Kontakte

In den Normen für Hochspannungs-Leistungsschalter DIN EN 62271-100 (**VDE 0671-100**):2013-08 ist im Abschnitt 5.101 vorgegeben, dass während einer Ausschaltung die maximale Differenz zwischen den Zeitpunkten der Trennung der Lichtbogenkontakte nicht größer sein darf als ein Sechstel der Nenn-Periodendauer der Nennfrequenz, d. h. 60° elektrisch.

Bei einer Abschaltung des symmetrischen Stroms im geerdeten Drehstromnetz gibt es alle 60° elektrisch einen Stromnulldurchgang, der dem betreffenden Schalterpol die Möglichkeit zur Stromunterbrechung gibt. Darauf aufgebaut ist die Definition der Nenn-Ausschaltzeit, wie sie in Abschnitt 6.3 abgeleitet wird. Sie geht aus von einer maximalen Lichtbogenzeit im drittlöschenden Schalterpol von 180° elektrisch plus Mindest-Lichtbogenzeit.

Wird die zulässige Zeitdifferenz von 60° elektrisch vom zweitlöschenden Schalterpol überschritten, so ergibt sich folgende Situation: Man nehme an, dass der erstlöschende Schalterpol 60° elektrisch nach der Mindest-Lichtbogenzeit den Strom unterbricht. Der zweitlöschende Pol kann seinen Stromnulldurchgang nicht nutzen, da seine Kontakte mehr als 60° elektrisch nach denen des erstlöschenden Pols getrennt haben. Der dritte Schalterpol unterbricht nach weiteren 60° elektrisch. Für den zweitlöschenden Schalterpol ergibt sich der nächste Stromnulldurchgang 180° elektrisch nach der verpassten Chance bzw. 120° elektrisch nach der Stromunterbrechung des drittlöschenden Pols. Die maximale Lichtbogenzeit beträgt in diesem Fall 300° elektrisch plus Mindest-Lichtbogenzeit. Für den zweiten Schalterpol liegt der Stromnulldurchgang damit jenseits der nachgewiesenen maximalen Lichtbogenzeit, sodass die Abschaltung in diesem Pol gefährdet ist.

Der Gleichlauf der Kontakte innerhalb eines Schalterpols bei Schaltern mit mehreren Schaltstrecken in Reihe soll nicht schlechter sein als ein Achtel der Nenn-Periodendauer, d. h. 45° elektrisch. Diese Vorgabe erklärt sich dadurch, dass eine möglichst gleichmäßige Beanspruchung der in Reihe liegenden Lichtbogen-Kontakte gegeben sein soll.

Für die Begründung der Gleichlauf-Forderung während der Einschaltbewegung sei auf Abschnitt 19.2 verwiesen.

2.4 Leistungsschalter mit mehreren Schaltstrecken in Reihe

Bis zu einer von der jeweiligen Ausführung der Schaltstrecke beherrschten Bemessungsspannung wird bei Hochspannungs-Leistungsschaltern eine Schaltstrecke pro Pol eingesetzt. Bei diesen Wert übersteigenden Spannungsebenen kommen zwei, drei oder vier Schaltstrecken in Serienschaltung pro Pol zur Anwendung.

Jede Schaltstrecke hat im geöffneten Zustand eine Eigenkapazität. Der die Schaltstrecken enthaltende Schalterkopf sowie die die Schaltstrecken tragende Isolator-Säule haben eine Kapazität gegen Erde. Die Größenordnung dieser Kapazitäten liegt im Bereich einiger zig Pikofarad (**Bild 2.6 a**). Besteht, wie im Fall eines Klemmenkurzschlusses (siehe Kapitel 5 und 6), unmittelbar hinter dem Leistungsschalter eine Verbindung zur Erde, so bewirken diese Kapazitäten eine ungleichmäßige Aufteilung der anstehenden Spannung über den nach der Stromunterbrechung offenen Schalter (**Bild 2.6 b**).

Bei einem zweifach unterbrechenden Leistungsschalter, wie er in Bild 2.6 dargestellt ist, stellt sich theoretisch, d. h. bei einer Berechnung des elektrischen Feldes im quasi „freien Raum“, eine Spannungsaufteilung von etwa 80 % / 20 % ein. Unter dem Einfluss benachbarter Elemente in einem Schaltfeld, wie Messwandler, Trennschalter etc., sowie der Nachbarpole des Schalters und der Zuleitungen, verschiebt sich die Spannungsaufteilung bei einem Leistungsschalter mit zwei Schaltstrecken pro Pol auf etwa 70 % / 30 % [107], bei einem Schalter mit vier Schaltstrecken sogar auf ein Verhältnis von ungefähr 70 % / 15 % / 10 % / 5 %. Das bedeutet, in beiden Fällen muss eine Schaltstrecke allein nach der Abschaltung etwa 70 % der gesamten anliegenden Spannung tragen.

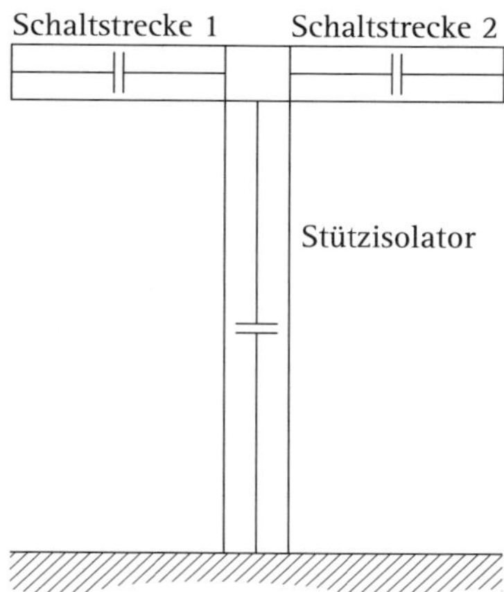

Bild 2.6 Eigenkapazitäten des offenen Schalters

Beispiel: Zweifach unterbrechender Leistungsschalter mit einer Eigenkapazität der Schaltstrecken von je 25 pF und einer Kapazität des Schalterkopfs gegen Erde von 35 pF: Spannungsaufteilung 70,6 % / 29,4 %.

Um eine vorgegebene Anzahl von in Reihe liegenden Schaltstrecken mit möglichst hoher Spannung beanspruchen zu können, sollte sich die Spannung nach der Stromunterbrechung gleichmäßig auf alle Schaltstrecken aufteilen. Um dies zu erreichen, werden den Schaltstrecken Steuerkondensatoren parallel geschaltet. An zweifach unterbrechenden Leistungsschaltern haben die Steuerkondensatoren beispielsweise eine Kapazität von je 500 pF und an vierfach unterbrechenden Schaltern von je 800 pF bis 1 000 pF. Unter Berücksichtigung der genannten Eigenkapazitäten bewirkt das Parallelschalten dieser Steuerkondensatoren bei einem Schalter mit zwei Schaltstrecken in Reihe eine Vergleichmäßigung der Spannungsaufteilung auf 51,6 % / 48,4 %.

Es ist darauf zu achten, dass die resultierende Kapazität über den Schalterpol einen gewissen, jedoch kaum exakt definierbaren Wert nicht überschreitet, um folgende Nachteile zu vermeiden:

1. In einer Schaltanlage kann bei geöffnetem Schalter eine größere Kapazität (z. B. 1 500 pF bis 2 000 pF) dazu führen, dass sie mit dort vorhandenen Induktivitäten, beispielsweise induktive Messwandler, Transformatoren, Kompensations-Drosselspulen, einen Schwingkreis bildet, der, durch Schalthandlungen angeregt, zu Resonanzschwingungen neigt, die als Ferroresonanzen bezeichnet werden [84]. Untersuchungen in Hochspannungs-Schaltanlagen haben erge-

ben, dass, um Ferroresonanzen zu vermeiden, die resultierende Kapazität der Steuerkondensatoren über den offenen Schalterpol nicht größer als 400 pF bis 500 pF sein sollte.

2. Die Kapazität über den offenen Schalterpol bildet mit den Erdkapazitäten der abgeschalteten Anlagenseite, die in der Größenordnung Nanofarad liegen, einen Spannungsteiler. Daher wird die abgeschaltete Anlagenseite nicht vollkommen spannungslos. Je kleiner die resultierende Kapazität über dem offenen Schalter ist, desto geringer ist die auf der abgeschalteten Anlagenseite stationär verbleibende Spannung. Sicherheit bietet das Öffnen des dem Schalter auf der spannungsführenden Anlagenseite vorgeschalteten Trennschalters (im Allgemeinen der Trennschalter, der sich zwischen Sammelschiene und Leistungsschalter befindet) und das Erden des abgeschalteten Anlagenabschnitts.

Zwangsläufig haben Steuerkondensatoren, wie jeder Kondensator, auch eine gewisse, wenn auch kleine, Induktivität und damit auch eine Eigenfrequenz. Dies ist zu berücksichtigen, wenn in bestimmten Schaltfällen hohe Eigenfrequenzen dazu führen, dass Schalter unter entsprechenden Voraussetzungen zu Wiederzündungen neigen. Näheres dazu in den Kapiteln 18 und 21.

3 Einschwingvorgang

Wenn nicht anders angegeben, wird bei der Betrachtung der Fehlerfälle ein rein induktiver Kurzschlussstrom mit dem Leistungsfaktor $\cos\varphi = 0$ angenommen. Dies ist berechtigt, da die induktive Reaktanz der Netzelemente, also der Generatoren, Transformatoren und Leitungen, groß ist im Vergleich zu ihrem ohmschen Widerstand. Der tatsächliche $\cos\varphi$ von Kurzschlussströmen liegt meist zwischen 0,07 und 0,15. Auch die Prüfungen des Schaltverhaltens unter Fehlerbedingungen werden mit rein induktiven Strömen durchgeführt. Dieses Vorgehen vereinfacht nicht nur die Betrachtung der Fehlerfälle, sondern deckt auch alle im Netz denkbaren Beanspruchungen ab.

In einem einpoligen geerdeten Netz oder Netzteil tritt unmittelbar hinter dem Schalter ein Kurzschluss gegen Erde auf, der vom Schalter abgeschaltet wird. Die Wechselwirkungen zwischen dem Schalter und dem Netz bei diesem Abschaltvorgang sind damit geprägt durch den Übergang vom kurzgeschlossenen zum offenen Netz bzw. Netzteil (**Bild 3.1**).

Nimmt man an, dass ein Kurzschlussstrom von 40 kA unterbrochen wird und die zwischen den Schaltkontakten gemessene Lichtbogenspannung etwa 800 V beträgt, so ergibt sich ein Lichtbogenwiderstand von 0,02 Ω. Nach der Stromunterbrechung im Stromnulldurchgang steigt der Widerstand zwischen den Schaltkontakten innerhalb von Mikrosekunden auf mehrere Kiloohm und schließlich auf nahezu Unendlich.

Diese schnelle Änderung des Netzzustands führt zu einem im Abschnitt 3.1 beschriebenen Ausgleichvorgang in Form einer Schwingung. Er lässt sich mathematisch gut erfassen. Die Vorgänge im Schalter selbst hingegen sind, wie im Kapitel 2 erläutert, beim gegenwärtigen Stand der Erkenntnis nur mithilfe von Modellgesetzen, nicht jedoch durch eine geschlossene physikalisch/mathematische Beschreibung der Rechnung zugänglich.

Die nach der Stromunterbrechung über den nun offenen Schalter auftretende Spannung lässt sich durch zwei zeitlich aufeinanderfolgende Vorgänge beschreiben: das Einschwingen, währenddessen eine transiente Einschwingspannung („Transient Recovery Voltage", abgekürzt: TRV) auftritt, gefolgt von der stationären Phase, in der der Schalter lediglich durch die betriebsfrequente Spannung beansprucht wird.

Die transiente Einschwingspannung ist die Differenz zwischen den Spannungsverläufen unmittelbar nach der Stromunterbrechung auf der Seite des speisenden

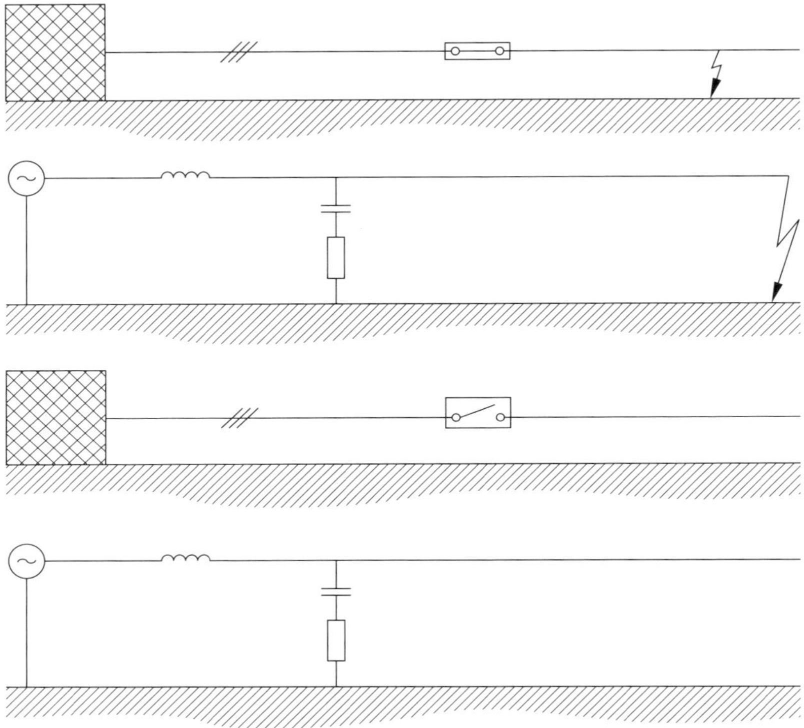

Bild 3.1 Netzzustand während eines Kurzschlusses und nach dessen Abschaltung

Netzes und der abgeschalteten Seite. Ihr Verlauf wird bestimmt durch die Charakteristika des unterbrochenen Stromkreises, d. h. ob er im Wesentlichen ohmsch, induktiv oder kapazitiv ist. Grundsätzlich können die Spannungsverläufe auf der Seite des speisenden Netzes und der Lastseite zunächst getrennt betrachtet und schließlich ihre Differenz gebildet werden.

Bei der Berechnung der transienten Einschwingspannung wird davon ausgegangen, dass es sich bei der betrachteten Schaltstrecke um einen idealen Schalter handelt, der keine Lichtbogenspannung hat. Das bedeutet, dass im Augenblick des Stromnulldurchgangs sein Widerstand von null auf unendlich springt. Damit erhält man den unter den jeweiligen Netzbedingungen höchstmöglichen Wert der transienten Einschwingspannung, der zudem unabhängig ist von den Eigenschaften des eingesetzten Schalters.

3.1 Berechnung der transienten Einschwingspannung bei Klemmenkurzschluss

Ein Kurzschluss, der unmittelbar hinter den lastseitigen Klemmen des Schalters liegt, wird als Klemmenkurzschluss bezeichnet. Der Schwingungsvorgang wird in diesem Fall allein durch die elektrischen Eigenschaften des Netzes bestimmt.

Für die Betrachtung kann das speisende Netz einphasig und durch konzentrierte Elemente dargestellt werden (**Bild 3.2 a**). Im Stromkreis liegt lediglich die Induktivität L. Sie wird gebildet durch die Induktivitäten der Generatoren, Transformatoren und der Leitungen und Kabel im Netz. Die Kapazität C' setzt sich zusammen aus den Kapazitäten gegen Erde der Leitungen, Kabel, aller in den Schaltanlagen eingebauten Geräte und der Isolatoren sowie der Transformator- und Generatorwicklungen. R' ist ein stets vorhandener Dämpfungswiderstand, z. B. der Erde.

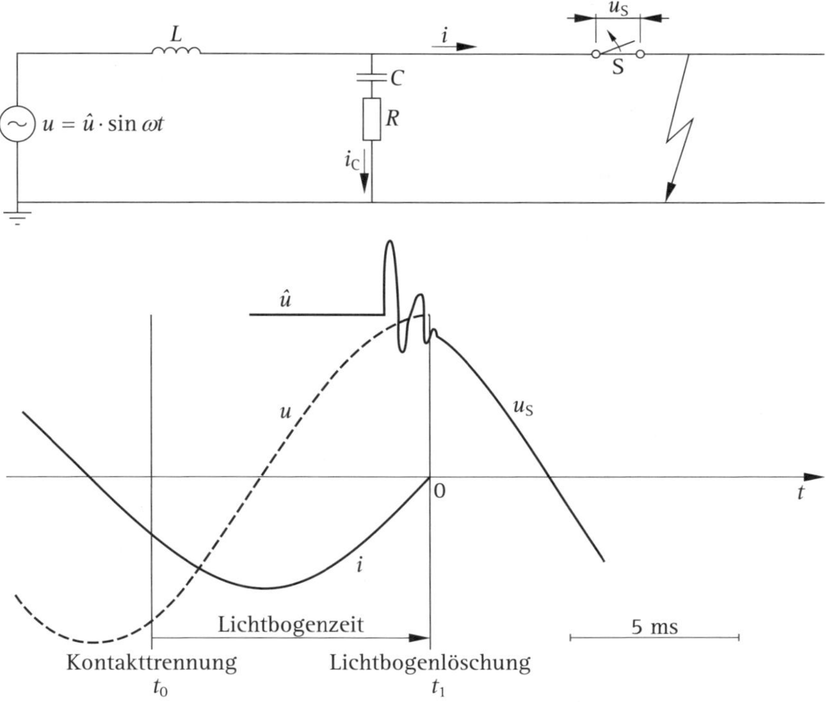

Bild 3.2 Einphasiger Klemmenkurzschluss
a) Ersatzschaltbild
b) Strom- und Spannungsverlauf

Während des Stromflusses, d. h. bevor der Kurzschlussstrom unterbrochen wird, sind C' und R' durch den geschlossenen Schalter S bzw. den zwischen den Schaltkontakten brennenden Lichtbogen sowie durch den bestehenden Kurzschluss überbrückt und damit spannungslos.

Entsprechend Bild 3.2 a wird davon ausgegangen, dass im Kurzschlussfall ein rein induktiver Strom ($\cos\varphi = 0$) fließt (**Bild 3.2 b**). Handelt es sich um einen reinen symmetrischen Wechselstrom, der im Nulldurchgang unterbrochen wird, so hat die Netzspannung zum diesem Zeitpunkt ihren Scheitelwert $\hat{u}$. Die treibende Spannung ist die Leiterspannung des Drehstromnetzes, d. h. die Leiter-Erd-Spannung.

Mit der Stromunterbrechung ($t = 0$) beginnt ein Ausgleichvorgang, der zum Aufladen der Kapazität C' durch den Strom i_c führt. Da die Kapazität vorher ungeladen war, lautet die Maschengleichung zum Zeitpunkt $t = 0$:

$$R' \cdot i_c + L \cdot \frac{di_c}{dt} + u_s = \hat{u} \tag{3.1}$$

Durch Einsetzen von:

$$i_c = C' \cdot \frac{du_s}{dt} \tag{3.2}$$

erhält man die Differentialgleichung:

$$R' \cdot C' \cdot \frac{du_s}{dt} + L \cdot C' \cdot \frac{d^2 u_s}{dt^2} + u_s = \hat{u} \tag{3.3}$$

mit der Lösung:

$$u_s = \hat{u} + k_1 \cdot e^{P_1 \cdot t} + k_2 \cdot e^{P_2 \cdot t} \tag{3.4}$$

und den Wurzeln:

$$P_{1,2} = -\frac{R'}{2 \cdot L} \pm \sqrt{\left(\frac{R'}{2 \cdot L}\right)^2 - \frac{1}{L \cdot C'}} \tag{3.5}$$

Ist, wie im Normalfall, der Widerstand $R' < 2\sqrt{L/C'}$, so gilt:

$$\left(\frac{R'}{2 \cdot L}\right)^2 < \frac{1}{L \cdot C'} \tag{3.5 a}$$

und es kann gesetzt werden:

$$P_{1,2} = -\frac{1}{\tau} \pm j\omega_0 \tag{3.6}$$

mit:

$$\tau = \frac{2 \cdot L}{R'} \tag{3.7 a}$$

und:

$$\omega_0 = \sqrt{\frac{1}{L \cdot C'} - \left(\frac{R'}{2 \cdot L}\right)^2} \tag{3.7 b}$$

Daraus folgt für den Verlauf der an der Kapazität C' und damit auch über die offenen Kontakte des Schalters S einschwingenden Spannung:

$$u_s = \hat{u}\left[1 - e^{-t/\tau}\left(\cos\omega_0\, t + \frac{1}{\tau \cdot \omega_0}\sin\omega_0\, t\right)\right] \tag{3.8}$$

Diese „Einschwingspannung" hat die Frequenz:

$$f_e = \frac{1}{2\pi} \cdot \sqrt{\frac{1}{L \cdot C'} - \left(\frac{R'}{2 \cdot L}\right)^2} \tag{3.9}$$

Mit $R' \ll 2 \cdot \sqrt{L/C'}$ vereinfacht sich die Gl. (3.8) für die an den offenen Schalterkontakten einschwingende Spannung zu

$$u_s = \hat{u} \cdot \left(1 - e^{t/\tau} \cdot \cos\omega_0\, t\right) \tag{3.10}$$

Die Spannung über der Schaltstrecke schwingt dann über den Scheitelwert $\hat{u}$ der Netzspannung hinaus. Im ungedämpften Fall ($R' = 0$) würde sie den doppelten Wert von $\hat{u}$ erreichen (Kurve 2 in **Bild 3.3**).

Für endliches R' ergibt sich angenähert der Scheitelwert u_c der Einschwingspannung („Crest Value") zu:

$$u_c = \frac{\hat{u}}{R'} \cdot \sqrt{\frac{L}{C'}} \tag{3.11}$$

Der Ausdruck $D = R' \cdot \sqrt{C'/L}$ wird als Dämpfungsfaktor bezeichnet. Das Verhältnis des Scheitelwerts u_c der Einschwingspannung zu dem der Netzspannung $\hat{u} = U \cdot \sqrt{2}$ wird durch den Überschwingfaktor γ charakterisiert:

$$\gamma = \frac{u_c}{U \cdot \sqrt{2}} = \frac{1}{D} \tag{3.12}$$

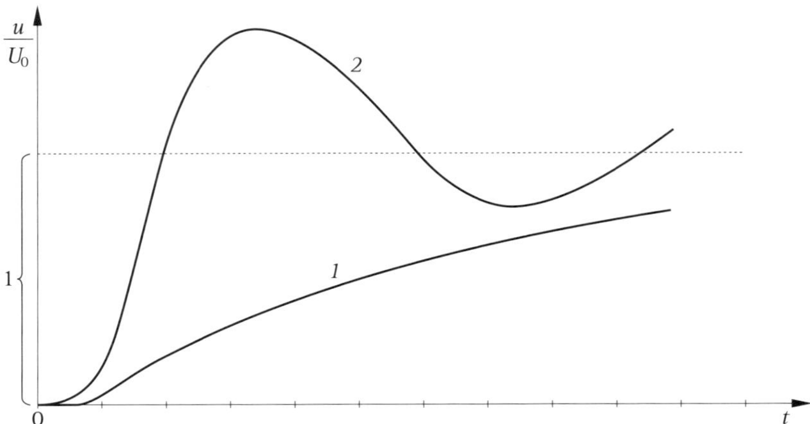

Bild 3.3 Spannungsverlauf im Schwingkreis

Kurve *1*: aperiodische Dämpfung $\left(\frac{R}{2 \cdot L}\right)^2 > \frac{1}{L \cdot C}$ $(L \ll C)$

Kurve *2*: schwach gedämpft $\left(\frac{R}{2 \cdot L}\right)^2 < \frac{1}{L \cdot C}$ $(L \gg C)$

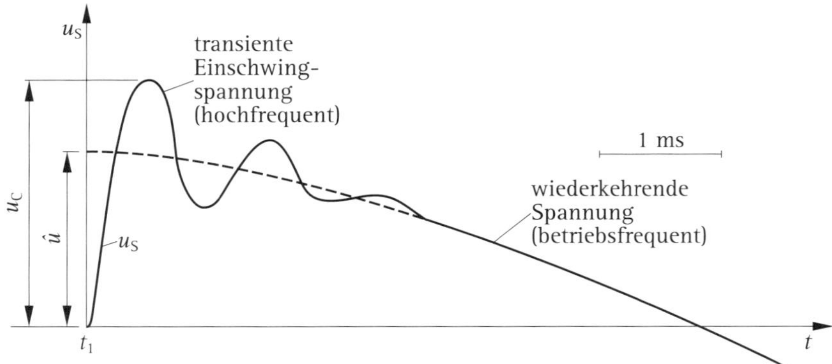

Bild 3.4 Spannungsverlauf nach Unterbrechen eines Klemmenkurzschlusses
t_1 Zeitpunkt der Stromunterbrechung

Bild 3.4 zeigt den an den Schaltkontakten auftretenden resultierenden Spannungsverlauf: Die hochfrequente Einschwingspannung klingt ab und geht in die betriebsfrequente Wechselspannung über. Während der hochfrequente abklingende Anteil als „transiente Einschwingspannung“ bezeichnet wird, nennt man die an der offenen Schaltstrecke stationär auftretende betriebsfrequente Spannung „wiederkehrende Spannung“.

3.2 Einschwingvorgang im realen Netz

Im realen Netz hat die Einschwingspannung nicht den sich aus der Rechnung ergebenden einfrequenten Verlauf, sondern sie ist multifrequent, da eine Vielzahl von Zweigen zum Schwingungsverhalten beiträgt. Der Überschwingfaktor hat den Wert 1,1 bis 1,5, wobei die höheren Werte Netzen mit geringerem Kurzschlussstrom, d. h. größerem L in Bild 3.2 a, zuzuordnen sind. Genormt ist für Schaltleistungsprüfungen mit 100 % Kurzschlussstrom der Wert 1,4, für Prüfungen bei kleineren Strömen 1,5. An Transformatoren hoher Güte und daher geringem ohmschen Widerstand treten Überschwingfaktoren im Bereich von 1,7 auf.

Die Einschwingfrequenz ist abhängig vom Aufbau des den Kurzschluss speisenden Netzes und damit auch abhängig von der Nennspannung und der Kurzschlussleistung dieses Netzes. In Mittelspannungsnetzen (3,6 kV bis 36 kV) treten Einschwingfrequenzen von über 3 kHz auf, in Hoch- und Höchstspannungsnetzen (ab 100 kV) betragen sie einige Hundert Herz bis einige Kilohertz. Mit zunehmender Vermaschung der Hochspannungsnetze und damit sinkender mittlerer Leitungslänge steigt die Einschwingfrequenz dieser Netze.

Der Einfluss der Leitungslänge lässt sich wie folgt erklären: Mit der Stromunterbrechung wird auf der Leitung ein Wanderwellenvorgang angeregt. Die Wanderwelle wird am anderen Leitungsende sowie am nun offenen Schalter reflektiert. Die Laufzeit und damit die Grundschwingung einer Leitung ergeben sich aus der Leitungslänge. Ihre Frequenz f entspricht der vierfachen Leitungslänge a und der Phasengeschwindigkeit v des Wanderwellenvorgangs (siehe auch Abschnitt 9.2):

$$f = \frac{v}{4 \cdot a} = \frac{v}{\lambda} \tag{3.13}$$

mit der Wellenlänge λ der Grundschwingung. Die Phasengeschwindigkeit der Wanderwelle bzw. eines Ausgleichvorgangs auf einer Leitung ist abhängig von den Daten der Leitung:

$$v = \frac{1}{\sqrt{L' \cdot C'}} = \frac{1}{\sqrt{\varepsilon_0 \cdot \varepsilon_r \cdot \mu_0 \cdot \mu_r}} \tag{3.14}$$

L' Induktivitätsbelag in H/m der Leitung

C' Kapazitätsbelag in F/m der Leitung

Die Phasengeschwindigkeit ist für Freileitungen mit etwa 290 m/µs annähernd gleich der Lichtgeschwindigkeit. Die relative Permeabilitätskonstante μ_r ist in praktischen Leiteranordnungen gleich 1. Die Dielektrizitätskonstante der den Freileitungs-Leiter umgebenden Luft ist $\varepsilon_r = 1$. Wegen der höheren relativen Dielektrizitätskonstanten ε_r von Kabelisolierungen liegt die Phasengeschwindigkeit bei Kabeln im Bereich 60 m/µs bis 140 m/µs.

Da die Einschwingfrequenz also groß ist gegenüber der Netzfrequenz von 50 Hz bzw. 60 Hz, kann die Netzspannung während der ersten Perioden des Ausgleichvorgangs als nahezu konstant angesehen werden.

In Prüfvorschriften, wie DIN EN 62271-100 (**VDE 0671-100**), wird im Allgemeinen nicht die Einschwingfrequenz, sondern die Tangentensteilheit und die Amplitude u_c sowie die Zeit bis zum Erreichen des ersten Scheitelwerts der transienten Einschwingspannung vorgegeben. Geht man davon aus, dass das Netz durch einen einfrequenten Schwingkreis nachgebildet werden kann, so lässt sich die Einhüllende der transienten Einschwingspannung durch zwei Parameter darstellen (**Bild 3.5 a**). Die Einhüllende der transienten Einschwingspannung von mehrfrequenten Schwingkreisen bis zum ersten Scheitelwert wird durch vier Parameter beschrieben (**Bild 3.5 b**). Letzteres ist eine Näherung der Verhältnisse in Hochspannungsnetzen ab 100 kV.

Für Schalter ab einer Nennspannung von 100 kV ist für die Prüfung des erstabschaltenden Pols (siehe Kapitel 5 und 6) bei Klemmenkurzschluss mit 100 % des Nenn-Kurzschluss-Ausschaltstroms eine Tangentensteilheit von 2 kV/µs vorgegeben. Da in Netzen mit geringerem Kurzschlussstrom die Induktivität L höher ist, haben derartige Netze gemäß Gl. (3.9) eine höhere Einschwingfrequenz. Daher ist für Klemmenkurzschluss-Prüfungen mit 60 % des Bemessungs-Kurzschluss-Ausschaltstroms eine Tangentensteilheit von 3 kV/µs und mit 30 % eine von 5 kV/µs genormt.

Wegen der geringeren Ausdehnung der Mittelspannungsnetze, also der Netze mit Nennspannungen zwischen 3,6 kV und 36 kV, haben diese Netze eine höhere Einschwingfrequenz. Sie liegt im Bereich von 3 kHz bis über 10 kHz. Bedingt durch die geringere Spannung und damit niedrigere Amplitude der transienten Einschwingspannung ergeben sich jedoch für die Klemmenkurzschluss-Prüfung mit 100 % Nenn-Kurzschluss-Ausschaltstrom geringere Tangentensteilheiten. Sie reichen von 0,15 kV/µs bei 3,6 kV Nennspannung bis 0,57 kV/µs bei 36 kV.

Leistungsschalter für 72,5 kV sind bei 100 % Klemmenkurzschlussstrom mit einer Tangentensteilheit von 0,75 kV/µs zu prüfen. Dies entspricht einer Einschwingfrequenz von 2,1 kHz.

Kapazitäten im Netz bedingen, dass der Anfangsverlauf des Einschwingvorgangs mit einer Steigung null beginnt. Das bedeutet, dass die Spannung unter der Anfangstangente zu einem gewissen Grade durchschwingt. In der Norm wird dieses Durchschwingen begrenzt durch eine zur Anfangstangente parallel liegende Gerade, der sogenannten Verzögerungslinie (Delay Line). Im Allgemeinen sind bei Klemmen- und Abstandskurzschluss-Prüfungen für die netzseitige Komponente der transienten Einschwingspannung der Abstand zwischen diesen beiden Geraden 2 µs. Diese Zeit wird als „Verzögerungszeit (Delay Time)“ bezeichnet.

Grundlage der Normwerte sind Messungen in Schaltanlagen unter verschiedenen Netzbedingungen, die weltweit im Wesentlichen in den 1960er- und 1970er-Jahren durchgeführt worden sind.

In Netzen oder Leitungen bzw. Kabeln, die über strombegrenzende Drosselspulen gespeist werden, treten Einschwingspannungen mit einer geringeren Verzögerungszeit als 2 µs auf [63]. Messungen in Mittelspannungsanlagen, die Freileitungen speisen, zeigten Verzögerungszeiten, die teilweise unter 0,7 µs lagen. Diese Beanspruchung, die nicht durch die genormten Verläufe der Einschwingspannung abgedeckt ist, wird jedoch von den heute gängigen Vakuum- und SF_6-Mittelspannungsschaltern beherrscht.

4 Wiederkehrende Spannung

4.1 Mit- und Nullsystem

Im symmetrisch belasteten Drehstromsystem führen alle drei Leiter den gleichen Kurzschlussstrom. Seine Berechnung braucht sich demzufolge nur auf einen Leiter mit der Induktivität L_1 bzw. der Reaktanz X_1 zu erstrecken. Der dreipolige symmetrische Kurzschlussstrom hat in diesem Fall den Effektivwert:

$$I''_{K3} = \frac{U_{Ph}}{\omega L_1} = \frac{U_{Ph}}{X_1} \tag{4.1}$$

Zweipolige Kurzschlüsse zwischen den Leitern und Kurzschlüsse gegen Erde ergeben aber im Allgemeinen eine unsymmetrischen Belastung des Drehstromsystems. Für die in den drei Leitern und über die Erdverbindung fließenden Stromkomponenten sind Impedanzen wirksam, die nach der Theorie der symmetrischen Komponenten als Mit-, Gegen- und Nullimpedanz bezeichnet werden. Da Mit- und Gegenimpedanz lediglich bei Generatoren ungleich, bei allen anderen Netzelementen jedoch gleich sind, wird zur Ermittlung des betriebsfrequenten Strom- und Spannungsverlaufs beim Abschalten eines Kurzschlusses nur zwischen Mit- und Nullimpedanz unterschieden.

Diese Impedanzen setzen sich zusammen aus einem ohmschen Anteil und einer induktiven Reaktanz. Mit $\cos\varphi \approx 0$ kann der ohmsche Widerstand im Kurzschlussfall als klein gegenüber der induktiven Reaktanz angesehen werden. Mit- und Nullimpedanz sind also in guter Näherung rein induktiv.

Die Mitimpedanz ist gleich der Leiterimpedanz X_1 eines symmetrisch belasteten Netzes bei symmetrischer Lage des Sternpunkts (**Bild 4.1**). Sie ist also identisch mit der im ungeerdeten Netz wirksamen Impedanz.

Die Nullimpedanz wird entsprechend Bild 4.1 ermittelt: Eine Spannung wirkt auf die drei parallelen Leiter des Drehstromsystems und auf die Impedanz X_E der Erdverbindung. Die resultierende Impedanz, durch die die Ströme in den drei Leitern bestimmt werden, ist die Nullimpedanz:

$$X_0 = X_1 + 3\,X_E \tag{4.2 a}$$

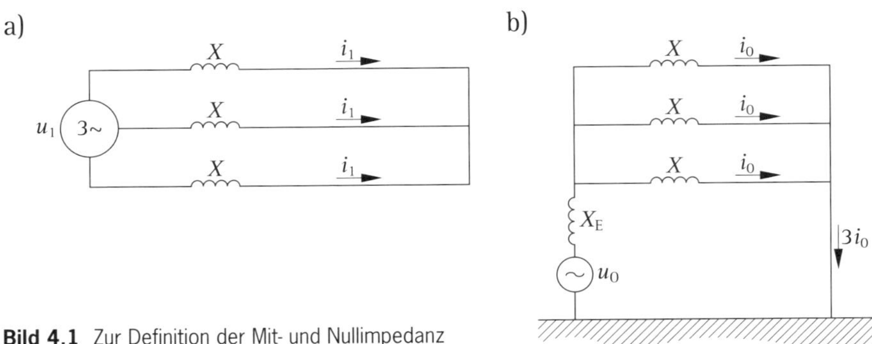

Bild 4.1 Zur Definition der Mit- und Nullimpedanz
a) Mitsystem
b) Nullsystem

Die Nullimpedanz stellt die Reaktanz dar, die die Ströme, die in allen drei Leitern mit gleicher Größe und Phasenlage fließen, vorfinden. Die Gleichung für X_0 drückt demnach aus, dass die zwischen Systemmittelpunkt und Erde angeordnete Reaktanz auf einen Leiter bezogen worden ist.

Für die zugehörigen Induktivitäten gilt entsprechend:

$$L_0 = L_1 + 3\,L_E \tag{4.2 b}$$

Bei Leitungen ist die Nullimpedanz weitgehend von der Übertragungsart (Freileitung oder Kabel) und der elektrischen Leitfähigkeit des Erdbodens abhängig. Bei Freileitungen sind weiterhin Mastbild und die Ausführung der Erdseile (Anzahl, Stahl- oder Stahl-Aluminium) von Einfluss. Bei Kabeln spielen die Ausführung des Mantels und die Bauform eine Rolle.

In gleicher Weise lassen sich die kapazitiven Kopplungen der Leiter des Drehstromsystems untereinander und gegen Erde durch die gegenseitigen Kapazitäten C_g und Erdkapazitäten C_E darstellen. Dabei werden die an den Klemmen des Leistungsschalters wirksamen Kapazitäten der Geräte (Trennschalter, Wandler etc.), Anlagen (mit ihren Isolatoren) und Leitungen betrachtet. Unter der Voraussetzung baulicher Symmetrie kann dann für das Mit- und Nullsystem geschrieben werden:

$$\text{Mitsystem:} \quad C_1 = C_E + 3 \cdot C_g \tag{4.3 a}$$

$$\text{Nullsystem:} \quad C_0 = C_E \tag{4.3 b}$$

Das Verhältnis von Nullimpedanz X_0 zur Mitimpedanz X_1 bestimmt im einzelnen Kurzschlussfall die Größe des Kurzschlussstroms und der wiederkehrenden Spannung. Eine detaillierte Ableitung der diese Größen beschreibenden Gleichungen findet sich u. a. in den Büchern von L. van der Sluis [10] und E. Slamecka [9].

Nach dem Abschalten von Fehlern kommt es unter bestimmten Bedingungen im Netz zu mehrfrequenten Einschwingvorgängen, die durch die Eigenfrequenzen von Mit- und Nullsystem bestimmt werden:

Eigenfrequenz des Mitsystems: $$\omega_1 = \frac{1}{\sqrt{L_1 \cdot C_1}} \quad (4.4\,\text{a})$$

Eigenfrequenz des Nullsystems: $$\omega_0 = \frac{1}{\sqrt{L_0 \cdot C_0}} \quad (4.4\,\text{b})$$

4.2 Faktoren für den erst-, zweit- und drittlöschenden Schalterpol

Der Verlauf der Abschaltung von Kurzschlussströmen im dreiphasigen Netz wird in den Kapiteln 5 und 6 detailliert geschildert. Der Abschnitt 4.2 beschränkt sich daher auf das Ermitteln der Werte für die betriebsfrequente Spannung (wiederkehrende Spannung) unmittelbar nach der Stromunterbrechung durch die einzelnen Schalterpole.

Das Verhältnis zwischen wiederkehrender Spannung über den erstlöschenden Schalterpol und der Leiterspannung des unbeeinflussten Netzes wird als „erstlöschender Pol-Faktor" k_{pp1} bezeichnet:

$$k_{\mathrm{pp1}} = \frac{3\,X_0}{X_1 + 2 \cdot X_0} \quad (4.5)$$

mit:

X_1 Impedanz des Mitsystems

X_0 Impedanz des Nullsystems

Im ungeerdeten oder hochohmig geerdeten Netz ist die Impedanz X_E der Erdverbindung unendlich und damit auch die Nullimpedanz X_0 unendlich bzw. $X_1 \ll X_0$. Im Fall eines dreiphasigen Kurzschlusses ergibt sich damit für k_{pp1} der Wert 1,5.

Ist ein Netz starr geerdet, d. h. dass die Erdverbindung die Impedanz null hat, und tritt ein dreiphasiger Kurzschluss gegen Erde auf, so wird die Nullimpedanz gleich der Mitimpedanz der Leiter und damit $X_0 = X_1$ und $k_{\mathrm{pp1}} = 1{,}0$.

Im Allgemeinen ist im wirksam geerdeten Netz die Nullimpedanz X_0 größer als die Mitimpedanz X_1 und hat einen Wert zwischen X_1 und $3\,X_1$. Für die Prüfung des Schaltvermögens von Leistungsschaltern unter den Bedingungen eines dreiphasigen Kurzschlusses gegen Erde ist für diesen Fall ein Verhältnis $X_0/X_1 = 3{,}25$ genormt worden. Dies führt zu $k_{pp1} = 1{,}3$ (Erdungsfaktor).

Wie im Abschnitt 5.1 gezeigt wird, bilden nach der Strom-Unterbrechung im ersten Leiter die beiden übrigen Leiter für den Fehlerstrom eine Reihenschaltung.

Bei einem Kurzschluss im ungeerdeten Netz liegt an der Reihenschaltung des zweit- und drittlöschenden Schalterpols die verkettete Spannung. Da beide gleichzeitig den Strom unterbrechen, übernimmt jeder von ihnen die halbe verkettete Spannung. Die Pol-Faktoren lauten daher:

$$k_{pp2} = k_{pp3} = \frac{\sqrt{3}}{2} = 0{,}866$$

Im wirksam geerdeten Netz unterbricht der zweite Pol mit einem Faktor:

$$k_{pp2} = \sqrt{\frac{3 \cdot \left(X_0^2 + X_0 \cdot X_1 + X_1^2\right)}{X_0 + 2 \cdot X_1}} \tag{4.6}$$

Im wirksam geerdeten Netz ($X_0/X_1 = 3{,}25$) führt dies zu einem Wert $k_{pp2} = 1{,}25$, während bei starrer Erdung ($X_0 = X_1$) $k_{pp2} = 1{,}0$ wird.

Der Pol-Faktor des drittlöschenden Pols ist im geerdeten Netz stets $k_{pp3} = 1{,}0$.

Tabelle 4.1 gibt einen Überblick über die Faktoren für den erst-, zweit- und drittlöschenden Schalterpol bei der Unterbrechung eines dreiphasigen Kurzschlussstroms in Abhängigkeit von den Erdungsbedingungen im Netz.

In DIN EN 62271-100 (VDE 0671-100):2013-08, Tabelle 2, werden Angaben gemacht über die sich für den zweit- und drittlöschenden Pol einstellende Tangentensteilheit.

Erdung	X_0/X_1	abschaltender Pol		
		erster k_{pp1}	zweiter k_{pp2}	dritter k_{pp3}
ungeerdet	∞	1,5	0,866	0,866
wirksam	3,25	1,3	1,25	1,0
starr	1,00	1,0	1,0	1,0

Tabelle 4.1 Pol-Faktoren für die einzelnen Schalterpole

5 Klemmenkurzschluss im ungeerdeten Drehstromnetz

Als Klemmenkurzschluss wird ein Kurzschluss bezeichnet, der unmittelbar an den lastseitigen Schalterklemmen auftritt. Bild 3.2 zeigt die Situation für den Fall eines einphasigen Klemmenkurzschlusses. Wie in Kapitel 3 wird wieder von einem rein induktiven Kurzschlussstrom ausgegangen. Details des einphasigen Ausschaltvorgangs sind die Basis für die Diskussion des Einschwingvorgangs und werden dementsprechend in Abschnitt 3.1 behandelt.

5.1 Dreiphasiger Klemmenkurzschluss im ungeerdeten Drehstromnetz

Grundlage für die Bemessung des Kurzschluss-Ausschaltvermögens von Leistungsschaltern ist der dreiphasige symmetrische Klemmenkurzschluss. Durch die Kombination von Bemessungs-Kurzschluss-Ausschaltstrom mit der im ungeerdeten Drehstromnetz auftretenden netzseitigen (speiseseitigen) Einschwingspannung stellt dieser Schaltfall im Allgemeinen die härteste Beanspruchung dar. Strom- und Spannungswerte, die bei anderen Kurzschlussarten auftreten, werden daher auf diesen Fall bezogen. Die Vorschriften für die Schaltleistungs-Prüfung von Mittelspannungs-Leistungsschaltern sowie von Leistungsschaltern, die für den Einsatz in ungeerdeten Netzen der Spannungsebenen 100 kV bis 170 kV vorgesehen sind, basieren auf dieser Betrachtungsweise.

Überträgt man die Vorgänge, die beim Ausschalten auftreten, vom einphasigen auf den dreiphasigen Kreis, so ist als treibende Spannung die Leiterspannung (Leiter-Erd-Spannung) der einzelnen Leiter einzusetzen. Die strombegrenzenden Induktivitäten L_N des Netzes, die als konzentrierte Reaktanzen X_N dargestellt werden, sind in allen drei Leitern gleich. Sie liegen nur auf der vom Schalter her gesehenen Seite des speisenden Netzes. Demzufolge ist der Kurzschlussstrom vor Ansprechen des Schalters in allen Leitern des Netzes gleich. Die Stromnulldurchgänge im symmetrisch belasteten Drehstromnetz treten um 60° elektrisch versetzt auf.

Der dreipolige symmetrische Kurzschlussstrom hat in allen drei Leitern den Effektivwert:

$$I = \frac{U}{\sqrt{3}} \cdot \frac{1}{\omega \cdot L_{\mathrm{N}}} = \frac{U}{\sqrt{3}} \cdot \frac{1}{X_{\mathrm{N}}} \tag{5.1}$$

Im Allgemeinen kann man davon ausgehen, dass die Kontakte eines dreipoligen Schalters sich im mechanischen Gleichlauf bewegen. Nachdem sie ihre minimale Löschdistanz erreicht oder überschritten haben, wird der Lichtbogen in dem Schalterpol gelöscht, in dem nun als erster der Strom durch null geht. Er wird daher als „erstlöschender Pol“ bezeichnet. In den beiden anderen Leitern fließt der Strom zunächst noch weiter.

Wird im einphasigen Kreis bzw. bei einem einphasigen Kurzschluss der Lichtbogen in einem Stromnulldurchgang nicht gelöscht, so ergibt sich die nächste Gelegenheit zur Lichtbogenlöschung erst eine Stromhalbschwingung später, d. h. 180° elektrisch. Im dreiphasigen Kurzschluss hat ein anderer Schalterpol bereits 60° elektrisch, d. h. $^{1}/_{3}$ Halbschwingung später, wieder eine Chance, als erstlöschender Pol den Strom in seinem Leiter zu unterbrechen.

Für die Bestimmung des zu unterbrechenden Stroms und den Verlauf der Einschwingspannung ist im Fall eines dreiphasigen Kurzschlusses zwischen erstlöschendem Schalterpol und den übrigen Polen zu unterscheiden.

Der Verlauf der Einschwingspannung ist im Prinzip unabhängig davon, ob die treibende Spannung im einphasigen oder im mehrphasigen Kreis wirkt, d. h. ob es sich um einen einphasigen oder mehrphasigen Kurzschluss handelt. Die Berechnung aus der Differentialgleichung läuft in gleicher Weise ab. Sowohl die Höhe des Stroms unmittelbar vor seiner Unterbrechung als auch die die Einschwingspannung definierenden Größen Einschwingfrequenz und Dämpfungsfaktor sowie der Momentanwert der betriebsfrequenten treibenden Spannung unmittelbar nach der Stromunterbrechung werden jeweils durch das Ersatzschaltbild mit den dort wirksamen Impedanzen bestimmt, das sich für den als ersten, zweiten oder dritten abgeschalteten Leiter aufstellen lässt.

Der Ablauf des Ausschaltvorgangs bei einem dreiphasigen Klemmenkurzschluss ohne Erdberührung im ungeerdeten Netz lässt sich im **Bild 5.1** beschreiben:

Zum Zeitpunkt „*1*“ trennen sich die Kontakte in den drei Schalterpolen. Damit wird in allen drei Schaltstrecken ein Lichtbogen gezündet.

Im Zeitpunkt „*2*“ hat der Strom des Leiters 2 einen Nulldurchgang. Prinzipiell wäre damit im Schalterpol 2 die Möglichkeit zur Lichtbogenlöschung und damit zur Abschaltung gegeben. Da die Kontakte aber ihre Mindestlöschdistanz noch nicht erreicht haben, ist eine Stromunterbrechung zu diesem Zeitpunkt nicht möglich.

Erst beim nächsten Stromnulldurchgang, der 60° elektrisch später im Leiter 1 stattfindet (Zeitpunkt „*3*"), ist die Mindestlöschdistanz überschritten, sodass zum Zeitpunkt „*3*" der Schalterpol 1 den Strom dieses Leiters abschaltet (erstlöschender Pol).

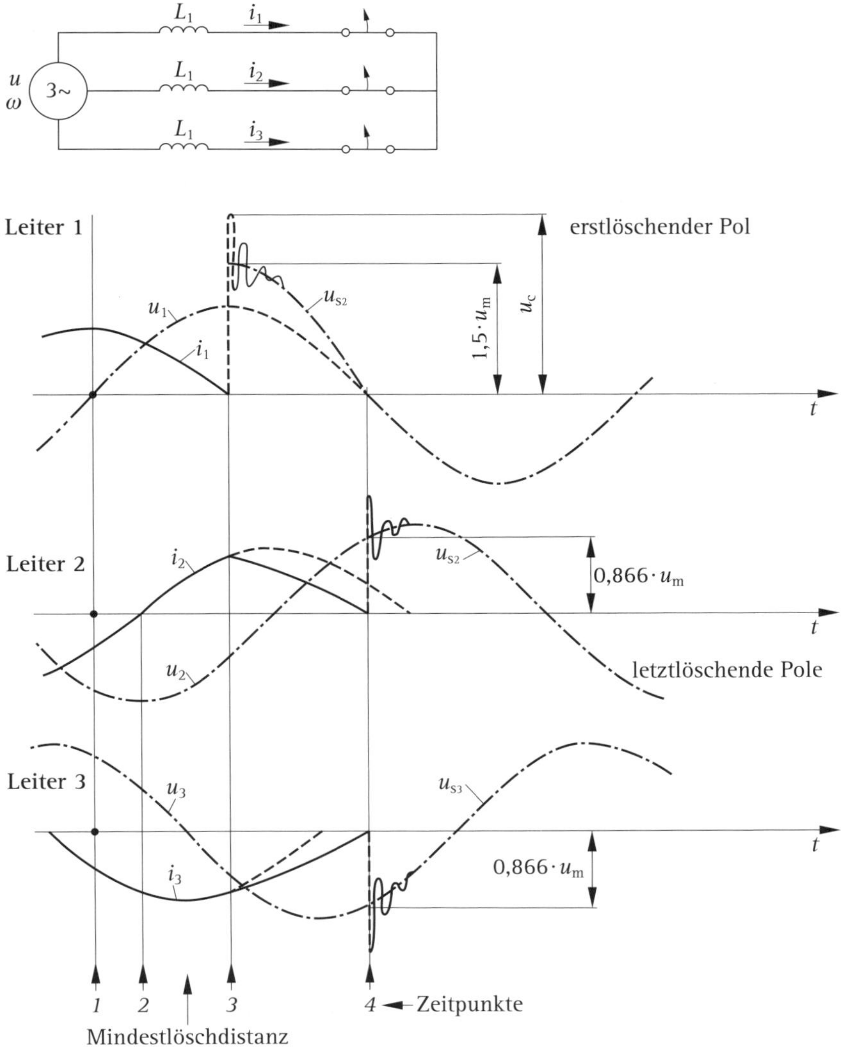

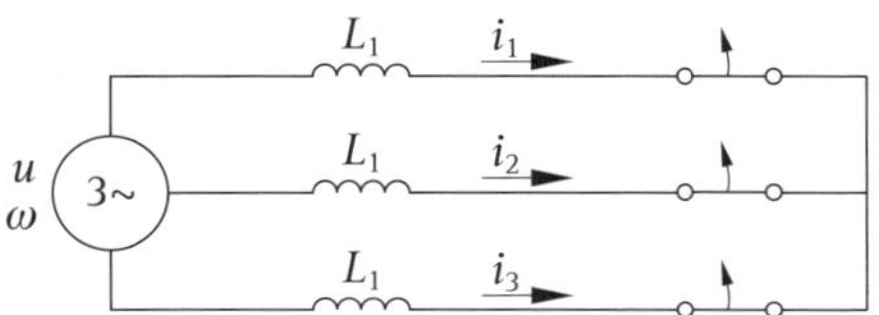

Bild 5.1 Ungeerdetes Netz: dreiphasiger Kurzschluss ohne Erdberührung

Der „erstlöschende Pol-Faktor" k_{pp1}, d. h. das Verhältnis zwischen der nun über den erstlöschenden Pol auftretenden betriebsfrequenten Spannung und der Leiterspannung des unbeeinflussten Netzes, wurde nach der Methode der symmetrischen Komponenten in Abschnitt 4.1 für den dreiphasigen Kurzschluss ohne Erdberührung im ungeerdeten Netz ermittelt zu:

$$k_{\mathrm{pp1}} = 1{,}5$$

Für den erstlöschenden Leiter lässt sich aus dem Ersatzschaltbild **Bild 5.2** (dieses und die entsprechenden folgenden Ersatzschaltbilder wurden aus [6] übernommen) eine resultierende Reaktanz ableiten:

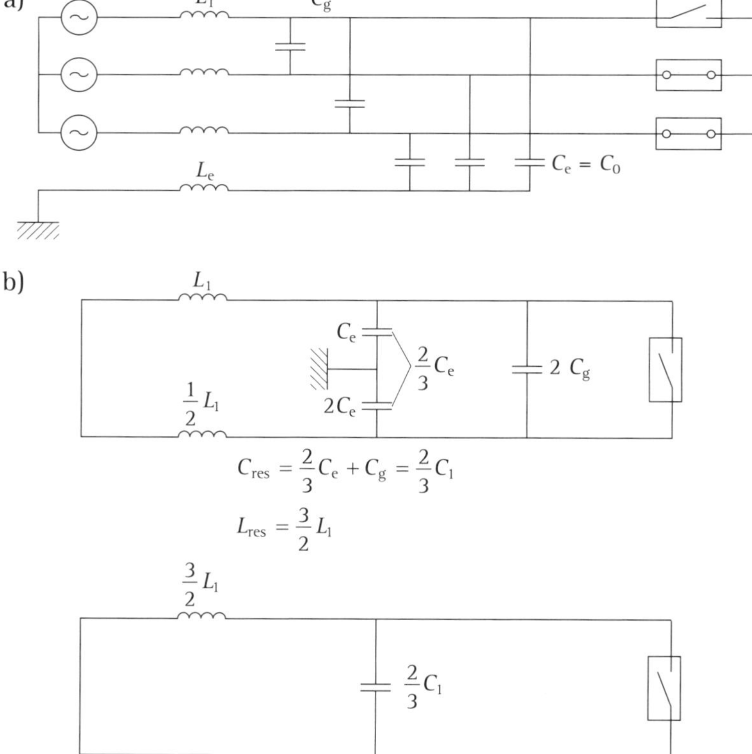

Bild 5.2 Ersatzschaltbild für den erstlöschenden Leiter eines dreiphasigen Kurzschlusses ohne Erdberührung
a) Drehstromkreis
b) Ersatzschaltbild mit Zusammenfassung

$$X_{\text{res}} = \frac{3}{2} \cdot X_{\text{N}}$$

Mit $U_{\text{S1}} = I \cdot \omega \cdot L_{\text{res}} = I \cdot X_{\text{res}}$ ergibt sich für die betriebsfrequente wiederkehrende Spannung U_{S1} über den erstlöschenden Schalterpol:

$$U_{\text{S1}} = \frac{3}{2} \cdot U_1 \tag{5.2}$$

Dieser Wert kann anschaulich wie folgt durch eine Sternpunktverschiebung dargestellt werden: Nach dem Abschalten des ersten Leiters besteht in den anderen beiden Leitern 2 und 3 ein zweipoliger Kurzschluss weiter (**Bild 5.3**). Der Punkt 0, der ebenso wie der Sternpunkt des symmetrisch belasteten dreiphasigen Netzes im Mittelpunkt des zugehörigen Vektordiagramms lag, befindet sich nun symmetrisch zu den Leitern 2 und 3 (0′ in Bild 5.3). Im Vektordiagramm (**Bild 5.4**) liegt er demzufolge in der Mitte auf der Verbindungslinie zwischen U_2 und U_3. Die Spannung zwischen U_1 und 0′ hat damit den Wert $1{,}5 \cdot U_1$, während zwischen U_2 bzw. U_3 und 0′ jeweils die halbe verkettete Spannung besteht.

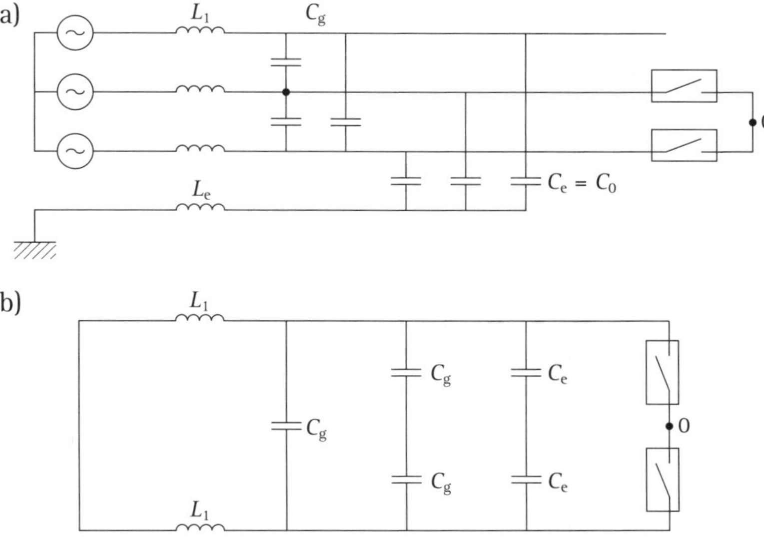

Bild 5.3 Ersatzschaltbild für die letztlöschenden Leiter eines dreipoligen Kurzschlusses ohne Erdberührung bzw. für einen zweiphasigen Kurzschluss im ungeerdeten Netz
a) Drehstromkreis
b) Ersatzschaltbild

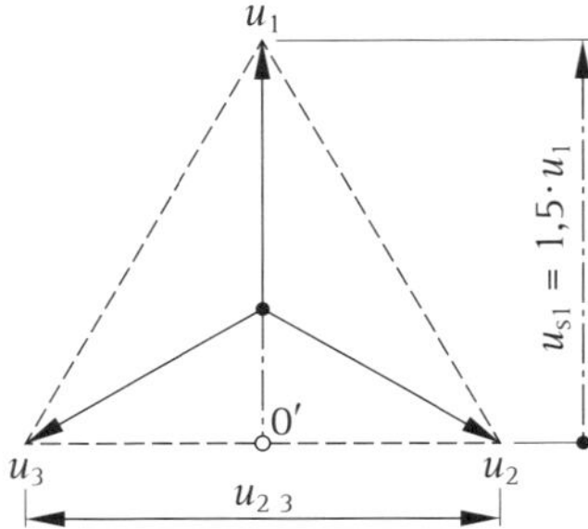

Bild 5.4 Sternpunktverschiebung beim Übergang vom dreiphasigen zum zweiphasigen Kurzschluss ohne Erdberührung

Bei einem dreipoligen Kurzschluss im ungeerdeten Drehstromnetz tritt damit an den Kontakten des erstlöschenden Schalterpols, solange über die beiden anderen Schalterpole noch der Kurzschlussstrom fließt, als wiederkehrende betriebsfrequente Spannung die 1,5-fache Leiterspannung auf.

Der Scheitelwert u_c der transienten Einschwingspannung des erstlöschenden Pols hat den Wert:

$$u_{c1} = U \cdot \frac{\sqrt{2}}{\sqrt{3}} \cdot \gamma \cdot k_{pp1} \tag{5.3 a}$$

Für die Prüfung bei 100 % des Bemessungs-Kurzschluss-Ausschaltstroms eines Leistungsschalters ist in DIN EN 62271-100 (**VDE 0671-100**) der Überschwingfaktor γ = 1,4 genormt. Es ergibt sich also ein Scheitelwert der Einschwingspannung von:

$$u_{c1} = U \cdot \frac{\sqrt{2}}{\sqrt{3}} \cdot 1{,}4 \cdot 1{,}5 \tag{5.3 b}$$

Bei sogenannten Teilleistungen, d. h. Klemmen-Kurzschlussströmen < 100 % des Bemessungs-Kurzschluss-Ausschaltstroms, ist der Normwert für γ = 1,5. Der Scheitelwert der Einschwingspannung erhöht sich dementsprechend.

In der Zeitspanne zwischen „3“ und „4“ wirkt in dem verbleibenden zweiphasigen Kurzschlusskreis die verkettete Spannung U_{23}. Die Reaktanzen der Leiter 2 und 3 sind in diesem Kreis in Reihe geschaltet, sodass in dem zweiphasigen Kreis ab dem Zeitpunkt „3“, in dem der Strom der ersten Leiter unterbrochen worden ist, ein Kurzschlussstrom fließt:

$$I_2 = -I_3 = \frac{U_{23}}{2 \cdot \omega \cdot L_N} = \frac{U}{2 \cdot \omega \cdot L_N} \tag{5.4}$$

Der ursprünglich dreiphasige Kurzschlussstrom ist zum Zeitpunkt „3“ durch einen „Phasensprung“ einphasig geworden. Da die Momentanwerte dieses Stroms in den beiden Leitern 2 und 3 stets entgegengesetzt gleich sein müssen, und der Strom in beiden Leitern gleichzeitig durch null gehen muss, verkürzt sich die Zeit bis zum nächsten Stromnulldurchgang im einen Leiter, während sie sich in dem anderen in gleichem Maße verlängert. Der nächste Stromnulldurchgang tritt daher 90° elektrisch, d. h. eine halbe Halbschwingung nach der Stromunterbrechung im erstlöschenden Pol auf (Zeitpunkt „4“). Damit ist der Strom endgültig unterbrochen und der Ausschaltvorgang abgeschlossen.

Der Momentanwert der treibenden Spannung in den Leitern 2 und 3 zum Zeitpunkt der dortigen Stromunterbrechung (Zeitpunkt „4“) liegt, wie Bild 5.1 zeigt, 30° elektrisch vor bzw. nach dem Scheitelwert der betriebsfrequenten Spannung und beträgt dementsprechend $\left(\sqrt{3}/2\right)\cdot U$, also 0,866 U. Der Scheitelwert der transienten Einschwingspannung über jeden der letztlöschenden Schalterpole wird damit bei 100 % Bemessungs-Kurzschluss-Ausschaltstrom:

$$u_{c2,3} = U \cdot \frac{\sqrt{2}}{\sqrt{3}} \cdot 0{,}866 \cdot \gamma = \frac{U}{\sqrt{2}} \cdot \gamma \tag{5.5}$$

mit γ = 1,4 bzw. bei Klemmen-Kurzschlussströmen < 100 % mit γ = 1,5.

Aus dem Ersatzschaltbild für die letztlöschenden Leiter des dreipoligen Kurzschlussstroms im ungeerdeten Netz (Bild 5.3) ergibt sich mit der resultierenden Kapazität:

$$C_{res} = \frac{1}{2} \cdot C_E + \frac{3}{2} \cdot C_g = \frac{1}{2} \cdot C_1$$

und mit der resultierenden Induktivität $L_{res} = 2 \cdot L_1$ die Eigenfrequenz des Mitsystems:

$$\omega_1^2 = \frac{1}{2 \cdot L_1 \cdot \left(\frac{1}{2} \cdot C_1\right)} = \frac{1}{L_1 \cdot C_1} \tag{5.6}$$

Mit der Stromunterbrechung in den beiden letztlöschenden Schalterpolen ist die Symmetrie des dreiphasigen Drehstromsystems wieder hergestellt. Damit stellt sich auch im Leiter 1, in der der Strom zuerst unterbrochen wurde und in der als wiederkehrende Spannung die 1,5-fache Leiterspannung auftrat, nun wieder die einfache Leiterspannung U_1 ein.

Als Ausschaltzeit eines Schalters wird die gesamte Zeit vom Einlaufen des vom Schutz gesendeten Ausschaltimpulses bis zur Stromunterbrechung in den beiden letztlöschenden Polen definiert. Im geerdeten Netz unterbrechen auch die letztlöschenden Pole sequentiell. In diesem Fall gilt als Ausschaltzeit die Zeit bis zur Stromunterbrechung im drittlöschenden Pol.

Zusammenfassung

Erstlöschender Schalterpol:

zu unterbrechender Strom: $I_1 = I''_{K3} = I = \frac{U}{\sqrt{3}} \cdot \frac{1}{X_N} = \frac{U_1}{X_N}$

wiederkehrende Spannung: $U_{s1} = 1{,}5 \cdot \frac{U}{\sqrt{3}} = 1{,}5 \cdot U_1$

Einschwingfrequenz: $\omega_1^2 = \frac{1}{L_1 \cdot C_1}$

Letztlöschende Schalterpole:

zu unterbrechender Strom: $I''_{2,3} = \frac{U}{2 \cdot X_N} = \frac{\sqrt{3} \cdot U_1}{2 \cdot X_N}$

wiederkehrende Spannung: $U_{s23} = 0{,}5 \cdot U = \frac{\sqrt{3}}{2} \cdot U_1$

Einschwingfrequenz: $\omega_1^2 = \frac{1}{L_1 \cdot C_1}$

Für den dreiphasigen Kurzschluss gegen Erde im ungeerdeten Netz unterscheidet sich der Ausschaltvorgang nicht wesentlich von dem beim dreiphasigen Kurzschluss ohne Erdberührung, da im ungeerdeten Netz die Erde keine Funktion als Rückleiter übernehmen kann.

In einem kompensierten Netz kommt es nach einem dreiphasigen Kurzschluss gegen Erde zu einem langsameren Anstieg der wiederkehrenden Spannung über den erstlöschenden Schalterpol. Dies wird detailliert in Abschnitt 12.2 dargestellt.

5.2 Definition der Nenn-Ausschaltzeit

Die Nenn-Ausschaltzeit wird für den symmetrischen Bemessungs-Kurzschluss-Ausschaltstrom (100 % Klemmenkurzschluss-Strom) des Leistungsschalters ermittelt.

Aus der auf Bild 5.1 gestützten Beschreibung des dreiphasigen Abschaltvorgangs leitet sich folgende Definition der Nenn-Ausschaltzeit für Leistungsschalter ab, die für den Einsatz im ungeerdeten Drehstromnetz vorgesehen sind:

Mechanische Eigenzeit bis zur Trennung der Lichtbogenkontakte (Ausschaltimpuls gelangt an den Auslöser, Auslöser spricht an, Antrieb wird entriegelt und bewegt die Kontakte)

\+ „sichere", d. h. Mindest-Lichtbogenzeit

= minimale Ausschaltzeit

\+ 60° elektrisch (um sicherzustellen, dass der Strom vom erstlöschenden Schalterpol unterbrochen wird)

\+ 90° elektrisch (da die letztlöschenden Pole 90° elektrisch nach dem erstlöschenden den zweiphasigen Strom gleichzeitig unterbrechen)

= Nenn-Ausschaltzeit (identisch mit der maximalen Ausschaltzeit

5.3 Zweiphasiger Klemmenkurzschluss im ungeerdeten Drehstromnetz

Die Strom- und Spannungsverläufe entsprechen denen über die letztlöschenden Schalterpole im Fall eines dreiphasigen Kurzschlusses. Damit gilt auch das Ersatzschaltbild Bild 5.3.

5.4 Einphasiger Erdschluss

Im ungeerdeten Netz hat ein einphasiger Erdschluss keinen Kurzschlussstrom zur Folge. Der einphasige Erdschluss wird daher gesondert behandelt (siehe Kapitel 12).

5.5 Netzsituation und Normen

Da hinsichtlich der untersuchten Netzsituation mehr Ergebnisse für geerdete Netze vorliegen, sei auf Abschnitt 6.6 verwiesen. Dieser Abschnitt enthält auch weitere Details zu den Prüfvorschriften.

Für die Spannungsebenen von 3,6 kV bis 72,5 kV wird in der Norm davon ausgegangen, dass der Anteil der ungeerdeten Netze größer ist als bei höheren Nennspannungen. Daher sind bis einschließlich 72,5 kV alle Klemmenkurzschluss-Prüfungen mit einem erstlöschenden Pol-Faktor 1,5 durchzuführen.

Im Nennspannungs-Bereich 100 kV bis 170 kV sind alternativ Werte für die Nenn-Einschwingspannung auf der Basis der erstlöschenden Pol-Faktoren 1,5 und 1,3 vorgegeben.

Netze ab einer Nennspannung von 245 kV gelten durchwegs als geerdet.

6 Klemmenkurzschluss im Drehstromnetz mit geerdetem Sternpunkt

In Netzen mit geerdetem Sternpunkt ist die Größe des Kurzschlussstroms und, wie Tabelle 4.1 zeigt, die Höhe der Einschwing- und der wiederkehrenden Spannung in den drei Schalterpolen stark von den Erdungsbedingungen abhängig. Der wesentliche Faktor ist die resultierende Impedanz des Nullsystems X_0, d. h. ob das Netz starr geerdet ist $(X_0/X_1 = 1)$ oder ob es niederohmig („wirksam") geerdet ist $(1 < X_0/X_1 < 3)$. In einigen Netzen ist $X_0 < 1$, wodurch der einphasige Erdkurzschlussstrom sogar größer wird als der dreiphasige Kurzschlussstrom ohne Erdberührung.

Das Verhältnis X_0/X_1 wird als „Erdungsfaktor" bezeichnet.

Auch im Netz mit geerdetem Sternpunkt wird der Kurzschlussstrom als rein induktiver Strom angenommen.

6.1 Dreiphasiger Kurzschluss ohne Erdberührung

Sowohl in den erstlöschenden als auch in den letztlöschenden Leitern entsprechen die Bedingungen denen im ungeerdeten Netz (siehe Abschnitt 5.1).

Die resultierenden Werte im Ersatzschaltbild werden:

$$L_{\text{res}} = 1{,}5 \cdot L_{\text{N}}; \quad X_{\text{res}} = 1{,}5 \cdot X_{\text{N}}; \quad C_{\text{res}} = \frac{C_1}{1{,}5}; \quad Z_{\text{res}} = \frac{1{,}5 \cdot Z_1}{n} \qquad \text{(siehe Abschnitt 6.2)}$$

Der erstlöschende Pol-Faktor k_{pp1} ist 1,5.

Im geerdeten Netz kommen dreiphasige Kurzschlüsse ohne Erdberührung sehr selten vor, ihr Anteil am gesamten Kurzschluss-Geschehen liegt unter 1 %. Dementsprechend wird dieser Fehlerfall in der Norm für Schalterprüfungen der Spannungsebenen ab 245 kV nicht berücksichtigt.

Ursache für einen dreiphasigen Kurzschluss ohne Erdberührung im geerdeten Netz sind im Allgemeinen ein Waldbrand oder ein anderes Feuer unter einer Freileitung. Damit der volle Kurzschlussstrom fließt, muss dieses Feuer sich in unmittelbarer Nähe der Schaltanlage ereignen, in der der betreffende Leistungsschalter installiert ist.

6.2 Dreiphasiger Kurzschluss mit Erdberührung

Der Kurzschlussstrom beträgt, ebenso wie im ungeerdeten Netz, in jedem Leiter:

$$I''_{K3} = \frac{U}{\sqrt{3}} \cdot \frac{1}{\omega \cdot L_N} \tag{6.1}$$

Aus dem Ersatzschaltbild (**Bild 6.1**) lässt sich mit $X_N = X_1$ eine resultierende Reaktanz ableiten:

$$X_{res} = \frac{3}{2} \cdot X_1 \cdot \frac{X_0 / X_1}{1/2 + X_0 / X_1} = 3 \cdot \frac{X_0 \cdot X_1}{X_1 + 2 \cdot X_0} \tag{6.2}$$

wobei $X_E = \frac{1}{3} \cdot (X_0 - X_1)$

Die resultierende Kapazität ergibt sich zu:

$$C_{res} = C_E + 2 \cdot C_g = \frac{1}{3} \cdot (2 \cdot C_1 + C_0) \tag{6.3}$$

a)

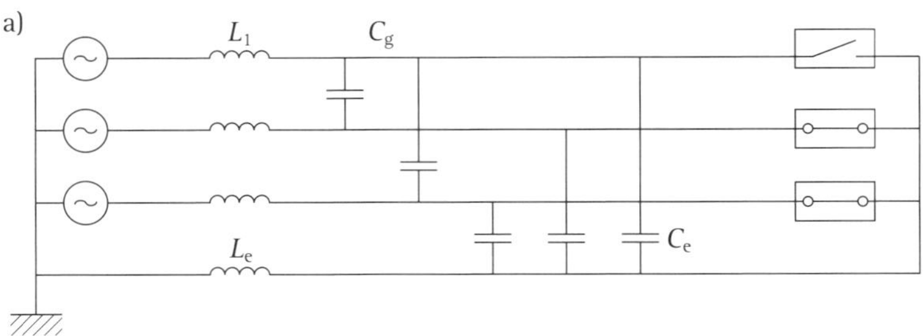

b)

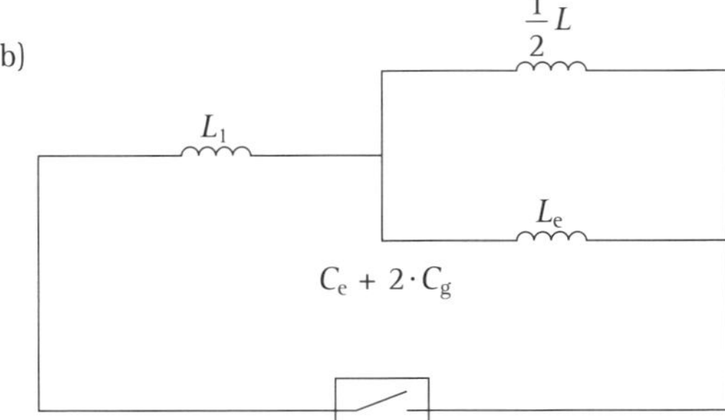

Bild 6.1 Ersatzschaltbild für den erstlöschenden Pol eines dreiphasigen Kurzschlusses mit Erdberührung im Netz mit starr geerdetem Sternpunkt
a) Drehstromkreis
b) Ersatzschaltbild

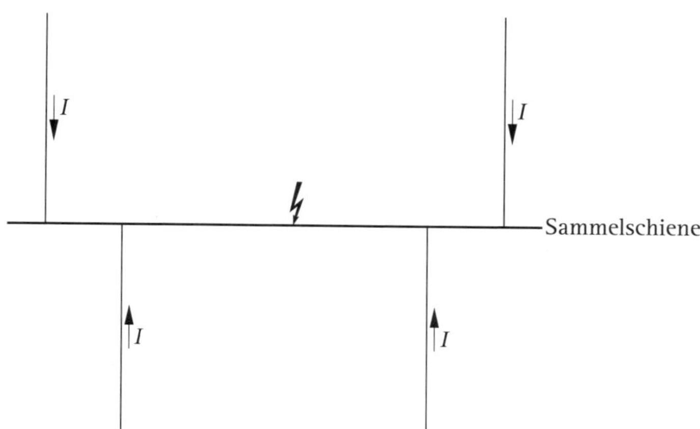

Bild 6.2 Kurzschluss auf der Sammelschiene einer Schaltanlage mit *n* Einspeisungen

Ist $C_0 = C_1$, dann wird $C_{res} = C_0 = C_1$.

Dies ist der Fall, wenn keine Kapazitäten C_g zwischen den Leitern wirksam sind.

Tritt der Klemmenkurzschluss in einer Schaltanlage auf, wie **Bild 6.2** zeigt, in die n Leitungen einspeisen, so ist der resultierende Wellenwiderstand der Einspeisung:

$$Z_{res} = \frac{3}{n} \cdot \frac{Z_0 \cdot Z_1}{Z_1 + 2 \cdot Z_0} \tag{6.4}$$

(Näheres zum Wellenwiderstand Z siehe Abschnitt 9.5.)

Für die betriebsfrequente wiederkehrende Spannung über den erstlöschenden Schalterpol folgt mit:

$$U_{s1} = I \cdot X_{res}$$

$$U_{s1} = \frac{U\sqrt{2}}{\sqrt{3}} \cdot \frac{3}{2} \cdot \frac{X_0 \cdot X_1}{1/2 + X_0/X_1} \tag{6.5}$$

Während der dreiphasige Kurzschlussstrom unabhängig ist von der Größe der Nullreaktanz, ändert sich die wiederkehrende Spannung über den ersten Pol in der in **Bild 6.3** dargestellten Weise. Wie in Abschnitt 4.2 angegeben, tritt bei $X_0/X_1 = 3$ am erstlöschenden Pol die 1,3-fache Leiterspannung auf. Im starr geerdeten Netz mit $X_0/X_1 = 1$ ist die Spannung über den erstlöschenden Schalterpol gleich der Leiterspannung.

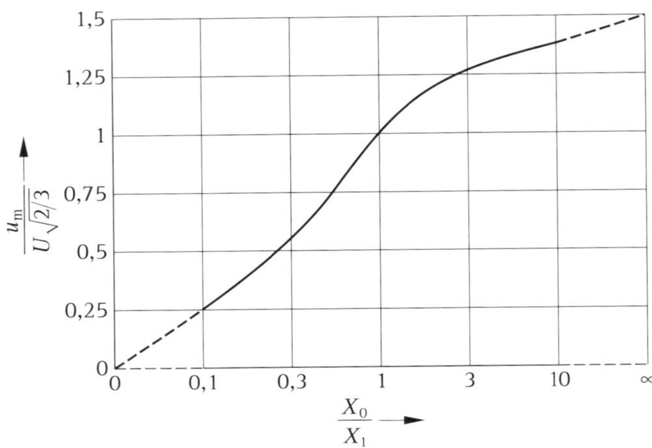

Bild 6.3 Betriebsfrequente wiederkehrende Spannung U_{S1} über den erstlöschenden Schalterpol

Die auf die Einschwingfrequenz des Mitsystems $\omega_1^2 = 1/(L_1 \cdot C_1)$ bezogene Frequenz der Einschwingspannung am erstlöschenden Schalterpol beträgt:

$$\omega_{res}^2 = \frac{1}{L_{res} \cdot C_{res}} \tag{6.6}$$

Sie ist damit nicht nur vom Verhältnis X_0/X_1, sondern auch von der Größe der Erd- und Koppelkapazitäten im Netz abhängig. Da im Allgemeinen die Erdkapazität C_E sehr viel größer ist als die Koppelkapazitäten C_g, liegt ω_{res}^2 bei etwa $0{,}8 \cdot \omega_1^2$. Die Einschwingfrequenz ist für $X_0/X_1 = 3$ etwa $0{,}9 \cdot \omega_1$ und für $X_0/X_1 = 1$ gleich ω_1.

Anders als im ungeerdeten Netz unterbrechen die letztlöschenden Schalterpole nicht gleichzeitig, da für die Ströme der beiden letztlöschenden Leiter die Erde als Rückleiter zur Verfügung steht. Daher brauchen im geerdeten Netz diese Ströme sich nicht notwendigerweise zu beeinflussen. Wie sie sich auf den jeweils anderen Leiter und Erde aufteilen, wird durch den Erdungsfaktor X_0/X_1 bestimmt.

Der dreiphasige Kurzschluss geht nach der Unterbrechung im ersten Leiter in einen zweiphasigen und dieser schließlich in einen einphasigen Erdkurzschluss über. Das Verhalten in den letztlöschenden Leitern wird im Zusammenhang mit diesen Fehlerfällen diskutiert.

6.3 Definition der Nenn-Ausschaltzeit

Die Nenn-Ausschaltzeit wird für den symmetrischen Bemessungs-Kurzschluss-Ausschaltstrom ermittelt, also für 100 % des Klemmenkurzschluss-Stroms des Leistungsschalters.

Für Leistungsschalter, die für den Einsatz im geerdeten Drehstromnetz vorgesehen sind, basiert die Definition der Nenn-Ausschaltzeit auf dem dreiphasigen Kurzschluss mit Erdberührung. Da in jedem Leiter der Strom einen Rückschluss über Erde hat, beeinflussen die drei Leiterströme sich nicht gegenseitig. Demzufolge kommt es während des Ausschaltvorgangs in den drei Leitern nacheinander jeweils nach 60° elektrisch zum Stromnulldurchgang.

Dies führt zu folgender Definition der Nenn-Ausschaltzeit für Leistungsschalter im geerdeten Drehstromnetz:

Mechanische Eigenzeit bis zur Trennung der Lichtbogenkontakte (Ausschaltimpuls gelangt an den Auslöser, Auslöser spricht an, Antrieb wird entriegelt und bewegt die Kontakte)

\+ „sichere“, d. h. Mindest-Lichtbogenzeit

= minimale Ausschaltzeit

\+ 60° elektrisch (um sicherzustellen, dass der Strom durch den erstlöschenden Schalterpol unterbrochen wird)

\+ 120° elektrisch (Stromnulldurchgang im zweitlöschenden Schalterpol 60° elektrisch nach dem im erstlöschenden Stromnulldurchgang im drittlöschenden nach weiteren 60° elektrisch)

= Nenn-Ausschaltzeit (identisch mit der maximalen Ausschaltzeit bzw. der Ausschaltzeit des letztlöschenden Schalterpols)

Die Nenn-Ausschaltzeit eines Leistungsschalters, der im geerdeten Drehstromnetz eingesetzt wird, ist also um 30° elektrisch länger als die eines Schalters für ungeerdete Drehstromnetze (siehe Abschnitt 5.2). Leistungsschalter, die universell einzusetzen sind, haben dementsprechend als Nennwert diese längere Nenn-Ausschaltzeit.

6.4 Zweiphasiger Kurzschluss mit Erdberührung

Die Betrachtung des zweiphasigen Kurzschlusses mit Erdberührung gilt sowohl für diesen Fehlerfall selbst als auch als Fortsetzung der Diskussion des dreiphasigen Kurzschlusses mit Erdberührung, nachdem im erstlöschenden Leiter der Strangstrom unterbrochen worden ist.

Der Kurzschlussstrom verteilt sich gemäß **Bild 6.4** auf die beiden betroffenen Leiter mit den Effektivwerten:

$$I''_{K2} = \frac{U}{\sqrt{3} \cdot X_1} \cdot \frac{\sqrt{3}}{2} \cdot \sqrt{1 + \frac{3}{\left(1 + 2 \cdot \frac{X_0}{X_1}\right)^2}} \tag{6.7}$$

Über Erde fließt der Stromanteil:

$$I_e = \frac{U}{\sqrt{3}} \cdot \frac{3}{X_1} \cdot \frac{1}{1 + 2 \cdot \frac{X_0}{X_1}} \qquad \text{mit} \quad X_1 = X_N \tag{6.8}$$

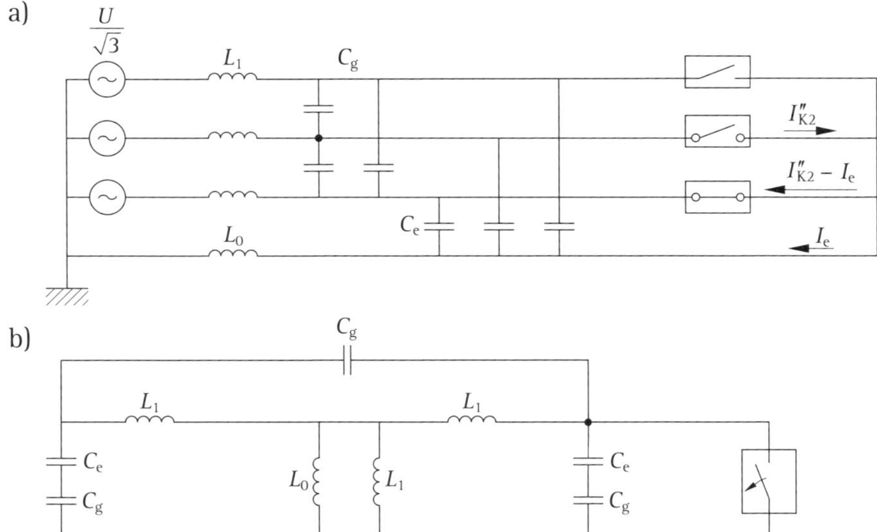

Bild 6.4 Zweiphasiger Kurzschluss mit Erdberührung im Netz mit starr geerdetem Sternpunkt
a) Drehstromkreis
b) Ersatzschaltbild

Der zweiphasige Kurzschlussstrom mit Erdberührung ist also, anders als der dreiphasige, vom Verhältnis X_0/X_1 abhängig.

Im Gegensatz zum zweiphasigen Kurzschluss ohne Erdberührung bzw. im ungeerdeten Netz gehen die Ströme in den beiden fehlerbehafteten Leitern nicht gleichzeitig durch null. Im vorliegenden Fall wird der Strom in dem von beiden erstlöschenden Leitern mit I''_{K2} bezeichnet. Sein Betrag ist im Verhältnis zum Strom beim dreiphasigen Kurzschluss mit Erdberührung:

$$\frac{I''_{K2}}{I''_{K3}} = \frac{\sqrt{3}}{2} \cdot \sqrt{1 + \frac{3}{\left(1 + 2 \cdot \frac{X_0}{X_1}\right)^2}} \tag{6.9}$$

Für den über Erde fließenden Strom I_E gilt dementsprechend:

$$\frac{I_E}{I''_{K3}} = 3 \cdot \frac{1}{1 + 2 \cdot \frac{X_0}{X_1}} \tag{6.10}$$

Bild 6.5 zeigt den Strom I'_k in Abhängigkeit von X_0/X_1. Unter realen Netzbedingungen $(1 \le X_0/X_1 \le 3)$ liegt I''_{K2} zwischen I''_{K3} und $0{,}866 \cdot I''_{K3}$.

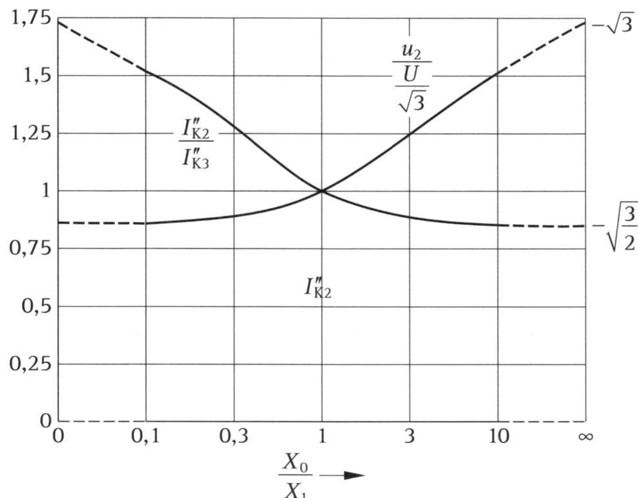

Bild 6.5 Kurzschlussstrom und betriebsfrequente wiederkehrende Spannung über den erstlöschenden Schalterpol bei zweiphasigem Kurzschluss mit Erdberührung im Netz mit starr geerdetem Sternpunkt bzw. über den als zweitem abschaltenden Schalterpol bei dreiphasigem Kurzschluss mit Erdberührung

Nach der Stromunterbrechung tritt an dem betreffenden Schalterpol eine betriebsfrequente wiederkehrende Spannung auf von:

$$U_{s2} = \frac{U}{\sqrt{3}} \cdot \frac{I''_{K2}}{I''_{K3}} \cdot \frac{1 + 2 \cdot \frac{X_0}{X_1}}{2 + \frac{X_0}{X_1}} \tag{6.11}$$

Wie Bild 6.5 zeigt, ist die wiederkehrende Spannung U_{s2} über den erstlöschenden Schalterpol eines zweiphasigen Kurzschlusses mit Erdberührung im geerdeten Netz für $X_0/X_1 > 1$ höher als die Leiterspannung $U/\sqrt{3}$ des ungestörten dreiphasigen Drehstromnetzes. Im Extremfall, beim Doppelerdschluss im Netz mit ungeerdetem Sternpunkt, d. h. $X_0 = \infty$, ist sie gleich der verketteten Spannung.

Die transiente Einschwingspannung ist zweifrequent. Die erste Schwingung hat die Einschwingfrequenz des Mitsystems:

$$\omega_1^2 = \frac{1}{L_1 \cdot C_1}$$

Die Frequenz der zweiten Einschwingspannung ω_2 ist abhängig von L_0/L_1 und C_1/C_0. Ist, wie im realen Netz, $C_E \gg C_g$, so sind beide Frequenzen bei $X_0/X_1 = 1$ annähernd gleich, während für $X_0/X_1 = 3$ die Frequenz der zweiten Einschwingspannung $\omega_2 = 0{,}75 \cdot \omega_1$ wird. Die Amplituden der beiden Einschwingspannungen sind kleiner als die bei einem dreiphasigen Kurzschluss. Bei $X_0/X_1 = 3$ erreichen sie für die erste Einschwingspannung etwa den Wert 0,5 und für die zweite etwa 0,8 des Scheitelwerts der Leiterspannung.

6.5 Einphasiger Kurzschluss mit Erdberührung

Während im ungeerdeten Netz ein einphasiger Erdschluss keinen Kurzschlussfall darstellt, bedeutet jeder Erdschluss im Netz mit geerdetem Sternpunkt einen einphasigen Erdkurzschluss. Auch beim Abschalten eines drei- oder zweiphasigen Kurzschlusses mit Erdberührung im geerdeten Netz schaltet der letztlöschende Schalterpol schließlich einen einphasigen Kurzschluss mit Erdberührung.

Bild 6.6 zeigt das Ersatzschaltbild.

Der Kurzschlussstrom beträgt:

$$I''_{K1} = \frac{U}{\sqrt{3}} \cdot \frac{1}{X_1} \cdot \frac{3}{2 + \frac{X_0}{X_1}} \tag{6.12}$$

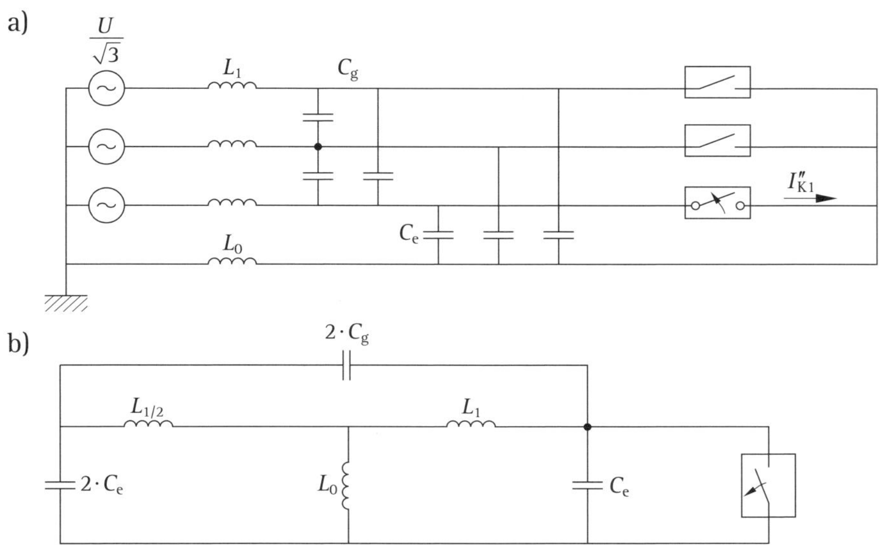

Bild 6.6 Einphasiger Kurzschluss mit Erdberührung im starr geerdetem Netz
a) Drehstromnetz
b) Ersatzschaltbild

bzw.

$$\frac{I''_{K1}}{I''_{K3}} = \frac{3}{2 + \dfrac{X_0}{X_1}} \tag{6.13}$$

Der Zusammenhang zwischen einphasigem Kurzschlussstrom und X_0/X_1 ist in **Bild 6.7** dargestellt. Für $X_0/X_1 = 1$ ist $I''_{K1} = I''_{K3}$ und für $X_0/X_1 = 3$ wird $I''_{K1} = 0{,}6 \cdot I''_{K3}$.

Die betriebsfrequente wiederkehrende Spannung hat, unabhängig von den Erdungsverhältnissen, stets den Wert der Leiterspannung.

Die Einschwingspannung ist zweifrequent, wie beim zweiphasigen Kurzschluss mit Erdberührung im geerdeten Netz. Die beiden Schwingungen sind die des Mit- und des Nullsystems. Die Amplituden der beiden Komponenten der Einschwingspannung liegen für $X_0/X_1 = 3$ beim (0,4…0,6)-Fachen des Scheitelwerts der Leiterspannung. Im intensiver geerdeten Netz ($X_0/X_1 < 1$) ist die Amplitude der Einschwingspannung des Mitsystems annähernd gleich der der Leiterspannung, während die des Nullsystems gegen null geht.

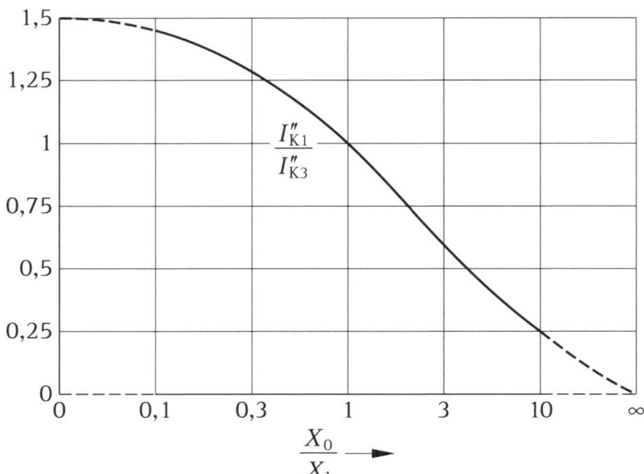

Bild 6.7 Kurzschlussstrom im Netz mit starr geerdetem Sternpunkt bei einphasigem Kurzschluss mit Erdberührung

6.6 Netzsituation und Normen, Prüfung

Der größere Teil der Messungen und Untersuchungen [21 ... 25] wurde in Netzen mit Bemessungsspannungen von ≥ 362 kV durchgeführt. Diese Netze sind generell geerdet.

Die statistische Verteilung der in diesen Netzen auftretenden Größen für die Einschwingspannung ergibt, dass die Tangentensteilheit u_1/t_1 bei mittleren Kurzschlussströmen (etwa 30 kA) Werte um 2,5 kV/µs erreichen kann. Bei größeren Kurzschlussströmen (≥ 40 kA) liegt sie bei ≤ 2 kV/µs. Der Scheitelwert $\gamma \cdot k_{pp1}$ der Einschwingspannung u_c für den erstlöschenden Schalterpol ist bei allen ausgewerteten Kurzschlussströmen im Fall des Klemmenkurzschlusses ≤ 1,7 p. u. (1 p. u. = Scheitelwert der betriebsfrequenten Leiterspannung). Dies liegt im Wesentlichen daran, dass sowohl der Überschwingfaktor γ als auch der erstlöschende Pol-Faktor k_{pp1} in der Praxis meist kleiner ist, als sie in der theoretischen Betrachtung angesetzt werden.

Wie in [25] festgestellt wurde, hat die Bauweise bzw. Konfiguration von Freileitungen keinen Einfluss auf den Verlauf der Einschwingspannung.

In DIN EN 62271-100 (**VDE 0671-100**) sind für Bemessungsspannungen ab 100 kV für die Prüfung bei 100 % des Bemessungs-Kurzschluss-Ausschaltstroms eine Tangentensteilheit der Einschwingspannung u_1/t_1 = 2 kV/µs und für den Scheitelwert u_c der Einschwingspannung ein Überschwingfaktor γ = 1,4 vorgegeben.

Für 60 % lauten die entsprechenden Werte u_1/t_1 = 3 kV/µs und γ = 1,5, während für die Prüfung mit 30 % u_1/t_1 = 5 kV/µs mit γ = 1,5 genormt ist. Diese Daten gelten mit den in Tabelle 4.1 genannten erstlöschenden Pol-Faktoren bei 100 % und 60 % Klemmenkurzschlussstrom sowohl für ungeerdete als auch für geerdete Drehstromnetze. Der Beitrag von Transformatoren zum Kurzschlussstrom ist in Netzen mit kleinen Kurzschlussströmen relativ groß. Daher ist auch in geerdeten Netzen eine verhältnismäßig große Zahl von Transformatoren im Einsatz, deren Sternpunkt nicht geerdet ist. Aus diesem Grunde ist in IEC für Nennspannungen bis 245 kV für die Prüfung mit 30 % und 10 % und ab 275/300 kV mit 10 % des Nenn-Kurzschlussausschaltstroms k_{pp1} = 1,5 vorgeschrieben.

Der im realen Netz mehrfrequente Verlauf der Einschwingspannung wird durch einen Prüfspannungsverlauf nachgebildet, der durch vier Parameter charakterisiert ist. Für 10 % Klemmenkurzschlussstrom wird angenommen, dass es sich bei Nennspannungen ab 100 kV um einen Kurzschluss hinter einem Transformator handelt (siehe hierzu Kapitel 7). Da hier die Einschwingspannung vom Transformator bestimmt wird, ist für die Prüfung ein einfrequenter Spannungsverlauf vorgegeben, der durch zwei Parameter beschrieben wird.

Für die Prüfung von Mittelspannungs-Leistungsschaltern, d. h. für den Bereich der Nennspannungen 3,6 kV bis 72,5 kV, ist generell die Prüfung mit k_{pp1} = 1,5 sowie mit γ = 1,4 für 100 % Klemmenkurzschlussstrom und γ = 1,5 für 10 % bis 60 % Klemmenkurzschlussstrom vorgegeben. Die Tangentensteilheit u_1/t_1 ändert sich mit der Nennspannung. Der Verlauf der Einschwingspannung wird als einfrequent angenommen und durch zwei Parameter dargestellt.

Für weitere Angaben sei auf Abschnitt 3.2 verwiesen.

Da für Prüfungen bei höheren Bemessungsspannungen im Allgemeinen die für eine dreiphasige Prüfung erforderliche Leistung in den Prüffeldern nicht zur Verfügung steht, werden Prüfungen mit Kurzschlussstrom meist einphasig am erstlöschenden Schalterpol durchgeführt. In den Abschnitten 4.2 und 5.1 wird gezeigt, dass dieser Pol sowohl durch den Strom als auch durch die Spannung eine härtere Beanspruchung sieht als die letztlöschenden Pole.

Sollte bei mehrfach unterbrechenden Schaltern die Prüfleistung nicht ausreichen, um den vollständigen erstlöschenden Schalterpol zu prüfen, oder falls der im Prüffeld mögliche Scheitelwert der transienten Einschwingspannung geringer ist als der für den erstlöschenden Schalterpol nach Norm vorgegebene, so wird eine Teilpolprüfung angewendet. Dazu wird ermittelt, wie die Spannung sich im stationären Zustand auf die in Reihe liegenden Schaltstrecken aufteilt. Zur Prüfung wird der Teilpol herangezogen, der den größeren Spannungsanteil zu übernehmen hat. Eine typische Spannungsaufteilung auf die zwei Schaltstrecken eines zweifach unterbrechenden Schalterpols, der mit Steuerkondensatoren von je 500 pF ausgestattet ist, ist 52 % / 48 %.

7 Klemmenkurzschluss hinter einem Transformator oder einer Drosselspule

Bei einem Klemmenkurzschluss hinter einem Transformator (**Bild 7.1**) oder einer Drosselspule wird der Fehlerstrom begrenzt durch die Impedanz dieser Geräte. Es tritt eine relativ hochfrequente Einschwingspannung auf, deren Verlauf weitgehend bestimmt wird durch die Eigenschwingung des Transformators oder der Drosselspule. Dabei wird vorausgesetzt, dass keine Freileitungen oder Kabel angeschlossen sind, die dämpfend wirken und/oder durch ihre Betriebskapazität die Einschwingfrequenz senken könnten.

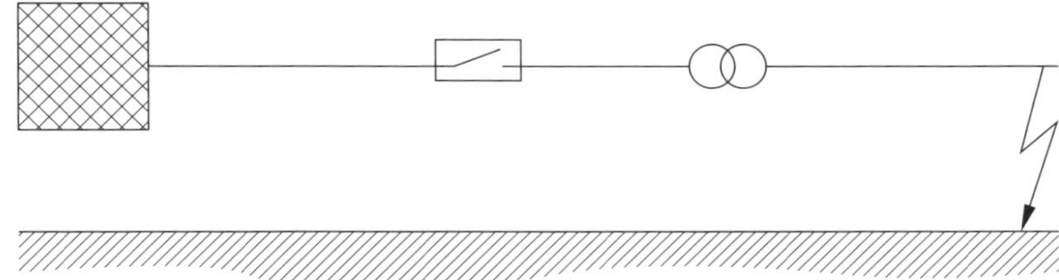

Bild 7.1 Kurzschluss hinter einem Transformator

Strombegrenzende Drosselspulen haben normalerweise eine sehr geringe Eigenkapazität. Ihre Eigenfrequenz kann daher sehr hoch sein. Schalter, die unmittelbar hinter einer solchen Drosselspule installiert sind, können daher mit einer transienten Einschwingspannung beansprucht werden, die noch höher ist als der aus Bild 7.2 abzuleitende Normwert. Für diesen Fall wird empfohlen, parallel zur Drosselspule oder gegen Erde eine Kapazität einzufügen, sodass die transiente Einschwingspannung auf den genormten Wert reduziert wird.

Die in diesem Kapitel für Transformatoren dargestellten Betrachtungen gelten, mit den entsprechenden Daten, auch für Drosselspulen.

Die Berechnung der Einschwingspannung wird für den Fall des erstlöschenden Schalterpols bei dreiphasigem Kurzschluss ohne Erdberührung durchgeführt. Dieser Schaltfall bedeutet die härteste Beanspruchung des Schalters. Die betriebsfrequente wiederkehrende Spannung ist, wie beim entsprechenden Klemmenkurzschluss, das 1,5-Fache der Leiterspannung. Bei einem Fehler mit Erdberührung ist die wiederkehrende Spannung geringer, und die Einschwingfrequenz wird durch das Nullsystem verkleinert (siehe Kapitel 6).

Es gilt das im Bild 5.2 angegebene Ersatzschaltbild. Der dreiphasige Kurzschluss ist dadurch berücksichtigt, dass für die Reaktanzen bzw. für die Induktivitäten des Netzes L_N und des Transformators L_{Tr} das $^3/_2$-Fache der Werte des Mitsystems des Netzes bzw. des Transformators eingesetzt werden (siehe Abschnitt 5.1). Die Kapazitäten C_N und C_{Tr} sind $^2/_3$ der Werte des Mitsystems.

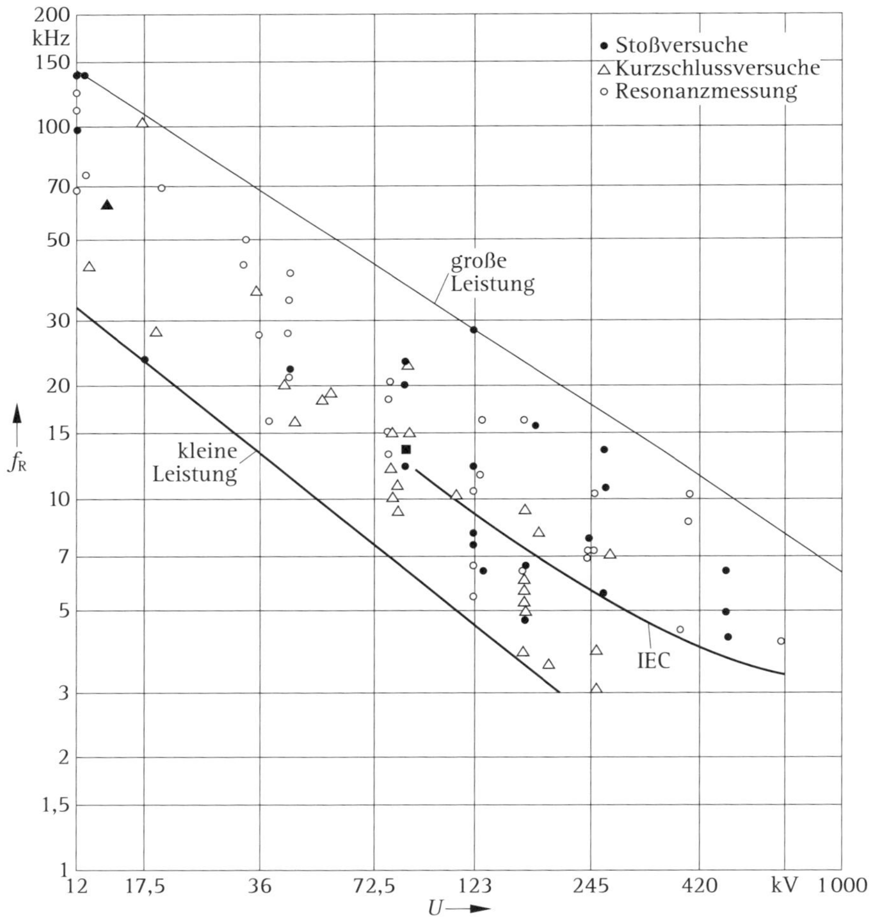

Bild 7.2 Eigenfrequenzen f_R von Drehstromtransformatoren
Quellen: Siemens-Zeitschrift 29 (1955) S. 360
BBC-Mitteilungen 53 (1966) S. 324
CIGRÉ-Berichte 138 (1966) und 13-07 (1968)

Wie **Bild 7.2** zeigt, sind die Eigenfrequenzen von Drehstromtransformatoren generell höher als die des speisenden Netzes: $\omega_{Tr} \gg \omega_N$. Wird die Dämpfung unberücksichtigt gelassen, so kann der Verlauf der resultierenden Einschwingspannung $u'(t)$ beschrieben werden durch die Gleichung:

$$u'(t) = \hat{u}_N \cdot \left(1 - \cos \omega_N\, t\right) + \hat{u}_{Tr} \cdot \left(1 - \cos \omega_{Tr}\, t\right) \tag{7.1}$$

$$\hat{u}_N + \hat{u}_{Tr} = \hat{u}' \tag{7.2}$$

$\hat{u}'$ ist die Amplitude der resultierenden wiederkehrenden Spannung, $\hat{u}_N$ und $\hat{u}_{Tr}$ sind die Amplituden der beiden Teilspannungen. Die Anteile der Teilspannungen berechnen sich zu:

$$\hat{u}_N = \hat{u}' \cdot \frac{X_N}{X_N + X_{Tr}} \quad \text{und} \quad \hat{u}_{Tr} = \hat{u}' \cdot \frac{X_{Tr}}{X_N + X_{Tr}} \tag{7.3}$$

Die Überschwingfaktoren $\gamma = \frac{1}{R} \cdot \sqrt{\frac{L}{C}}$ sind die des Netzes und des Transformators.

Im Allgemeinen ist der Verlauf der Einschwingspannung bei einem Kurzschluss unmittelbar hinter einem Transformator bestimmt durch die im Vergleich zum Netz höhere Eigenfrequenz des Transformators.

Ist die Eigenfrequenz $\omega_{Tr}(1)$ eines Transformators bekannt, so können in guter Näherung die Eigenfrequenzen anderer Transformatoren berechnet werden, deren Nenndaten nicht mit denen des bekannten Transformators übereinstimmen [26]. Die Kapazitäten C_{Tr} von Transformatoren setzen sich zusammen aus der Erdkapazität der Wicklung und der Kapazität zwischen den Wicklungen. Sie sind daher weitgehend durch die äußeren Abmessungen bestimmt. Ab einer bestimmten Nennleistung sind die größtmöglichen Abmessungen gegeben durch das Bahnprofil. Darum ist die Kapazität praktisch ab einer bestimmten Leistung konstant. Die Induktivität L_{Tr} berechnet sich aus der relativen Kurzschlussspannung und der Nennleistung. Aus der bekannten Eigenfrequenz $\omega_{Tr}(1)$ kann die Eigenfrequenz $\omega_{Tr}(2)$ eines Transformators mit anderen Daten abgeschätzt werden, wenn man die Kapazität als konstant ansieht:

$$\omega_{Tr}(2) \approx \omega_{Tr}(1) \cdot \frac{L_{Tr}(1)}{L_{Tr}(2)} \tag{7.4}$$

In DIN EN 62271-100 (**VDE 0671-100**) wird die Prüfung mit 10 % des Nenn-Kurzschlussausschaltstroms als repräsentativ angesehen für das Abschalten eines Kurzschlusses hinter einem Transformator. Es wird angenommen, dass die Transformator-Impedanz den Kurzschlussstrom auf 10 % des Nenn-Kurzschlussausschaltstroms begrenzt. Da, wie in Abschnitt 6.5 erwähnt, bei allen Spannungsebenen Transformatoren im Einsatz sind, deren Sternpunkt nicht geerdet ist, ist für alle Nennspannungen die Prüfung mit dem erstlöschenden Pol-Faktor $k_{pp1} = 1{,}5$ vorgeschrieben. Im Hinblick darauf, dass die Einschwingspannung eines Transformators weniger gedämpft ist als die des Netzes, wurden höhere Überschwingfaktoren als für den Klemmenkurzschluss genormt: für die Spannungsebenen unterhalb 100 kV ist $\gamma = 1{,}7$ für Schalter, die für Kabelnetze vorgesehen sind, und $\gamma = 1{,}8$ für Schalter, die in Freileitungsnetzen eingesetzt werden (siehe auch Abschnitte 29.1 und 29.2). Für die Spannungsebenen ab 100 kV gilt $\gamma = 1{,}7 \cdot 0{,}9 = 1{,}53$. Der Faktor 0,9 berücksichtigt den Spannungsfall über den Transformator.

Die in DIN EN 62271-100 (**VDE 0671-100**) vorgegebene Tangentensteilheit u_1/t_1 variiert von 5,5 kV/µs bei 100 kV bis 10,3 kV/µs bei 550 kV bzw. 12,9 kV/µs bei 800 kV. Wie Bild 7.2 zeigt, entspricht dies Einschwingfrequenzen, die in etwa die Mittelwerte der an Drehstromtransformatoren verschiedener Nennleistung und Nennspannung gemessenen Eigenfrequenzen darstellen.

8 Unterbrechen asymmetrischer Kurzschlussströme

Wie in Kapitel 16 dargestellt, ist, bedingt durch den Moment des Kurzschlusseintritts in den einzelnen Leitern, im Allgemeinen der Wechselstromkomponente des Kurzschlussstroms ein Gleichstromglied überlagert. Der Kurzschlussstrom verläuft damit asymmetrisch zur Nulllinie. Selbst wenn der Strom eines Leiters rein symmetrisch ist, können in den beiden anderen Leitern asymmetrische Ströme fließen.

8.1 Einschwingvorgang bei asymmetrischem Kurzschlussstrom

Ist der Wechselstromkomponente des abzuschaltenden Kurzschlussstroms (s. Abschnitt 3.1) eine Gleichstromkomponente überlagert, so schwingt der Strom nicht symmetrisch zur Nulllinie. Während für einen induktiven symmetrischen Strom, d. h. für einen reinen Wechselstrom, der Stromnulldurchgang mit dem Scheitelwert der betriebsfrequenten Spannung zusammenfällt, ist der Nulldurchgang des asymmetrischen Stroms gegenüber dem Scheitelwert der treibenden Spannung verschoben (**Bild 8.1**).

Wird der Strom nach einer „großen Halbschwingung", in der also die Halbschwingung des Wechselstromglieds die gleiche Polarität hat wie das Gleichstromglied, unterbrochen, so hat die Spannung bereits den Scheitelwert durchlaufen. Der Nulldurchgang des Stroms nach einer „kleinen Halbschwingung" (Wechselstromglied und Gleichstromglied haben entgegengesetzte Polarität, sodass sich die Ströme subtrahieren) liegt hingegen zeitlich vor dem Scheitelwert der betriebsfrequenten Spannung.

Ist φ der Phasenwinkel, um den der Nulldurchgang des asymmetrischen Stroms gegenüber den des symmetrischen versetzt ist, so gilt für den Momentanwert der treibenden Spannung zum Zeitpunkt des Stromnulldurchgangs:

$$u_{\mathrm{m}} = \hat{u} \cdot \cos\left[\arcsin \frac{i_{\mathrm{g}}}{i_{\mathrm{w}} \cdot \sqrt{2}}\right] = U \cdot \sqrt{2 \cdot \cos\varphi} \tag{8.1}$$

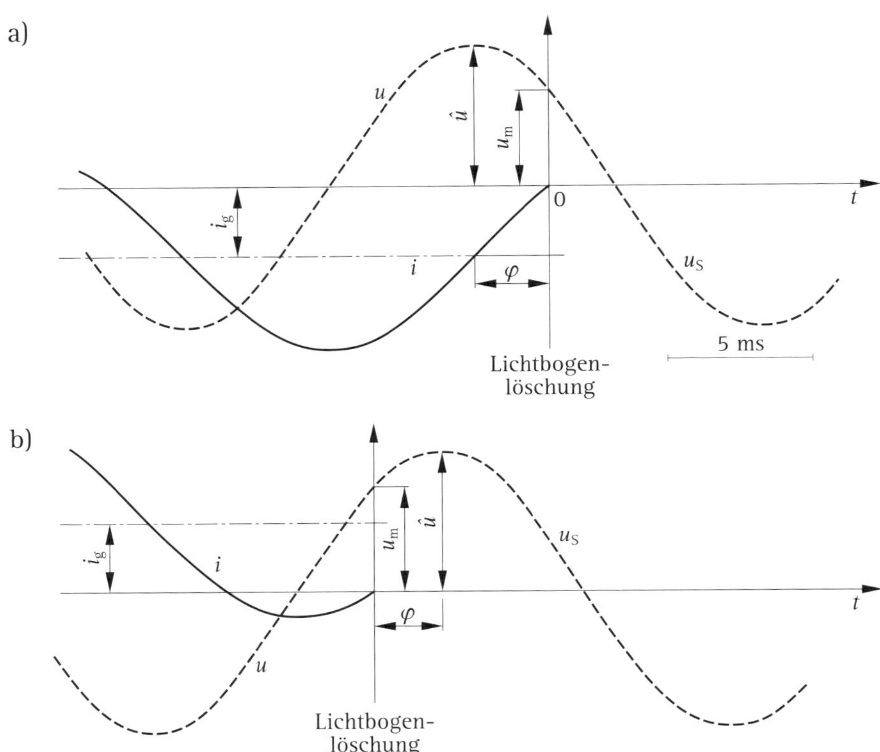

Bild 8.1 Abschalten eines asymmetrischen Kurzschlussstroms
a) Abschalten nach einer großen Halbschwingung des Stroms
b) Abschalten nach einer kleinen Halbschwingung des Stroms
i Gesamtstrom $i = i_g + i_w$
i_g Gleichstromkomponente
i_w Wechselstromkomponente

Da der Überschwingfaktor γ und die Einschwingfrequenz f_e gegenüber der Unterbrechung eines symmetrischen Stroms gleich bleiben, ändert sich die Amplitude der Einschwingspannung im gleichen Maße wie der Momentanwert der treibenden Spannung. **Bild 8.2** zeigt als Beispiel den Spannungsverlauf bei der Unterbrechung eines Stroms mit 50 % Gleichstromglied nach der großen Halbschwingung.

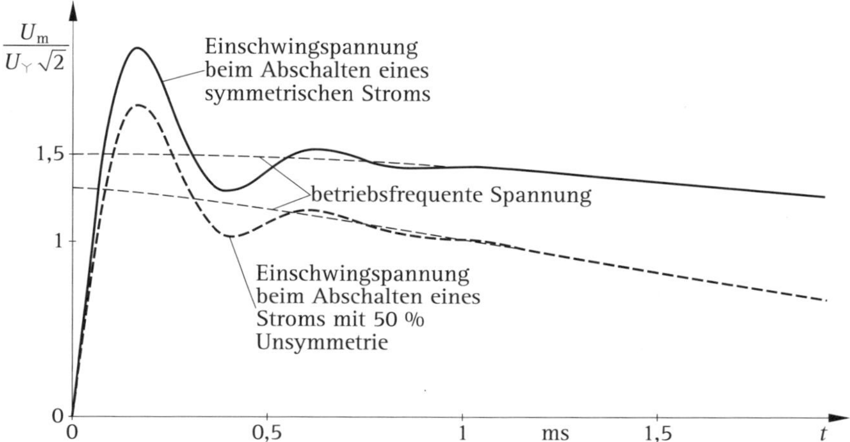

Bild 8.2 Verlauf der Einschwingspannung und der betriebsfrequenten wiederkehrenden Spannung beim Abschalten eines symmetrischen und eines asymmetrischen Kurzschlussstroms mit 50 % Gleichstromglied (erstlöschender Schalterpol, ungeerdetes Netz)

8.2 Abklingen des Gleichstromglieds

Wie **Bild 8.3** zeigt, klingt das Gleichstromglied, einer e-Funktion folgend, ab. Die Abkling-Zeitkonstante τ ist abhängig von den Reaktanzen und ohmschen Widerständen im Mitsystem des vom Kurzschlussstrom betroffenen Netzes:

$$\tau = \frac{L_1}{R_1} = \frac{X_1}{\omega \cdot R_1} \tag{8.2}$$

Zwischen der Gleichstrom-Zeitkonstanten τ und dem Leistungsfaktor $\cos\varphi$ besteht mit:

$$\tan\varphi = \frac{\sqrt{1-\cos^2\varphi}}{\cos\varphi}$$

folgender Zusammenhang:

$$\tau = \frac{1}{\omega} \cdot \tan\varphi = \frac{1}{\omega} \cdot \frac{\sqrt{1-\cos^2\varphi}}{\cos\varphi} \tag{8.3}$$

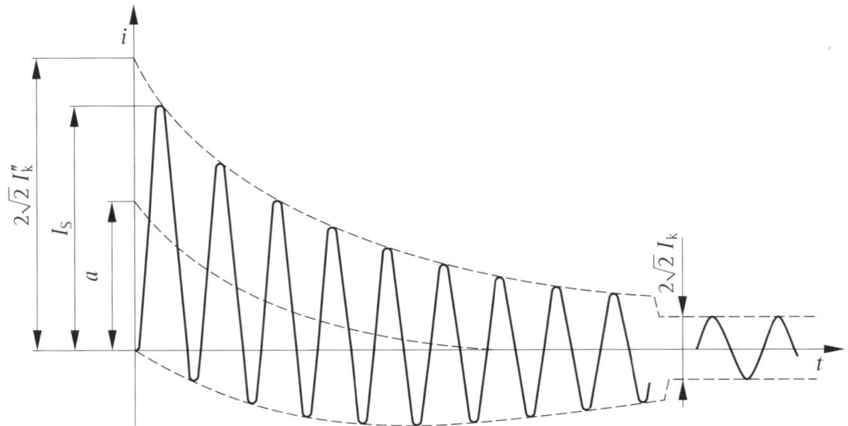

Bild 8.3 Verlauf des Kurzschlussstroms
I''_k Anfangs-Kurzschlusswechselstrom
I_s Stoßkurzschlussstrom
I_k Dauerkurzschlussstrom
a Anfangswert des Gleichstromglieds

Für Lastströme mit einem $\cos\varphi = 0{,}7$ ergibt sich bei 50 Hz eine Gleichstrom-Zeitkonstante von 3,2 ms und bei 60 Hz von 2,7 ms. Geht man davon aus, dass nach drei Zeitkonstanten eine e-Funktion auf 5 % abgeklungen ist, so folgt, dass für Lastströme das Gleichstromglied nicht relevant ist, d. h. dass die im Kapitel 30 genannten Lastströme als rein symmetrische Ströme zu betrachten sind.

8.3 Netzsituation und Normen

In DIN EN 62271-100 (**VDE 0671-100**) sowie in den IEEE-Vorschriften wird für Prüfungen von Hochspannungs-Schaltgeräten bis U = 420 kV eine Gleichstrom-Zeitkonstante von 45 ms zugrunde gelegt (**Bild 8.4**). Gleichstromglieder mit längeren Abkling-Zeitkonstanten sind jedoch auch zulässig. Für die Schaltleistungs-Prüfung ist das Gleichstromglied einzustellen, das sich nach Bild 8.4 zu dem Zeitpunkt ergibt, in dem sich die Schaltkontakte trennen.

In **Tabelle 8.1** sind Daten für Freileitungen bei 50 Hz und bei 60 Hz zusammengestellt, die auf den in Europa üblichen Leiterabmessungen basieren. Häufig werden aber, um die Dauerstrom-Tragfähigkeit der Leitung zu erhöhen, Leiter mit größeren Querschnitten eingesetzt. Da diese Leiter einen geringeren ohmschen Widerstand haben, klingt das Gleichstromglied bei einem Kurzschluss auf einer derartigen

Freileitung langsamer ab. Die Abkling-Zeitkonstanten für Kabel müssen aus den jeweiligen Kabel-Daten ermittelt werden.

Für die Abkling-Zeitkonstante τ nennt DIN EN 62271-100 **(VDE 0671-100)** für die Spannungsebenen von 72,5 kV bis 420 kV einen alternativen Wert von 60 ms sowie 75 ms für 550 kV und 800 kV. Letzterer berücksichtigt, dass bei den höheren Bemessungsspannungen (vor allem ab 800 kV) Bündelleiter verwendet werden, die aus mehr als vier Einzelleitern bestehen. Damit verringert sich vor allem der ohmsche Widerstand.

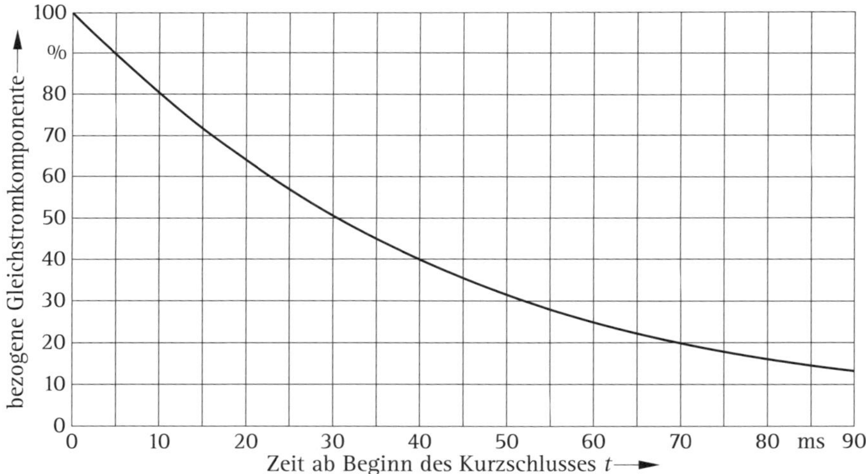

Bild 8.4 Bezogene Gleichstromkomponente als Funktion der Zeit mit einer Abkling-Zeitkonstante 45 ms

Bemessungsspannung	kV	123		245		420	
Leiterquerschnitt pro Leiter	mm²	1 × 120	1 × 300	2 × 240	3 × 240	4 × 240	4 × 400
L_1	mH/km	1,30	1,20	1,07	0,97	0,90	0,88
X_1 (50 Hz)	Ω/km	0,41	0,38	0,34	0,31	0,28	0,28
X_1 (60 Hz)	Ω/km	0,49	0,46	0,41	0,37	0,34	0,33
R_1	mΩ/km	160	100	45	26	22	15
$\tau = L_1/R_1$	ms	8	12	23	38	41	58
X_1/R_1 (50 Hz)		2,56	3,80	7,47	11,7	12,9	18,3
X_1/R_1 (60 Hz)		3,07	4,56	8,96	14,0	15,5	22,0
C_1	nF/km	9,3	10	11	12	13	13,5

Tabelle 8.1 Daten des Mitsystems von Hochspannungs-Freileitungen (übliche Werte) bei 50 Hz

Untersuchungen der CIGRÉ, die vor allem auch im Zusammenhang mit Plänen für Drehstromsysteme der Spannungsebenen > 800 kV durchgeführt worden sind, haben für 1 100-kV-Freileitungen, die mit Bündelleitern aus acht Einzelleitern belegt sind, Gleichstrom-Abkling-Zeitkonstanten von 120 ms ermittelt [103]. In dieser Veröffentlichung wird weiterhin gezeigt, dass in 800-kV-Netzen wegen der Verwendung von Sechser-Bündeln und größeren Leiterquerschnitten Abkling-Zeitkonstanten bis zu 90 ms auftreten können.

Für Mittelspannungsnetze ($U \leq 52$ kV) nennt die Norm als alternativen Wert 120 ms. Dies ist nicht durch die Verwendung entsprechender Leitungen begründet, sondern beruht auf dem häufigen Einsatz von Leistungsschaltern in der Nähe von Generatoren oder Netztransformatoren, über die ein Verteilungsnetz aus dem Übertragungsnetz gespeist wird.

9 Kurzschluss auf Freileitungen

Freileitungen, sofern im Netz vorhanden, haben den größten Anteil am Fehlergeschehen. Etwa 70 % dieser Fehler werden verursacht durch atmosphärische Einwirkungen, im Wesentlichen durch Blitzeinschlag in die Masten und Erdseile sowie auch in die Leiter, durch defekte Isolatoren (< 10 %) oder durch fremde Einwirkungen (etwa 15 %), wie Tiere, in die Leitungen hineinwachsende Bäume, Personen, Baggerarbeiten etc. Wie im übrigen Netz treten dabei überwiegend, in mehr als 80 % der Fälle, einphasige Kurzschlüsse gegen Erde auf.

Aktuellen Statistiken der CIGRÉ ist zu entnehmen, dass dreiphasige Kurzschlüsse auf Freileitungen äußerst selten sind. Ihr Anteil beträgt < 10 % in den Spannungsebenen bis zu 170 kV und < 2 % in den Übertragungsnetzen, d. h. Spannungsebenen ab 245 kV.

Aus diesem Grunde basiert die Behandlung der Kurzschlüsse auf Freileitungen in diesem Kapitel zunächst (Abschnitt 9.2) auf dem einphasigen Erdschluss im geerdeten Netz.

9.1 Automatische Wiedereinschaltung – AWE (Kurzunterbrechung)

Bei einem Überschlag über einen Freileitungsisolator, z. B. als Folge eines Blitzeinschlags, ist der Fehler verschwunden, sobald der betroffene Leiter abgeschaltet ist. Der über den Isolator aufgetretene Lichtbogen erlischt, da der Stromfluss unterbrochen wird. Die Freileitung kann anschließend wieder ihren normalen Betrieb weiterführen. Der so beseitigte Fehler wird als „selbstheilend“ bezeichnet.

Zum Schutz von Freileitungen werden daher Leistungsschalter eingesetzt, die für Automatische Wiedereinschaltung – AWE (frühere Bezeichnung: Kurzunterbrechung) geeignet sind. Der weitaus größte Teil der Störungen im Netz, die auf Erdschlüsse auf Freileitungen zurückzuführen wären, wird dadurch vermieden. Im Fehlerfall wird der Schalter ausgelöst, schaltet einpolig den entsprechenden Leiter ab und unterbricht den Kurzschlussstrom. Einige Hundert Millisekunden, nach Norm 300 ms, später schaltet er wieder zu. Bei einem Überschlag über einen Isolator reicht diese Zeit aus, um die vom Überschlags-Lichtbogen erzeugte Wolke heißen Gases abzukühlen und zu verwehen, sodass die den Isolator umgebende

Luft wieder ihre elektrische Festigkeit erreicht hat. Die AWE (Kurzunterbrechung) war erfolgreich.

Bei einpoligen AWE bleibt die Stabilität des Netzes erhalten, da die beiden „gesunden" Leiter während der kurzen Offenzeit des dritten Leiters stabilisierend wirken.

Ist der Fehler beim Zuschalten noch vorhanden und fließt wieder der Kurzschlussstrom, so schaltet der Leistungsschalter dreipolig endgültig ab. Die Dauer des erneuten Stromflusses liegt i. A. bei 100 ms bis 150 ms. Die AWE ist erfolglos geblieben.

Die elektrische Beanspruchung bei der ersten und zweiten Ausschaltung wird in den folgenden Abschnitten 9.2, 9.5 und 9.6 diskutiert. Die Vorgänge bei der Einschaltung auf den noch vorhandenen Fehler werden im Kapitel 16 behandelt.

Im Antrieb des Leistungsschalters wird die für die AWE erforderliche Schaltfolge Aus–Ein–Aus gespeichert. Schalter für einpolige AWE müssen mit einpolig wirkenden Antrieben ausgerüstet sein.

Die Anwendung der AWE führt zu einer sehr viel höheren Verfügbarkeit der Freileitungen und zu einer sehr viel besseren Zuverlässigkeit der Energieversorgung, da die erfolgreichen AWE weitaus überwiegen.

In vielen Fällen können AWE nur dreipolig durchgeführt werden. Von den gesunden Leitern wird in den abgeschalteten Leiter ein Strom induktiv und kapazitiv eingekoppelt, der über den am übergeschlagenen Isolator stehenden Lichtbogen fließt. Bei höheren Nennspannungen (z. B. über 550 kV) und/oder großen Leitungslängen kann dadurch das selbsttätige Erlöschen des Überschlags-Lichtbogens stark verzögert oder sogar unmöglich werden. Die Offenzeiten bei einpoliger AWE müssen entweder wesentlich länger als 300 ms, unter Umständen bis über 1 s, werden oder die Auslösung der AWE muss dreipolig erfolgen. Mit Zusatzmaßnahmen, wie das Erden des Netzes über Induktivitäten kann der eingekoppelte Strom soweit verringert werden, dass einpolige AWE wieder möglich sind [31].

Um auch auf langen Freileitungen oder Freileitungen, deren Leiter relativ nahe beieinander liegen, die einpolige AWE zu ermöglichen, werden gelegentlich schnell einschaltende Erdungsschalter verwendet, sogenannte „Kurzschließer" [112]. Das Prinzip beruht darauf, dass durch Erden des fehlerbehafteten Leiters der am Fehlerort brennende Lichtbogen kurzgeschlossen und damit gelöscht wird. Damit ergibt sich beispielsweise folgende Schaltsequenz [113]:

- die die Freileitung schützenden Leistungsschalter öffnen einpolig 70 ms nach Eintreten eines einphasigen Fehlers
- die zwischen Leistungsschalter und fehlerbehaftetem Leitung angeordneten, schnell einschaltenden Erdungsschalter schließen 300 ms nach Fehlereintritt

- der Lichtbogen erlischt auf der nun kurzgeschlossenen Leitung
- 800 ms nach Fehlereintritt öffnen die Erdungsschalter
- 1 000 ms nach Fehlereintritt schließen die Leistungsschalter-Pole; die einpolige AWE war erfolgreich

DIN EN 62271-112 (VDE 0671-112) beschreibt schnell schaltende Wechselstrom-Erdungsschalter zum Löschen sekundärer Lichtbögen auf Freileitungen.

Eine dreipolige AWE im Fall eines einphasigen Fehlers auf einer langen Freileitung bedeutet häufig, dass in den nicht fehlerbehafteten („gesunden") Leitern ein kapazitiver Strom abzuschalten ist. Die damit verbundene Beanspruchung der betreffenden Schalterpole wird im Abschnitt 22.8 diskutiert.

Leistungsschalter für die unteren Hochspannungsebenen und für Mittelspannung werden vielfach mit dreipolig wirkenden Antrieben gebaut und sind in diesen Fällen nur für dreipolige AWE geeignet.

In Regionen mit ausgeprägten Mittelspannungs-Freileitungsnetzen werden häufig „Recloser" eingesetzt. Freileitungen der Spannungsebenen unter 60 kV können aus Gründen der Isolationskoordination nicht durch Erdseile geschützt werden, sodass Blitze stets in die Leiter einschlagen. In solchen Fällen schaltet der Recloser den betroffenen Leiter einpolig ab und, nachdem der vom Blitz verursachte Überschlags-Lichtbogen erloschen ist, wieder zu. Ist diese AWE erfolglos, so wird dreipolig abgeschaltet.

Durchschnittlich kommt es in einem Blitzkanal zu weiteren zwei Folgeblitzen [67] mit einem mittleren Zeitintervall zwischen den Teilblitzen von 35 ms. Nach dieser Zeit ist die Schaltstrecke infolge der Stromunterbrechung im Rahmen einer AWE elektrisch so verfestigt, dass der getroffene Leiter vom Netz getrennt bleibt. Es fließt also kein erneuter Kurzschlussstrom. Mit einer sehr geringen Häufigkeit ($\leq$ 1 %) folgt der zweite Teilblitz jedoch schon nach 1 ms bis 2 ms dem ersten Blitzeinschlag, der zum Auslösen des Schalters geführt hatte. In diesem Fall kann möglicherweise die Schaltstrecke ihre elektrische Festigkeit noch nicht vollständig erlangt haben, sodass dieser zweite Teilblitz einen Überschlag innerhalb der offenen Schaltkontakte verursacht. Dies kann zum Zerstören der Schaltstrecke führen. Im deutschen Übertragungsnetz tritt dieses Ereignis im statistischen Mittel ein- bis zweimal jährlich auf.

9.2 Abstandskurzschluss (einphasig bzw. letztlöschender Schalterpol)

Als Abstandskurzschluss (englisch: „Short-Line Fault“ SLF) wird ein Fehler bezeichnet, der auf einer Freileitung in relativ geringer Entfernung (einige Hundert Meter bis zu wenigen Kilometern) vom Leistungsschalter auftritt. Typisch für einen derartigen Fehler ist ein Kurzschlussstrom, der sich nur wenig vom Bemessungs-Kurzschlussausschaltstrom des Schalters unterscheidet. Nach der Stromunterbrechung tritt auf der Leitung ein hochfrequenter Ausgleichvorgang auf. Diese transiente Einschwingspannung auf der Leitungsseite hat einen dreieckförmigen Verlauf, dessen Anfangssteilheit umso größer ist, je kürzer die Entfernung zwischen Schalter und Fehlerort ist. Die Amplitude dieser Spannung wird mit abnehmender Fehlerentfernung kleiner. Die resultierende Einschwingspannung über den Schalter ist eine Überlagerung der vom speisenden Netz herrührenden Einschwingspannung und diesem Ausgleichvorgang.

Die große Bedeutung des Abstandskurzschlusses für die Gestaltung und Prüfung von Hochspannungs-Leistungsschaltern ist darin begründet, dass der Schalter bei dieser Beanspruchung durch einen relativ hohen Kurzschlussstrom in Verbindung mit einer sehr hochfrequenten leitungsseitigen Einschwingspannung, und damit einem steilen Anfangsverlauf $\mathrm{d}u_\mathrm{L}/\mathrm{d}t$ der transienten Spannung, beansprucht wird. Das Beherrschen dieser Kombination ist entscheidend für das Beurteilen bzw. den Nachweis seines thermischen Löschvermögens (siehe Kapitel 2).

Prüfungen unter den Bedingungen des Abstandskurzschlusses werden in der Norm gefordert für Schalter, die zum Schalten von Freileitungen vorgesehen sind und die für eine Bemessungsspannung von 52 kV und höher und für einen Bemessungs-Kurzschlussausschaltstrom über 12,5 kA dimensioniert sind. Der Grund für diese untere Stromgrenze liegt darin, dass z. B. bei 12,5 kA ein 90-%-Abstandskurzschluss eine Anfangssteilheit der leitungsseitigen Einschwingspannung bei 50 Hz von nur 2,25 kV/µs (bei 60 Hz 2,7 kV/µs) verursacht. Diese Steilheiten liegen im Bereich der Prüfungen unter Klemmenkurzschlussbedingungen. Unterhalb von 52 kV ist der Scheitelwert der leitungsseitigen Einschwingspannung so gering, dass er für die Beanspruchung des Schalters als nicht relevant angesehen wird (z. B. bei einer Bemessungsspannung von 36 kV: 90-%-Abstandskurzschluss: 3,0 kV, 75-%-Abstandskurzschluss: 7,3 kV). Abstandskurzschluss-Prüfungen an Mittelspannungsschaltern, die zum Schalten von Freileitungen eingesetzt werden sollen, sind jedoch in der Diskussion bei IEC.

Für die Prüfung werden in den Prüffeldern die Freileitungen durch spezielle Schaltungen nachgebildet, die eine leitungsseitige Einschwingspannung liefern, die der auf realen Freileitungen entspricht. Solche Schaltungen haben den Vorteil, dass sie sich variabel den im Netz auftretenden Bedingungen, wie Spannung,

Höhe des Kurzschlussstroms und Entfernung zwischen Schalter und Fehlerort auf der Leitung, anpassen lassen. Um bei Prüfungen den korrekten Verlauf der leitungsseitigen Einschwingspannung einzustellen, wird der Prüfkreis mit einer Schalter-Nachbildung ausgemessen, die mit einer Spannung null arbeitet und so eine ideale Schaltstrecke repräsentiert.

Da, wie im Abschnitt 9.5 gezeigt wird, der Wellenwiderstand, und damit die Anfangssteilheit der leitungsseitigen Einschwingspannung, im Fall eines einphasigen Fehlers bzw. für den letztlöschenden Schalterpol im Fall eines dreiphasigen Fehlers mit Erdberührung im geerdeten Netz größer ist als für den erst- oder zweitlöschenden Schalterpol, ist der einphasige Fehler die Basis für die Prüfungen gemäß der Norm DIN EN 62271-100 (**VDE 0671-100**).

Das Verhalten des speisenden Netzes wird durch die Tatsache, dass der Kurzschluss auf einer Freileitung passiert, im Wesentlichen nicht verändert. Daher werden für Prüfungen unter Abstandskurzschluss-Bedingungen die gleichen Tangentensteilheiten gefordert wie für den 100-%-Klemmenkurzschluss.

Bild 9.1 zeigt einen einphasigen Erdkurzschluss auf einer Freileitung in einem starr geerdeten Drehstromnetz (mit $X_0/X_1 = 1$) in der Entfernung λ vom Leistungsschalter. Die kurzgeschlossene Leitung hat einen Induktivitätsbelag L_L' und einen Kapazitätsbelag C_L'. Der Kurzschlussstrom I_L, der gemäß Bild 9.1 als rein induktiver Strom anzusehen ist, wird begrenzt durch die netzseitige Induktivität L_N und die Induktivität $L_L' \cdot \lambda$ des Leitungsabschnitts zwischen Schalter und Fehlerort. Seine Höhe ist daher abhängig von der Entfernung λ zwischen Schalter und dem Kurzschluss auf der Freileitung:

$$I_L = \frac{U}{\sqrt{3}} \cdot \frac{1}{\omega \cdot (L_N + L_L' \cdot \lambda)} = I_{K3}'' \cdot \frac{L_N}{L_N + L_L' \cdot \lambda} = I_{K3}'' \cdot \frac{X_N}{X_N + X_L' \cdot \lambda} \tag{9.1}$$

Für $\lambda = 0$, d. h. bei einem Fehler unmittelbar am Leistungsschalter, ist $I_L = I_{K3}''$.

$\omega = 2\pi f$ ist die Nennfrequenz des Leistungsschalters, also 50 Hz oder 60 Hz.

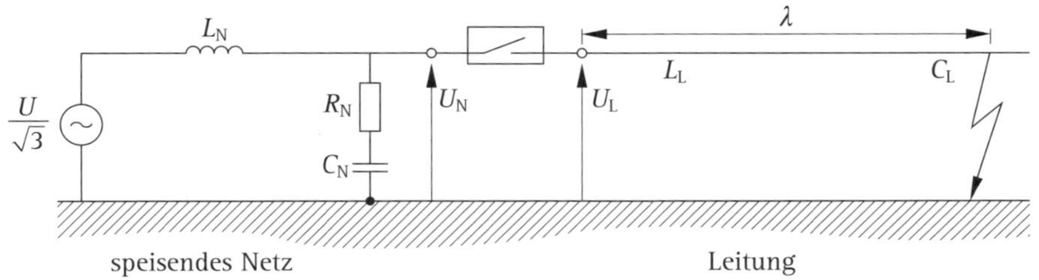

Bild 9.1 Einphasiger Erdkurzschluss auf einer Freileitung

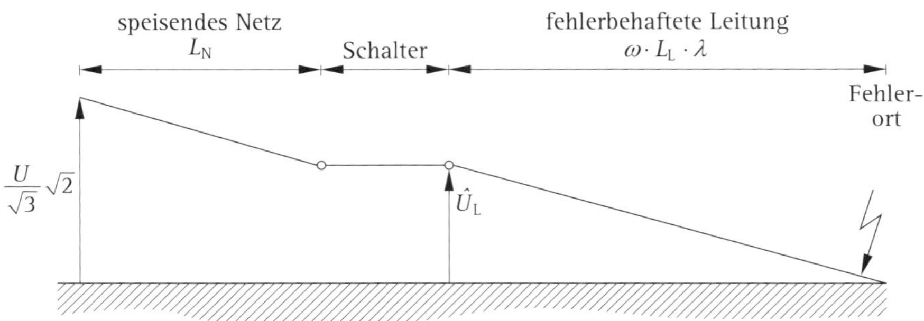

Bild 9.2 Spannungsaufteilung über Netz und Freileitung im Moment des Stromnulldurchgangs

Der Kurzschlussstrom I_L bei einem Abstandskurzschluss ist in jedem Fall kleiner als der Strom bei einem Klemmenkurzschluss, da sich nun zusätzlich zur Reaktanz X_N des Netzes die Reaktanz $X_L' \cdot \lambda = \omega \cdot L_L' \cdot \lambda$ des kurzgeschlossenen Leitungsabschnitts im Kurzschlusskreis befindet.

Während der Kurzschlussstrom fließt, hat er einen Spannungsfall an der Reaktanz X_N des speisenden Netzes und an der Reaktanz $X_L' \cdot \lambda$ der Leitung zur Folge (**Bild 9.2**). Über den kurzgeschlossenen Leitungsabschnitt fällt die Spannung ab:

$$U_L = I_L \cdot X_L' \cdot \lambda = \frac{U}{\sqrt{3}} \cdot \left(1 - \frac{I_L}{I_{K3}''}\right) \tag{9.2}$$

Der Schalter befindet sich während des Stromflusses auf dem Potential U_L. (Bei einem Klemmenkurzschluss im geerdeten Netz hat er das Potential null.)

Es hat sich als als zweckmäßig erwiesen, die Beanspruchung des Leistungsschalters im Fall eines Abstandskurzschlusses durch das Verhältnis I_L / I_{K3}'' zu definieren. Man spricht beispielsweise von einem 90-%-Abstandskurzschluss, wenn der Kurzschlussstrom I_L das 0,9-Fache des Klemmenkurzschlussstroms I_{K3}'' des speisenden Netzes beträgt. Der Spannungsfall auf dem kurzgeschlossenen Leitungsabschnitt ist dann das 0,1-Fache der anstehenden Leiterspannung U_{Ph} des Netzes. Die Länge λ bis zum Fehlerort geht in diese Definition nicht mit ein. Sie ist, wie weiter unten gezeigt wird, für den einzelnen Fehlerfall, z. B. den 90-%-Abstandskurzschluss, abhängig von der Netzspannung und der Höhe des Kurzschlussstroms.

In DIN EN 62271-100 (**VDE 0671-100**) ist für die Prüfung unter den Bedingungen des Abstandskurzschlusses das Unterbrechen des 90-%- und des 75-%-Abstandskurzschlusses genormt.

Beim Abstandskurzschluss wird gemäß Bild 9.1, ebenso wie beim Klemmenkurzschluss, von einem rein induktiven Strom ausgegangen. Zum Zeitpunkt des

Stromnulldurchgangs, also im Augenblick der Stromunterbrechung, hat daher die Spannung der Quelle ihren Scheitelwert. An der leitungsseitigen Klemme des Schalters tritt der Scheitelwert der Spannung des kurzgeschlossenen Leitungsabschnitts gegen Erde auf:

$$\hat{u}_{\mathrm{L}} = U_{\mathrm{L}} \cdot \sqrt{2} = \frac{U}{\sqrt{3}} \cdot \sqrt{2} \cdot \left(1 - \frac{I_{\mathrm{L}}}{I''_{\mathrm{K3}}}\right) = \sqrt{2} \cdot I_{\mathrm{L}} \cdot X'_{\mathrm{L}} \cdot \lambda \tag{9.3}$$

Von diesem Wert aus schwingen die Spannungen an beiden Schalterklemmen, auf der Leitungs- und der Netzseite, unabhängig voneinander ein. Ihre Differenz ergibt die über die geöffneten Schaltkontakte wirksame, d. h. die den Schalter beanspruchende, Einschwingspannung.

Auf der Seite des speisenden Netzes tritt auch beim Abstandskurzschluss eine Einschwingspannung u'_{N} auf, wie sie für den Klemmenkurzschluss beschrieben worden ist. Ihr Scheitelwert u'_{cN} ist jedoch kleiner, da die Spannung nicht vom Wert null, sondern von $\hat{u}_{\mathrm{L}}$ aus ansteigt:

$$u'_{\mathrm{cN}} = \gamma \cdot (\hat{u}_{\mathrm{N}} - \hat{u}_{\mathrm{L}}) + \hat{u}_{\mathrm{L}} = \hat{u}_{\mathrm{N}} \cdot \left[1 + (\gamma - 1) \cdot \frac{I_{\mathrm{L}}}{I''_{\mathrm{K3}}}\right] \tag{9.4}$$

Die netzseitige Einschwingfrequenz f_{e} ist die gleiche wie unter Klemmenkurzschluss-Bedingungen.

Basierend auf Messungen in Hochspannungs-Schaltanlagen wurde daher auch unter Abstandskurzschlussbedingungen die Tangentensteilheit der netzseitigen transienten Einschwingspannung mit 2 kV/µs genormt.

Wie Bild 9.2 zeigt, besteht auf dem nun vom Netz getrennten Leitungsabschnitt eine Spannungsverteilung, die linear von $\hat{u}_{\mathrm{L}}$ an der leitungsseitigen Schalterklemme auf null am Kurzschlussort abfällt. Zum Zeitpunkt der Stromunterbrechung ist die Leitung entsprechend dieser Spannungsverteilung aufgeladen. Nachdem die Leitung vom Netz getrennt ist, entlädt sie sich über den Kurzschluss, wodurch es zu Wanderwellen zwischen der Schalterklemme und dem Kurzschlussort kommt. Ihr Verhalten wird mithilfe der Wanderwellentheorie hergeleitet [12, 32]. Entlang einer homogenen Leitung setzt sich die Spannung aus zwei gleichen Wanderwellen zusammen, die jeweils die halbe Amplitude der Gesamtspannung haben. Sie laufen unabhängig voneinander in entgegengesetzter Richtung. In **Bild 9.3 a** sind sie schraffiert bzw. unschraffiert gekennzeichnet. Sie werden am offenen Leitungsende, also am Schalter, positiv und am kurzgeschlossenen negativ reflektiert und verändern ihre Form nicht, solange die Abschlusswiderstände unendlich groß oder null sind und keine Dämpfung auftritt. Letztere Bedingung ist auch für die Fehlerstelle erfüllt, da der Widerstand eines Kurzschlusslichtbogens als vernachlässigbar klein angesehen werden kann.

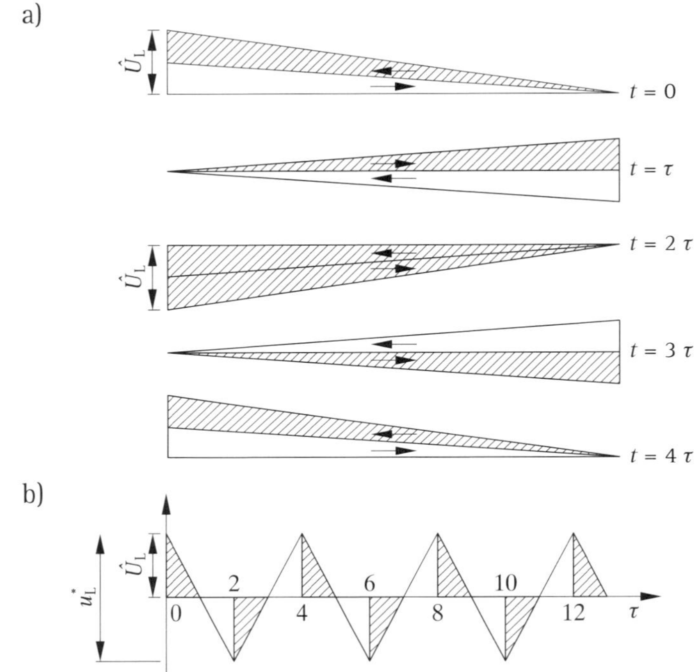

Bild 9.3 Abstandskurzschluss: Wanderwellen und Spannungsverlauf zwischen Schalter und Fehlerort auf dem fehlerbehafteten Freileitungsabschnitt
a) Wanderwellen auf der Leitung zu verschiedenen Zeiten
b) Leitungsspannung nach der Stromunterbrechung

Bild 9.3 a stellt die Lage der Wanderwellen zu verschiedenen Zeiten dar. Mit $t = 0$ ist der Augenblick der Stromunterbrechung gekennzeichnet. Jede Welle benötigt zum einmaligen Durchlaufen der Leiterlänge λ die Laufzeit τ, die sich mit der Ausbreitungsgeschwindigkeit v ergibt zu:

$$\tau = \frac{\lambda}{v} \tag{9.5}$$

Die Ausbreitungsgeschwindigkeit v einer Welle auf einer Freileitung ist, wie in Abschnitt 3.2 gezeigt wird, annähernd gleich der Lichtgeschwindigkeit (v = 290 m/µs).

Der Wanderwellenzyklus wiederholt sich, wie in Bild 9.3 ersichtlich, nach der vierfachen Laufzeit. An der Schalterklemme stellt sich somit ein sägezahnförmiger Verlauf der Leiterspannung nach **Bild 9.3 b** ein mit einer Frequenz von:

$$f_L = \frac{1}{4 \cdot \tau} \tag{9.6}$$

der Amplitude $\hat{u}_L$ und einer Steilheit:

$$\frac{du_L}{dt} = s_L = \frac{\hat{u}_L}{\tau} \tag{9.7}$$

Über die Beziehung für die Ausbreitungsgeschwindigkeit $v = 1/\sqrt{L'_L \cdot C'_L}$ und den wirksamen Wellenwiderstand der Leitung:

$$Z = \sqrt{\frac{L'_L}{C'_L}} \tag{9.8}$$

erhält man für die Steilheit der leitungsseitigen Einschwingspannung:

$$s_L = \frac{du_L}{dt} = I_L \cdot \sqrt{2} \cdot \omega \cdot Z = Z \cdot \frac{di_L}{dt} \tag{9.9}$$

Die Anfangssteilheit s_L der leitungsseitigen Einschwingspannung ist also über den Wellenwiderstand Z mit dem Stromgradienten di_L/dt verknüpft, der unmittelbar vor dem Stromnulldurchgang auftritt, in dem der Kurzschlussstrom I_L unterbrochen wird. Sie ist damit vom Kurzschlussstrom I_L abhängig.

In DIN EN 62271-100 (**VDE 0671-100**) wird zum Bestimmen der Steilheit s_L ein Faktor $s^* = \sqrt{2} \cdot \omega \cdot Z$ angegeben. Damit wird:

$$s_L = s^* \cdot I_L \tag{9.10}$$

Beim einpoligen Abstandskurzschluss beträgt der wirksame Wellenwiderstand ($Z = Z_{r1}$), wenn die nicht fehlerbehafteten Leiter abgetrennt sind:

$$Z = \frac{2}{3} \cdot Z_1 + \frac{1}{3} \cdot Z_0 \tag{9.11 a}$$

Z_1 und Z_0 sind die Wellenwiderstände der fehlerbehafteten Leitung im Mit- und Nullsystem. Werte sind in Tabelle 9.1 angegeben.

Die resultierende Reaktanz berechnet sich aus den Reaktanzen der Leitung im Mit- und Nullsystem zu:

$$X_L = \frac{2}{3} \cdot X_1 + \frac{1}{3} \cdot X_0 \tag{9.11 b}$$

Der wirksame Wellenwiderstand Z ist mit 450 Ω angesetzt (siehe Abschnitt 9.4), sodass s^* für 50 Hz den Wert 0,200 V/As und für 60 Hz den Wert 0,240 V/As hat.

Da $\mathrm{d}i_\mathrm{L}/\mathrm{d}t$ im Stromnulldurchgang eines symmetrischen Stroms am steilsten ist, tritt nach der Unterbrechung eines solchen Stroms die größte Steilheit der leitungsseitigen Einschwingspannung auf. Bei asymmetrischem Strom, d. h. bei einem Strom mit Gleichstromglied, ist $\mathrm{d}i_\mathrm{L}/\mathrm{d}t$ in jedem Fall kleiner und damit die Spannungsbeanspruchung des Schalters geringer. Aus diesem Grunde werden in den Normen Prüfungen unter den Bedingungen des Abstandskurzschlusses nur mit symmetrischem Strom gefordert.

Ausgehend vom $\hat{u}_\mathrm{L}$ schwingt die leitungsseitige Einschwingspannung um auf einen Scheitelwert mit entgegengesetzter Polarität:

$$u_\mathrm{L}^* = k \cdot \hat{u}_\mathrm{L} \tag{9.12}$$

Dieser Scheitelwert wird, wie Bild 9.3 b zeigt, nach der zweifachen Laufzeit τ erreicht. Durch u_L^* ausgedrückt hat die Anfangssteilheit der leitungsseitigen Einschwingspannung s_L den Wert:

$$s_\mathrm{L} = \frac{\mathrm{d}u_\mathrm{L}}{\mathrm{d}t} = \frac{u_\mathrm{L}^*}{2 \cdot \tau} \tag{9.13}$$

Bild 9.4 zeigt die Einschwingspannung $u_\mathrm{S}(t)$ über der Schaltstrecke als Differenz der netzseitigen und leitungsseitigen Einschwingspannungen $u_\mathrm{N}(t)$ und $u_\mathrm{L}(t)$.

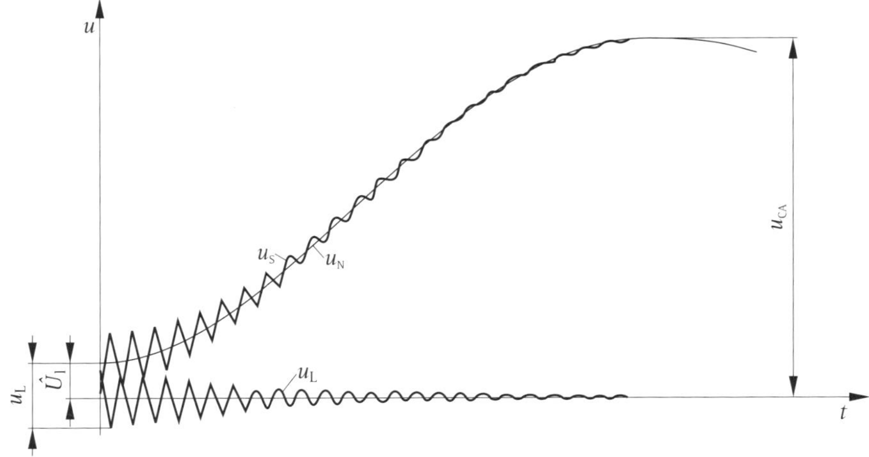

Bild 9.4 Verlauf der Einschwingspannung u_S über der Schaltstrecke

Für den Dämpfungsfaktor

$$k = \frac{u_L^*}{\hat{u}_L} \tag{9.14}$$

ergibt sich mit

$$u_L^* = 2 \cdot \tau \cdot \frac{du_L}{dt} = 2 \cdot \tau \cdot \sqrt{2} \cdot \omega \cdot I_L \cdot Z \tag{9.15}$$

und

$$\hat{u}_L = \sqrt{2} \cdot I_L \cdot X_L' \cdot \lambda \tag{9.16}$$

$$k = \frac{2 \cdot \tau \cdot \omega \cdot Z}{X_L' \cdot \lambda} \tag{9.17}$$

Infolge der vorhandenen Dämpfung hat der Überschwingfaktor k (häufig als d-Faktor bezeichnet) in den Spannungsebenen von 72,5 kV bis 550 kV Werte $\leq$ 1,55. In DIN EN 62271-100 (**VDE 0671-100**) ist k = 1,6 genormt.

Zu dieser Dämpfung kommt es durch die Frequenzabhängigkeit der Leitungsinduktivität als Folge der bei höheren Frequenzen geringeren Leitfähigkeit des Erdbodens. Für den Spannungsfall auf dem kurzgeschlossenen Freileitungsabschnitt, hervorgerufen durch den betriebsfrequenten Kurzschlussstrom, ist der betriebsfrequente Induktivitätsbelag L_L' und somit die Reaktanz $X_L' = \omega L_L'$ einzusetzen. Für den Wellenwiderstand hingegen, von dem Anfangssteilheit und Amplitude der leitungsseitigen Einschwingspannung abhängen, ist der Wert des Induktivitätsbelags maßgebend, der sich für die hochfrequente leitungsseitige Einschwingspannung ergibt. Dieser hochfrequente Induktivitätsbelag, und damit auch die entsprechende Reaktanz, sind niedriger als der betriebsfrequente. Eine ohmsche Dämpfung der Wanderwellen ist bei den kurzen Leitungsabschnitt-Längen, die zum 90-%- und 75-%-Abstandskurzschluss führen, vernachlässigbar.

Der Einfluss von im Netz vorhandenen sowie in Schaltanlagen angeordneten Kapazitäten auf den Verlauf der leitungsseitigen Einschwingspannung und auf die Beanspruchung der Schalter wird im Abschnitt 9.3 beschrieben.

Zur Entfernung λ zwischen Schalter und Fehlerort kann zusammengefasst werden: Bei gegebenem speisenden Netz, also bei unverändertem Klemmenkurzschlussstrom des Netzes, steigt mit wachsender Länge λ des kurzgeschlossenen Leitungsabschnitts der Scheitelwert der leitungsseitigen Einschwingspannung, während der Kurzschlussstrom I_L und die Frequenz der leitungsseitigen Einschwingspannung kleiner werden. Folgt man der in den Normen verwendeten

Definition der Prüfschaltfolgen unter Abstandskurzschluss-Bedingungen, so ist die Entfernung zum Fehlerort:

$$\lambda = \frac{U}{\sqrt{3}} \cdot \frac{1 - \dfrac{I_\mathrm{L}}{I''_\mathrm{K3}}}{I_\mathrm{L} \cdot X'_\mathrm{L}} \tag{9.18}$$

abhängig von der Netzspannung, dem Abstandskurzschlussstrom I_L und dem Faktor $I_\mathrm{L}/I''_\mathrm{K3}$, der das Verhältnis zum Klemmenkurzschlussstrom des speisenden Netzes (z. B. „90-%-Abstandskurzschluss") angibt.

Wie eingangs erwähnt, gelten die in diesem Abschnitt durchgeführten Betrachtungen streng genommen nur für einphasige Kurzschlüsse. Wie in den Abschnitt 9.4 gezeigt wird, ist die Beanspruchung des Leistungsschalters bei zwei- und dreiphasigen Abstandskurzschlüssen geringer als beim einphasigen. Aus diesem Grunde fordert die Norm lediglich die Prüfung unter den Bedingungen eines einphasigen Abstandskurzschlusses. Es wird davon ausgegangen, dass bei mehrphasigen Abstandskurzschlüssen diese Prüfungen das Verhalten des letztlöschenden Schalterpols abdecken.

Einige ergänzende Angaben zum Abstandskurzschluss finden sich im „Guide for Application of IEC 62271-100 and IEC 62271-1, Part 2" [20].

9.3 Einfluss von Kapazitäten

Werden zusätzliche Kapazitäten C_0 zwischen Freileitung und Erde am Leitungsanfang eingefügt, d. h. in der Nähe der leitungsseitigen Schalterklemmen, so kann die Beanspruchung des Leistungsschalters durch die leitungsseitige Einschwingspannung vermindert werden [34, 35]. Die ankommenden Wanderwellen werden nun nicht mehr an den offenen Schalterkontakten, sondern zunächst an der Kapazität reflektiert. Sie stellt einen Abschlusswiderstand $1/(\omega \cdot C)$ dar. Der Reflexionsfaktor r ist daher nicht mehr 1, sondern verringert sich auf:

$$r = \frac{\dfrac{1}{\omega \cdot C} - Z}{\dfrac{1}{\omega \cdot C} + Z} \tag{9.19}$$

In Hochspannungs-Schaltanlagen befinden sich zwischen Schalter und Anfang der Freileitung immer Geräte und Bauelemente, wie Trennschalter, Messwandler, Isolatoren etc., die Kapazität gegen Erde haben. Die Kapazität bewirkt eine Verformung des Anfangsverlaufs der sägezahnförmigen leitungsseitigen Ein-

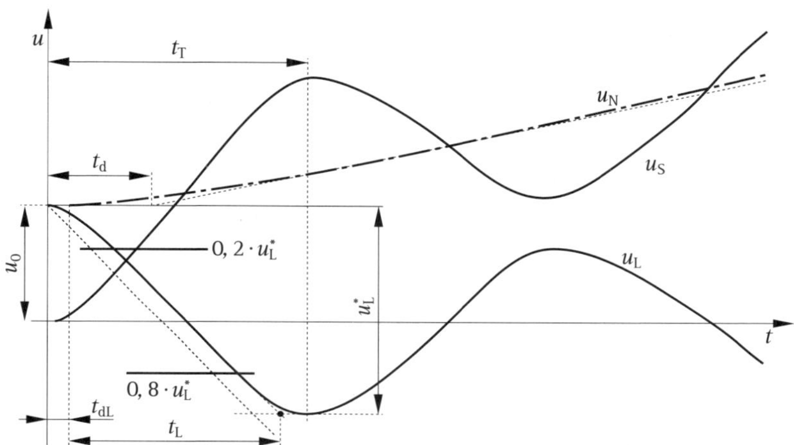

Bild 9.5 Zeitlicher Verlauf der leitungsseitigen Einschwingspannung mit C_0 als Parameter
C_0 konzentrierte Parallelkapazität gegen Erde am Leitungsanfang
C wirksame Eigenkapazität des kurzgeschlossenen Leitungsabschnitts

schwingspannung. Diese Spannung setzt daher mit einer Anfangssteigung null ein, sodass der Sägezahn-Verlauf erst um eine gewisse Zeit, der leitungsseitigen Verzögerungszeit t_{dL}, verzögert zum Tragen kommt. In DIN EN 62271-100 (VDE 0671-100) (siehe **Bild 9.6**) ist t_{dL} für die Nennspannungsebenen bis 170 kV mit 0,2 µs und für die höheren Spannungsebenen mit 0,5 µs genormt. Geht man von einem Wellenwiderstand $Z = 450\ \Omega$ (siehe Abschnitt 9.4) aus, so entsprechen diese leitungsseitigen Verzögerungszeiten mit:

$$C = \frac{t_{dL}}{Z} \tag{9.20}$$

Die Kapazitäten C liegen zwischen 444 pF und 1 111 pF.

Bild 9.5 zeigt, wie sich der Verlauf der leitungsseitigen Einschwingspannung mit wachsender, am Leitungsanfang gegen Erde geschalteter Parallelkapazität C_0 ändert: Ihre Steilheit und ihre Frequenz werden kleiner, ihre Form weicht mehr und mehr von der einer dreieckförmigen Schwingung ab. Zusätzliche Kapazitäten C_0 sind umso wirksamer, je näher sie am Schalter angeordnet sind [19].

Da sowohl der Einsatz der leitungsseitigen Einschwingspannung als auch ihre Spitzen durch die Wirkung dieser Kapazitäten zu einem gewissen Grad verrundet werden, hat nur der mittlere Abschnitt der Sägezahn-Spannung die Steilheit, die durch Kurzschlussstrom und Wellenwiderstand vorgegeben ist. Im Oszillogramm wird die Steilheit daher ermittelt, indem, wie Bild 9.6 zeigt, eine Tangentengerade

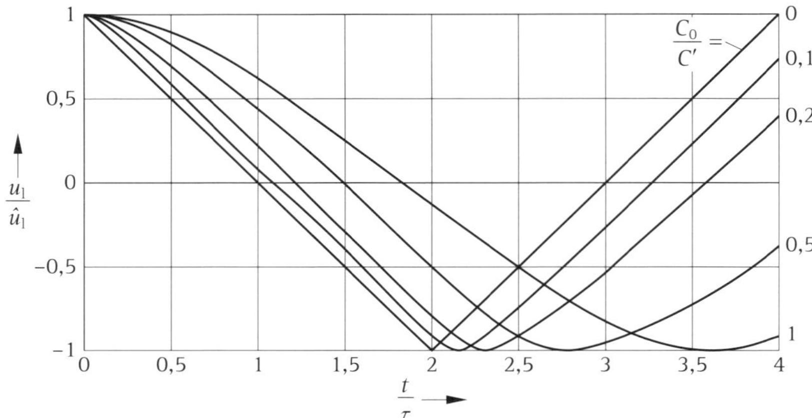

Bild 9.6 Netzseitiger und leitungsseitiger Spannungsverlauf unter Berücksichtigung der Verzögerungszeiten gemäß IEC
t_{dL} leitungsseitige Verzögerungszeit
t_d netzseitige Verzögerungszeit
t_T Zeit bis zum ersten Scheitelwert der leitungsseitigen Spannung
t_L Zeit, bis die Tangente der leitungsseitigen Spannung ihren Scheitelwert erreicht
u_N Einschwingspannung des Netzes
u_L Einschwingspannung auf der Leitung
u_S resultierende Einschwingspannung über den Schalter

gelegt wird durch die Punkte, die die leitungsseitige Einschwingspannung bei den Werten $0{,}2 \cdot u_L^*$ und $0{,}8 \cdot u_L^*$ durchläuft.

Wegen seiner hohen Erdkapazität hat ein Kabel, das zwischen dem Leistungsschalter und dem Beginn der Freileitung liegt, eine Wirkung wie eine zusätzliche konzentrierte Kapazität am Leitungseingang. Da Hochspannungskabel eine Erdkapazität von über 100 pF/m haben, genügen schon Kabellängen in der Größenordnung von 50 m, um eine wie im Bild 9.5 für C_0/C dargestellte Wirkung zu haben.

Eine Kapazität parallel zur Schaltstrecke ermäßigt ebenfalls die Beanspruchung des Schalters beim Abschalten eines Abstandskurzschlusses. Die Wirkung ist jedoch eine andere als bei Kapazitäten gegen Erde. Unmittelbar vor dem Stromnulldurchgang wird sie durch die Lichtbogenspannung aufgeladen und nimmt daher einen Strom auf, sodass die Schaltstrecke vor dem Stromnulldurchgang entlastet wird. Nach dem Stromnulldurchgang steigt die Spannung über die Schaltstrecke an, die aus der Differenz zwischen netz- und leitungsseitiger Einschwingspannung besteht, sodass weiterhin ein Ladestrom aufgenommen wird. Dadurch werden der über die restleitfähige Schaltstrecke fließende Nachstrom (siehe Kapitel 2) verringert und die Schaltstrecke entlastet.

Bei der Bemessung von Zusatzkapazitäten, insbesondere parallel zur Schaltstrecke, ist darauf zu achten, dass es nicht zu Resonanzschwingungen (Ferroresonanz) zwischen diesen Kapazitäten und induktiven Messwandlern kommt (siehe Abschnitt 2.4).

9.4 Wellenwiderstand

Der Wellenwiderstand $Z = \sqrt{L/C}$ ist eine Funktion der Daten der Freileitung (Leiterdurchmesser, Zahl der Leiter im Bündel, Abstand und Höhe der Leiter, Anzahl und Anordnung der Systeme auf den Masten, Anordnung und Ausführung des oder der Erdseile) sowie der Boden-Leitfähigkeit. **Tabelle 9.1** enthält typische Werte für die Freileitungen der Spannungsebenen zwischen 123 kV und 420 kV.

Diese Tabelle erhebt keinen Anspruch auf Vollständigkeit und soll nur einen Überblick über die Zusammenhänge der Freileitungsdaten geben. Die Leiterquer-

Bemessungsspannung	kV	123		245	420	
Leiter im Bündel, Querschnitt	mm^2	1 × 120	1 × 300	2 × 240	4 × 240	4 × 400
L_1	mH/km	1,30	1,20	1,07	0,90	0,88
X_1 (50 Hz)	Ω/km	0,41	0,38	0,34	0,28	0,28
X_1 (60 Hz)	Ω/km	0,49	0,46	0,41	0,34	0,33
L_0	mH/km	3,82	3,66	3,02	2,86	2,86
X_0 (50 Hz)	Ω/km	1,20	1,15	0,95	0,90	0,90
X_0 (60 Hz)	Ω/km	1,44	1,38	1,14	1,08	1,08
X_L (50 Hz)	Ω/km	0,67	0,64	0,54	0,48	0,48
X_L (60 Hz)	Ω/km	0,80	0,77	0,65	0,58	0,58
C_1	nF/km	9,3	10,0	11,5	14,4	14,6
C_0	nF/km	5,0	5,2	7,3	7,5	7,6
Z_1	Ω	375	350	300	240	235
Z_0	Ω	680	655	465	450	445
Z (= Z_{r1})	Ω	476	452	355	310	305
Z_{r3}	Ω	440	414	340	284	279
Z_{r1}/Z_{r3}		1,08	1,09	1,04	1,09	1,09
Überschwingfaktor k der leitungsseitigen Schwingung	p.u.	1,55	1,55	1,43	1,41	1,34

Tabelle 9.1 Kennwerte von Freileitungen

schnitte werden von den Übertragungsnetz-Betreibern individuell und nach ihren Erfordernissen (z. B. Stromtragfähigkeit) festgelegt. Auch die Anordnungen der Leiter und die Gestaltung der Maste werden den örtlichen Bedingungen entsprechend gewählt.

Wie Tabelle 9.1 zeigt, ist der resultierende Wellenwiderstand besonders stark abhängig von der Zahl der Leiter. Bündelleiter haben wegen ihres größeren wirksamen Radius und der einander parallel liegenden Induktivitäten der einzelnen Leiter einen geringeren Wellenwiderstand als Einzelleiter. Dies gilt jedoch nur unter der Voraussetzung, dass die Leiter der Bündel nicht infolge der Wirkung des Kurzschlussstroms zusammenschlagen und dann annähernd wie ein Einzelleiter wirken. Ob die Leiter zusammenschlagen, hängt ab von der Stromdichte im Kurzschlussfall. Während in Europa die Freileitungsseile vielfach einen Aluminium-Querschnitt von 240 mm^2, 300 mm^2 oder 380 mm^2 haben, sind in anderen Regionen häufig Leiterseile mit Aluminium-Querschnitten von über 1 000 mm^2 im Einsatz. In vielen Fällen reicht daher die Stromdichte im Kurzschlussfall nicht aus, um ein Zusammenschlagen der Einzelleiter zu bewirken. Hinzu kommt, dass das größere Gewicht solcher Seile selbst bei hohen Stromdichten die Bewegung der Seile zueinander verzögert.

Bei Stromdichten, wie sie im Kurzschlussfall in Leiterseilen mit 240 mm^2 Aluminium auftreten und daher die Bündel zusammenschlagen, beträgt die Zeit, bis die Einzelleiter vollständig aneinander liegen, bei 15 kA bis 20 kA etwa 100 ms und bei 35 kA bis 50 kA bis zu 40 ms [36]. Der letztere Zeitraum liegt im Bereich der Ausschaltzeit eines Leistungsschalters. Daher wird für die Prüfung von Hochspannungs-Leistungsschaltern unter Abstandskurzschluss-Bedingungen angenommen, dass die Bündelleiter sich ähnlich einem Einzelleiter verhalten. In der Norm ist demzufolge, unabhängig von der Zahl der Leiter im Bündel, ein einheitlicher resultierender Wellenwiderstand von 450 Ω vorgegeben.

Praktische Erfahrungen zeigen, dass 450 Ω alle im Netz auftretenden Bedingungen abdecken. Für Bemessungsspannungen > 800 kV werden 330 Ω als Normwert für den bei Prüfungen anzusetzenden Wellenwiderstand empfohlen [116].

Wie bereits in Abschnitt 9.2 erwähnt, ist zum Ermitteln des wirksamen Wellenwiderstands Z, von dem die Anfangssteilheit der leitungsseitigen Einschwingspannung abhängt, vom Induktivitätsbelag L' auszugehen, der sich für hochfrequente Ausgleichvorgänge ergibt. Unter Vernachlässigung der Dämpfung sind die Wellenwiderstände des Mitsystems Z_1 und des Nullsystems Z_0:

$$Z_1 = \sqrt{L_1/C_1}$$

$$Z_0 = \sqrt{L_0/C_0}$$

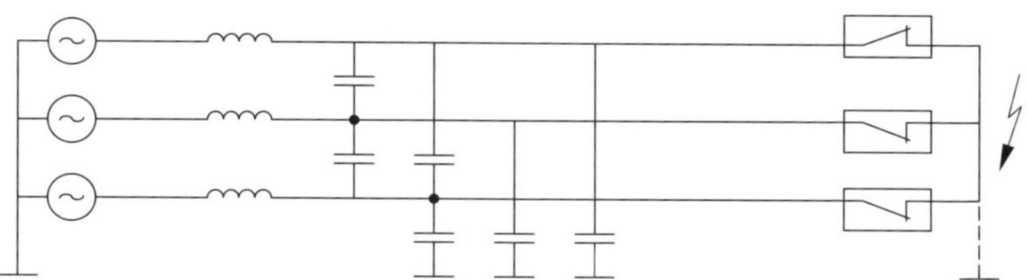

Bild 9.7 Dreiphasiges Ersatzschaltbild einer fehlerbehafteten Freileitung (aus [6])

Das Ersatzschaltbild des Drehstromnetzes mit der fehlerbehafteten Freileitung zeigt **Bild 9.7**. Es wird für die einzelnen Schaltfälle modifiziert (Bilder 9.8 a bis 9.8 e) [6], wobei sich aus den wirksamen Induktivitäten L^* (L_1, L_0) und Kapazitäten C^* (C_1, C_0) die jeweils wirksamen Wellenwiderstände ergeben. Da nur die leitungsseitigen Einschwingspannungen von Interesse sind, wird das speisende Netz als kurzgeschlossen betrachtet.

9.4.1 Dreiphasiger Fehler ohne Erdberührung im geerdeten Netz bzw. dreiphasiger Fehler im ungeerdeten Netz, jeweils erstlöschender Schalterpol (Bild 9.8 a)

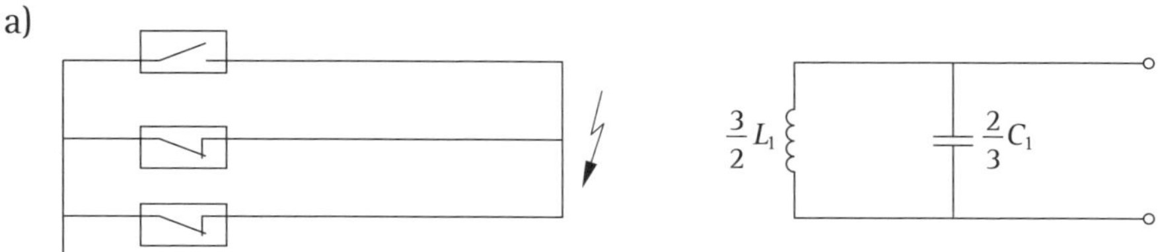

Bild 9.8 a

$$L^* = \frac{3}{2} \cdot L_1; \quad C^* = \frac{2}{3} \cdot C_1; \quad Z = \frac{3}{2} \cdot \sqrt{\frac{L_1}{C_1}} = \frac{3}{2} \cdot Z_1 \tag{9.21}$$

9.4.2 Dreiphasiger Fehler im ungeerdeten Netz, letztlöschender Schalterpol (Bild 9.8 b)

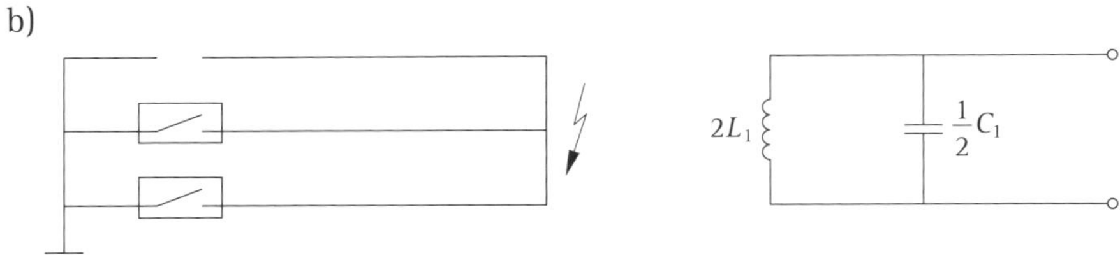

Bild 9.8 b

$$L^* = 2 \cdot L_1; \quad C^* = \frac{1}{2} C_1; \quad Z = 2 \cdot Z_1 \quad \text{für jede Schaltstrecke } Z = Z_1 \tag{9.22}$$

9.4.3 Dreiphasiger Fehler mit Erdberührung im geerdeten Netz, erstlöschender Schalterpol sowie einphasige Abschaltung eines zweiphasigen Fehlers ohne Erdberührung (Bild 9.8 c)

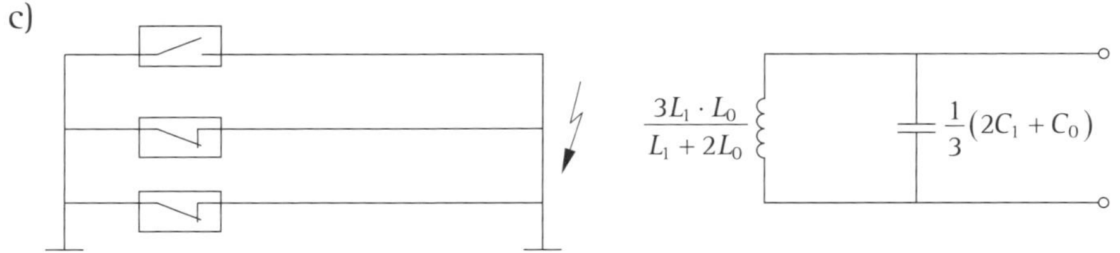

Bild 9.8 c

$$L^* = \frac{3 \cdot L_1 \cdot L_0}{L_1 + 2 \cdot L_0}; \quad C^* = \frac{2 \cdot C_1 + C_0}{3} \tag{9.23}$$

$$Z = 3 \sqrt{\frac{L_1 \cdot L_0}{(L_1 + 2 \cdot L_0)(2 \cdot C_1 + C_0)}} \approx \frac{3 \cdot Z_1 \cdot Z_0}{Z_1 + 2 \cdot Z_0} \tag{9.24}$$

9.4.4 Dreiphasiger Fehler mit Erdberührung im geerdeten Netz, zweitlöschender Schalterpol, oder zweiphasiger Fehler mit Erdberührung (Bild 9.8 d)

d)

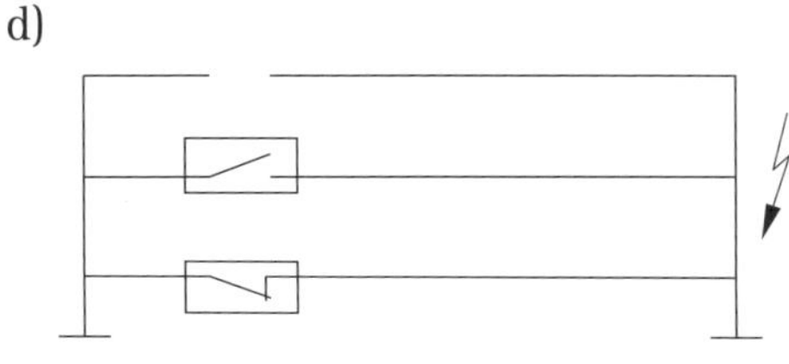

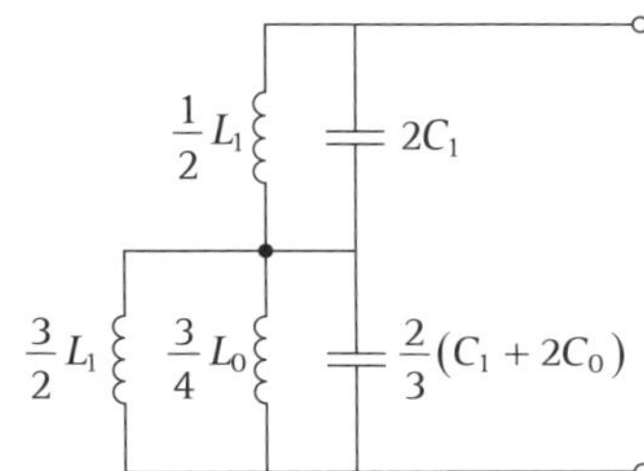

Bild 9.8 d

$$L^* = L_1 \cdot \frac{L_1 + 2 \cdot L_0}{2 \cdot L_1 + L_0}; \quad C^* = C_1 \cdot \frac{C_1 + 2 \cdot C_0}{2 \cdot C_1 + C_0} \tag{9.25}$$

$$Z = Z_1 \cdot \sqrt{\frac{\left(1 + 2 \cdot \frac{L_0}{L_1}\right) \cdot \left(1 + 2 \cdot \frac{C_1}{C_0}\right)}{\left(2 + \frac{L_0}{L_1}\right) \cdot \left(2 + \frac{C_1}{C_0}\right)}} \approx Z_1 \, \frac{Z_1 + 2 \cdot Z_0}{2 \cdot Z_1 + Z_0} \tag{9.26}$$

9.4.5 Dreiphasiger Fehler mit Erdberührung im geerdeten Netz, letztlöschender Schalterpol, oder einphasiger Fehler mit Erdberührung (Bild 9.8 e)

e)

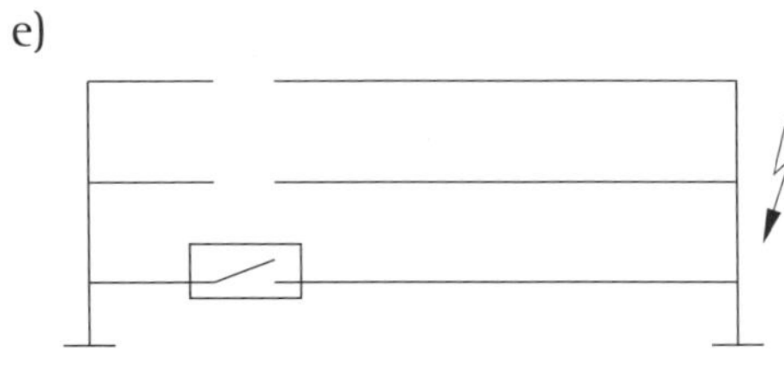

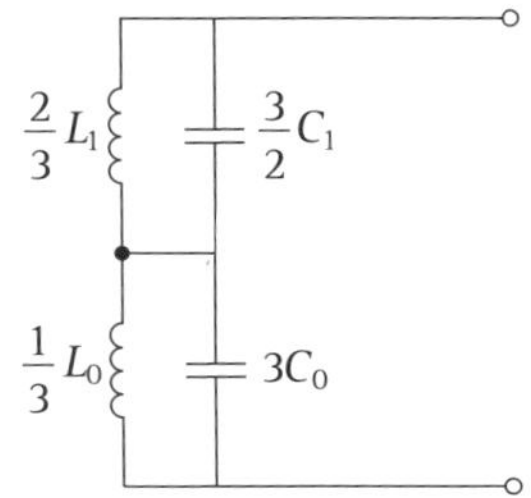

Bild 9.8 e

Dieser Fehlerfall ist identisch mit dem in Abschnitt 9.2 diskutierten.

$$L^* = \frac{2 \cdot L_1 + L_0}{3}; \quad C^* = \frac{3 \cdot C_1 \cdot C_0}{C_1 + 2 \cdot C_0} \tag{9.27}$$

$$Z = \frac{Z_1}{3} \cdot \sqrt{\frac{2 + \frac{L_0}{L_1}}{2 + \frac{C_1}{C_0}}} \approx \frac{2 \cdot Z_1 + Z_0}{3} \tag{9.28}$$

Ein Vergleich der resultierenden Wellenwiderstände für den erst- oder zweitlöschenden Schalterpol beim dreiphasigen Fehler im geerdeten Netz bzw. beim zweiphasigen Fehler (Abschnitte 9.4.3 und 9.4.4) mit den entsprechenden Werten für den letztlöschenden Schalterpol bzw. dem einphasigen Fehler mit Erdberührung (Abschnitt 9.4.5) zeigt, dass dieser Schalterpol immer einen etwas höheren resultierenden Wellenwiderstand sieht. In Tabelle 9.1 ist dies ausgedrückt durch das Verhältnis Z_{r1}/Z_{r3} . Die mit dem speisenden Netz verbundenen parallelen Leiter verringern also, solange in ihnen noch Kurzschlussstrom fließt, den Wellenwiderstand. Daher hat der Leiter eines Drehstromsystems den höchsten Wellenwiderstand, der als letzter abgeschaltet wird oder der als einziger Leiter den Kurzschlussstrom führt. Hier tritt dementsprechend auch die größte Steilheit der leitungsseitigen Einschwingspannung auf.

Aus diesem Grunde wurde in den Normen die Prüfung unter den Bedingungen des einphasigen Abstandskurzschlusses gegen Erde im geerdeten Netz, entsprechend dem letztlöschenden Schalterpol beim dreipoligen Abstandskurzschluss, als verbindlich festgelegt. Für diese Prüfung ist, wie erwähnt, ein Wellenwiderstand von 450 Ω vorgegeben.

Falls die Leiter eines Bündels nicht vollständig zusammenschlagen, kann, wie in Tabelle 9.1 angegeben, von einem Wellenwiderstand von 360 Ω ausgegangen werden. (Dies ist auch der Wellenwiderstand, der für Vorgänge im Zusammenhang mit Betriebsströmen zugrunde zu legen ist.)

Liegt auf den Masten ein zweites oder sogar mehrere Drehstromsysteme, oder hat die Leitung zwei Erdseile, so verringert sich der Wellenwiderstand um etwa 10 % oder mehr. Leitungen mit extrem hohen Masten oder ohne Erdseil können dagegen einen Wellenwiderstand für den letztlöschenden Schalterpol bzw. bei einphasigem Fehler von über 450 Ω haben.

Kabel haben, vor allem wegen ihrer sehr viel höheren Erdkapazität C_0, einen wesentlich geringeren Wellenwiderstand als Freileitungen. Ein Abstandskurzschluss auf einem Kabel bedeutet daher keine relevante Beanspruchung für einen Hochspannungs-Leistungsschalter.

9.5 Dreiphasiger Abstandskurzschluss (kurze Leitungslänge)

Wie beim einphasigen Abstandskurzschluss (Abschnitt 9.2) wird auch beim dreiphasigen davon ausgegangen, dass der Fehler in einer Entfernung von maximal wenigen Kilometern vom Leistungsschalter auftritt. Das Netz sei geerdet (Hochspannungsnetz), und der Fehler tritt gegen Erde auf.

Verglichen zur Zahl der einphasigen Fehler sind zwei- oder erst recht dreiphasige Fehler auf Freileitungen selten. Ihre Häufigkeit liegt in der Größenordnung < 10 %.

Die folgende Betrachtung gilt für dreiphasige Abstandskurzschlüsse, die einen Fehlerstrom in Höhe von 90 % oder 75 % des Nenn-Kurzschluss-Ausschaltstroms des betreffenden Leistungsschalters zur Folge haben. Der Kurzschlussstrom und die Entfernung zum Fehlerort sind in den drei Leitern gleich.

Im Netz ist der Wellenwiderstand im als ersten unterbrochenen Leiter (Abschnitt 9.4.3) etwa 10 % geringer als der der zuletzt abgeschalteten. Gemäß Gl. (9.9) ist damit auch die Steilheit $\mathrm{d}u_\mathrm{L}/\mathrm{d}t$ der leitungsseitigen Einschwingspannung im als ersten abgeschalteten Leiter um 10 % kleiner als im letzten. Da die Laufzeit der Wanderwelle wegen der gleichen Länge des fehlerbehafteten Leitungsabschnitts in den drei Leitern gleich ist, ist zwar die Frequenz gleich, aber nach Gl. (9.12) ist der leitungsseitige Scheitelwert u_L^* der Einschwingspannung um etwa 10 % niedriger als der im Abschnitt 9.2 ermittelte Wert.

Dies bestätigt, dass der letztlöschende Schalterpol im Fall eines dreiphasigen Abstandskurzschlusses durch die leitungsseitige Einschwingspannung härter beansprucht wird als die beiden anderen Pole.

9.6 Kurzschluss in größerer Entfernung vom Schalter

Bei größeren Entfernungen zwischen Schalter und Fehlerort (engl.: „Long Line Fault“ LLF) wird, bedingt durch die vom Schalter her gesehen größere Leitungsimpedanz, der Kurzschlussstrom kleiner als beim von den Normen erfassten 90-%- und 75-%-Abstandskurzschluss. Solange der Kurzschlussstrom fließt, verursacht diese größere Leitungsimpedanz einen entsprechend höheren Spannungsfall zwischen Schalter und Fehlerort. Demzufolge ist der Ausgangswert u_L und damit auch der Scheitelwert u_L^* der leitungsseitigen Einschwingspannung höher als beim 90-%- oder 75-%-Abstandskurzschluss. Die Wanderwelle hat eine längere Laufzeit bis zum Fehlerort, sodass die Frequenz der leitungsseitigen Einschwingspannung umgekehrt proportional zur Fehlerentfernung geringer wird. Die geringere Frequenz und der kleinere Kurzschlussstrom haben eine kleinere Steilheit $\mathrm{d}u_\mathrm{L}/\mathrm{d}t$ der Leitungsseite zur Folge.

Im praktischen Betrieb kann davon ausgegangen werden, dass der Kurzschlussstrom so klein ist, dass es, wenn überhaupt, erst nach relativ langer Zeit ($\geq$ 100 ms) zum Zusammenschlagen der Bündelleiter kommt. Daher ist als wirksamer Wellenwiderstand statt des in der Norm genannten Werts 450 Ω der für Betriebsbedingungen angesetzte Wellenwiderstand Z für Bündelleiter gemäß Tabelle 9.1 anzusetzen. Dies führt zu einer weiteren Verringerung der Steilheit $\mathrm{d}u_\mathrm{L}/\mathrm{d}t$ der leitungsseitigen Einschwingspannung.

Der geringere Wellenwiderstand $Z = \sqrt{L/C}$ bedeutet aber auch eine geringere wirksame Leitungsimpedanz $\omega \cdot L$. Bei gleichem Fehlerstrom I_L ist daher die Entfernung λ zwischen Schalter und Fehlerort nach Gl. (9.1) größer als unter der Voraussetzung eines höheren Wellenwiderstands.

In Bezug auf sein thermisches Löschvermögen wird ein Schalter bei einem Leitungskurzschluss in größerer Entfernung sowohl durch den Ausschaltstrom als auch durch die leitungsseitige Einschwingspannung geringer beansprucht, als dies durch die genormten Abstandskurzschluss-Werte gegeben ist. Dementsprechend sind Prüfungen unter diesen Bedingungen nicht vorgesehen.

Bei entsprechend großen Entfernungen kann der Scheitelwert der leitungsseitigen Einschwingspannung u_L^* Werte erreichen, die in der Größenordnung der transienten Einschwingspannung bei Klemmenkurzschluss liegen. Da gemäß Gl. (9.4) gleichzeitig der Anteil der netzseitigen Einschwingspannung geringer wird, werden, wie die Praxis zeigt, im Allgemeinen einphasige Kurzschlüsse auf Freileitungen, die in Entfernungen von einigen Kilometern und mehr auftreten, problemlos beherrscht.

Bei mehrpoligen Kurzschlüssen auf Freileitungen, die in Entfernungen von über etwa 20 km vom Schalter auftreten, wurde eine weitere Erhöhung der leitungsseitigen Einschwingspannung festgestellt, vor allem auf dem zuerst abgeschalteten Leiter [33]. Sie ist verursacht durch die induktive Kopplung zwischen den fehlerbehafteten Leitern. Solange in einer der noch nicht abgeschalteten Leiter der Fehlerstrom fließt, induziert sein Magnetfeld in den abgeschalteten Leitern eine Spannung, die sich der eigentlichen Einschwingspannung der abgeschalteten Leiter überlagert. Bei großen Längen des fehlerbehafteten Leitungsabschnitts, wenn der Kurzschlussstrom etwa $\leq$ 30 % des Klemmenkurzschlussstroms des speisenden Netzes wird, kann dadurch der Scheitelwert der leitungsseitigen Einschwingspannung des erstabgeschalteten Leiters größer werden als der auf dem zuletzt unterbrochenen Leiter. Die resultierende Spannung kann in der gleichen Größenordnung liegen wie die bei Klemmenkurzschluss-Prüfungen anzulegende Einschwingspannung im gleichen Strombereich, d. h. mit 30 % oder 10 % des Nenn-Kurzschluss-Ausschaltstroms des betreffenden Schalters. Vergleiche von Prüfergebnissen haben gezeigt, dass nach der gültigen Norm geprüfte Leistungsschalter diese Beanspruchung beherrschen.

Bei einem einphasigen Kurzschluss, wenn die anderen Leiter nur den Betriebsstrom führen, ist bei kurzen Leitungslängen der Effekt dieser Kopplung zu gering, um eine relevante Spannungserhöhung zu verursachen.

Durch die Kopplung zwischen den gesunden Leitern und dem fehlerbehafteten Leiter wird im fehlerbehafteten Leiter ein Strom induziert. Auf langen Freileitungen wird dieser Strom so hoch, dass im Zuge einer einpoligen AWE (Kurzunterbrechung) nach der Abschaltung des fehlerbehafteten Leiters der Lichtbogen des äußeren Überschlags nicht erlöschen kann, da er von dem induzierten Strom weiter aufrechterhalten bleibt [31] (siehe Abschnitt 9.1). Um zu vermeiden, dass die Leitung schließlich endgültig ausgeschaltet wird, ist eine dreipolige AWE (Kurzunterbrechung) erforderlich. Dabei müssen häufig in den nicht fehlerbehafteten („gesunden") Leitern kapazitive Ströme abgeschaltet werden. Die damit verbundene Beanspruchung der betreffenden Schalterpole wird im Abschnitt 22.8 diskutiert.

Während bei einem leitungsseitigen Kurzschluss in geringer Entfernung vom Schalter (Abstandskurzschluss) das thermische Lichtbogen-Löschvermögen des Leistungsschalters für die Stromunterbrechung entscheidend ist, ist es bei großen Fehlerentfernungen die dielektrische Wiederverfestigung der Schaltstrecke.

Wie in [31] gezeigt wird, lässt sich die Beanspruchung der Schalter, die die fehlerbehaftete Leitung an beiden Enden abschalten, auf ein durch die genormte Prüfung abgedecktes Maß verringern, wenn die Schalter mit einer Zeitdifferenz gegeneinander von einer Halbschwingung ausgelöst werden.

10 Anfangseinschwingspannung (ITRV)

Beim Unterbrechen des Kurzschlussstroms durch einen Leistungsschalter, der in der Nähe einer Sammelschiene steht, treten auf dieser Sammelschiene Wanderwellen auf, die an Diskontinuitäten der Sammelschiene reflektiert werden [37]. Der Verlauf dieser Spannung ist dreieckförmig, ähnlich der leitungsseitigen Einschwingspannung beim Abschalten eines Abstandskurzschlusses. Da sich die Sammelschiene normalerweise auf der Netzseite des Schalters befindet, überlagert sich diese Spannung praktisch ohne Verzögerungszeit dem Anfangsverlauf der transienten Einschwingspannung des Netzes. Sie wird aus diesem Grunde als Anfangseinschwingspannung (englisch: Initial Transient Recovery Voltage ITRV) bezeichnet.

In der Praxis sind Diskontinuitäten Leitungs- oder Transformatorabzweige, d. h. Abzweige, die durch eine Kapazität von mindestens 1 000 pF dargestellt werden können, und die Enden der Sammelschiene.

In der Norm wird davon ausgegangen, dass die Sammelschiene zusammen mit den Bauteilen, die mit ihr verbunden sind, wie Stützisolatoren, Messwandler, Trennschalter usw., in den Spannungsebenen zwischen 100 kV und 550 kV durch einen Wellenwiderstand $Z_{SS} = 260\ \Omega$ nachgebildet werden kann.

Die Steilheit s_i der Anfangseinschwingspannung ergibt sich damit zu:

$$s_i = \frac{du_i}{dt} = I \cdot \sqrt{2} \cdot \omega \cdot Z_{SS} = Z_{SS} \cdot \frac{di}{dt} \tag{10.1}$$

$\omega = 2\pi f$ ist die Netzfrequenz, 50 Hz oder 60 Hz, und I der geschaltete Strom.

Die Zeit t_i bis zum ersten Scheitelwert u_i der Anfangseinschwingspannung ist gleich zweimal die Laufzeit der Wanderwelle bis zu einer wesentlichen Diskontinuität. Aus Messungen wurde in die Norm eine Wellengeschwindigkeit von 260 m/µs übernommen. Die in der Norm DIN EN 62271-100 (**VDE 0671-100**) angegebenen Werte für t_i entsprechen den Größen der Freiluftschaltanlagen bei den jeweiligen Nennspannungen.

Beispiel: Für 420 kV ist eine Anstiegszeit $t_i = 0{,}8$ µs bis zum Scheitelwert u_i der Anfangseinschwingspannung genormt worden. Dies ergibt eine Entfernung zwischen dem Leistungsschalter und der Diskontinuität von 416 m.

Die Anfangseinschwingspannung kann die thermische Wiederverfestigung der Schaltstrecke nach der Stromunterbrechung erheblich beeinflussen. Prüfungen unter den Bedingungen der Anfangseinschwingspannung sind daher gefordert im Zusammenhang mit dem Abschalten großer Ströme, also beim Unterbrechen des 100-%-Klemmenkurzschlusses, sowohl mit symmetrischem als auch unsymmetrischem Strom, und des 90-%-Abstandskurzschlusses.

Der Scheitelwert u_{i} der Anfangseinschwingspannung ist abhängig von der genormten Anstiegszeit t_{i} und der vom geschalteten Strom I abhängigen Steilheit s_{i}:

$$u_{\mathrm{i}} = t_{\mathrm{i}} \cdot I \cdot \sqrt{2} \cdot \omega \cdot Z_{\mathrm{SS}} \tag{10.2}$$

In der Norm ist ein Faktor f_{i} angegeben, der mit dem geschalteten Strom I den Wert u_{i} ergibt. Er enthält also die Größe $t_{\mathrm{i}} \cdot \sqrt{2} \cdot \omega \cdot Z_{\mathrm{SS}}$.

Wie die dreieckförmige Einschwingspannung beim Abstandskurzschluss wird auch die Anfangseinschwingspannung in der Praxis durch zwangsläufig vorhandene Kapazitäten verrundet. Entsprechend dem Vorgehen beim Abstandskurzschluss (Bild 9.5) wird daher zum Ermitteln der Steilheit eine Gerade zwischen den Punkten $0{,}2 \cdot u_{\mathrm{i}}$ und $0{,}8 \cdot u_{\mathrm{i}}$ gelegt.

Da die Lichtbogenspannung des Leistungsschalters eine ähnliche Größenordnung wie die Anfangseinschwingspannung hat, verändert sie während einer Stromunterbrechung den Verlauf der Anfangseinschwingspannung. Um bei Prüfungen den korrekten Verlauf einzustellen, wird der Prüfkreis mit einer Schalter-Nachbildung ausgemessen, die mit der Spannung null arbeitet und so eine ideale Schaltstrecke repräsentiert.

Sofern Schalter auch unter den Bedingungen des 90-%-Abstandskurzschlusses geprüft werden, ist es zulässig, auf die Überlagerung der Anfangseinschwingspannung zu verzichten, vorausgesetzt, dass die leitungsseitige Einschwingspannung ohne oder nur mit vernachlässigbar kurzer Verzögerungszeit t_{dL} angelegt wird. Es wird vorausgesetzt, dass dies zur gleichen Beanspruchung wie durch die Anfangseinschwingspannung führt und damit die thermische Wiederverfestigung der Schaltstrecke während der ersten Mikrosekunden realistisch nachgewiesen ist.

Die Vorgaben für Prüfungen mit einer Anfangseinschwingspannung (ITRV) gelten nicht für Leistungsschalter mit einer Bemessungsspannung unter 100 kV und für Schalter mit einem Bemessungs-Kurzschluss-Ausschaltstrom von weniger als 25 kA. Die sich unterhalb dieser Grenzen ergebenden Verläufe der Anfangseinschwingspannung sind so kurzzeitig und so niedrig, dass sie durch die Restleitfähigkeit des Lichtbogenplasmas erheblich gedämpft und damit unwirksam werden.

11 Schalten unter Asynchronbedingungen (Phasenopposition)

Besteht zwischen zwei Netzen oder zwischen einem Netz und einer Einspeisung (z. B. einem Kraftwerk) in der Spannung eine Phasenverschiebung, so hat die Differenzspannung einen Ausgleichstrom zur Folge, der die Größenordnung eines Kurzschlussstroms erreichen kann. Nach dem Unterbrechen des Ausgleichstroms tritt über die offene Schaltstrecke die Differenz der Leiterspannungen der beiden Teilnetze auf (**Bild 11.1**).

Das Schalten unter Asynchronbedingungen tritt sehr selten auf (< 1 % aller Störungen). Im Wesentlichen lassen sich zwei Zustände identifizieren, die zum asynchronen Verhalten zweier Netze oder Teilnetze A und B führen:

1. Ein Teilnetz wird infolge von Überlastung, Lastabwurf oder einer anderen Störung instabil, und die beiden Teilnetze laufen daher in elektrischer Hinsicht auseinander. Der Netzschutz stellt eine Differenz in den Phasenwinkeln der beiden Spannungen fest und löst die Leistungsschalter in der Verbindung zwischen beiden Netzen aus. Der Schalter, der als erster abschaltet, sieht den Asynchronismus zwischen den Teilnetzen.

   In einem eng vermaschten Netz wird ein asynchroner Zustand eines Teilnetzes durch parallel bestehende Netzzweige vermieden.

   Bild 11.1 zeigt zwei Teilnetze A und B, die über einen Leistungsschalter verbunden sind. Es wird angenommen, dass jedes Teilnetz eine Kurzschlussleistung hat, die zwischen 30 % und 60 % eines üblichen Versorgungsnetzes liegt. Der Fall, dass beide Teilnetze eine Kurzschlussleistung nahe bei 100 % eines Landesnetzes haben, kann als unwahrscheinlich angesehen werden. Fälle mit einem schwachen Teilnetz auf einer Seite entsprechen dem unter Punkt 2 betrachteten Zustand.

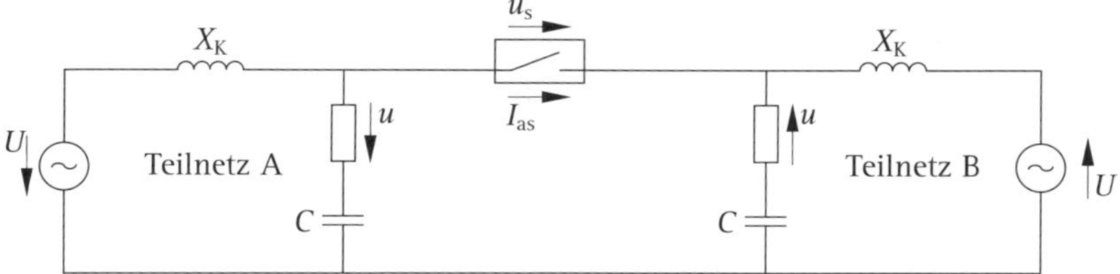

Bild 11.1 Unterbrechen des Ausgleichstroms bei Asynchronismus zweier Teilnetze

2. Es werden zwei Teilnetze zusammengeschaltet, die nicht synchron laufen. Ein typischer Fall sind Synchronisierfehler beim Zuschalten eines Generators. In Bild 11.1 wird der Generator durch eines der Teilnetze A oder B repräsentiert. Geht man davon aus, dass die maximalen Leistungen von Generatoren, die mit dem 245-kV-Netz verbunden sind, in der Größenordnung von 600 MVA liegen, und die, die an 420-kV- oder 550-kV-Netze angeschlossen sind, 1 500 MVA betragen, so kommt man auf Ausgleichströme von maximal 6 kA, die zu unterbrechen sind. Dabei sind Generator- und Transformator-Reaktanz sowie die Netzreaktanz berücksichtigt.

Die zwischen den phasenverschobenen Teilnetzen auftretende Differenzspannung ist abhängig vom Phasenverschiebungs-Winkel δ (**Bild 11.2**):

Ist $U_A = U_B$, so wird: $$\Delta U = 2 \cdot U_A \cdot \sin(\delta/2) \quad (11.1\,a)$$

Für $U \neq U_B$ gilt: $$\Delta U = \sqrt{U_A^2 + U_B^2 - U_A \cdot U_B \cdot \cos\delta} \quad (11.1\,b)$$

Ist der Phasenverschiebungswinkel $\delta = 180°$, so spricht man von Phasenopposition:

$$\Delta U = U_A + U_B \quad (11.1\,c)$$

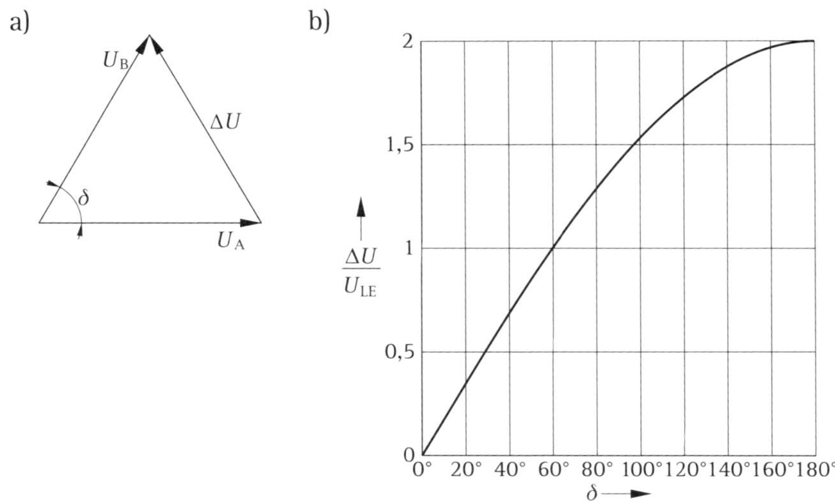

Bild 11.2 Differenzspannung in Abhängigkeit vom Phasenverschiebungswinkel δ
a) Zeigerdiagramm
b) Differenzspannung

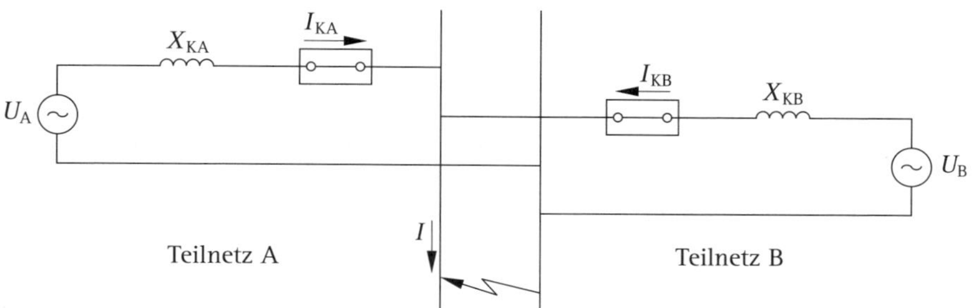

Bild 11.3 Zwei asynchrone Teilnetze speisen einen Kurzschluss im Verbundnetz

Die Spannungen der Teilnetze befinden sich nun in Gegenphase.

Um den zwischen zwei asynchronen Teilnetzen A und B fließenden Ausgleichstrom I_{as} mit einem im Verbundnetz auftretenden resultierenden Kurzschlussstrom I vergleichen zu können, wird zunächst der Kurzschlussstrom I des aus den Teilnetzen bestehenden Verbundnetzes unter der (Normal-)Bedingung ermittelt, dass die Spannungen der Teilnetze phasengleich (synchron) schwingen (**Bild 11.3**). Der Kurzschlussstrom I ist die Summe der Kurzschlussströme der Teilnetze:

$$I_A = \frac{U_A}{X_A}$$

$$I_B = \frac{U_B}{X_B}$$

Mit $U_A = U_B = \frac{U}{\sqrt{3}}$ gilt für den Kurzschlussstrom:

$$I = I_A + I_B = \frac{U}{\sqrt{3}} \cdot \frac{X_A + X_B}{X_A \cdot X_B} \qquad (11.2)$$

Werden zwei asynchrone Netze zusammengeschaltet, ohne dass es zum Kurzschluss kommt, so fließt der Ausgleichstrom I_{as}. Er ergibt sich aus der Differenzspannung ΔU und der Summe der Reaktanzen $X_A + X_B$ der beiden Netze:

$$I_{as} = \frac{\Delta U}{X_A + X_B} \qquad (11.3\,a)$$

Mit $U_A = U_B$ wirkt bei Phasenopposition $\Delta U = U_A + U_B$ die doppelte Leiterspannung:

$$I_{Opp} = I_{asmax} = \frac{2 \cdot U}{\sqrt{3}} \cdot \frac{1}{X_A + X_B} \qquad (11.3\,b)$$

Bei verschiedenartigen Netzen bestimmt also weitgehend das Netz mit der größeren Reaktanz die Größe des vom Leistungsschalter zu unterbrechenden Ausgleichstroms. Je größer dessen Reaktanz ist, desto kleiner ist der Beitrag dieses „schwächeren" Teilnetzes zum Ausgleichstrom. **Bild 11.4** zeigt die Höhe des bei vollständiger Phasenopposition auftretenden Ausgleichstroms I_{Opp} in Abhängigkeit vom Verhältnis p der Reaktanzen X_{A} und X_{B} sowie in Relation zur Summe I der Kurzschlussströme der beiden Teilnetze:

$$\frac{I_{\mathrm{Opp}}}{I} = \frac{2 \cdot p}{(1+p)^2} \tag{11.4}$$

mit

$$p = \frac{X_{\mathrm{A}}}{X_{\mathrm{B}}} = \frac{I_{\mathrm{B}}}{I_{\mathrm{A}}}$$

und

$$X_{\mathrm{A}} \leq X_{\mathrm{B}} \quad \text{bzw.} \quad I_{\mathrm{B}} \leq I_{\mathrm{A}}$$

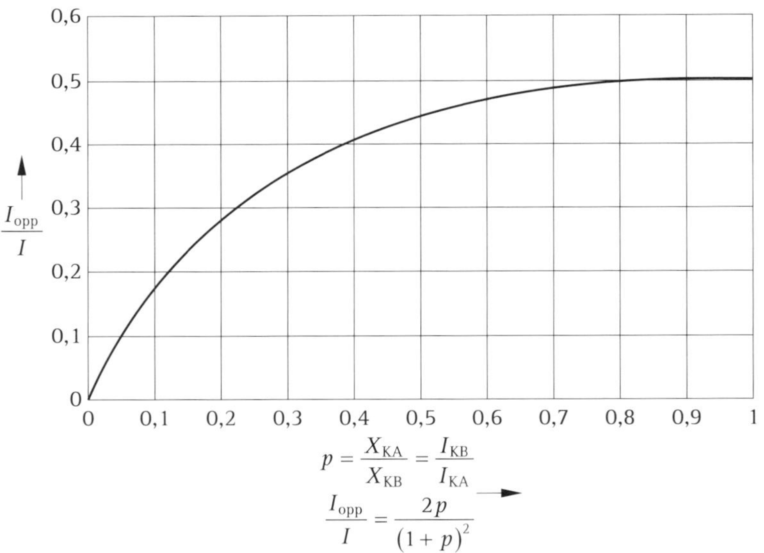

Bild 11.4 Ausgleichstrom I_{Opp} bei vollständiger Phasenopposition in Abhängigkeit vom Verhältnis p der Kurzschlussimpedanzen der Teilnetze A und B ($X_{\mathrm{A}} \leq X_{\mathrm{B}}$ bzw. $I_{\mathrm{B}} \leq I_{\mathrm{A}}$)

Der größte Wert für den Ausgleichstrom I_{0pp} ergibt sich demnach, wenn die in Phasenopposition stehenden Netze gleichartig sind, d. h. die gleiche Reaktanz $X_A = X_B$ haben. Wie aus Bild 11.4 ersichtlich, kann der Ausgleichstrom maximal 50 % des Kurzschlussstroms I des betreffenden Gesamtnetzes erreichen. In den Normen wird ein Wert $I_{as} = 0{,}25 \cdot I$ zugrunde gelegt. Dies entspricht bei Phasenopposition $X_A / X_B = 0{,}17$. Man geht also davon aus, dass Asynchronismus nur durch Störungen in einem im Verhältnis zum Gesamtnetz relativ schwachen Teilnetz X_B oder durch Synchronisierfehler beim Zuschalten eines Generators auftritt.

Nach dem Unterbrechen des Ausgleichstroms schwingen die Spannungen in den beiden Teilnetzen unabhängig voneinander ein. Über die offene Schaltstrecke des Schalters erscheint die Differenz dieser Spannungen. Bei voller Phasenopposition und gleichem Phasenwinkel würde die betriebsfrequente Spannung über den erstlöschenden Schalterpol im ungeerdeten Netz den Wert der dreifachen Leiterspannung und im geerdeten Netz die $2 \cdot 1{,}3 = 2{,}6$-fache Leiterspannung erreichen. Stabilitätsuntersuchungen haben jedoch gezeigt, dass die Einschwingfrequenzen in den Teilnetzen unter den Bedingungen, die zum Asynchronismus führen, voneinander abweichen.

Infolge der verschiedenen Einschwingfrequenzen treten die Scheitelwerte der Einschwingspannungen der Teilnetze nicht gleichzeitig auf, und der Scheitelwert der resultierenden Einschwingspannung ist kleiner als die Summe der einzelnen Scheitelwerte. Daher sind für die Prüfung unter Asynchronbedingungen für ungeerdete Netze die 2,5-fache und für geerdete Netze die 2,0-fache Leiterspannung genormt worden. Der Überschwingfaktor der resultierenden Einschwingspannung wird ebenfalls kleiner. Er ist mit 1,25 genormt worden. Der Scheitelwert der Einschwingspannung ist also für:

- ungeerdete Netze: $u_c = 2{,}5 \cdot 1{,}25 = 3{,}13$ p. u.
- geerdete Netze: $u_c = 2{,}0 \cdot 1{,}25 = 2{,}50$ p. u.

Zum Vergleich: Bei Prüfungen mit 100 % Klemmenkurzschlussstrom (Bemessungs-Kurzschluss-Ausschaltstrom des Leistungsschalters) sind der Überschwingfaktor $\gamma = 1{,}4$ und die entsprechenden Werte für u_c für ungeerdete Netze (erstlöschender Pol-Faktor $k_{pp1} = 1{,}5$) $u_c = 1{,}4 \cdot 1{,}5 = 2{,}1$ p. u. bzw. für geerdete Netze ($k_{pp1} = 1{,}3$) $u_c = 1{,}4 \cdot 1{,}3 = 1{,}82$ p. u. Für Prüfungen mit 60 % und 30 % des Nenn-Kurzschluss-Ausschaltstroms ist $\gamma = 1{,}5$ genormt, sodass sich die Werte für u_c zu 2,25 bzw. 1,95 ergeben.

In gleicher Weise wird auch die Tangentensteilheit der resultierenden Einschwingspannung beeinflusst. Man hat sich für ungeerdete Netze der Nennspannungen von 100 kV bis 170 kV auf den Wert 1,67 kV/µs und für geerdete Netze ab 100 kV auf 1,54 kV/µs verständigt.

Details zur Ermittlung dieser Werte finden sich im „Application Guide für IEC 62271-100.

Für Mittelspannungsnetze ergeben sich, analog der im Abschnitt 3.2 diskutierten Verhältnisse bei Klemmenkurzschluss, geringere Steilheiten der Anfangstangenten. Sie reichen von 0,12 kV/µs bei 3,6 kV bis 0,50 kV/µs bei 36 kV sowie 0,55 kV/µs bei 72,5 kV. Die Höhe des Überschwingfaktors bleibt mit 1,25 unberührt. Weiterhin wird davon ausgegangen, dass in diesen Spannungsebenen der Anteil der ungeerdeten Netze größer ist als bei höheren Spannungen. Daher werden die Prüfungen unter Asynchronbedingungen in den Spannungsebenen bis 72,5 kV generell mit 2,5-facher Leiterspannung durchgeführt.

Die Wahrscheinlichkeit des Auftretens von asynchronen Betriebsbedingungen ist in Hochspannungsnetzen relativ gering. Die verschiedenen Netzbetreiber haben dementsprechend unterschiedliche diesbezügliche Ansprüche an Hochspannungs-Leistungsschalter. Es wird häufig von Schutzsystemen Gebrauch gemacht, um den Synchronismus aufrechtzuerhalten und das Auseinanderlaufen der Spannungsvektoren auf maximal 40° zu begrenzen. Dies bereitet in dicht vermaschten Netzen keine Probleme. Härtere Asynchron-Bedingungen sind jedoch an leistungsstarken Kupplungen von wenig vermaschten Netzen denkbar. Tritt in dem über eine solche Kupplung versorgten Netz eine größere Störung auf, so wirkt dies für das die Leistung liefernde Netz wie ein extremer Lastabwurf. Dies kann, zumindest theoretisch, zu Phasenungleichheiten bis zu 180° führen.

In Mittelspannungsnetzen besteht eher die Möglichkeit, dass Asynchronismus zwischen dem Netz und einem Verbraucher eintritt, da hier schon ein Fehler, z. B. an einem großen Motor, eine erhebliche Änderung der Lastbedingungen bedeuten kann.

Mit zunehmender Einspeisung aus sich volatil verhaltenden, relativ kleinen Erzeugern elektrischer Energie in das Mittelspannungsnetz ist damit zu rechnen, dass häufiger als bisher Mittelspannungs-Leistungsschalter unter Asynchronbedingungen zu schalten haben werden. Dabei können Steilheiten der transienten Einschwingspannung auftreten, die höher sind, als bisher für Phasenopposition in DIN EN 62271-100 (**VDE 0671-100**) spezifiziert wird. Untersuchungen haben ergeben, dass der Spannungsanstieg eher dem entspricht, wie er für Prüfungen mit 30 % Klemmenkurzschluss (T30) vorgegeben ist [115].

12 Einphasiger Erdschluss im ungeerdeten Netz

12.1 Erdschluss

Während im geerdeten Drehstromnetz ein einphasiger Erdschluss einen Kurzschluss bedeutet (siehe Abschnitt 6.4), fließt in einem Netz mit isoliertem Sternpunkt im Fall eines einphasigen Erdschlusses ein Erdschlussstrom, der kleiner ist als der Kurzschlussstrom und meist auch kleiner als der Nenn-Betriebsstrom der Übertragungsmittel. Bei der Ermittlung werden die Längswiderstände der Leitungen, der Erdübergangswiderstand an der Fehlerstelle und die Transformatorimpedanzen vernachlässigt.

Geht man davon aus, dass das Netz vollkommen erdfrei betrieben wird, also in **Bild 12.1** die Impedanz der Erdverbindung $L_M \to \infty$ geht, so schließt sich der Kreis des Erdschlussstroms vom fehlerbehafteten Leiter über Erde und die Erdkapazitäten der anderen, gesunden Leiter. Unter Voraussetzung der genannten Vernachlässigungen darf man sich die Erdkapazitäten der gesunden Leiter konzentriert und je Strang gleich groß vorstellen. Der Erdschlussstrom I_e ist dementsprechend ein kapazitiver Strom. Er besteht aus den Teilströmen I_{Ce} über die Erdkapazitäten C_e der beiden gesunden Leiter mit der vektoriellen Summe $\sqrt{3} \cdot I_{Ce}$. Beim Unterbrechen des Erdschlussstroms durch den Leistungsschalter gelten daher die Gesetzmäßigkeiten des Ausschaltens kapazitiver Kreise (siehe Kapitel 22).

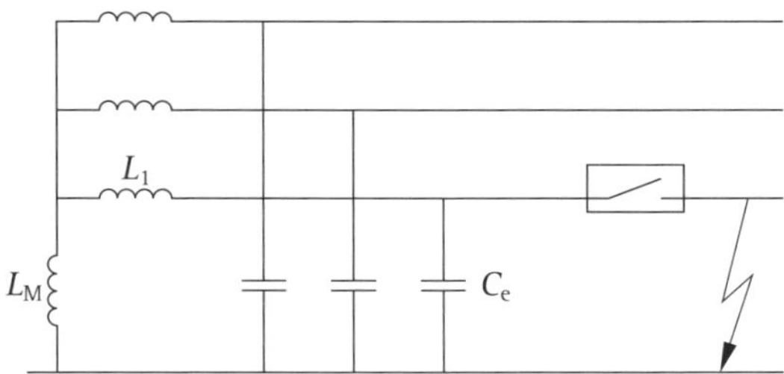

Bild 12.1 Einphasiger Erdschluss im ungeerdeten Netz; Sternpunkt über Erdschluss-Löschspule hochohmig geerdet

Da zwischen den Leitern die verkettete Spannung besteht und der erdschlussbehaftete Leiter nun auf Erdpotential liegt, werden die gesunden Leiter mit dem Auftreten des Erdschlusses von der Leiter- auf die verkettete Spannung gegen Erde angehoben. Die Sternpunktspannung entspricht der Leiterspannung, anstatt null zu sein. Über die Erdverbindung des fehlerbehafteten Leiters fließt also der stationäre Erdschlussstrom:

$$I_e = \sqrt{3} \cdot U_{\text{Leiter}} \cdot \sqrt{3} \cdot \omega \cdot C_e = \frac{U}{\sqrt{3}} \cdot \omega \cdot C_e \tag{12.1}$$

In einem Freileitungsnetz (z. B. 24 kV mit $C_e \approx 10$ nF/km) ist $I_e \approx 0{,}1$ A/km, in einem Kabelnetz dieser Spannung mit $C_e \approx 0{,}45$ µF/km wird $I_e \approx 5$ A/km.

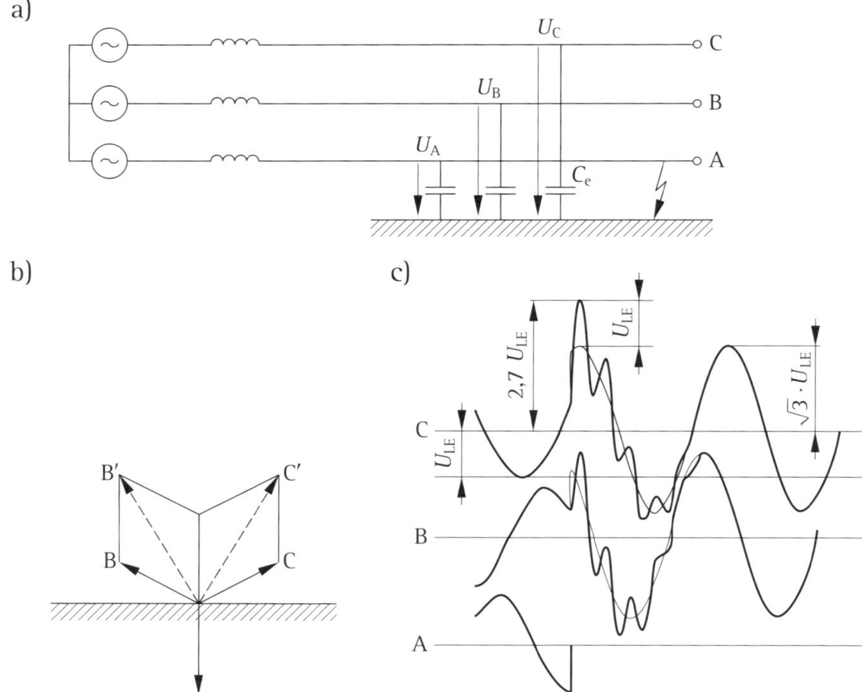

Bild 12.2 Spannungserhöhung bei Erdschluss
a) Ersatzschaltbild
b) Zeigerdiagramm
c) Verlauf der Leiter-Erde-Spannungen

Damit der Erdschlusslichtbogen zuverlässig von selbst erlischt, darf der Erdschlussstrom nicht größer werden als 35 A (DIN VDE 0845-6-2 (VDE 0845-6-2)) [38]. Daraus ergeben sich als maximale Leitungslängen in unkompensierten Netzen mit freiem Sternpunkt:

- für Freileitungsnetze etwa 350 km
- für Kabelnetze etwa 7 km

Neben der stationären kommt es im Erdschlussfall auch zu transienten Spannungserhöhungen in den gesunden Leitern: Tritt der Erdschluss im (z. B. positiven) Scheitelwert der Leiterspannung des fehlerbehafteten Leiters auf, so müssen sich die Spannungen der beiden anderen Leiter gegen Erde, die im ungestörten Fall in diesem Moment den Wert -0,5 p. u. haben, auf -1,5 p. u. ändern und können dabei sogar (ungedämpft) auf -2,5 p. u. überschwingen. Bedingt durch die Dämpfung liegen die Werte meist unter -2 p. u. Bei intermittierendem Erdschluss, d. h. wenn nach Erlöschen des Erdschlusslichtbogens erneut ein Erdschluss auftritt, kann es in den gesunden Leitern zu noch höheren Spannungsspitzen kommen, theoretisch bis -3,5 p. u., praktisch -3 p. u.

12.2 Erdschluss-Kompensation

Wird der Erdschlussstrom verringert, so können wesentlich ausgedehntere Netze als im Abschnitt 12.1 angegeben ungeerdet betrieben werden. Dazu wird über eine relativ hochohmige induktive Reaktanz eine Erdverbindung geschaffen, sodass sich dem kapazitiven Erdschlussstrom ein induktiver Strom überlagert (Bild 12.1). Dies geschieht im Allgemeinen durch Einschalten einer Luftdrosselspule L_{M} (Erdschluss-Löschspule, „Petersenspule") mit der Reaktanz X_{K} zwischen dem Sternpunkt des speisenden Transformators und Erde.

Der Idealfall, d. h. eine vollständige Kompensation des kapazitiven Erdschlussstroms, setzt eine Parallelresonanz zwischen den Erdkapazitäten der gesunden Leiter und der in die Erdverbindung eingeschalteten Reaktanz voraus. Dabei muss die Transformatorreaktanz X_1 berücksichtigt werden. Näherungsweise gilt bei $X_1 \approx 0$:

$$X_{\mathrm{E}} = \omega \cdot L_{\mathrm{M}} = \frac{1}{3 \cdot \omega \cdot C_{\mathrm{e}}} \tag{12.2}$$

Die im Transformator-Sternpunkt eingesetzte Kompensations-Drosselspule L_{M} muss in ihrer Induktivität veränderbar sein, um sie an sich ändernde Betriebsbedingungen des Netzes anpassen zu können.

Durch das Einschalten der Kompensations-Drosselspule ergibt sich eine Abweichung der Eigenkreisfrequenz ω_0 von der Netzfrequenz ω. Diese Abweichung wird durch die Verstimmung v gekennzeichnet:

$$\omega_0 \approx \sqrt{\frac{1}{3 \cdot L_K \cdot C_e}} = \omega \cdot \sqrt{1 \pm v} \approx \omega \cdot \left(1 \pm \frac{v}{2}\right) \tag{12.3}$$

Selbst beim Einhalten der Resonanzbedingungen im Nullsystem fließen im realen Netz Fehlerströme, die bedingt sind durch ohmsche Verluste der Kompensations-Drosselspule sowie durch Netzverluste und kapazitive Unsymmetrien. Dieser Erdschluss-Reststrom ist überwiegend ohmsch. Er beträgt in Freileitungsnetzen < 10 %, in Kabelnetzen 3 % bis 4 % des kapazitiven Erdschlussstroms I_e.

Der Blindanteil I_{Rb} des Erdschluss-Reststroms ist:

$$I_{Rb} = \frac{U}{\sqrt{3}} \cdot \left(3 \cdot \omega \cdot C_e - \frac{1}{\omega \cdot L_K}\right) \tag{12.4}$$

Wird der Blindanteil I_{Rb} des Erdschluss-Reststroms auf den kapazitiven Erdschlussstrom I_e bezogen, so erhält man wiederum die Verstimmung v:

$$\frac{I_{Rb}}{I_e} = \pm v \tag{12.5}$$

Der Zustand der Unterkompensation ($\omega_0 < \omega$, $\omega \cdot L_K > 3 \cdot \omega \cdot C_e$) wird im Allgemeinen vermieden, da in stark unterkompensierten Netzen der Erdschluss-Reststrom weiterhin kapazitiv ist. Beim Erdschluss können dann, wie in Abschnitt 12.1 erwähnt, die Spannungen der gesunden Leiter gegen Erde auf über 2 p. u. ansteigen, also auch über die verkettete Spannung hinaus. Bei der Überkompensation des Netzes durch eine etwas zu kleine Induktivität der Erdschlussspule erhält man eine negative Verstimmung, die eine etwas vergrößerte Frequenz des Nullsystems zur Folge hat:

$$\frac{\omega_0}{\omega} = \sqrt{1 - v} \approx 1 - \frac{v}{2} \tag{12.6}$$

Bild 12.3 zeigt den Spannungsverlauf nach dem Ausschalten eines Erdschlussstroms in einem schwach überkompensierten Netz ($v = -0{,}1$). Die Überlagerung der Frequenz des Nullsystems und der Netzfrequenz führt zu einer Schwebung, die ein sehr langsames Einschwingen der wiederkehrenden Spannung zur Folge hat. Daher kann ein frei brennender Erdschluss-Lichtbogen auch dann von selbst erlöschen, wenn er einen größeren Strom als in Abschnitt 12.1 angegeben führt.

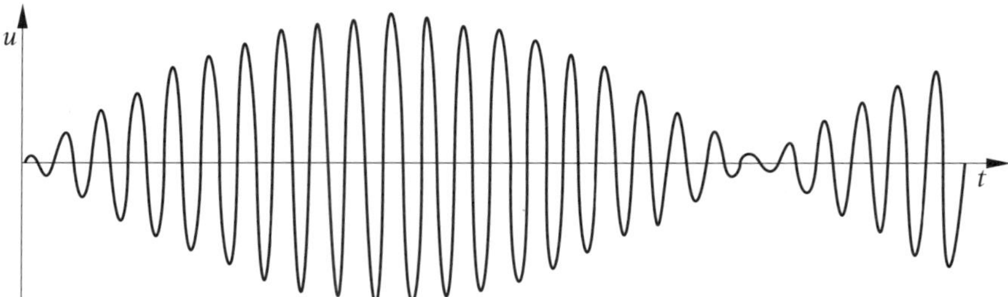

Bild 12.3 Spannungsverlauf an der Fehlerstelle oder über den Schalter nach dem Unterbrechen des Erdschlussstroms (schwach überkompensiertes Netz, $v = -0{,}1$)

Als Konsequenz ist gemäß DIN VDE 0845-6-2 (**VDE 0845-6-2**) [38] im kompensierten Netz ein höherer Erdschluss-Reststrom zugelassen. Der maximale Erdschluss-Reststrom darf im 123-kV-Netz 130 A und im 24-kV-Netz 60 A betragen. Ein frei brennender Lichtbogen, der diesen Strom führt, wird im schwach überkompensierten Netz selbstständig verlöschen.

In einem kompensierten Netz steigt bei Resonanzabstimmung bzw. bei einer schwachen Überkompensation auch die Spannung über den erstlöschenden Schalterpol nach einem dreipoligen Kurzschluss mit Erdberührung relativ langsam an, wie in Bild 12.3 gezeigt.

13 Doppelerdschluss

Der als Doppelerdschluss bezeichnete Fehler tritt nur in Netzen auf, die nicht wirksam geerdet sind: an zwei räumlich getrennten Stellen des Netzes besteht jeweils ein Erdschluss (**Bild** 13.1). Damit entspricht ein Doppelerdschluss prinzipiell einem zweiphasigen Kurzschluss im ungeerdeten Netz (Abschnitt 5.3).

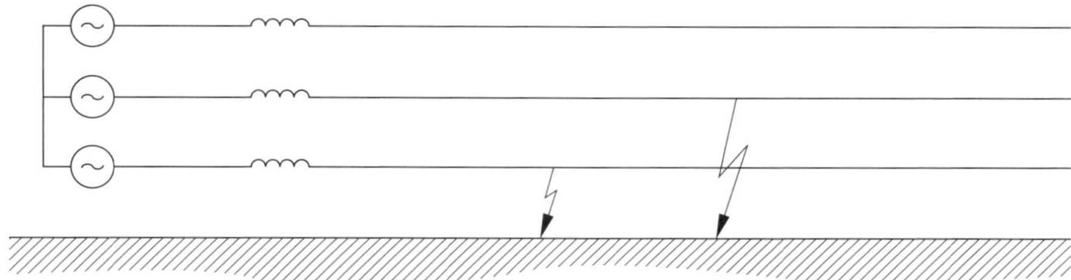

Bild 13.1 Doppelerdschluss im Netz

Im Allgemeinen kommt es zum Doppelerdschluss als Folge eines einphasigen Erdschlusses: Durch die stationären und transienten Überspannungen wird ein Durchschlag der Isolierung oder ein Überschlag in einer der beim Erdschluss gesunden Leiter verursacht, insbesondere, wenn diese Isolierung vorgeschädigt ist, z. B. durch Alterung oder starker Verschmutzung.

Wie **Bild** 13.2 zeigt, ist eine beliebige Vielfalt von Doppelerdschlüssen im Netz und mit räumlichem Bezug auf den Leistungsschalter denkbar [6]. Die wesentlichen Varianten im einseitig gespeisten Netz (Fehlerfälle 1 bis 4) sind:

- **Fehlerfall** 1 und **Fehlerfall** 2: Ein Erdschluss auf der speisenden Sammelschiene, der zweite unmittelbar hinter dem Schalter (Fehlerfall 1) oder auf einer Stichleitung in gewisser Entfernung vom Schalter (Fehlerfall 2).
- **Fehlerfall** 3: Beide Erdschlüsse auf einer Stichleitung. Dies entspricht der Darstellung im Bild 13.1.
- **Fehlerfall** 4: Beide Erdschlüsse auf verschiedenen Stichleitungen.

Doppelerdschlüsse in mehrfach gespeisten Netzen (z. B. Fehlerfälle 5 bis 8) werden durch schrittweises Abschalten auf einen der Fehlerfälle 2 bis 4 des einfach gespeisten Netzes reduziert.

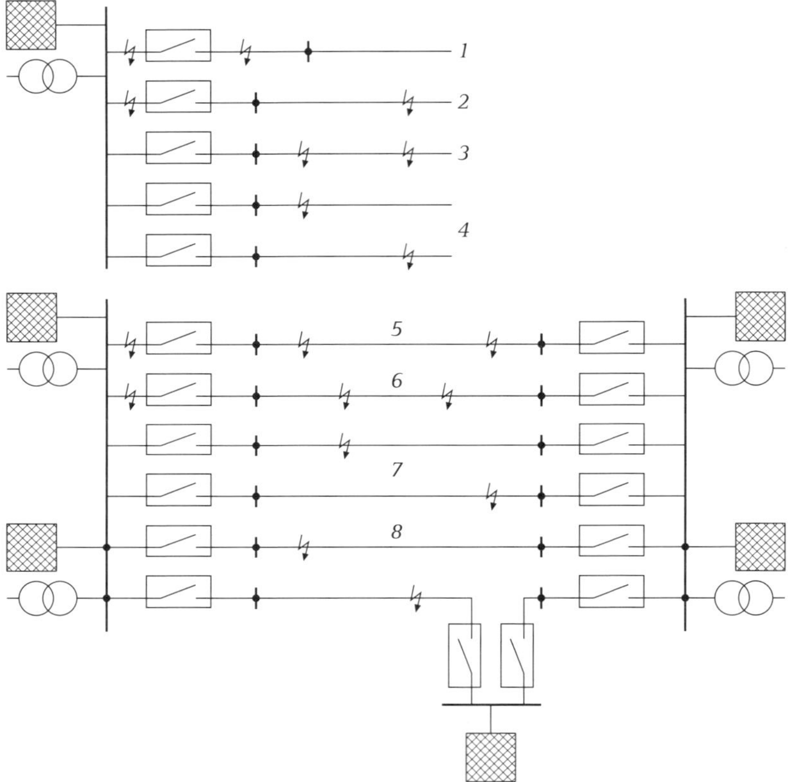

Bild 13.2 Mögliche Fehlerorte bei Doppelerdschluss (aus [6])

Im Fehlerfall 3 unterbrechen zwei Schalterpole gemeinsam, und die wiederkehrende Spannung verteilt sich auf beide Schaltstrecken.

Im Fehlerfall 4 sind zwei verschiedene Schalter betroffen, die sicher nicht absolut synchron ausschalten. Daher muss der erstunterbrechende Schalterpol die volle Spannungsbeanspruchung beherrschen. Wegen der meist relativ großen räumlichen Entfernung der beiden Fehlerstellen bleibt der Doppelerdschluss-Strom in diesem Fall unter dem maximal möglichen Wert.

Fehlerfall 1 ist als zweipoliger Fehler mit Erdberührung anzusehen. Dieser Fehlerfall wird in Abschnitt 6.3 behandelt.

Der in Bild 13.1 gezeigte Fehlerfall 2 mit einem Erdschluss unmittelbar hinter dem Leistungsschalter und einem zweiten unmittelbar vor dem Schalter oder an der Sammelschiene bewirkt den höchsten Doppelerdschlussstrom, da hier die resultierende Reaktanz im Kurzschlusskreis am geringsten ist. Er gilt als der eigentlich für den Doppelerdschluss repräsentative Fall. Um die Beanspruchung des betreffenden Schalters beurteilen zu können, wird sie mit der Beanspruchung beim Klemmenkurzschluss im ungeerdeten Netz verglichen.

Es wird angenommen, dass der Schalterpol im gesunden Leiter (oberer Leiter in Bild 13.1) bereits den dort fließenden, vom Fehler unbeeinflussten Strom unterbrochen hat, da dieser Strom kleiner ist und einen günstigeren Leistungsfaktor hat als der Doppelerdschluss-Strom. Der Schalterpol, auf dessen Leitungsseite der Erdschluss liegt (mittlerer Leiter in Bild 13.1), muss den Doppelerdschluss-Strom gegen die verkettete Spannung, d. h. die $\sqrt{3}$-fache Leiterspannung, als betriebsfrequente wiederkehrende Leiterspannung unterbrechen. Hingegen wird beim Unterbrechen eines dreipoligen Kurzschlusses im ungeerdeten Netz der erstlöschende Schalterpol zunächst mit der 1,5-fachen und nach 90° elektrisch mit der einfachen Leiterspannung belastet (Abschnitt 5.1). Das bedeutet, dass beim Abschalten eines Doppelerdschluss-Stroms die betriebsfrequente wiederkehrende Spannung im Verhältnis $\sqrt{3} : 1{,}5 = 1{,}15$ höher ist als beim dreipoligen Kurzschluss ohne Erdberührung.

Die Einschwingfrequenz der Netzseite ist gleich der beim Klemmenkurzschluss:

$$\omega_1 = \sqrt{\frac{1}{L_1 \cdot C_1}}$$

Der Schalterpol, auf dessen Sammelschienenseite der Erdschluss besteht (unterer Leiter), sieht keinerlei Beanspruchung. Nach dem Unterbrechen des Doppelerdschluss-Stroms bleibt an der Sammelschiene ein einpoliger Erdfehler bestehen, d. h. ein einphasiger Kurzschluss.

Im Kurzschlusskreis liegt die Reihenschaltung der Netzreaktanzen X_1 der erdschlussbehafteten Leiter. Der Doppelerdschlussstrom ist daher bestimmt durch die verkettete Spannung zwischen den erdschlussbehafteten Leitern und der resultierenden Reaktanz:

$$I_{\mathrm{De}} = \frac{U}{2 \cdot X_1} = \frac{U}{2 \cdot \omega \cdot L_1} \qquad (13.1)$$

Der Ausschaltstrom beträgt also das $\sqrt{3}/2 (= 0{,}866)$-Fache des Bemessungs-Kurzschluss-Ausschaltstroms. Obwohl die Spannungsbeanspruchung höher ist als im Fall eines 100-%-Klemmenkurzschlusses, wird daher die Beanspruchung des Schalters als insgesamt nicht härter als beim Schalten des vollen Kurzschlussstroms angesehen. Da man davon ausgehen kann, dass der Fehler in dieser Form

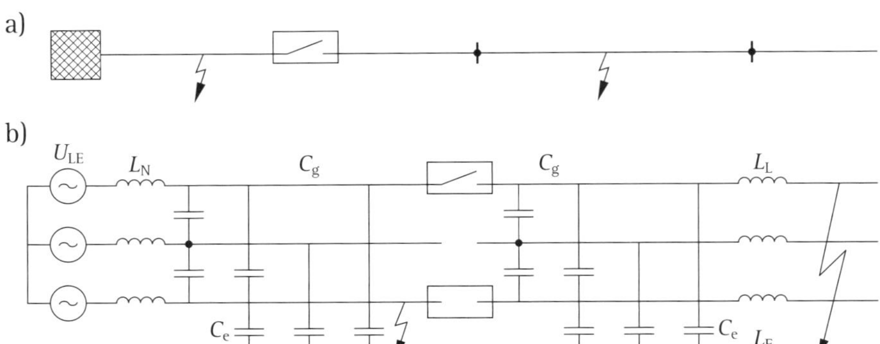

Bild 13.3 Doppelerdschluss; ein Fehler im Netz und ein Fehler an der Sammelschiene (Fehlerfall 2)
a) Netzplan
b) Ersatzschaltbild für den erstlöschenden Schalterpol

selten auftritt, wird in der Norm für Hochspannungs-Leistungsschalter [15, 18] die Prüfung mit lediglich einer Ausschaltung gefordert.

Liegt der leitungsseitige Fehler nicht in unmittelbarer Nähe des Schalters, sondern, wie **Bild 13.3** zeigt, in einiger Entfernung, so beeinflusst die leitungsseitige Reaktanz zwischen Schalter und Fehlerstelle den Doppelerdschlussstrom und die resultierende Einschwingspannung.

Analog wie beim Abstandskurzschluss (Abschnitt 9.2) liegt im Doppelerdschlussstrom-Kreis nun, zusätzlich zu den Netzreaktanzen der erdschlussbehafteten Leiter, noch die Leitungsreaktanz $\omega \cdot L_L' \cdot \lambda$ des Leiters, auf dessen Leitungsseite der Erdschluss liegt (oberer Leiter in Bild 13.3) (Gl. (13.2 a)). Außerdem wird bei großen Entfernungen zwischen den beiden Fehlerstellen auch die Reaktanz X_E der Erde zwischen den Fehlerstellen für die Bestimmung des Fehlerstroms berücksichtigt (Gl. (13.2 b)):

$$I_{De}' = \frac{U}{\omega \cdot (2 \cdot L_1 + L_L' \cdot \lambda)} \tag{13.2 a}$$

bzw.

$$I_{De}'' = \frac{U}{\omega \cdot (2 \cdot L_1 + L_L' \cdot \lambda + L_E)} \tag{13.2 b}$$

Die Einschwingfrequenz auf der Leitungsseite, die sich der auf der Netzseite überlagert, ist abhängig von der Reaktanz auf der Leitungsseite und damit von der

Entfernung zwischen Schalter und leitungsseitiger Fehlerstelle. Näherungsweise gilt für das Verhältnis der Einschwingfrequenzen:

$$\nu = \frac{\omega_1^2}{\omega_{1L}^2} = \frac{L_L' \cdot \lambda}{L_1} \tag{13.3}$$

Das Verhältnis ν ist damit eine Größe, die den Abstand zwischen Schalter und leitungsseitiger Fehlerstelle beschreibt. Bei $\nu = 0{,}1$ überlagert sich der netzseitigen Einschwingspannung eine Schwingung von zehnfacher Frequenz, bei $\nu = 0{,}5$ eine mit doppelter Frequenz.

Außerdem ist ν auch ein Maß für den auftretenden Doppelerdschlussstrom. Wird die Reaktanz der Erde vernachlässigt, so ergibt sich beispielsweise für $\nu = 0{,}5$: $I_{De}' = 0{,}8 \cdot I_{De}$.

14 Unterbrechen von Strömen mit ausbleibenden Nulldurchgängen

Unter gewissen Umständen können Kurzschlussströme auftreten, deren Gleichstromglied größer ist als der Scheitelwert des Wechselstromglieds. Beispiele sind ein nicht simultan einsetzender dreiphasiger Kurzschluss im ungeerdeten Netz (siehe Abschnitt 16.3), ein generatornaher Kurzschluss bei bestimmten Betriebsbedingungen des Generators oder wenn ein Fehler in einem Mittelspannungsnetz mit hoher motorischer Last eintritt.

Wie in Abschnitt 2.1 gezeigt wird, können Hochspannungs-Leistungsschalter Ströme nur im Stromnulldurchgang unterbrechen. Dieses Kapitel zeigt dagegen an den Beispielen des generatornahen Kurzschlusses im ungeerdeten Netz und des Fehlers im Netz mit hoher motorischer Last, unter welchen Voraussetzungen Leistungsschalter, die mit SF_6 oder Vakuum als Lichtbogen-Löschmedium arbeiten, auch Ströme mit ausbleibenden Nulldurchgängen beherrschen.

Die in diesem Kapitel beschriebenen Stromunterbrechungen beruhen auf Simulationen. In der Literatur [42, 43] wird gezeigt, dass diese Simulationen durch reale Prüfungen mit Strömen mit ausbleibenden Nulldurchgängen verifiziert worden sind.

Um festzustellen, ob ein Leistungsschalter einen Kurzschlussstrom mit ausbleibenden bzw. verzögerten Nulldurchgängen unterbrechen kann, sind die jeweiligen Fälle unter Berücksichtigung der Betriebsbedingungen des Generators und der Netzkonfiguration zwischen Generator und Leistungsschalter individuell zu simulieren.

Zeigt die Simulation, dass im Fall eines generatornahen Kurzschlusses der Leistungsschalter nicht in der Lage ist, den Strom zu unterbrechen, da Stromnulldurchgänge über eine zu lange Zeit ausbleiben, so wird empfohlen, in die Erdverbindung einen ohmschen Widerstand von wenigen Ohm einzuschalten. Dadurch wird, wie in Abschnitt 14.1 ausgeführt, die Abkling-Zeitkonstante des Gleichstromglieds auf einen für den Leistungsschalter günstigeren Wert verringert.

14.1 Grundsätzliche Betrachtungen

Es kann davon ausgegangen werden, dass der betreffende Leistungsschalter dreipolig abschaltet und dass die Kontaktöffnung in den drei Schalterpolen nahezu synchron erfolgt. Die folgende grundsätzliche Betrachtung der dreiphasigen Unterbrechung basiert auf dem nicht simultanen dreiphasigen Kurzschluss im ungeerdeten Netz. Die zwei Grenzfälle sind, dass der Kurzschluss im Spannungs-Nulldurchgang eines Leiters (Bild 14.1) bzw. im Spannungs-Scheitelwert (Bild 14.2) eintritt. Die beiden Bilder zeigen jeweils die Vektoren der Wechsel- und Gleichstromglieder im Augenblick des Kurzschlusses und nach der Stromunterbrechung im ersten Leiter. Der Wert 1 entspricht dem Scheitelwert des Wechselstromglieds (1 p.u.).

Kommt es im Spannungs-Nulldurchgang zum Kurzschluss, so tritt, wie in Abschnitt 16.2 gezeigt wird, in diesem Leiter das maximal mögliche Gleichstromglied mit 1 p.u. auf. Dies sei in **Bild 14.1** der Leiter A. Da sowohl die drei Wechsel- als auch die drei Gleichstromkomponenten sich zu null addieren, haben die Gleichstromkomponenten in den Leitern B und C den Wert 0,5 p.u. mit entgegengesetztem Vorzeichen. Sie sind daher kleiner als die Wechselstromkomponenten von je 1 p.u. dieser Leiter, sodass dort Strom-Nulldurchgänge auftreten. Die entsprechenden Schalterpole sind also in der Lage, den Strom zu unterbrechen.

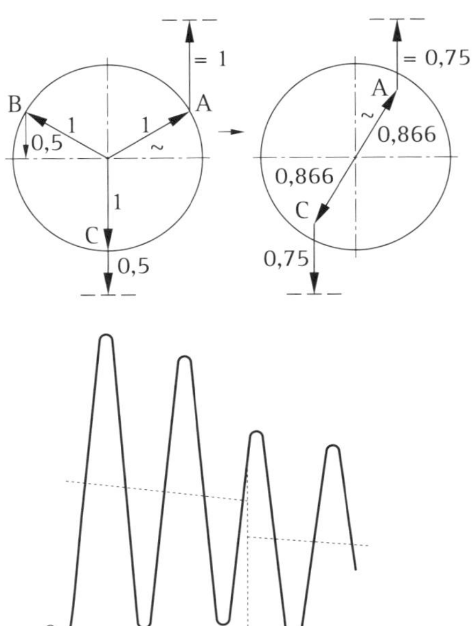

Bild 14.1 Kurzschlusseintritt im Spannungsnulldurchgang im Leiter A (höchstes Gleichstromglied im Leiter A): Übergang vom dreiphasigen zum zweiphasigen Fehler)

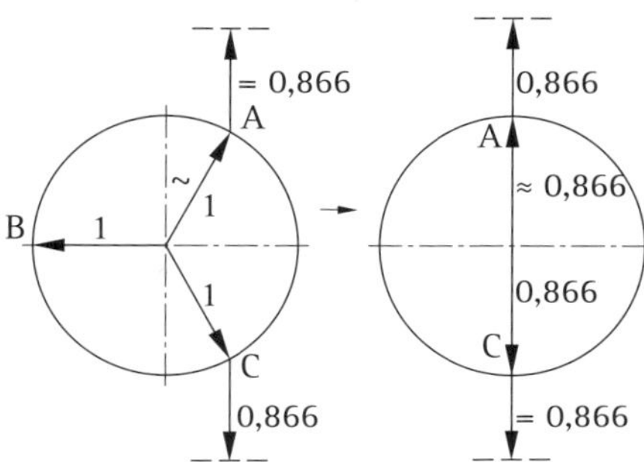

Bild 14.2 Kurzschlusseintrit im Spannungsscheitelwert im Leiter B (Strom des Leiters B voll symmetrisch): Übergang vom dreiphasigen zum zweiphasigen Fehler)

Infolge der Stromunterbrechung im ersten Leiter kommt es zum Phasensprung in den beiden noch stromführenden Leitern (siehe Abschnitt 5.1): Die Wechselstromkomponenten nehmen die Werte $\pm\sqrt{3}/2$ (= ±0,866 p. u.) und die Gleichstromkomponenten die Werte ±0,75 p. u. an. Auch im Leiter A, dessen Strom ursprünglich voll verlagert war, treten nun Strom-Nulldurchgänge auf, sodass alle Schalterpole in der Lage sind, den Strom zu unterbrechen.

Im Fall eines Kurzschlusses im Spannungs-Scheitelwert eines Leiters ist das Gleichstromglied dieses Leiters null, d. h., der Strom dieses Leiters (Leiter B im **Bild 14.2**) ist ein symmetrischer Wechselstrom. In den beiden anderen Leitern tritt jeweils ein Gleichstromglied der Größe ±0,866 p. u. auf. Das bedeutet, dass, solange der dreiphasige Kurzschlussstrom fließt, es in allen Leitern zu Strom-Nulldurchgängen kommt. Wird der symmetrische Strom des Leiters B zuerst unterbrochen, so reduzieren sich die Wechselstromglieder der beiden anderen Leiter zu ±0,866 p. u., während die Gleichstromglieder dieser Leiter unverändert bleiben. Das bedeutet, dass die Wechsel- und die Gleichstromglieder gleiche Amplituden haben und der resultierende Strom daher die Nulllinie nur berührt.

Um festzustellen, ob ein Leistungsschalter unter diesen Bedingungen den Strom unterbrechen kann, muss betrachtet werden, wie sich Wechsel- und Gleichstromkomponente während des Kurzschlusses entwickeln. Beide klingen in verschiedener Weise ab. Das Wechselstromglied besteht aus einer subtransienten und einer transienten Komponente. Während die subtransiente Komponente mit einer Zeitkonstanten in der Größenordnung 20 ms bis 30 ms abklingt, kann, je nach Voraussetzung, die Abkling-Zeitkonstante der transienten Komponente einige Hundert Millisekunden betragen. Das Gleichstromglied hat eine Abkling-Zeitkonstante

$$\tau = \frac{L}{R}$$

die durch die Summe der Reaktanzen und der ohmschen Widerstände im Kurzschlusskreis bestimmt ist. Darin enthalten sind die entsprechenden Werte des Generators, des Transformators und des Lichtbogens im Leistungsschalter.

Der Spannungsfall im Lichtbogen des Leistungsschalters wirkt – in guter Näherung – wie ein ohmscher Widerstand. Verglichen zum geschlossenen Kurzschlusskreis verkürzt sich die Abkling-Zeitkonstante τ des Gleichstromglieds, nachdem sich die Kontakte des Schalters getrennt haben und während der Schaltlichtbogen brennt. Dies gilt insbesondere für Hochspannungs-Leistungsschalter, die mit Druckgas arbeiten, wie SF_6. Der geschilderte Vorgang der Stromunterbrechung wird dementsprechend erleichtert. Beispielsweise entsteht aus einer Berührung der Nulllinie ein Stromnulldurchgang.

Wie in Abschnitt 14.3 gezeigt wird, sind jedoch auch Leistungsschalter mit geringer Lichtbogenspannung, wie Vakuumschalter, durchaus in der Lage, Ströme mit ausbleibenden Nulldurchgängen dreipolig zu unterbrechen.

14.2 Generatornaher Kurzschluss

Kommt es zu Kurzschlüssen in der Nähe von Kraftwerken mit leistungsstarken Generatoren (> 500 MVA), so können, bedingt durch das Verhältnis X_{2G}/R_{aG}, Kurzschlussströme auftreten, die über mehrere Perioden keine Nulldurchgänge aufweisen. Dies gilt auch auf der Oberspannungsseite der mit ungeerdetem Sternpunkt betriebenen Maschinentransformatoren (Blocktransformatoren) hoher Güte, sodass das resultierende Verhältnis X/R nur wenig von dem der Generatoren abweicht.

Bedingt durch den vergleichsweise hohen ohmschen Widerstand von Freileitungen und Kabeln haben Kurzschlussströme, die vom Netz gespeist werden, Abkling-Zeitkonstanten τ des Gleichstromglieds, die im Allgemeinen unter 50 ms liegen. (DIN EN 62271-100 (**VDE 0671-100**) und die IEEE-Normen für Hochspannungs-Leistungsschalter gehen bei den Prüfbedingungen für Hochspannungs-Leistungsschalter aus von τ = 45 ms.) Auf Ausnahmen wird im Abschnitt 8.3 hingewiesen. Fließt also über den betroffenen Schalter ein Kurzschlussstrom, der allein vom Netz gespeist wird, oder der sich aus Anteilen zusammensetzt, die vom Generator und vom Netz herrühren, so treten in den meisten Fällen ohne Verzögerung Stromnulldurchgänge auf.

Für den generatornahen Kurzschluss wird gemäß **Bild 14.3** der Fall betrachtet, dass auf der Sammelschiene im Punkt 1 ein Fehler auftritt, dessen vom Generator gespeister Stromanteil vom Schalter S3 zu unterbrechen ist.

Die höchste Beanspruchung dieses Leistungsschalters hinsichtlich ausbleibender Stromnulldurchgänge wird, neben dem Eintrittszeitpunkt des Fehlers, durch den

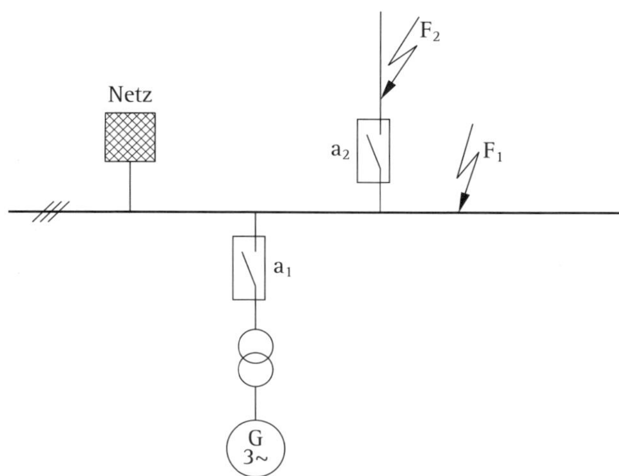

Bild 14.3 Schematischer Schaltplan einer Kraftwerks-Schaltanlage
F_1, F_2 Fehlerorte
a_1, a_2 Leistungsschalter

Belastungszustand des Generators bestimmt. Bei untererregtem Betrieb, d. h. Abgabe von Wirkleistung und Bezug von Blindleistung, wird nicht nur der Anfangswert des Gleichstromglieds größer als der des Wechselstromglieds, sondern es werden auch die gegenüber der Längsachse ungünstigeren Zeitkonstanten und Reaktanzen der Querachse des Generators für den zeitlichen Verlauf des Wechselstromglieds wirksam [39, 42].

Für diesen Betriebszustand zeigt **Bild 14.4** die in [42] für die 420-kV-Seite berechneten zeitlichen Verläufe der Ströme und Lichtbogenspannungen für simultanen und nicht simultanen Fehlereintritt. Der Rechnung zugrunde gelegt ist das Verhalten eines Generators mit einer Leistung von 1 560 MVA und einer Nennspannung von 27 kV, der über zwei parallele 750-MVA-Transformatoren in das Hochspannungsnetz einspeist. Die Lichtbogenspannung wurde aus Messungen an einem SF_6-Leistungsschalter abgeleitet.

Durch das besonders hohe Gleichstromglied kommt es beim nicht simultanen Fehlereintritt im Spannungsnulldurchgang zu den größten Abständen des Stroms von der Nulllinie (Bild 14.4 a). Sowohl im Leiter 1 als auch im Leiter 3 treten keine Stromnulldurchgänge auf. Im Leiter 2 wird der Strom beim ersten Nulldurchgang nach der Kontakttrennung in diesem Schalterpol unterbrochen. Dadurch kommt es in den Leitern 1 und 3 zum Phasensprung des Stroms, wodurch sowohl das Wechsel- als auch das Gleichstromglied verringert werden. Deutlich sichtbar ist die Wirkung der Lichtbogenspannung, die schließlich in beiden Leitern, wenn

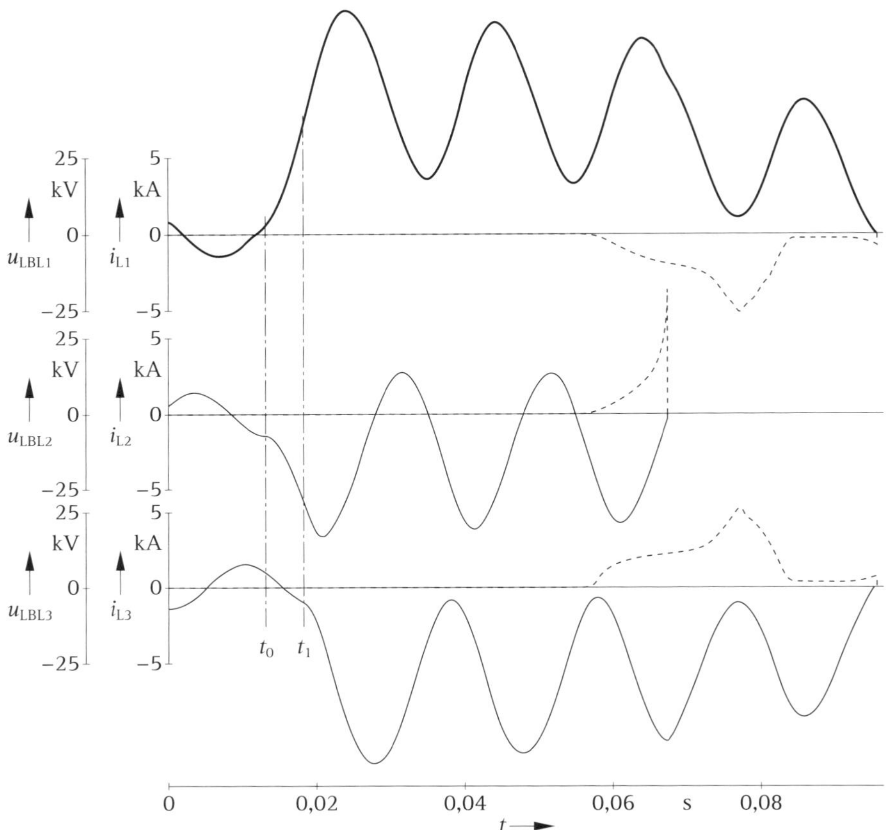

Bild 14.4 a Schalterströme *i* und Lichtbogenspannung u_{LB} bei dreiphasigem Kurzschluss nach untererregtem Volllastbetrieb (Lichtbogenspannung *gestrichelt*); nicht simultaner Fehlereintritt
t_0 Kurzschlussbeginn zweiphasig im Spannungsnulldurchgang u_{L1L2}
t_1 Übergang in den dreiphasigen Fehler im Spannungsnulldurchgang u_{L3}

auch erst nach mehr als einer Periode, Stromnulldurchgänge erzwingt und die endgültige Stromunterbrechung ermöglicht.

Der simultane Fehlereintritt, sowohl im Spannungsnulldurchgang (Bild 14.4 b) als auch im Spannungsmaximum (Bild 14.4 c), hat kleinere Gleichstromglieder als in Bild 14.4 a zur Folge. Nachdem der Strom eines Leiters unterbrochen worden ist (Leiter 1 in Bild 14.4 b bzw. Leiter 2 in Bild 14.4 c), bewirken Phasensprung und Lichtbogenspannung, dass in den beiden anderen Leitern schon nach wenigen Grad elektrisch die endgültige dreiphasige Abschaltung erfolgt.

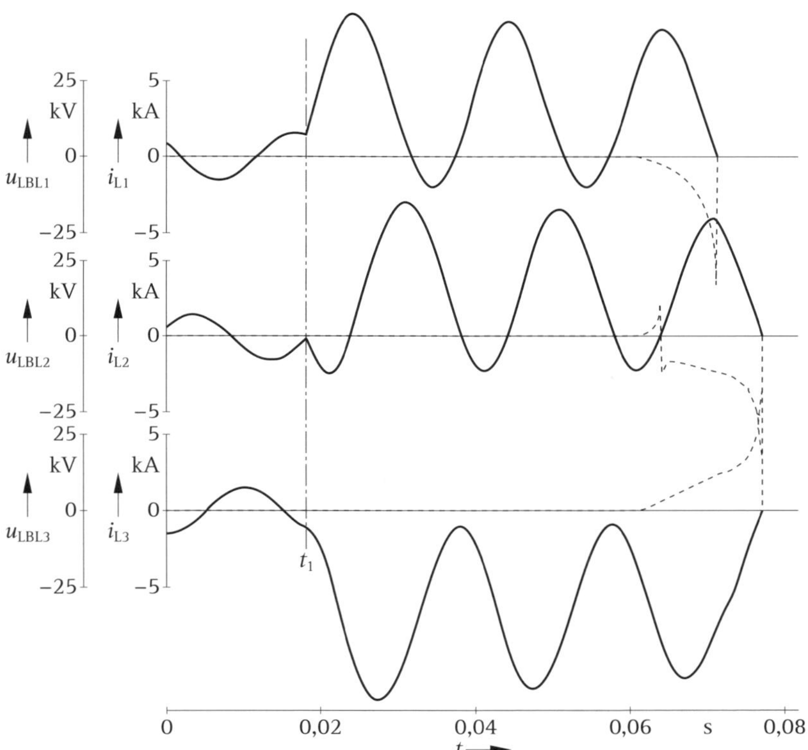

Bild 14.4 b Schalterströme i und Lichtbogenspannung u_{LB} bei dreiphasigem Kurzschluss nach untererregtem Volllastbetrieb (Lichtbogenspannung *gestrichelt*); simultaner Fehlereintritt im Spannungsnulldurchgang u_{L3}

Wie Bild 14.4 a im Vergleich zu den beiden anderen Teilbildern zeigt, muss beim generatornahen Kurzschluss im untererregten Betrieb und bei nicht simultanem Fehlereintritt damit gerechnet werden, dass die Lichtbogenzeit und damit die Kurzschlussdauer länger wird als bei anderen Fehlerarten. Der Schalter muss daher für Lichtbogenzeiten geeignet sein, die bis etwa 40 ms reichen. Wie in Abschnitt 8.1 gezeigt wird, wandert der Nulldurchgang des Stroms mit wachsendem Gleichstromglied in die Nähe des Nulldurchgangs der betriebsfrequenten Spannung. Beträgt das Gleichstromglied 100 % des Wechselstromglieds, d. h. 1 p.u., wenn also der Gesamtstrom gerade die Nulllinie berührt, so fallen Strom- und Spannungsnulldurchgang zusammen. Dem Schalter wird auf diese Weise das Unterbrechen von Kurzschlussströmen mit sehr hohem Gleichstromglied erleichtert, da er zunächst eine relativ geringe Spannung zu halten hat, die anschließend nur

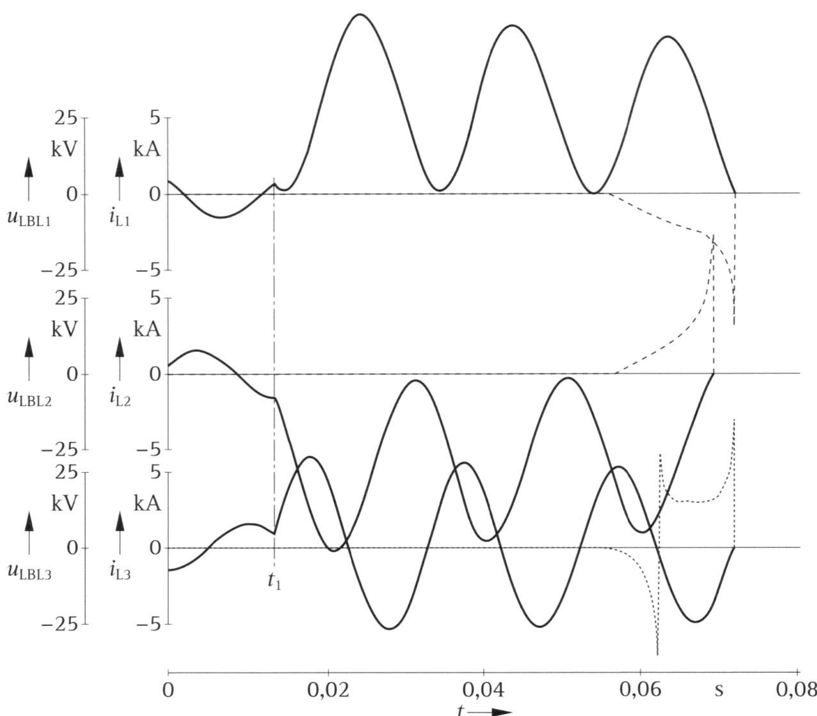

Bild 14.4 c Schalterströme i und Lichtbogenspannung u_{LB} bei dreiphasigem Kurzschluss nach untererregtem Volllastbetrieb (Lichtbogenspannung *gestrichelt*); simultaner Fehlereintritt im Spannungsscheitelwert u_{L3}

mit der Netzfrequenz schwingt. Dies ermöglicht sogar eine Stromunterbrechung, nachdem die Schalterkontakte ihre Endstellung erreicht haben, vorausgesetzt, dass die Löschgasströmung noch nicht vollständig zum Erliegen gekommen ist.

In [42] werden als weitere Betriebszustände der übererregte Betrieb und der Leerlaufbetrieb des Generators diskutiert, die im Fall des nicht simultanen Fehlereintritts ebenfalls zu Kurzschlussströmen mit ausbleibenden Nulldurchgängen führen können. Das maximale Gleichstromglied, und damit der maximale Abstand der Ströme von der Nulllinie, sind in diesen Fällen kleiner als im untererregten Betrieb.

Wie **Bild 14.5** zeigt, können auch bei Fehlsynchronisierungen mit ungünstigem Differenzwinkel Nulldurchgänge in den Strömen ausbleiben. Infolge des dabei auftretenden mittleren elektrischen Moments und der daraus resultierenden Drehzahlabweichung schnüren sich die Ströme so ein, dass die Nulldurchgänge

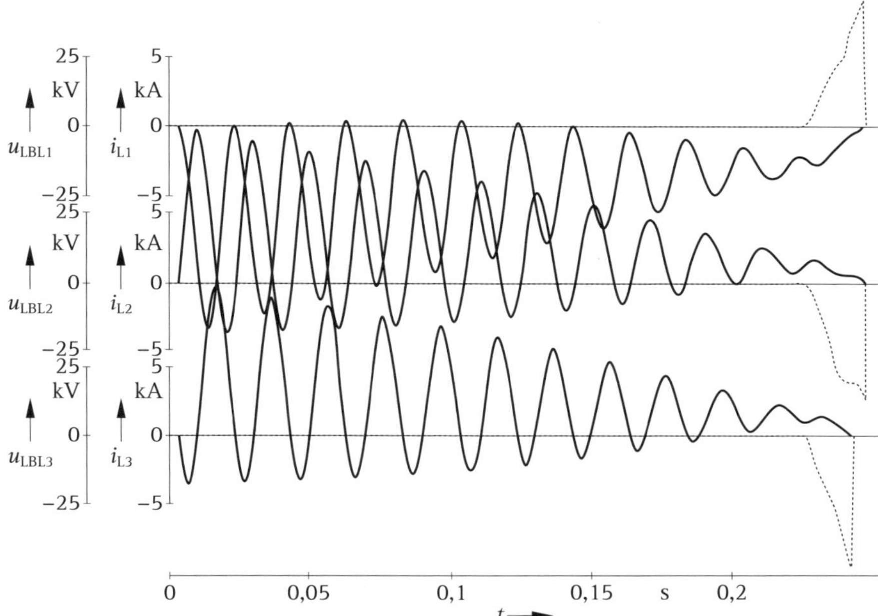

Bild 14.5 Schalterströme *i* und Lichtbogenspannung u_{LB} bei Fehlsynchronisierung mit 90° Differenzwinkel (Lichtbogenspannung *gestrichelt*)

in allen drei Leitern ausbleiben. Wegen der wesentlich höheren mechanischen Zeitkonstanten tritt dieser Vorgang erst nach längeren Zeiten auf. In Bild 14.5 ist zu erkennen, dass im Zeitraum bis etwa 100 ms Nulldurchgänge in allen Leitern und in jeder Stromperiode auftreten, sodass in dieser Zeit alle Schalterpole Möglichkeiten zur Stromunterbrechung haben. Sollte der Schalter im Bereich der Stromeinschnürung einen Schaltversuch machen, so kann der Strom infolge der auftretenden Lichtbogenspannung ebenfalls unterbrochen werden.

14.3 Kurzschluss bei großer motorischer Last

In Mittelspannungsnetzen mit einer hohen Konzentration von Erzeugung und motorischer Last kann es häufig dazu kommen, dass im Fall eines Kurzschlusses der Strom ein Gleichstromglied von über 100 % hat. Die Abkling-Zeitkonstante kann einige Hundert Millisekunden betragen, sodass der Strom des entsprechenden Leiters erst nach mehreren Perioden Nulldurchgänge aufweist [43]. Ein typisches Beispiel für einen derartigen Fehlers zeigt **Bild 14.6**.

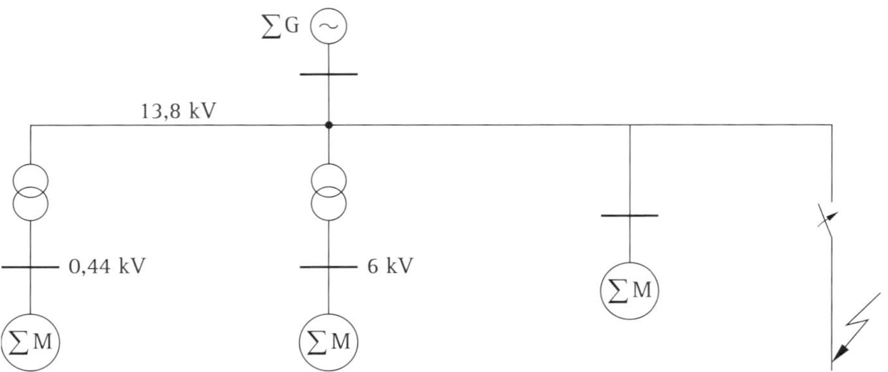

Bild 14.6 Schematischer Schaltplan eines Mittelspannungsnetzes mit großer motorischer Last

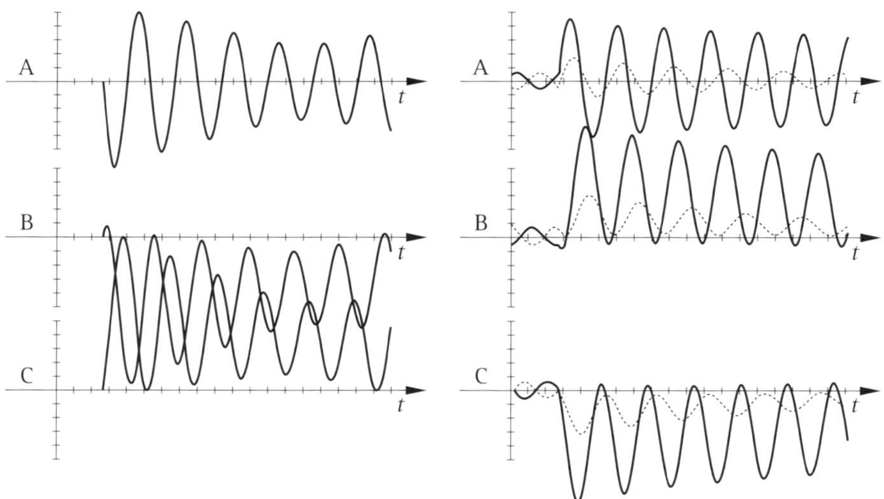

Bild 14.7 Simulation eines dreiphasigen simultanen Fehlers auf einer Offshore-Ölförderplattform
obere Oszillogramme: gesamter Kurzschlussstrom
untere Oszillogramme: *ausgezogene Linien:* Kurzschlussstrom des Generators mit einer Gleichstrom-Zeitkonstanten 180 ms
gestrichelte Linien: vom Motor gelieferter Kurzschlussstrom

Bei großer motorischer Last führt nicht nur ein nicht simultaner Fehler dazu, dass Stromnulldurchgänge ausbleiben, sondern diese Möglichkeit besteht auch im Fall eines simultan eintretenden metallischen Kurzschlusses. Die Motoren wirken dann als Generatoren. Während ihre Drehzahl abfällt, laufen sie zunehmend asynchron zur Frequenz der Generatoren. Wie **Bild 14.7** zeigt, führt die Überlagerung des von den Motoren eingespeisten Stroms mit dem betriebsfrequenten Strom des Netzes zu einem resultierenden Strom mit ausbleibenden Nulldurchgängen, auch wenn der von den Generatoren erzeugte betriebsfrequente Kurzschlussstrom Nulldurchgänge aufweist.

Aus Bild 14.7 geht auch hervor, dass die Wahrscheinlichkeit eines resultierenden Stroms mit ausbleibenden Nulldurchgängen größer ist, falls der Generator-Kurzschlussstrom ein hohes Gleichstromglied mit langer Abkling-Zeitkonstante τ hat. Ursache ist im Allgemeinen ein Fehler in der Nähe der Generatoren. Dann liegen die Erzeugung und die motorische Last nahe beieinander, die Dämpfung des Gleichstromglieds ist besonders gering, und die Verhältnisse entsprechen der Darstellung in Bild 14.7. Typische Beispiele sind Industrie-Anlagen mit hoher Eigenerzeugung oder Offshore-Ölförderplattformen.

In Industrie-Anlagen, die über Freileitungen oder Kabel versorgt werden, wirken diese Anschlussleitungen dämpfend auf die Gleichstromkomponente. Legt man entsprechend der Norm DIN EN 62271-100 (**VDE 0671-100**) für das Gleichstromglied in der Einspeisung eine Abkling-Zeitkonstante von τ = 45 ms zugrunde und nimmt man an, dass der eingespeiste Kurzschlussstrom und der Beitrag der Motoren gleich groß sind wie in Bild 14.7, so kommt es beim resultierenden Strom in allen Leitern vom Kurzschluss-Eintritt an kontinuierlich zu Stromnulldurchgängen.

Mittelspannungs-Leistungsschalter schalten in den überwiegenden Fällen dreipolig aus. Dies ist, wie in Abschnitt 14.1 gezeigt wird, die Voraussetzung, dass sie auch Kurzschlussströme mit ausbleibenden Nulldurchgängen beherrschen. **Bild 14.8** zeigt das Unterbrechen des in Bild 14.7 dargestellten Stroms im Kreis gemäß Bild 14.6 nach einem simultanen metallischen Kurzschluss im Spannungsnulldurchgang des Leiters A und Volllast-Betrieb der Motoren. Da die überwiegende Zahl der in Mittelspannungsnetzen installierten Leistungsschalter Vakuum-Schalter sind, die eine sehr niedrige Lichtbogenspannung haben, wurde der Abschaltvorgang mit der Lichtbogenspannung null simuliert.

Der Generator-Kurzschlussstrom des Leiters A berührt die Nulllinie erstmals nach drei Perioden. Das Gleichstromglied in diesem Leiter beträgt also etwa 100 %. In den anderen Leitern kommt es von Anfang an zu Stromnulldurchgängen. Der von den Motoren erzeugte Strom im Leiter A besteht aus einer schnell abklingenden Wechselstromkomponente und einem sehr hohen Gleichstromglied von 139 %, das nur langsam abklingt. Das Vermindern der Motor-Drehzahl führt zu einem

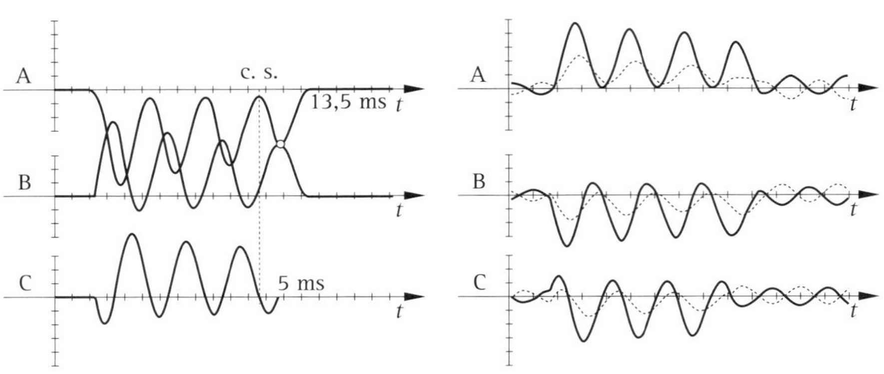

Bild 14.8 Dreiphasiger Kurzschluss mit verzögerten Stromnulldurchgängen:
Kurzschlusseintritt im Spannungsnulldurchgang des Leiters A, Motoren unter Volllast.
Oszillogramme: wie in Bild 14.7
Netz: wie in Bild 14.6
c. s. Kontakttrennung

zusätzlichen Beitrag für das Gleichstromglied. Zusammen ergibt sich für den resultierenden Strom des Leiters A eine Gleichstromkomponente von 118 % mit einer Abkling-Zeitkonstanten von 270 ms. Die Höhe des Gleichstromglieds wurde eine Halbperiode nach Kurzschlusseintritt ermittelt. Die lange Abkling-Zeitkonstante wird im Wesentlichen durch das Abfallen der Motor-Drehzahl verursacht.

Die Simulation der Stromunterbrechung stützt sich auf das Verhalten eines Vakuum-Schalters, dessen Lichtbogenspannung mit null angenommen wurde. Die Kontakte des Leistungsschalters trennen sich 50 ms nach Kurzschlusseintritt (markiert durch Contact Separation c. s.). Der Schalterpol C unterbricht den Strom im nächsten Nulldurchgang mit einer Lichtbogenzeit von 5 ms. Während im Leiter B immer Stromnulldurchgänge auftraten, führt der Phasensprung nun auch im Leiter A zu Nulldurchgängen. Die Schalterpole A und B schalten mit einer Lichtbogenzeit von 13,5 ms endgültig ab.

Bild 14.9 zeigt die Vorgänge, wenn der simultane metallische Kurzschluss im Spannungs-Scheitelwert des Leiters A aufgetreten ist. Der vom Generator gespeiste Kurzschlussstrom-Anteil des Leiters A ist voll symmetrisch. Auch die vom Generator herrührenden Stromanteile in den anderen Leitern haben immer Stromnulldurchgänge. Ihre höchste Gleichstromkomponente ist die im Leiter C mit etwa 92 %. Der Kurzschlussstrom von den Motoren hat in diesem Leiter ein Gleichstromglied von 126 % und, wie im Bild 14.8, ein schnell abklingendes Wechselstromglied. Das resultierende Gleichstromglied beträgt 104 %. Unter der Annahme, dass der Leistungsschalter geschlossen bleibt, würden die Stromnulldurchgänge im Leiter C während acht Perioden ausbleiben.

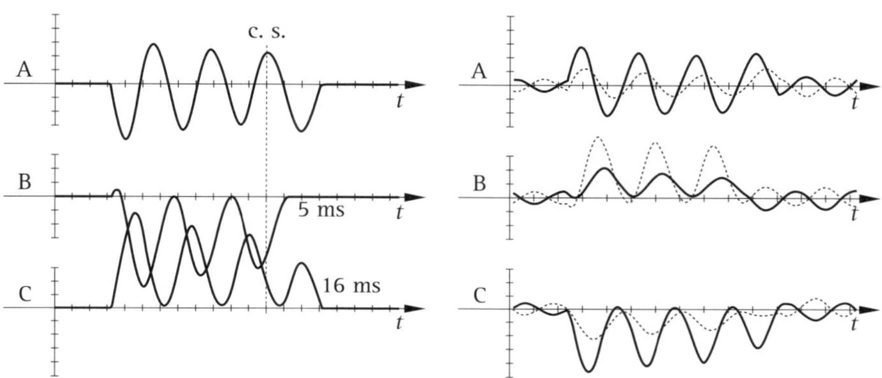

Bild 14.9 Dreiphasiger Kurzschluss mit verzögerten Stromnulldurchgängen:
Kurzschlusseintritt im Spannungsscheitelwert von Leiter A, Motoren unter Volllast
Oszillogramme: wie in Bild 14.7
Netz: wie in Bild 14.6
c. s. Kontakttrennung

Im Bild 14.9 ist die Kontakttrennung 45 ms nach Fehlereintritt angenommen. Der erste Stromnulldurchgang tritt im Leiter A auf. Da dort die Lichtbogenzeit zu kurz ist, kann Schalterpol A nicht unterbrechen. Daher unterbricht Pol B als erster mit einer Lichtbogenzeit von 5 ms. Der Phasensprung äußert sich besonders durch eine Verminderung der Wechselstromkomponente im Leiter C. 16 ms nach Kontakttrennung schalten die Pole A und C den Strom endgültig ab.

Wie mit diesen Beispielen und in Abschnitt 14.1 gezeigt worden ist, wird der erstlöschende Schalterpol immer einen Leiter mit Stromnulldurchgängen finden und den Leiterstrom unterbrechen. Der darauf folgende Phasensprung kann jedoch unter bestimmten Bedingungen dazu führen, dass nun in den anderen Leitern Stromnulldurchgänge ausbleiben. Der Grund dafür liegt im häufig schnellen Abfall des Wechselstromglieds und in der Änderung der Amplituden der Wechsel- und der Gleichstromkomponente.

Vakuum-Schalter sind durchaus in der Lage, Ströme mit ausbleibenden Nulldurchgängen zu unterbrechen, wenn sie folgende Voraussetzungen erfüllen: Sie müssen für die hohen Stromscheitelwerte dimensioniert sein, die bei solchen Fehlerfällen auftreten, und ihr Kontaktsystem sollte die unter Umständen längeren Lichtbogenzeiten ertragen können.

14.4 Betriebserfahrungen und Empfehlungen

Grundsätzlich ist zu empfehlen, Generatorschalter und Schalter, die Ströme mit ausbleibenden Nulldurchgängen zu schalten haben, dreipolig abschalten zu lassen. Wie die vorstehenden Betrachtungen zeigen, tritt beim dreiphasigen Kurzschluss in mindestens einem Leiter ein Strom auf, der Nulldurchgänge hat und damit dem entsprechenden Schalterpol eine Stromunterbrechung ermöglicht. Durch den dadurch bedingten Phasensprung werden Wechsel- und Gleichstromglieder der anderen beiden Leiter so verändert, dass dort maximal eine Periode später die Stromamplitude die Nulllinie berührt oder sogar schneidet. Damit sind auch dort die Voraussetzungen zur Stromunterbrechung gegeben.

Da in den Leitern mit hohem Gleichstromglied die Stromunterbrechung im Bereich der Amplitude der Wechselstromkomponente erfolgt und da der Kurzschlussstrom ein annähernd rein induktiver Strom ist, hat die betriebsfrequente treibende Spannung in diesem Augenblick ihren Nulldurchgang oder einen relativ kleinen Wert. Eine Beanspruchung durch eine transiente Einschwingspannung tritt daher in diesem Fall nicht oder fast nicht auf. Für den Schalter wird dadurch das Abschalten in diesen Leitern ganz erheblich erleichtert, da er nach der Stromunterbrechung zunächst nur den betriebsfrequenten Anstieg der Spannung sieht.

Diese geringe Spannungsbeanspruchung ermöglicht es den betreffenden Schalterpolen, den Strom zu unterbrechen, mit Lichtbogenzeiten, die um einige zehn Millisekunden länger sind, als es beim Abschalten eines Kurzschlussstroms mit geringerem Gleichstromglied (siehe Kapitel 8) zulässig wäre. Daher beherrschen Mittel- und Hochspannungs-Leistungsschalter, wie entsprechende Prüfungen und Betriebserfahrungen gezeigt haben, im Allgemeinen das Unterbrechen von Strömen mit Gleichstromgliedern, die in der Größenordnung von 100 % liegen.

14.5 Ausbleibende Stromnulldurchgänge beim Einschalten kompensierter Kabel

Mit zunehmendem Einsatz von Kabeln im Übertragungsnetz muss damit gerechnet werden, dass es zu ausbleibenden Stromnulldurchgängen beim Einschalten kompensierter Kabel kommt [114]. Ist der das Kabel schaltende Schalter für eine gewisse Zeit nicht in der Lage, den Strom zu unterbrechen, so bleibt das System zu dieser Zeit ungeschützt.

Die hohen kapazitiven Ladeströme der Wechselstrom-Hochspannungskabel müssen durch gegen Erde geschaltete Drosselspulen kompensiert werden. Bei unbelasteten oder sehr schwach belasteten Kabeln besteht annähernd Phasenopposition zwischen dem kapazitiven Ladestrom des Kabels und dem Strom der Drosselspule. Damit wird der über den das Kabel schaltenden Schalter fließende Wechselstrom verringert. Der Strom über die Drosselspule hat unter ungünstigen Umständen ein transientes Gleichstromglied, sodass der resultierende Strom eine Gleichstrom-Komponente haben kann, die größer ist als sein Wechselstrom-Anteil. In diesem Fall kommt es solange zu ausbleibenden Stromnulldurchgängen, bis das Gleichstromglied entsprechend abgesunken ist.

Beim Einschalten ist das Kabel unbelastet und der von Kabel und Drosselspule gebildete ohmsche Widerstand klein. Daher kann es zu sehr langen Gleichstrom-Abkling-Zeitkonstanten kommen. Als Konsequenz würden Stromnulldurchgänge erst nach einigen Sekunden auftreten.

Um dies zu vermeiden, werden in [114] zwei mögliche Maßnahmen aufgezeigt: Schalten der Drosselspule bzw., wenn die Spule direkt mit dem Netz verbunden ist, Einschalten über Einschaltwiderstand.

Wird die Kompensations-Drosselspule über einen eigenen Leistungsschalter geschaltet, so sollte sie im Bereich des Spannungsscheitels zugeschaltet werden. Im Abschnitt 16.1 wird gezeigt, dass beim einphasigen Einschalten eines induktiven Kreises im Spannungsscheitelwert kein Gleichstromglied auftritt. Dies bedingt jedoch, dass der Schalter jedes Drosselspulen-Leiters einpolig im Spannungsscheitel zuschaltet.

Damit es zu ausbleibenden Stromnulldurchgängen kommt, muss die Drosselspule mehr als 50 % der Ladeleistung des Kabels kompensieren. Kompensiert beispielsweise eine Drosselspule 50 % des Kabel-Ladestroms, so ist beim Einschalten die Wechselstrom-Komponente der Drosselspule halb so groß wie der Ladestrom des Kabels. Ist das Kabel ungeladen, so ist der Phasenwinkel zwischen beiden Strömen 180°. Der Absolutwert des resultierenden Wechselstroms ist also gleich groß wie die Wechselstromkomponente des Drosselspulenstroms und wie der maximal mögliche Anfangswert seiner Gleichstrom-Komponente. Das Gleichstromglied kann also nicht größer werden als die Amplitude des resultierenden Wechselstroms.

Werden mehrere Drosselspulen parallel zur Kompensation des Ladestroms des Kabels verwendet, so lässt sich das Auftreten ausbleibender Stromnulldurchgänge durch Synchronisation des Einschaltens der Drosselspulen weitgehend vermeiden. Ist das Gleichstromglied der zuerst zugeschalteten Drosselspule abgeklungen, kann die zweite Spule zugeschaltet werden. Der resultierende Wechselstrom wird zwar durch den nun höheren Kompensationsgrad kleiner, aber das Gleichstromglied entspricht auch nur der Kompensationsleistung dieser zweiten Drosselspule. Erst jetzt kommt es zu ausbleibenden Stromnulldurchgängen. Mit dem kleineren Gleichstromglied werden Nulldurchgänge des resultierenden Stroms früher als im Fall des Zuschaltens der vollen Kompensationsleistung auftreten.

Soll abgeschaltet werden, solange der resultierende Strom keine Nulldurchgänge aufweist und der Kabelschalter nicht unterbrechen kann, so ist zunächst der die Drosselspule schaltende Schalter auszulösen. Der Drosselspulen-Strom enthält zwar das Gleichstromglied, hat aber, da seine Wechselstrom-Komponente konstant ist, stets Nulldurchgänge. Nach seiner Unterbrechung fließt nur noch der Ladestrom des Kabels, der nun problemlos abgeschaltet werden kann.

Ist die Kompensations-Drosselspule direkt, ohne zwischengeschalteten Leistungsschalter, mit dem Netz verbunden, so fließt beim Zuschalten des Kabel-Schalters der mit dem Gleichstromglied behaftete resultierende Strom. Da ein Kabel, d. h. eine Kapazität, möglichst im Nulldurchgang der Spannung zwischen speisendem Netz und dem unbelasteten Kabel eingeschaltet werden soll (siehe Abschnitt 23.1), ist der Einschaltzeitpunkt für die Drosselspule extrem ungünstig, und es tritt im betreffenden Leiter das volle Gleichstromglied auf. Sein Abklingen lässt sich wesentlich beschleunigen, wenn der zuschaltende Schalter mit einem Einschaltwiderstand ausgestattet wird. In [114] wird gezeigt, dass beim Zuschalten im Spannungsnulldurchgang der ideale Widerstandswert bei 300 Ω liegt.

15 Kritischer Strom

Im Allgemeinen wird vorausgesetzt, dass Leistungsschalter jeden Strom bis zum Bemessungs-Kurzschluss-Ausschaltstrom zu unterbrechen in der Lage sind. Dies nachzuweisen, dazu dienen die genormten Prüfschaltfolgen unter Klemmenkurzschluss-Bedingungen bei 100 %, 60 %, 30 % und 10 % des Bemessungs-Kurzschluss-Ausschaltstroms.

Konstruktionsbedingt kann es jedoch vorkommen, dass bei gewissen Strömen unter dem vollen Bemessungs-Kurzschluss-Ausschaltstrom die Stromunterbrechung dem Schalter schwerer fällt als beim 100-%-Wert. Dieser Strombereich wird als „kritischer Strom" bezeichnet. Insbesondere kann ein kritischer Strom auftreten bei Schaltstrecken, in denen die Lichtbogenwärme zum Erzeugen einer Löschmittelströmung herangezogen wird.

Dass ein Schalter einen kritischen Strombereich hat, äußert sich darin, dass bei Prüfungen mit 10 %, 30 % oder 60 % die für eine erfolgreiche Stromunterbrechung kürzestmögliche Lichtbogenzeit eine Halbperiode oder mehr länger ist als die minimale Lichtbogenzeit in den daran angrenzenden Prüfschaltfolgen.

Um nachzuweisen, dass auch dieser kritische Ausschaltstrom beherrscht wird, sind nach Norm zusätzliche Prüfungen durchzuführen. Diese zusätzlichen Prüfungen decken das Strom-Intervall zwischen den ursprünglich vorgegebenen Prüfschaltfolgen ab.

Beispiel: Bei den Prüfungen mit 30 % des Bemessungs-Kurzschluss-Ausschaltstroms seien die für die Stromunterbrechung erforderlichen minimalen Lichtbogenzeiten um mehr als 10 ms länger als bei den Prüfungen mit 60 % und 10 %. Als Nachweis, dass auch der 30-%-Ausschaltstrom keine Probleme bereitet, müssen zusätzliche Prüfungen mit den Mittelwerten zu den „benachbarten" Prüfschaltfolgen bestanden werden. Die zusätzlich zu prüfenden Ausschaltströme sind in diesem Fall 45 % und 20 % des Bemessungs-Ausschaltstroms, also jeweils der Mittelwert des Intervalls zum Nachbarwert.

Treten die längeren minimalen Lichtbogenzeiten bei der Prüfung mit 10 % des Bemessungs-Kurzschluss-Ausschaltstroms auf, so sind die zusätzlichen Prüfungen mit 20 % und 5 % des Bemessungs-Kurzschluss-Ausschaltstroms zu bestehen.

16 Einschalten auf Kurzschluss

Es gibt eine Vielzahl von Umständen, unter denen ein Schaltgerät auf einen bestehenden Kurzschluss einschaltet. In vielen Fällen lässt sich nicht erkennen, dass im Abschnitt eines Netzes oder auf einer Leitung ein Fehler vorhanden ist, solange sie spannungslos sind. Beispielsweise kann ein abgeschaltetes Netzteil mit einem Kurzschluss behaftet sein, da versäumt wurde, ein Erdungsband herauszunehmen oder ein beschädigter Isolator übersehen worden ist (**Bild 16.1**).

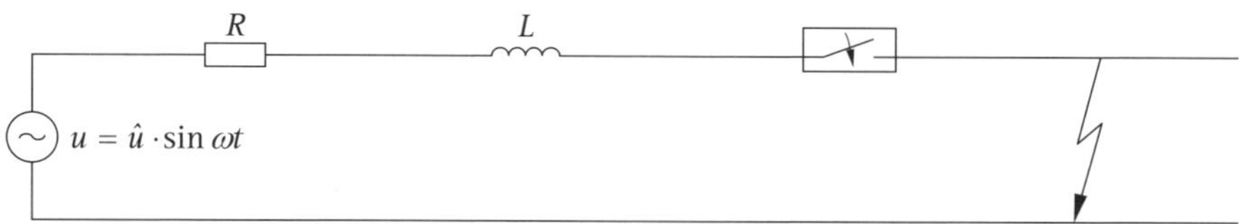

Bild 16.1 Einschalten eines kurzschlussbehafteten Netzteils

Auch eine „erfolglose" AWE (Automatische Wiedereinschaltung/Kurzunterbrechung) (siehe Abschnitt 9.1) erfordert das Wiederzuschalten auf einen Kurzschluss.

Dementsprechend wird gefordert, dass Leistungsschalter und Lastschalter, einschließlich der Lasttrennschalter, für das Einschalten auf Kurzschluss ausgelegt sind.

Einschaltfeste oder „Arbeits-Erdungsschalter" müssen in der Lage sein, abgeschaltete Kabel zu erden, auf denen noch eine Restladung vorhanden ist. Das Entladen verursacht einen Stromimpuls, dessen Amplitude mit der eines Kurzschlussstroms vergleichbar ist (siehe Kapitel 23).

Während der Einschaltbewegung der Kontakte wird die offene Schaltstrecke ständig verkleinert. In dem Moment, in dem der Kontaktabstand sich soweit verringert hat, dass die dielektrische Festigkeit w der Schaltstrecke niedriger geworden ist als der Momentanwert der anliegenden Spannung u, kommt es zum Vor-Überschlag. Zwischen den Kontakten brennt nun ein Lichtbogen. Der Stromkreis ist damit schon vor der galvanischen Berührung der Kontakte über den Vor-Überschlagslichtbogen geschlossen (**Bild 16.2**).

Der Zeitpunkt des Vor-Überschlags t_V ergibt sich aus der Überlagerung der mit der Netzfrequenz sich ändernden Spannung u und der Einschaltbewegung der Kontakte. Er ist daher in hohem Maße zufällig. Für den Verlauf des nun ein-

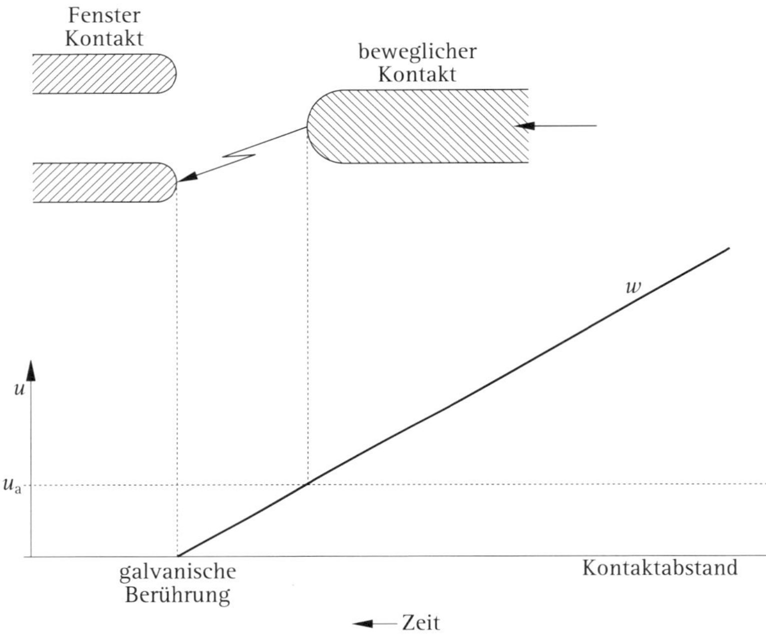

Bild 16.2 Vor-Überschlag, wenn die elektrische Festigkeit *w* einer Kontaktstrecke kleiner wird als der Momentanwert der anliegenden Spannung *u*

setzenden Stromflusses ist daher außer den Daten des Kreises auch der durch den Vor-Überschlagszeitpunkt t_v gegebene Einschaltzeitpunkt in Relation zum betriebsfrequenten Spannungsverlauf zu berücksichtigen.

Der Kurzschlusskreis wird für die Ermittlung des nach der Einschaltung fließenden Stroms in den folgenden Abschnitten zunächst als rein induktiver Kreis betrachtet, wobei es unerheblich ist, ob die Induktivität L sich vor oder hinter dem Schalter befindet. Der ohmsche Widerstand R in Bild 16.1 sei dementsprechend null. Die Phasenverschiebung zwischen treibender Spannung $u(t)$ und der Wechselstromkomponente beträgt $\varphi = 90°$. Der Einschaltzeitpunkt ist der Zeitpunkt des Vor-Überschlags.

Die Betrachtung eines rein induktiven Kreises ist eine gute Näherung, da selbst dann, wenn Leitungen oder Kabel mit ihrem im Vergleich zu Generatoren und Transformatoren relativ hohen ohmschen Widerstand sich im Kurzschluss-Kreis befinden, für den Kreis ein $\cos\varphi$ angesetzt werden kann, der zwischen 0,07 und 0,15 liegt.

16.1 Einschalten eines einphasigen Stromkreises

Der Einschaltzeitpunkt t_v ist, wie **Bild 16.3** zeigt, um den (zufälligen) Phasenwinkel φ_E gegenüber dem Nulldurchgang der treibenden Spannung verschoben. Die Streuung des Phasenwinkels ist bedingt durch den im Allgemeinen nicht auf den Spannungsverlauf abgestimmten Moment des auf den Schalter gegebenen Einschaltimpulses, die Streuung der Einschaltzeit des Schalters und durch die im Abschnitt 16.4 beschriebene Wechselwirkung zwischen der Vor-Überschlagskennlinie und der anstehenden Spannung.

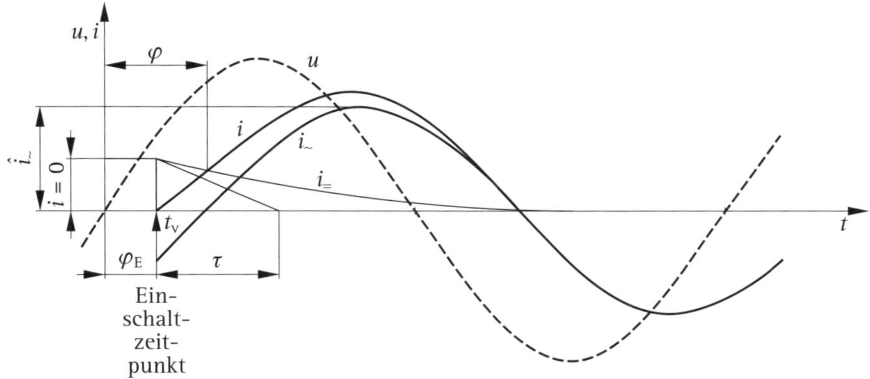

Bild 16.3 Einschalten zum Zeitpunkt $0 < \varphi_E < \pi/2$ in einem Kreis mit L und R (entsprechend Bild 16.1)

Wird in Bild 16.1 der Widerstand R vernachlässigt, so fällt mit Beginn des Stromflusses, also zum Einschaltzeitpunkt t_v, die treibende Spannung u an der Induktivität L ab:

$$u = \hat{u} \cdot \sin \omega t = L \cdot \frac{\mathrm{d}i}{\mathrm{d}t} \tag{16.1 a}$$

$$\frac{\mathrm{d}i}{\mathrm{d}t} = \frac{u}{L} \tag{16.1 b}$$

Daraus folgt für den Verlauf des Wechselstroms:

$$i_{\approx}(t) = \frac{\hat{u}}{\omega \cdot L} \sin\left(\omega t + \varphi_E - \varphi\right) \tag{16.2}$$

und, da im vorliegenden Fall $\varphi = 90°$:

$$i_{\approx}(t) = -\frac{\hat{u}}{\omega \cdot L}\cos\left(\omega t + \varphi_{\mathrm{E}}\right) \tag{16.3}$$

Diese Lösung der Differentialgleichung kann ergänzt werden durch eine weitere Lösung:

$$\frac{\mathrm{d}i}{\mathrm{d}t} = 0$$

aus der folgt

$$i_2 = \text{const.} \tag{16.4}$$

Diese zweite Komponente ist das Gleichstromglied $i_{=}$, das mit dem Wechselstromglied $i_{\approx}$ den Gesamtstrom ergibt:

$$i(t) = i_{\approx} + i_{=} = -\frac{\hat{u}}{\omega \cdot L}\cos\left(\omega t + \varphi_{\mathrm{E}}\right) + i_{=} \tag{16.5}$$

Zum Einschaltzeitpunkt $t = 0$ ist $i(t) = 0$, d. h. $i_{\approx} = -i_{=}$.

Damit gilt:

$$i_{=} = \frac{\hat{u}}{\omega \cdot L}\cos\varphi_{\mathrm{E}} \tag{16.6}$$

und:

$$i(t) = -\frac{\hat{u}}{\omega \cdot L}\cos\left(\omega t + \varphi_{\mathrm{E}}\right) + \frac{\hat{u}}{\omega \cdot L}\cos\varphi_{\mathrm{E}} \tag{16.7}$$

Wie diese Ableitung zeigt, ist in einem rein induktiven Kreis das Gleichstromglied zeitlich konstant. Seine Größe ist nur vom Einschaltzeitpunkt φ_{E} abhängig.

Der Anfangswert des Gleichstromglieds (Zeitpunkt $t = 0$: $i = 0$) hat jeweils die gleiche Größe, aber das entgegengesetzte Vorzeichen als der Anfangswert des Wechselstromglieds.

Geschieht die Einschaltung im Spannungsnulldurchgang, d. h. zum Zeitpunkt $\varphi_{\mathrm{E}} = 0$, so ist das Gleichstromglied entgegengesetzt gleich dem Scheitelwert des Wechselstroms:

$$i_{=} = \frac{\hat{u}}{\omega \cdot L} \tag{16.8}$$

Beim Zuschalten im Spannungsscheitelwert, d. h. zum Zeitpunkt $\varphi_E = 90°$, ist das Gleichstromglied gleich null. Der Strom ist in diesem Fall ein rein symmetrischer Wechselstrom.

„Gedächtnisstütze“:
[Vor dem Zuschalten fließe ein gedachter Wechselstrom, der im rein induktiven Kreis um 90° gegenüber der anliegenden Spannung nacheilt. Wird im Nulldurchgang der Spannung zugeschaltet, so hat dieser Strom seinen Scheitelwert. Damit der tatsächliche Strom jedoch mit dem Wert null beginnt, muss dem Wechselstrom ein Gleichstrom überlagert werden, dessen Anfangswert entgegengesetzt gleich dem Wert des Wechselstroms im Zuschaltmoment ist. Also hat das Gleichstromglied in diesem Fall die Amplitude 1 p. u. des Wechselstromglieds mit entgegengesetztem Vorzeichen.
Wird im Scheitelwert der Spannung zugeschaltet, so hat der Wechselstrom gerade einen Nulldurchgang. Der tatsächlich fließende Strom beginnt also mit dem Wert null, und ein Gleichstromglied zum Ausgleich ist nicht erforderlich.]

Im realen Stromkreis befinden sich stets ohmsche Widerstände, wie beispielsweise die Innenwiderstände der verwendeten Leiter. Ein, wenn auch noch so kleiner ohmscher Widerstand R bewirkt ein Abklingen des Gleichstromglieds mit der Zeitkonstanten:

$$\tau = L/R \tag{16.9}$$

Die Phasenverschiebung φ zwischen der treibenden Spannung u und dem Wechselstromglied ist nun < 90°. Auf den Einschalt- bzw. Vor-Überschlagszeitpunkt hat der Widerstand keinen Einfluss.

Unter Berücksichtigung des Widerstands R in Bild 16.1 lautet die Differentialgleichung für den Zustand unmittelbar nach dem Schließen des Stromkreises:

$$L \cdot \frac{\mathrm{d}i}{\mathrm{d}t} + R \cdot i = \hat{u} \cdot \sin \omega t \tag{16.10}$$

Für das Wechselstromglied ergibt sich daraus:

$$i_{\approx}(t) = -\frac{\hat{u}}{\sqrt{R^2 + (\omega \cdot L)^2}} \sin\left(\omega t + \varphi_E - \varphi\right) \tag{16.11}$$

und für das Gleichstromglied:

$$i_{=}(t) = \frac{\hat{u}}{\sqrt{R^2 + (\omega \cdot L)^2}} \sin\left(\varphi_E - \varphi\right) \cdot \mathrm{e}^{-t/\tau} \tag{16.12}$$

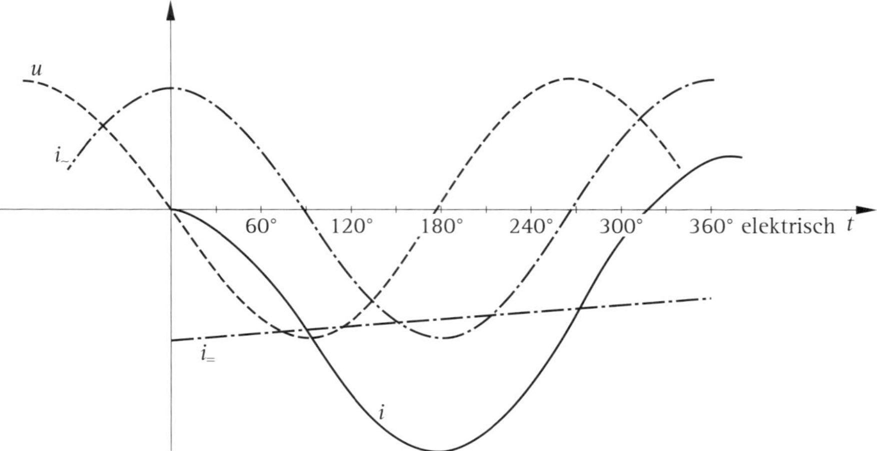

Bild 16.4 Spannungs- und Stromverlauf beim Einschalten eines einphasigen Kreises im Nulldurchgang der Spannung *u*

Der im Kreis fließende Strom hat damit den Verlauf:

$$i(t) = \frac{\hat{u}}{\sqrt{R^2 + (\omega \cdot L)^2}} \left[\sin\left(\omega t + \varphi_E - \varphi\right) + \sin\left(\varphi_E - \varphi\right) \cdot e^{-t/\tau} \right] \tag{16.13}$$

Zum Einschaltzeitpunkt $t = 0$ haben Wechsel- und Gleichstromglied den entgegengesetzt gleichen Wert, sodass $i = 0$ ist. Das Gleichstromglied, das im rein induktiven Kreis konstant bleiben würde, klingt im Kreis mit Wirkwiderstand mit der Zeitkonstanten τ ab (Gl. (16.9); Bild 16.3 und Bild 16.4).

Das Einschalten im Spannungsnulldurchgang (**Bild 16.4**) führt im einpoligen Kreis zum höchstmöglichen Gleichstromglied, das gleich ist dem Wert des Kurzschluss-Wechselstroms I_K im Moment des Kurzschlusseintritts:

$$i_{=}(t = 0) = \frac{\hat{u}}{\sqrt{R^2 + (\omega \cdot L)^2}} = \sqrt{2} \cdot I_K \tag{16.14}$$

Dies wird als ein Gleichstromglied von 100 % bzw. 1 p. u. bezeichnet.

Eine halbe Periode nach Kurzschlusseintritt haben Gleich- und Wechselstromglied die gleiche Polarität, sodass sie sich, wie Bild 16.4 zeigt, zum Scheitelwert des Kurzschlussstroms addieren. Dieser Wert, der Stoßkurzschlussstrom I_S, verursacht die höchsten elektromechanischen Beanspruchungen der Elemente im Kurzschlusskreis. Er bestimmt auch, neben der Beanspruchung durch den Vor-Überschlags-Lichtbogen, das Verhalten der Schalterkontakte während der Einschaltung auf einen Kurzschluss.

Ein Wechsel- oder Drehstrom, dem ein Gleichstromglied überlagert ist, und der daher nicht symmetrisch zur Nulllinie verläuft, wird häufig als „verlagerter“ (engl.: „asymmetrical“) Strom bezeichnet.

16.2 Simultanes Einschalten eines dreiphasigen Kreises

Für Netze mit geerdetem Sternpunkt gilt die einpolige Betrachtungsweise unter Berücksichtigung des Momentanwerts der Spannung bzw. des Phasenwinkels zum Zeitpunkt der Zuschaltung des jeweiligen Schalterpols.

Die folgenden Betrachtungen, ebenso wie die in Abschnitt 16.3, beziehen sich auf Netze mit isoliertem oder hochohmig geerdetem Sternpunkt. Bei der Koordination des Zuschaltzeitpunkts zum Verlauf der anliegenden Spannung wird der Klarheit halber von einer Phasenverschiebung zwischen Spannung und Strom von 90° ausgegangen ($R = 0$).

Zum größten Gleichstromglied mit dem Anfangswert $\sqrt{2} \cdot I''_{K3}$ kommt es, wenn der Kurzschluss im Nulldurchgang ($\varphi_E = 0$) einer der Leiterspannungen eintritt (Leiter A in **Bild 16.5**). Für diese Leiter bestehen dann die gleichen Bedingungen wie im einphasigen Kreis:

$$i_A(t) = \sqrt{2} \cdot I''_{K3} \cdot \left[\sin(\omega t - \varphi) + \sin\varphi\right] \cdot e^{-t/\tau} \qquad (16.15\,a)$$

Da vorausgesetzt wird, dass die drei Leiter zeitgleich zugeschaltet werden, gilt für die Leiter B und C:

$$i_B(t) = \sqrt{2} \cdot I''_{K3} \left[\sin(\omega t - \varphi - 120°) + \sin(\varphi - 120°)\right] \cdot e^{-t/\tau} \qquad (16.15\,b)$$

$$i_C(t) = \sqrt{2} \cdot I''_{K3} \left[\sin(\omega t - \varphi - 240°) + \sin(\varphi - 240°)\right] \cdot e^{-t/\tau} \qquad (16.15\,c)$$

In den Leitern B und C hat das Gleichstromglied jeweils, mit dem Leiter A entgegengesetztem Vorzeichen, den Anfangswert:

$$i_{=B,C}(t = 0) = 0{,}5 \cdot \sqrt{2} \cdot I''_{K3} \qquad (16.16)$$

Die Gleichstromglieder der drei Leiter addieren sich, ebenso wie die Wechselstromglieder, damit zu null. Dementsprechend ist auch die Stromsumme der

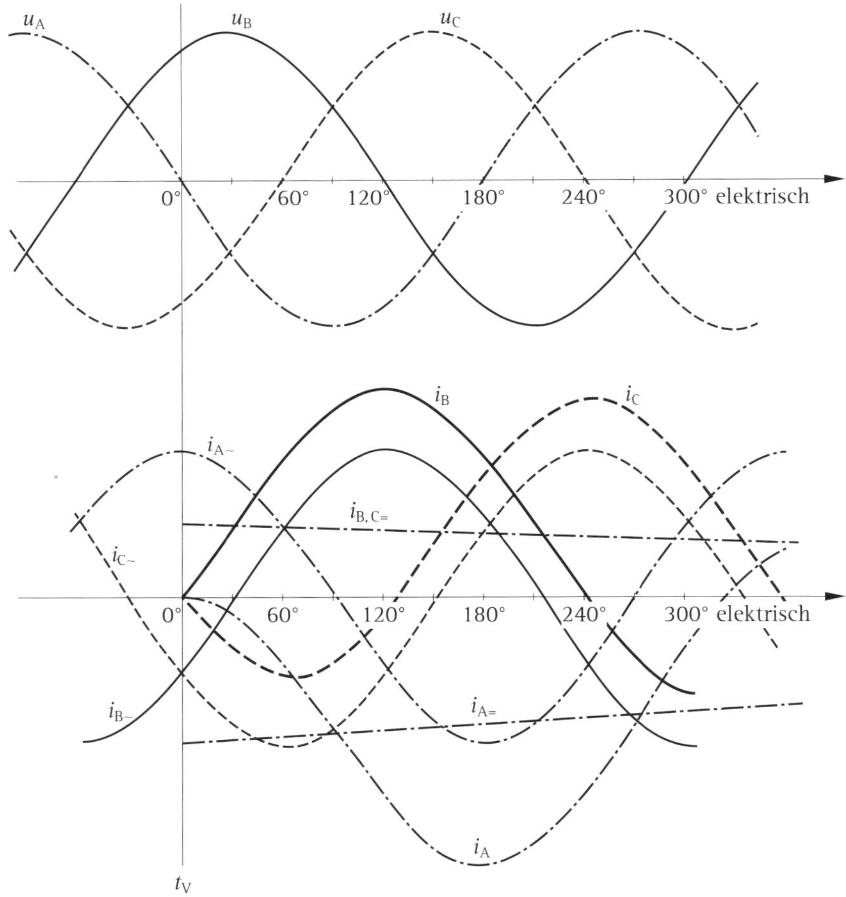

Bild 16.5 Spannungs- und Stromverlauf bei in allen Leitern gleichzeitigem Kurzschlusseintritt im Nulldurchgang der Leiterspannung u_A

resultierenden Ströme der drei Leiter null. Das System bleibt also auch unter Kurzschlussbedingungen symmetrisch.

Für das Abklingen der Gleichstromglieder in Bild 16.5 wurde wie in den Normen DIN EN 62271-1 (**VDE 0671-1**) und DIN EN 62271-100 (**VDE 0671-100**) sowie IEEE C37 eine Gleichstrom-Zeitkonstante von τ = 45 ms angesetzt. Dies entspricht einem $\cos\varphi$ = 0,07.

Wird im Scheitelwert der Leiterspannung in A zugeschaltet, so ist der Strom $i_A(t)$ ein symmetrischer Wechselstrom. Das Gleichstromglied in diesem Leiter ist null.

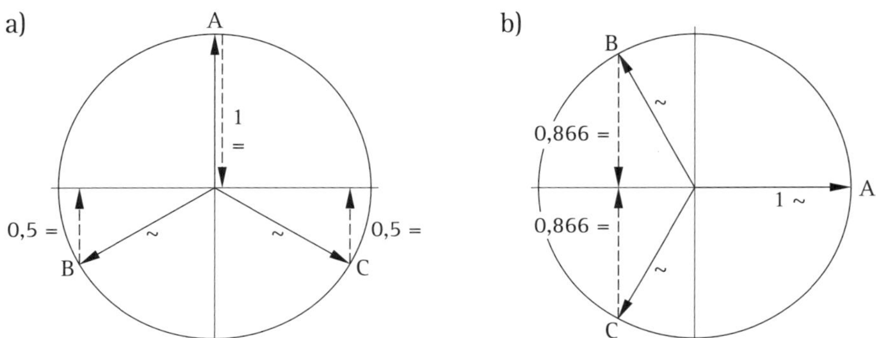

Bild 16.6 Vektordiagramme für dreiphasigen simultanen Kurzschlusseintritt
a) Kurzschluss im Spannungsnulldurchgang des Leiters A
b) Kurzschluss im Spannungsscheitel des Leiters A

In den beiden anderen Leitern treten Gleichstromglieder mit den Anfangswerten $\pm\left(\sqrt{3}/2\right)\cdot I''_{K3}$ auf (**Bild 16.6**).

16.3 Nicht simultanes Einschalten in den drei Leitern

Im ungeerdeten Netz kann ein Kurzschlussstrom nur fließen, wenn in zwei Leitern zugeschaltet worden ist. Daher wird angenommen, dass zwei Schalterpole gleichzeitig im Zeitpunkt t_v schließen bzw. vor-überschlagen, und dass der dritte Pol um eine Zeit Δt verzögert einschaltet. Schalten alle drei Schalterpole unsynchron, so gilt die gleiche Betrachtungsweise: Als Zeitpunkt t_v wird der Moment angesehen, in dem der zweite Pol zuschaltet und damit der zweiphasige Kreis geschlossen ist. Vor dem Schließen des zweiphasigen Kreises steht die zwischen den betreffenden beiden Leitern wirkende verkettete Spannung an der Reihenschaltung der beiden Schalterpole bzw. nach dem stromlosen Schließen des ersten Pols an dem noch offenen zweiten Pol an (**Bild 16.7**).

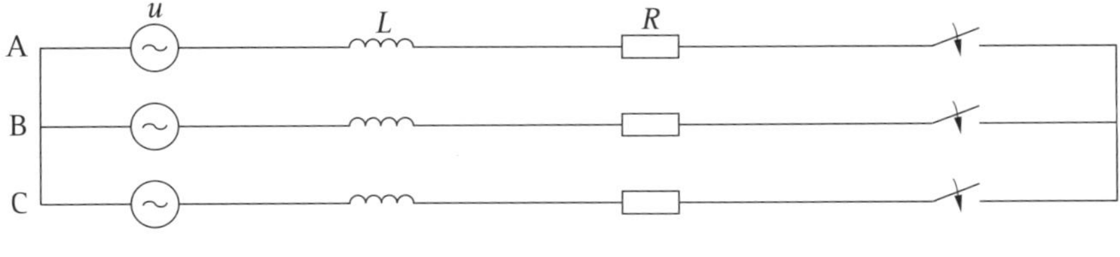

Bild 16.7 Einschalten eines dreiphasigen Kreises mit Kurzschluss

Es werden wieder die zwei Extremfälle betrachtet: Einleiten des zweiphasigen Kurzschlusses zum Zeitpunkt t_v im Scheitelwert bzw. im Spannungsnulldurchgang der zugehörigen verketteten Spannung.

Wird der zweiphasige Kurzschluss im Kreis A–B im Scheitelwert der verketteten Spannung u_{A-B} eingeleitet, so fließt der symmetrische zweiphasige Wechselstrom (Bild 16.8):

$$i''_{K2}(t) = \sqrt{2} \cdot I''_{K2} \cdot \sin \omega t = \sqrt{2} \cdot \frac{\sqrt{3}}{2} \cdot I''_{K3} \cdot \sin \omega t \tag{16.17}$$

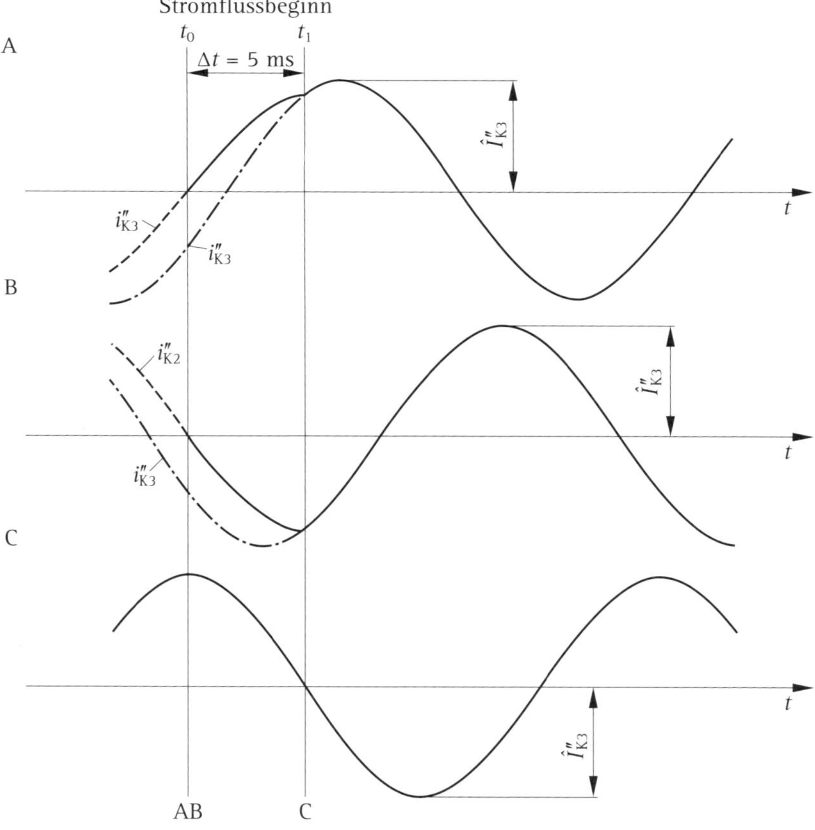

Bild 16.8 Stromverlauf ohne Gleichstromglied bei verzögerter Zuschaltung des Leiters C: Zuschalten im Scheitelwert der verketteten Spannung u_{A-B} und im Scheitelwert der Leiterspannung u_C

Geschieht der Übergang in den dreiphasigen Kurzschluss 90° später durch Zuschalten des dritten Leiters C, d. h. im Scheitelwert der Leiterspannung $\hat{u}_C$, so fließt in allen Leitern der symmetrische Wechselstrom I''_{K3}. Für den Verlauf des zweiphasigen Kurzschluss-Wechselstroms gilt der Zeitpunkt t_v als $t = 0$, für den des dreiphasigen der Moment des Zuschaltens des dritten Leiters als $t = 0$.

Der in Bezug auf die Größe des Gleichstromglieds und damit der Amplitude des Kurzschlussstroms ungünstigste Fall tritt ein, wenn die ersten beiden Leiter im Nulldurchgang der zugehörigen verketteten Spannung und der dritte Leiter 90° später im Nulldurchgang der zugehörigen Leiterspannung eingeschaltet werden (**Bild 16.9**).

Beim Zuschalten des zweiphasigen Kreises A–B kommt es nun zu einem Gleichstromglied, das gleich dem Scheitelwert des zweiphasigen Kurzschluss-Wechselstroms ist:

$$i_{=\mathrm{A,B}} = \pm\sqrt{2} \cdot I''_{\mathrm{K2}} = \pm\sqrt{2} \cdot \frac{\sqrt{3}}{2} \cdot I''_{\mathrm{K3}} \tag{16.18}$$

Der Anfangswert dieses zweiphasigen Gleichstromglieds ist also ±0,866 p. u. Für den nun fließenden zweiphasigen Kurzschlussstrom gilt:

$$i_{\mathrm{A,B}} = i''_{\mathrm{K2}}(t) = \pm\sqrt{2} \cdot \frac{\sqrt{3}}{2} \cdot I''_{\mathrm{K3}} \cdot \left[\sin(\omega t - \varphi) + (\sin\varphi) \cdot \mathrm{e}^{-t/\tau}\right] \tag{16.19}$$

Beim Durchschalten des dritten Leiters C im Nulldurchgang ihrer Leiterspannung u_C tritt in dieser Leitung ein Gleichstromglied auf, das gleich ist dem Scheitelwert des dreiphasigen Kurzschlussstroms. Es hat demzufolge den Anfangswert 1 p. u. Als Konsequenz kommt es, damit sich die drei Gleichstromglieder zu null addieren, in diesem Moment in den beiden Leitern A und B zu zusätzlichen Gleichstromgliedern von 0,5 p. u. und entgegengesetzter Phasenlage des im dritten Leiter auftretenden Gleichstromglieds. Diese Gleichstromglieder überlagern sich dem zweiphasigen Gleichstromglied. Unter Annahme einer Gleichstromzeitkonstanten $\tau = \infty$, d. h. bei Vernachlässigung des Abklingens der Gleichstromglieder, haben die Gleichstromglieder zum Zeitpunkt des Übergangs in den dreiphasigen Kurzschluss für die in Bild 16.9 dargestellten Phasenlagen die Werte:

$$I_{=\mathrm{A\,res}} = (0{,}866 + 0{,}5)\ \mathrm{p.\,u.} = 1{,}366 \cdot \sqrt{2} \cdot I''_{\mathrm{K3}} \tag{16.20 a}$$

$$I_{=\mathrm{B\,res}} = (-0{,}866 + 0{,}5)\ \mathrm{p.\,u.} = -0{,}366 \cdot \sqrt{2} \cdot I''_{\mathrm{K3}} \tag{16.20 b}$$

$$I_{=\mathrm{C\,res}} = -1\ \mathrm{p.\,u.} = -\sqrt{2} \cdot I''_{\mathrm{K3}} \tag{16.20 c}$$

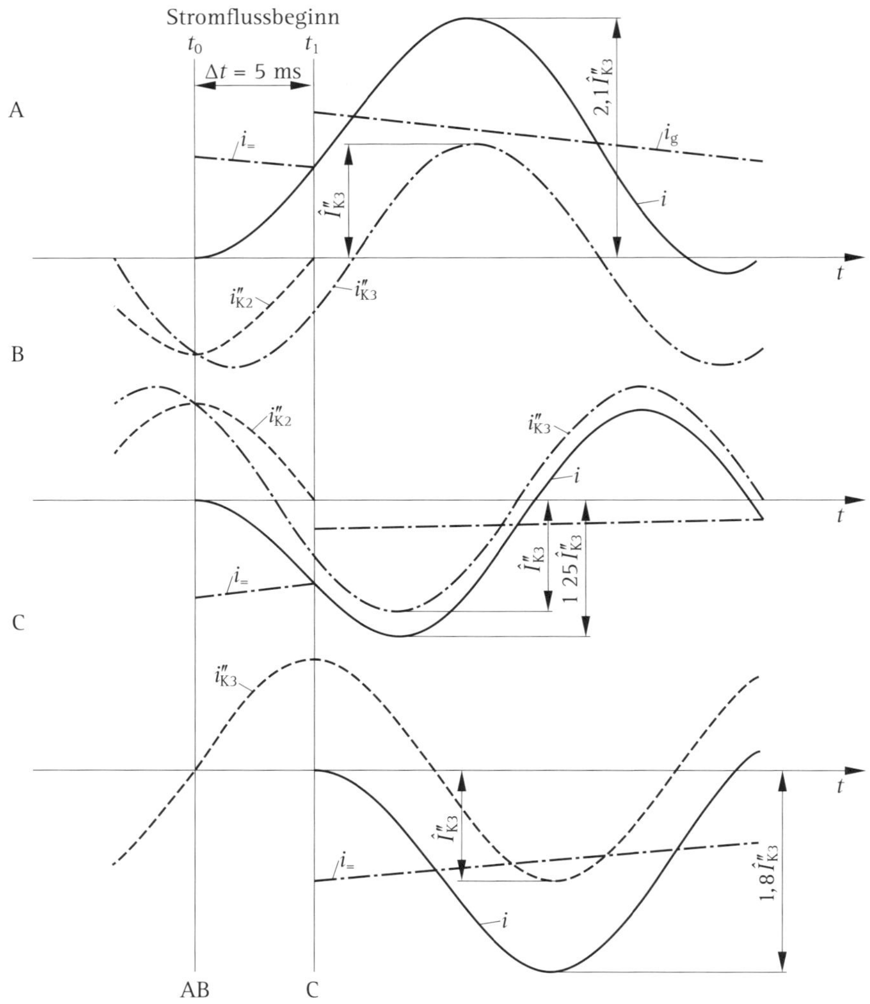

Bild 16.9 Stromverlauf mit maximalem Gleichstromglied durch verzögerte Zuschaltung des Leiters C: Zuschalten im Nulldurchgang der verketteten Spannung u_{A-B} und im Nulldurchgang der Leiterspannung u_C

Für eine von φ = 90° abweichende Phasenverschiebung gilt die allgemeine Aussage: Das höchste zweiphasige Gleichstromglied tritt auf, wenn der zweiphasige Kreis zu einem Zeitpunkt geschlossen wird, in dem der gedachte zweiphasige Strom seinen Scheitelwert hat (vgl. „Gedächtnisstütze" in Abschnitt 16.1).

In einem rein induktiven Kreis mit $R = 0$ bzw. $X/R = 0$ ist dies der Moment, in dem die verkettete Spannung dieser Leiter durch null geht. Für andere Werte von X/R muss der zweiphasige Kreis um einen entsprechenden Winkel φ vor dem Nulldurchgang der verketteten Spannung geschlossen werden. Die höchste Strom-Amplitude im dreiphasigen Kreis wird erreicht, wenn der dritte Leiter zu dem Zeitpunkt zugeschaltet wird, in dem der gedachte, in ihr fließende Leiterstrom seinen Scheitelwert hat. Im rein induktiven Kreis ist dies im Nulldurchgang der entsprechenden Leiterspannung. Allgemein liegt dieser Zeitpunkt etwa 90° nach dem Schließen des zweiphasigen Kreises.

Durch die Addition von Gleich- und Wechselstromkomponente ergeben sich, unter Vernachlässigung des Abklingens des Gleichstromglieds, die maximalen Stromamplituden $\hat{\imath}_{\mathrm{A\,res}} = 2{,}366 \cdot \sqrt{2} \cdot I''_{\mathrm{K3}}$, $\hat{\imath}_{\mathrm{B\,res}} = 1{,}366 \cdot \sqrt{2} \cdot I''_{\mathrm{K3}}$, $\hat{\imath}_{\mathrm{C\,res}} = 1{,}0 \cdot \sqrt{2} \cdot I''_{\mathrm{K3}}$.

Entsprechendes gilt für das Einschalten eines einphasigen Kreises mit endlichem ohmschen Widerstand R.

Um im ungeerdeten Netz ein Einschalten zu erreichen, ohne dass ein Gleichstromglied auftritt, muss ebenfalls auf den gedachten Stromverlauf Bezug genommen und im Nulldurchgang dieses gedachten Stroms zugeschaltet werden.

Im starr oder niederohmig geerdeten Netz mit einem Kurzschluss gegen Erde kommt es infolge des Vor-Überschlags in jedem der drei Schalterpole zwangsläufig zum nicht simultanen Einschalten, auch wenn die Einschaltbewegung in allen drei Polen mechanisch synchron verläuft. Da der Kurzschlusskreis sich über die Erde schließt, werden die drei Leiter unabhängig voneinander eingeschaltet, sobald es in den einzelnen Schaltstrecken zum Vor-Überschlag kommt. Die Größen der jeweiligen Gleichstromglieder sind abhängig vom Momentanwert der Leiterspannung im Zuschaltzeitpunkt des jeweiligen Leiters. Eine Erhöhung des Gleichstromglieds ist dabei nicht in dem Maße möglich, wie sie beim nicht simultanen Einschalten im ungeerdeten Netz auftritt.

Besteht im geerdeten Netz ein dreiphasiger Kurzschluss ohne Erdverbindung, so gelten die Betrachtungen, wie sie für das ungeerdete Netz angestellt worden sind.

16.4 Wechselwirkung zwischen Vor-Überschlagskennlinie und anstehender Spannung

Wie in den Abschnitten 16.1 bis 16.3 gezeigt, setzt das Auftreten des maximalen Gleichstromglieds ein Zuschalten im Nulldurchgang der treibenden Spannung voraus. Dazu muss die Vor-Überschlagskennlinie w in Bild 16.2 steiler verlaufen als die Abnahme $\mathrm{d}u/\mathrm{d}t$ der anliegenden Spannung vor dem Spannungsnulldurchgang.

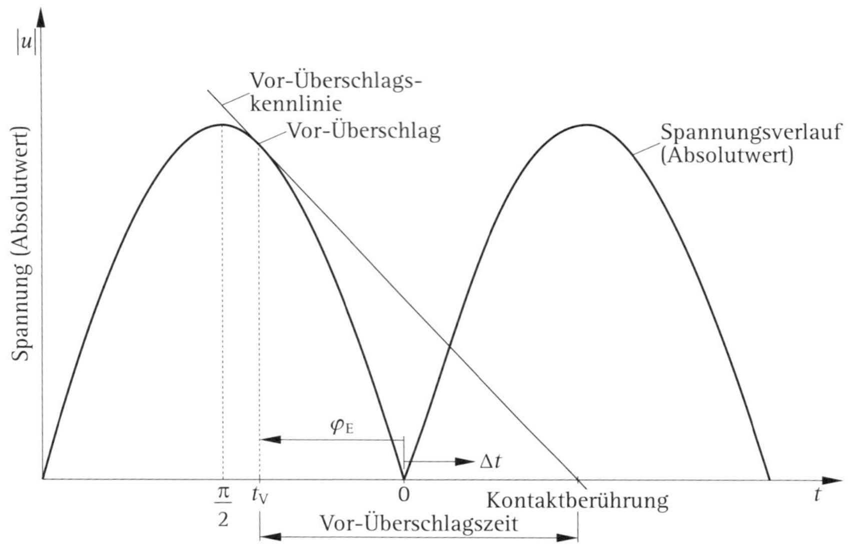

Bild 16.10 Überlagerung von Vor-Überschlagskennlinie *w* und Absolutwerten des Spannungsverlaufs

Ist dies nicht gegeben, so kommt es, wie **Bild 16.10** zeigt, schon vor Erreichen des Spannungsnulldurchgangs zum Durchzünden über den sich beim Einschalten verkürzenden Kontaktabstand der Schaltstrecke und damit zum Schließen des Stromkreises.

Der Spannungsverlauf ist im Bild 16.10 in Absolutwerten dargestellt, da das Vor-Überschlagsverhalten unabhängig ist von der momentanen Polarität der Spannung.

Die Steilheit der Vor-Überschlagskennlinie *w* hängt ab vom konstruktiven Aufbau des Schaltgeräts und seines Kontaktsystems, von der Einschaltgeschwindigkeit und vom Lösch- und Isoliermedium.

Erdungsschalter und Lastschalter haben im Allgemeinen eine einfacher gestaltete Kontaktanordnung und eine vergleichsweise geringe Einschaltgeschwindigkeit. Ihre Vor-Überschlagskennlinie verläuft demzufolge relativ flach. Der Vor-Überschlag tritt daher eher im Bereich des Spannungsscheitelwerts oder an der ansteigenden Flanke der Spannungshalbschwingung auf. Dies hat nur kleine Gleichstromglieder zur Folge.

Bei der Betrachtung der Hochspannungs-Leistungsschalter mit ihrer steileren Vor-Überschlagskennlinie kann davon ausgegangen werden, dass die drei Schalterpole beim Einschalten einen mechanischen Gleichlauf von < 3 ms haben. Dieser Gleichlauf bleibt im Allgemeinen auch nach längerem Betriebseinsatz erhalten.

Die Steilheit der Vor-Überschlagskennlinie von Leistungsschaltern mit SF_6 als Isolier- und Löschmedium liegt überwiegend zwischen 50 kV/ms und 100 kV/ms je Schaltstrecke. Diese Werte liegen im Bereich der Steilheit, die im 170-kV-Netz die Leiterspannung mit 53 kV/ms und die verkettete Spannung mit 76 kV/ms haben. Im 245-kV-Netz lauten die entsprechenden Werte 77 kV/ms und 109 kV/ms, im 420-kV-Netz 108 kV/ms bzw. 187 kV/ms. Geht man davon aus, dass Leistungsschalter für die Spannungsebenen bis 300 kV mit einer Schaltstrecke pro Pol und bei höheren Spannungen mit zwei in Reihe liegenden Schaltstrecken pro Pol arbeiten, so kommt man im Hinblick auf das Auftreten hoher Gleichstromglieder zu folgendem Schluss:

Ein Zuschalten im Nulldurchgang der verketteten Spannung, und damit das Auftreten eines überhöhten Gleichstromglieds, ist theoretisch möglich bei einem vor der Zuschaltung anstehenden Kurzschluss ohne Erdverbindung in Netzen bis zu 170 kV Bemessungsspannung. In Netzen höherer Spannungsebenen, falls dort ebenfalls Schalter mit einer Schaltstrecke je Pol eingesetzt sind, wird mit großer Wahrscheinlichkeit der zweiphasige Kurzschluss bei einem endlichen Momentanwert der verketteten Spannung eintreten. Das Gleichstromglied des zweiphasigen Kreises ist dementsprechend kleiner. Bei der Zuschaltung des zweiphasigen Kreises kommt es zur Spannungserhöhung im dritten, noch nicht durchgeschalteten Leiter auf das 1,5-Fache der betriebsfrequenten Spannung im ungeerdeten Netz und auf das ≤ 1,3-Fache im geerdeten Netz. (Die Vorgänge sind vergleichbar denen, die, wie in Abschnitt 4.2 dargestellt, zum erstlöschenden Pol-Faktor führen, jedoch mit einem der Ausschaltung entgegengesetzten zeitlichen Ablauf.) Durch diese Spannungserhöhung kommt es auch im dritten Leiter zum Vor-Überschlag vor dem Spannungsnulldurchgang. Damit ist das Gleichstromglied des dritten Leiters < 100 %, und als Konsequenz sind auch die in den beiden anderen Leitern beim Übergang vom zwei- auf den dreiphasigen Kurzschluss kleiner als in Abschnitt 16.3 dargestellt. Die resultierenden Gleichstromglieder sind daher in praktisch allen Fällen sogar kleiner als 100 %.

Die gleiche Betrachtung gilt für Netze höherer Bemessungsspannung, wie z. B. 420 kV, in denen Schalter mit zwei Schaltstrecken je Pol verwendet werden. Da diese Netze durchwegs geerdet sind, ist die Wahrscheinlichkeit, dass vor dem Zuschalten ein Kurzschluss ohne Erdberührung besteht, noch wesentlich geringer als in Netzen mit kleinerer Betriebsspannung. Mit dem Fortschritt der Technik der Hochspannungs-Leistungsschalter wird es jedoch auch in diesen Netzen zum Einsatz von Schaltern mit nur einer Schaltstrecke je Pol kommen. Dadurch wird die Möglichkeit des Auftretens eines überhöhten Gleichstromglieds weiter verringert.

16.5 Transienter Einschaltstrom (ITMC)

Alle Einrichtungen, die sich in der Nähe des betrachteten Leistungsschalters befinden, sowie auch der Schalter selbst, haben eine Eigenkapazität gegen Erde, die in der Größenordnung einiger zig Pikofarad liegt. Die stromdurchflossenen Elemente wie die Leiter haben außerdem eine Eigeninduktivität in der Größenordnung von etwa 1 µH/m. Zusammen bilden sie hochfrequente Schwingkreise, die sich über Erde und durch induktive und kapazitive Kopplung über benachbarte Leiter schließen.

Vor dem Zuschalten sind die speiseseitigen Eigenkapazitäten auf den Momentanwert der anliegenden Spannung aufgeladen. Die Eigenkapazitäten der zuzuschaltenden Seite seien ungeladen.

Im Augenblick des Vor-Überschlags kommt es zum Ladungsausgleich zwischen den Kapazitäten beider Seiten. Durch die nur kleinen Eigeninduktivitäten geschieht dieser Ladungsausgleich mit einer steilen Spannungsflanke von hohem $\mathrm{d}u/\mathrm{d}t$. Es kommt ein Schwingstrom zum Fließen, dessen Eigenfrequenz durch die Eigenkapazitäten und Eigeninduktivitäten in unmittelbarer Nähe des Leistungsschalters bestimmt wird (**Bild 16.11**). Dieser „transiente Einschaltstrom" (engl.: Initial Transient Making Current ITMC), dessen Frequenz einige Hundert Kiloherz bis Megaherz betragen kann, überlagert sich dem netzfrequenten Kurzschluss-Einschaltstrom. Er ist in weniger als 1 ms abgeklungen.

Wegen seines schnellen Abklingens hat der transiente Einschaltstrom nur einen geringen oder gar keinen Einfluss auf das Einschaltverhalten von Schaltgeräten. Es wird daher beim Prüfen mit Kurzschluss-Einschaltstrom nicht verlangt, einen transienten Einschaltstrom dem Kurzschluss-Einschaltstrom zu überlagern.

Eine mehr detaillierte Darstellung des Vorgangs, der zum Auftreten des transienten Einschaltstroms führt, wird im Zusammenhang mit der Behandlung des Durchzündens induktiver Stromkreise im Abschnitt 18.4 gegeben.

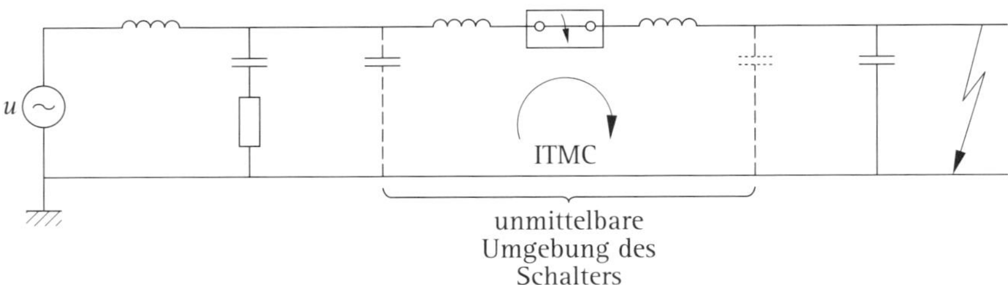

Bild 16.11 Auftreten eines transienten Einschaltstroms ITMC

16.6 Netzsituation und Normen

Eine halbe Periode nach Kurzschluss-Eintritt hat das Wechselstromglied seinen ersten Scheitelwert mit der gleichen Polarität wie das Gleichstromglied. Beide addieren sich nun, wie **Bild 16.12** zeigt, zum „Stoßkurzschlussstrom" I_S.

Unter Klemmenkurzschluss-Bedingungen, wenn also der höchstmögliche Kurzschluss-Wechselstrom I''_{K3} mit der Amplitude $\sqrt{2} \cdot I''_{K3} = 1$ p.u. auftritt, wäre, unter der Annahme eines Gleichstromglieds von 100 % = 1 p.u. im rein induktiven Kreis, d. h. bei Vernachlässigung des Abklingens des Gleichstromglieds, der Stoßkurzschlussstrom $I_S = 2 \cdot \sqrt{2} \cdot I''_{K3}$.

Wird berücksichtigt, dass das Gleichstromglied exponentiell mit der Zeitkonstante $\tau = L/R$ abklingt, so ergibt sich aus der Überlagerung von Wechsel- und Gleichstromglied ein Stromverlauf, wie er in Bild 16.12 dargestellt ist. Die obere Einhüllende setzt zum Zeitpunkt des Kurzschluss-Eintritts an beim Wert $2 \cdot \sqrt{2} \cdot I''_{K3} = 2{,}83 \cdot I''_{K3}$. Da auch das Wechselstromglied abklingt, wird sein Anfangs-Effektivwert als Anfangs-Kurzschlusswechselstrom I''_k bezeichnet. Wegen des Abklingens des Gleichstromglieds ist der Stoßkurzschlussstrom I_S kleiner als der Scheitelwert des Anfangs-Kurzschlusswechselstroms.

Bei einer Abkling-Zeitkonstanten des Gleichstromglieds von $\tau = 45$ ms ist im 50 Hz-Netz, also nach $t = 10$ ms, das Gleichstromglied auf $e^{-t/\tau} = 0{,}80$ des Anfangswerts abgesunken. Bei Annahme eines konstanten Wechselstromglieds hat der Stoßkurzschlussstrom zu diesem Zeitpunkt den Wert $(1 + 0{,}80)\sqrt{2} \cdot I''_{K3} = 2{,}545 \cdot I''_{K3}$.

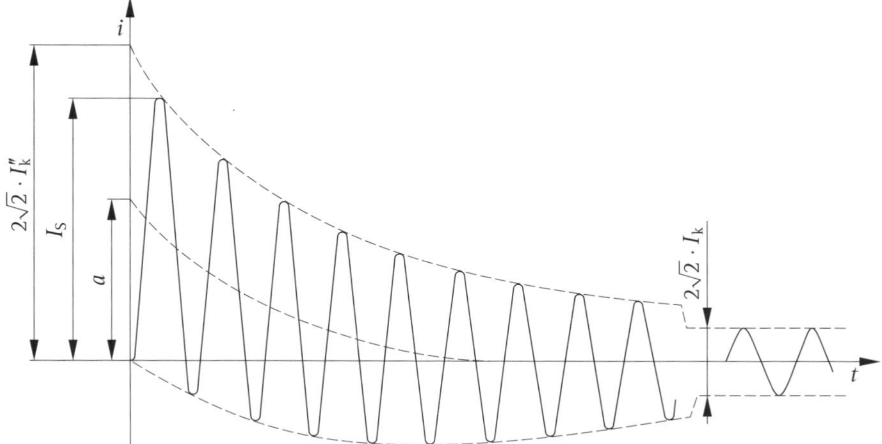

Bild 16.12 Anfangs-Verlauf des Kurzschlussstroms (zur Erläuterung der Abkürzungen: siehe Bild 8.3)

Im 60-Hz-Netz mit der Dauer einer halben Periode von 8,33 ms lautet der entsprechende Wert $(1+0{,}83)\sqrt{2}\cdot I''_{K3} = 2{,}589\cdot I''_{K3}$.

In DIN EN 62271-1 (**VDE 0671-1**) werden dementsprechend für die Stoßkurzschlussstrom-Prüfungen die Werte $2{,}5\cdot I''_{K3}$ bei 50 Hz bzw. $2{,}6\cdot I''_{K3}$ vorgegeben. Hat das Gleichstromglied eine Abkling-Zeitkonstante > 45 ms, so ist die Prüfung mit $2{,}7\cdot I''_{K3}$ durchzuführen.

Beim Einschalten auf Kurzschluss mit einem Gleichstromglied von 100 % gilt die gleiche Betrachtung. Die höchste Stromamplitude im Leiter mit dem vollen Gleichstromglied ist die des Stoßkurzschlussstroms. Im Zusammenhang mit dem Einschaltverhalten von Schaltern wird diese Amplitude als „Kurzschluss-Einschaltstrom" bezeichnet.

Da, wie in den Abschnitten 16.1 bis 16.4 gezeigt, durchaus die Möglichkeit besteht, dass der nach dem Einschalten fließende Strom ein symmetrischer Wechselstrom ist, wird eine Einschaltprüfung sowohl mit verlagertem als auch mit symmetrischem Strom verlangt.

Die praktische Erfahrung hat gezeigt, dass beim Einschalten auf einen bestehenden Kurzschluss im Netz Gleichstromglieder von über 100 %, wie sie gemäß Abschnitt 16.3 theoretisch möglich wären, wegen des tatsächlichen Vor-Überschlagsverhaltens nicht oder nur extrem selten auftreten. Zudem wird die maximal erreichbare Amplitude, die zu $(1+1{,}366)\cdot\sqrt{2}\cdot I''_{K3}$ ermittelt wurde, durch das Abklingen des Gleichstromglieds mit einer Zeitkonstanten von 45 ms auf $2{,}10\cdot\sqrt{2}\cdot I''_{K3}$ verringert. Ein weiterer Grund ist, dass dreiphasige Kurzschlüsse ohne Erdberührung nur einen geringen Prozentsatz aller Kurzschlüsse ausmachen.

Die im Kapitel 14 diskutierten Fehlerfälle, die grundsätzlich zu ausbleibenden Stromnulldurchgängen und damit zu Gleichstromgliedern von > 100 % führen, verursachen in den meisten Fällen kleinere Kurzschlusswechselströme als die Bemessungs-Kurzschluss-Ausschaltströme I''_{K3} der verwendeten Leistungsschalter. Selbst mit den höheren Gleichstromgliedern ist das Einschalten auf einen solchen Fehler durch die in den Normen verlangten Einschaltprüfungen abgedeckt. Sollte dies nicht der Fall sein, so muss ein entsprechend höher dimensionierter Schalter eingesetzt werden.

Der in den Normen zugrunde gelegte Wert von τ = 45 ms für die Abkling-Zeitkonstante des Gleichstromglieds geht davon aus, dass ein Kurzschluss überwiegend über Freileitungen oder Kabel gespeist wird. Ihr ohmscher Widerstand ist relativ hoch im Vergleich zu Generatoren, Transformatoren und den Sammelschienen in Schaltanlagen. In Tabelle 8.1 sind Daten des Mitsystems von Hochspannungs-Freileitungen zusammengestellt. Sie zeigen, dass dieser Wert für Freileitungen mit vier Leitern (Vierer-Bündel) repräsentativ ist.

Für die Beziehung zwischen Leistungsfaktor $\cos\varphi$ und Abkling-Zeitkonstante τ folgt aus:

$$\tan\varphi = \frac{\sqrt{1-\cos^2\varphi}}{\cos\varphi} = \frac{\omega \cdot L}{R} = \omega \cdot \tau$$

$$\cos\varphi = \frac{1}{\sqrt{1+\tau^2 \cdot \omega^2}} \tag{16.21}$$

Für eine Zeitkonstante τ = 45 ms ergibt sich $\cos\varphi$ = 0,07. Dieser Kreis ist also fast rein induktiv. Dies gilt erst recht für längere Zeitkonstanten. In einem Kreis mit $\cos\varphi > 0{,}6$ wird $\tau < 4{,}2$ ms, und für $\cos\varphi = 0{,}9$ ist τ = 1,5 ms. Daraus folgt, dass beim Einschalten lediglich bei Kurzschluss, nicht aber unter normalen Betriebsbedingungen mit einem Gleichstromglied zu rechnen ist.

17 Kurzschlussstrom-Begrenzung

Häufig, vor allem in Verteilungsnetzen, ist die Leistungsfähigkeit des Netzes nicht durch die maximal zu übertragende Leistung begrenzt, sondern durch den im Fehlerfall auftretenden Kurzschlussstrom. Die als Folge des höchstmöglichen Stoßstroms verursachten mechanischen Beanspruchungen der Netzelemente sind in vielen Fällen die kritische Größe, deren Überschreiten zum Ausfall führen würde. Könnte der Kurzschlussstrom auf einen verträglichen Wert begrenzt werden, so wäre es in diesen Netzen möglich, unter Beibehalten der vorhandenen Einrichtungen, wie Kabel, Leitungen, Schaltgeräte etc., die Netzleistung zu erhöhen und zusätzliche Verbraucher zu versorgen.

Von Interesse ist gelegentlich, den Stoßkurzschlussstrom zu begrenzen, um die dynamische Wirkung der vom Quadrat des Stroms abhängigen mechanischen Kräfte zu vermeiden. Eine Begrenzung des Dauer-Kurzschlussstroms zur Verringerung der thermischen Belastung stromführender Elemente ist im Allgemeinen nicht erforderlich.

Hochspannungs-Leistungsschalter sind zur Kurzschlussstrom-Begrenzung nicht geeignet, da sie im Zusammenwirken mit dem Netzschutz erst > 30 ms nach Auftreten des Kurzschlusses zur Stromunterbrechung in der Lage sind. Ihre Lichtbogenspannung ist gering im Vergleich zur Netzspannung und wirkt ebenfalls nicht strombegrenzend. Es fließt der volle Kurzschlussstrom, einschließlich des Stoßkurzschlussstroms, über die zunächst noch geschlossenen Schaltkontakte und anschließend über den Lichtbogen.

Grundsätzlich besteht die Kurzschlussstrom-Begrenzung darin, den Spannungsfall im Kurzschlusskreis so weit zu erhöhen, dass der Kurzschlussstrom auf einen Bruchteil seines inhärenten Wertes vermindert wird. Dafür stehen sowohl stationäre als auch dynamische Maßnahmen zur Verfügung.

Als stationäre Maßnahme ist der Einbau von Luftdrosselspulen (Strombegrenzungs-Spulen) an geeigneten Netzpunkten zu verstehen.

Dynamische Maßnahmen verwenden Schaltelemente, die erst im Kurzschlussfall ansprechen und damit die Mittel zum Erzeugen des Spannungsfalls in den Kreis einbringen. Während in Niederspannungsnetzen strombegrenzende Leistungsschalter weit verbreitet sind, sind Schalter für Mittel- und Hochspannungsnetze wegen ihrer relativ geringen Lichtbogenspannung für eine Strombegrenzung nicht geeignet. Für Mittelspannungsnetze in den Spannungsebenen bis 36 kV stehen strombegrenzende Sicherungen oder Stoßstrom-Begrenzer als Kombination solcher Sicherungen mit extrem schnellen Schalteinrichtungen zur Verfügung. Eine weitere Möglichkeit besteht im Einschalten von Energieabsorbern in den kurzschlussbehafteten Kreis. Mit der Entwicklung supraleitender Elemente, vor allem auf der Basis der Hochtemperatur-Supraleiter (HTSL), ist zu erwarten, dass in absehbarer Zeit supraleitende Kurzschlussstrom-Begrenzer für den Netzbetrieb einsatzfähig sein werden.

Sicherungen und Stoßstrom-Begrenzer haben den großen Nachteil, dass nach jedem Ansprechen manuelle Arbeit vor Ort notwendig ist: Es müssen das betreffende Sicherungselement und die geöffnete Schalteinheit mit ihrem Zündmechanismus des Stoßstrom-Begrenzers ausgewechselt werden, damit die Geräte wieder einsatzbereit sind.

Einen Überblick über die relativ große Zahl von Möglichkeiten für dynamische Maßnahmen gibt [47]. Die in den folgenden Abschnitten beschriebenen technischen Lösungen stellen eine repräsentative Auswahl dar. Einige Kurzschlussstrom-Begrenzer schalten beim Ansprechen den über sie fließenden Kurzschlussstrom ab. Andere begrenzen zwar den Kurzschlussstrom auf einen vorgegebenen Wert, benötigen aber zum Strom-Unterbrechen das Zusammenwirken mit einem in Reihe geschalteten Leistungsschalter oder Lastschalter bzw. Lasttrennschalter.

Induktive Kurzschlussstrom-Begrenzer, also vor allem Drosselspulen und supraleitende induktive Strombegrenzer, können, wie im Kapitel 7 beschrieben, durch das Zusammenwirken ihrer Induktivität und Streukapazität eine Eigenfrequenz haben, die im Bereich einiger kHz liegt. Ein Leistungsschalter, der vor dem Strombegrenzer angeordnet ist und einen hinter dem Strombegrenzer aufgetretenen Kurzschluss abzuschalten hat, wird mit einer transienten Einschwingspannung beaufschlagt, der sich eine vom Strombegrenzer verursachte Schwingung überlagert. Er wird dann u. U. mit einer Spannungssteilheit beansprucht, die höher ist als die in der Norm für den Klemmenkurzschluss festgelegte transiente Einschwingspannung [85]. Gegebenenfalls ist die Steilheit der transienten Einschwingspannung unter Verwendung der Daten des Strombegrenzers zu berechnen, um einen geeigneten Leistungsschalter auszuwählen.

17.1 Kurzschlussstrombegrenzung durch Drosselspulen

Der häufigste Einsatzort für Schutzeinrichtungen zur Kurzschlussstrom-Begrenzung ist, wie in **Bild 17.1** gezeigt, die Einspeisung aus dem Übertragungs- in ein Mittelspannungsnetz. Werden in der Einspeisung zwei Transformatoren oder werden zwei Verteilungsnetze parallel geschaltet, so fließt im Fall eines Fehlers in einem Verteilungsnetz die Summe der von den Transformatoren gespeisten

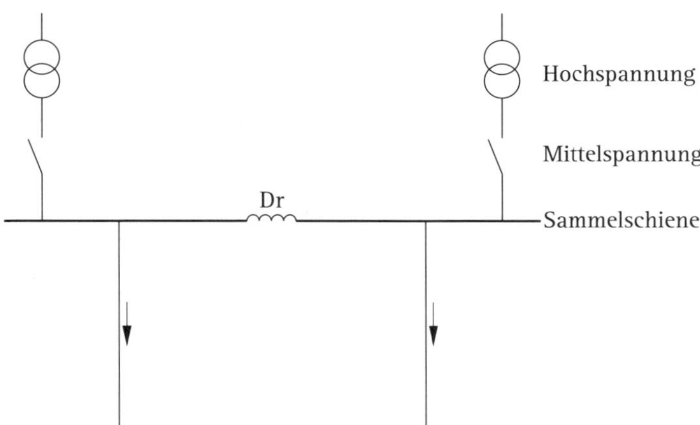

Bild 17.1 Schutz der Einspeisung in Verteilungsnetze durch Strombegrenzungs-Drosselspulen

Kurzschlussströme. Ältere Verteilungsnetze, die auf diese Weise verstärkt wurden, sind häufig für diesen Fall nicht ausreichend kurzschlussfest.

Der Einbauort wird vorzugsweise so gewählt, dass im Normalbetrieb nur ein geringer Strom über die Drosselspule fließt, damit die im Betrieb entstehenden Verluste möglichst klein bleiben. Es ist daher nicht üblich, Strombegrenzungs-Drosselspulen in Reihe mit den Einspeisetransformatoren einzusetzen. Sie würden im Normalbetrieb bereits Verluste verursachen. Über die Kupplung fließt kein oder nur ein kleiner Strom, da das Potential an beiden Enden der Kupplung gleich oder nur geringfügig unterschiedlich ist. Durch Einbau einer Drosselspule in die Kupplung der Verteilungsnetze werden im laufenden Betrieb Verluste vermieden. Tritt aber in einem der Teilnetze ein Kurzschluss auf, so entfällt durch die Wirkung der Drosselspule weitgehend der Beitrag des zweiten Teilnetzes zum gesamten Kurzschlussstrom.

Die Wirkung der Drosselspule beruht darauf, dass im Kurzschlussfall die im Vergleich zum Betriebsstrom hohe Stromsteilheit $\mathrm{d}i/\mathrm{d}t$ des Kurzschlussstroms einen Spannungsfall an der Induktivität erzeugt, der den über diesen Zweig fließenden Kurzschlussstrom schon in seinem Anstieg und damit seiner Amplitude wirksam begrenzt.

17.2 Strombegrenzende Hochspannungs(HH)-Sicherungen

Nach Norm DIN EN 62271-4 (VDE 0671-4) sind Sicherungen Schaltgeräte, die dazu dienen, eine Strombahn zu unterbrechen, wenn der Strom seinen vorgegebenen Wert in einer bestimmten Zeit überschreitet.

Der Begriff „Sicherung" steht im Folgenden, wie allgemein üblich, für „Sicherungseinsatz".

Den Ausschaltvorgang einer strombegrenzenden Hochspannungs-(HH-)Sicherung beschreibt **Bild 17.2**. Unter der Wirkung des Kurzschlussstroms, der zum Zeitpunkt 0 (Bild 17.2 a) einsetzt, schmilzt der innerhalb der Sicherung in Quarzsand eingebettete Schmelzleiter, sodass im Innern der Sicherung ein Lichtbogen brennt. Der Sand entzieht dem Lichtbogen Energie, indem er schmilzt und verdampft und erzeugt damit eine hohe Lichtbogenspannung von > $2 \cdot 10^4$ V/m bei 10^3 A bis 10^4 A. Auf diese Weise wird der Kurzschlussstrom auf den Durchlassstrom begrenzt, bevor der Stoßstrom erreicht wird: Die Sicherung wirkt strombegrenzend. Die hohe Lichtbogenspannung erzwingt einen Stromnulldurchgang, in dem der Stromfluss unterbrochen wird. Die Ausschaltzeit liegt im Allgemeinen wesentlich unter 5 ms.

Der Einsatzbereich von Hochspannungs-Sicherungen ist begrenzt durch ihre Nennstrom-Tragfähigkeit, die bei den gängigen Größen bis 315 A reicht.

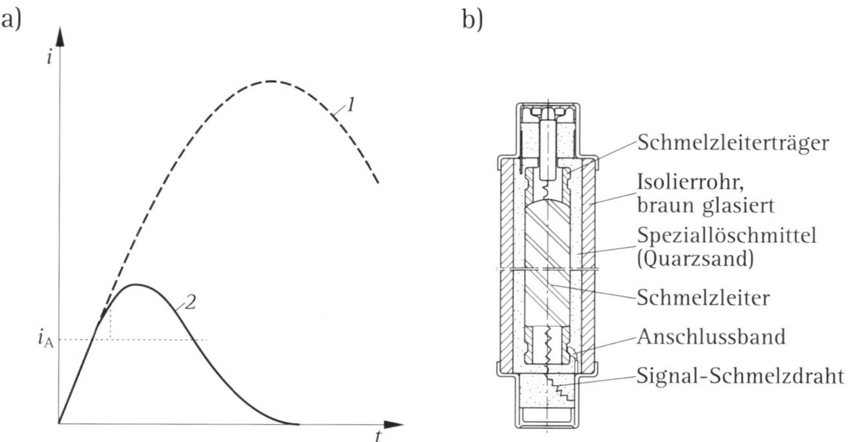

Bild 17.2 Ausschaltvorgang und Aufbau einer Hochspannungs-Sicherung
a) Verlauf des Kurzschlussstroms
b) Schnittbild einer Hochspannungs-Sicherung
1 unbeeinflusster Kurzschlussstrom
2 von der Sicherung begrenzter Kurzschlussstrom
i_A Ansprechstrom der Sicherung

a)

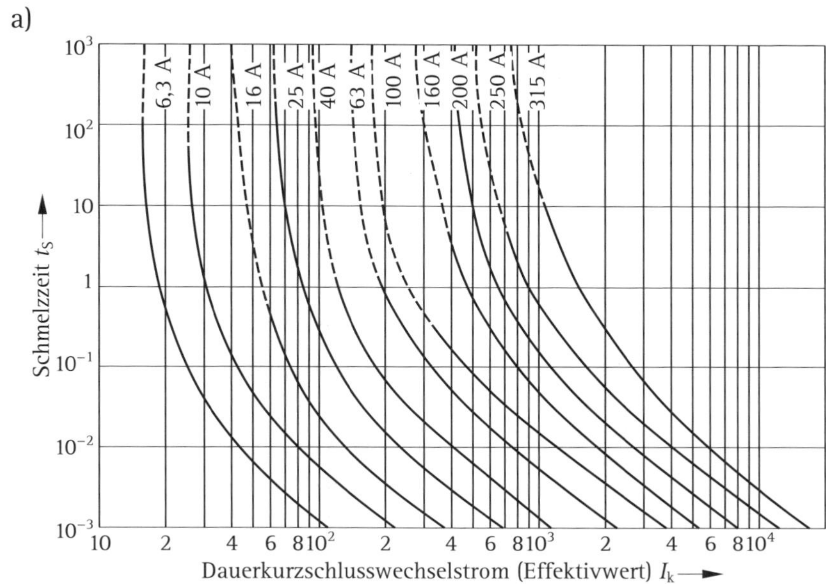

b)

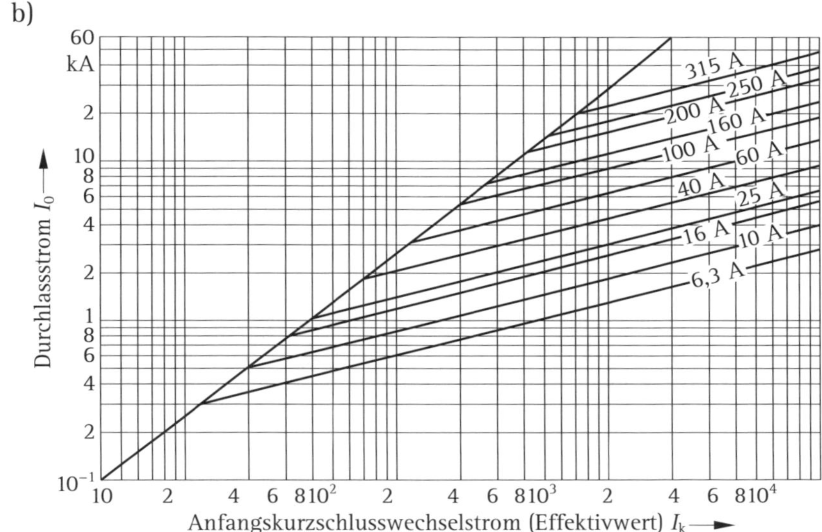

Bild 17.3 Charakteristische Kennlinien von Hochspannungs-Sicherungen
a) Schmelzzeitkennlinien (Parameter: Bemessungsstrom der Sicherung)
b) Strombegrenzungskennlinien (Parameter: Bemessungsstrom der Sicherung)

Ein grundsätzliches Problem besteht darin, dass mit kleiner werdendem Fehlerstrom die Ausschaltzeit der Sicherungen immer länger wird, da die Lichtbogenenergie nicht mehr zum Schmelzen und Verdampfen des Quarzsands ausreicht. Der Kurzschlussstrom wird nicht mehr begrenzt und erst nach mehreren Stromhalbschwingungen unterbrochen. Bei noch kleinerem Strom kann die Sicherung den in ihr brennenden Lichtbogen nicht mehr löschen, d. h. nicht mehr abschalten, und das Isolierrohr birst wegen thermischer Überlastung.

Bild 17.3 a zeigt die Schmelzzeitkennlinien einer Hochspannungs-Sicherung. Im gestrichelten Bereich kann die Sicherung nicht mehr zuverlässig abschalten. Die Strombegrenzungskennlinien in **Bild 17.3 b** zeigen, dass links der Diagonalen, also bei kleinem Anfangskurzschlussstrom, eine Strombegrenzung nicht möglich ist.

Um betrieblich auch kleine Ströme zu unterbrechen, werden, wie in Abschnitt 30.2 näher erläutert, Hochspannungs-Sicherungen mit Lastschaltern oder Lasttrennschaltern kombiniert (siehe Abschnitt 30.2). Der Lastschalter unterbricht Ströme bis zur Größe seines Bemessungsstroms, beispielsweise 630 A oder 1 200 A, und die Sicherung sorgt für den Kurzschlussschutz. Spricht die Sicherung an, so löst sich ein vom Signal-Schmelzleiter gehaltener Schlagstift, der den Antrieb des Last(trenn)schalters zum Abschalten und Herstellen einer Trennstrecke veranlasst.

17.3 Stoßstrom-Begrenzer (I_S-Begrenzer)

Um über das Kurzschlussstrom-Begrenzungselement einen höheren Betriebsstrom führen zu können, stehen Stoßstrom-Begrenzer zur Verfügung (Markenname I_S-Begrenzer der Firma ABB, früher Calor-Emag AG) [48]. Sie bestehen im Prinzip aus einem extrem schnellen Schaltgerät, das einen hohen Nennstrom führen kann, aber über ein geringes Schaltvermögen verfügt, und einer parallel angeordneten Hochspannungs-Sicherung mit hohem Ausschaltvermögen (**Bild 17.4**).

Eine Mess- und Auslöseeinheit ermittelt ständig den Momentanwert und die Anstiegsgeschwindigkeit des über den Stoßstrom-Begrenzer fließenden Stroms. Bei gleichzeitigem Erreichen oder Überschreiten der eingestellten Sollwerte wird durch Zünden einer kleinen Sprengladung die Kontaktstrecke des Hauptstrompfads getrennt (Bild 17.4 b), sodass der Strom in die parallel liegende strombegrenzende Sicherung kommutiert und dort, begrenzt auf den Durchlassstrom I_D, einpolig unterbrochen wird. **Bild 17.5** zeigt ein Beispiel für den Einsatz und die Wirkungsweise des Stoßstrom-Begrenzers in der Kupplung zweier Netze.

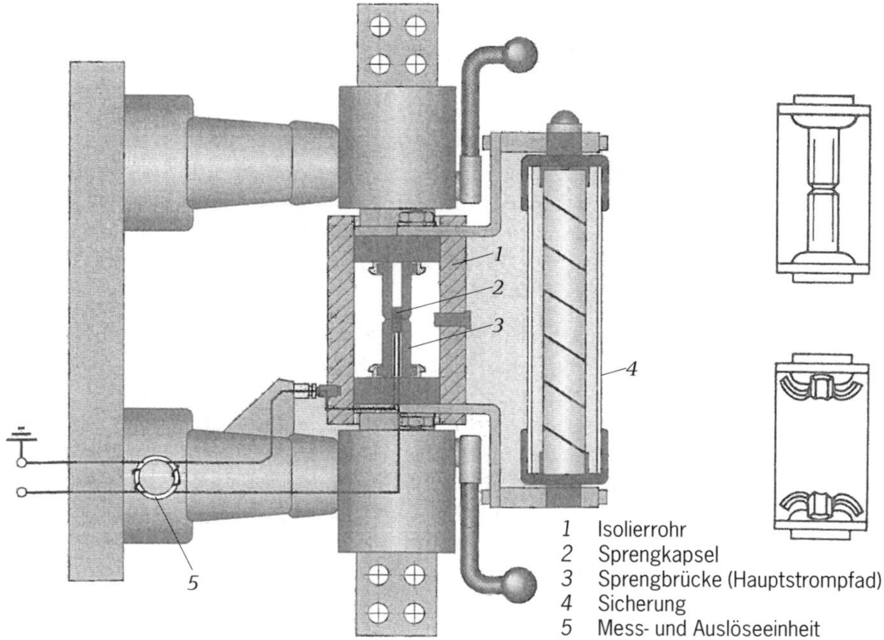

1 Isolierrohr
2 Sprengkapsel
3 Sprengbrücke (Hauptstrompfad)
4 Sicherung
5 Mess- und Auslöseeinheit

Bild 17.4 Stoßstrom-Begrenzer (I_S-Begrenzer) der Firma ABB [48]
a) I_S-Begrenzer
b) Funktion der Sprengbrücke: geschlossen bzw. angesprochen

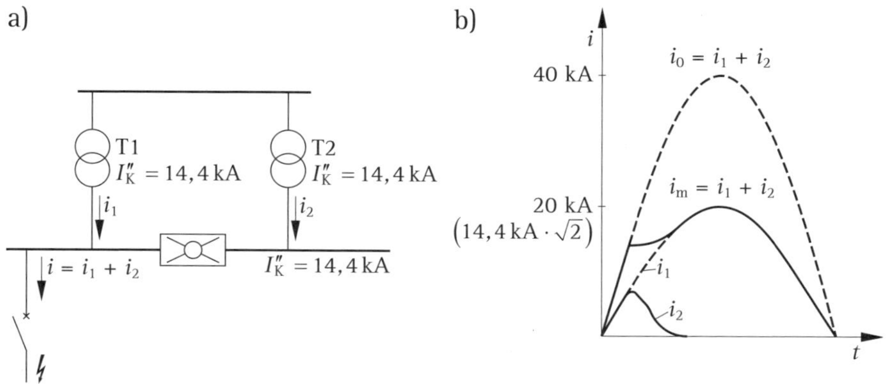

Bild 17.5 Einsatz des I_S-Begrenzers in der Kupplung zweier Netze [47]
a) Schaltbild und Effektivwerte der Netz-Kurzschlussströme
b) Stromverlauf ohne Begrenzung (*gestrichelt*) und nach Ansprechen des Begrenzers

17.4 Einschalten eines Energieabsorbers in den Kurzschlusskreis

Kurzschlussstrom-Begrenzer, die einen entsprechend dimensionierten, parallel zur Hauptstrombahn liegenden stationären Energieabsorber enthalten, haben den Vorteil, dass sie entweder sofort wieder einsatzbereit sind oder zumindest mehreren Schalt- und Fehlerzyklen hintereinander standhalten können. Dies ist beispielsweise von Interesse, wenn durch Versagen der Isolierung an gleicher Stelle mehrere Fehler in kurzen Zeitabständen hintereinander folgen können. Eine solche Anordnung zeigt **Bild 17.6**.

Eine extrem schnelle Kommutierungsschaltstrecke in der Hauptstrombahn baut innerhalb von 2 ms bis 3 ms nach Kommandogabe eine Lichtbogenspannung auf, sodass z. B. eine Funkenstrecke oder ein Leistungshalbleiter anspricht und den Kondensator parallel zur Schaltstrecke legt. Es kommt infolge des Aufladens des Kondensators zu einem Stromnulldurchgang im Schalter, den dieser zum Unterbrechen des über die Hauptstrombahn fließenden Kurzschlussstroms nutzen kann. Der Kurzschlussstrom wird in den Energieabsorber R kommutiert. Dieser Widerstand muss so groß sein, dass an ihm ein möglichst hoher Spannungsfall entsteht, damit der Kurzschlussstrom wirksam begrenzt wird.

Als schnelle Schalter kommen u. a. Halbleiterelemente oder supraleitende Schaltstrecken infrage.

Wegen des hohen Aufwands für den Energieabsorber hat sich diese Lösung bisher nicht durchsetzen können.

Um den Strom unterbrechen zu können, muss dem in Bild 17.6 dargestellten Schalter eine weitere Schaltstrecke in Reihe geschaltet werden.

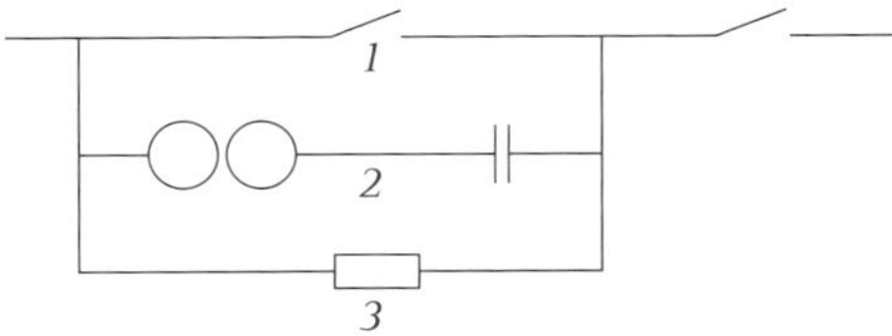

Bild 17.6 Strombegrenzender Schalter mit Energieabsorber
1 Kommutierungsschaltstrecke
2 Kommutierungshilfe: Funkenstrecke mit Kondensator
3 Energieabsorber R

17.5 Supraleitender Strombegrenzer

Supraleiter sind prädestiniert, als Strombegrenzer eingesetzt zu werden, da sie unter bestimmten Voraussetzungen extrem schnell aus dem supraleitenden in den normalleitenden Zustand übergehen („Quenchen"). Im normalleitenden Zustand verhalten sie sich wie ein ohmscher Widerstand. Das Quenchen tritt entweder ein, wenn die Temperatur, die für den supraleitenden Zustand erforderlich ist, über einen Grenzwert ansteigt, oder wenn eine im Wesentlichen vom Material abhängige Stromdichte überschritten wird, oder wenn der Supraleiter einem einen bestimmten Grenzwert überschreitenden Magnetfeld ausgesetzt wird. Damit ist es möglich, beim Auftreten eines Kurzschlussstroms diesen selbsttätig zu begrenzen oder durch einen Strom- oder Magnetfeld-Impuls die Strombegrenzung auszulösen.

In der zurzeit noch laufenden anwendungsorientierten Entwicklung ist lediglich vorgesehen, dass supraleitende Strombegrenzer selbsttätig beim Überschreiten eines vorgegebenen Durchlassstroms I_D, und damit einer vorgegebenen Stromdichte, in den normalleitenden Zustand übergehen und auf diese Weise den Kurzschlussstrom auf den Durchlassstrom begrenzen [49].

Im Wesentlichen werden bei supraleitenden Strombegrenzern zwei Konzepte unterschieden: resistive und induktive Strombegrenzer (**Bild 17.7**).

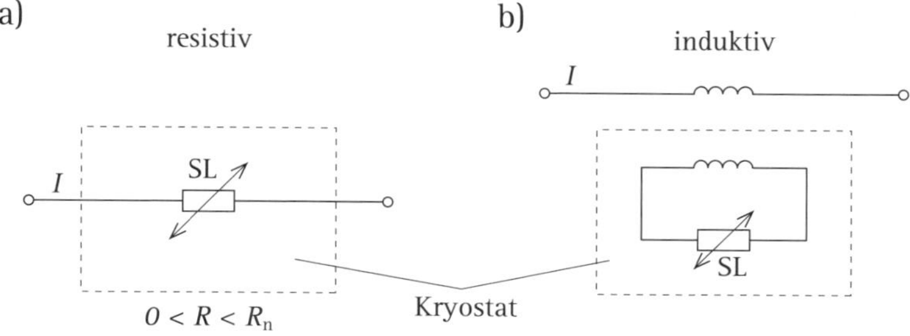

Bild 17.7 Konzepte für supraleitende Strombegrenzer:
a) resistiv
b) induktiv
I zu begrenzender Strom in der Hauptstrombahn

Beim resistiven Strombegrenzer (Bild 17.7 a) wird der Supraleiter SL direkt vom Strom des zu schützenden Kreises durchflossen. Solange der Laststrom I_L fließt, befindet sich der Strombegrenzer im supraleitenden Zustand mit dem Widerstand 0. Bei Eintritt eines Kurzschlusses, z. B. zum Zeitpunkt t_F im **Bild 17.8**, tritt ein Fehlerstrom I_F auf, der beim Überschreiten des Durchlassstromwerts I_D den Supraleiter in den normalleitenden Zustand mit dem Widerstand R_n umschlagen lässt.

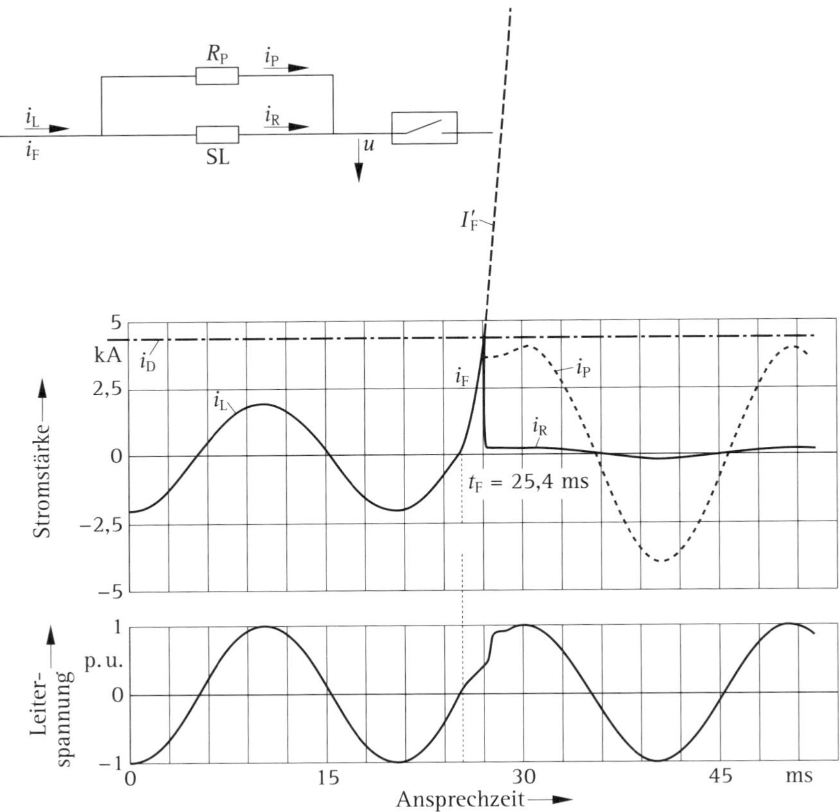

Bild 17.8 Spannungs- und Stromverlauf beim Ansprechen eines supraleitenden Strombegrenzers

SL Supraleiter

R_p Parallelwiderstand zur Stromaufnahme nach dem Quenchen von SL

i_L Laststrom im Normalzustand

i_F unbeeinflusster Kurzschlussstrom

i_D Ansprechstrom des Strombegrenzers (Durchlassstrom)

i_R Strom durch den Supraleiter nach seinem Quenchen

i_p Strom durch den Parallelwiderstand nach dem Quenchen von SL

Entsprechend der Größe von R_n hat der Strom im Hauptstrompfad nach dem Quenchen nur noch den Wert I_R. Dieser Reststrom muss von einem in Reihe mit dem Strombegrenzer liegenden Schaltgerät abgeschaltet werden.

Wird der Strom I_R nicht oder erst relativ spät unterbrochen, so heizt sich der nun im normalleitenden Zustand befindliche Supraleiter auf. Je höher diese Aufheizung ist, desto länger dauert es, den Supraleiter wieder herunterzukühlen, damit er wieder supraleitend wird und als Strombegrenzer einsatzfähig ist. Dies muss bei der Dimensionierung des supraleitenden Elements SL und der Auswahl des in Reihe liegenden Schaltgeräts berücksichtigt werden.

Zur thermischen Entlastung wird dem Supraleiter SL ein Widerstand R_p parallel geschaltet. Solange SL supraleitend ist, ist dieser Widerstand kurzgeschlossen. Nach dem Quenchen von SL übernimmt R_p den Strom I_p und verhindert das Aufheizen des SL. So ist es möglich, den ursprünglich supraleitenden Widerstand R_n groß bzw. den ihn durchsetzenden Strom I_R klein zu halten. Selbstverständlich darf die Summe aus den Teilströmen I_R und I_p den für den zu schützenden Kreis verträglichen Strom I_D nicht überschreiten.

Der induktive Strombegrenzer arbeitet als Transformator (Bild 17.7 b). Der Supraleiter bildet die Sekundärwicklung. Solange in dem Hauptstrompfad, der die Primärwicklung darstellt, der Laststrom I_L fließt, stellt der Strombegrenzer einen annähernd unbelasteten, also quasi leerlaufenden, Transformator dar, dessen Sekundärseite kurzgeschlossen ist. Beim Auftreten eines Fehlers und Überschreiten des Durchlassstroms I_D wird der auf der Sekundärseite befindliche Supraleiter normalleitend und der Transformator entsprechend hoch belastet. Dies wiederum reduziert den Strom auf der Primärseite auf einen vorgegebenen Wert.

Beide Prinzipien haben ihre Vor- und Nachteile. Der induktive Strombegrenzer hat in etwa die Dimensionen eines Transformators für die betreffende Spannungsebene und verursacht entsprechende Investitionskosten. Vorteilhaft ist jedoch, dass der Kryostat, in dem sich die supraleitenden Elemente befinden, keine Stromverbindung nach außen hat. Dies verringert die Kälteverluste und damit die laufenden Betriebskosten. Der resistive Strombegrenzer hat wesentlich geringere Dimensionen und ein kleineres Gewicht als der mit Eisenkernen belastete induktive Strombegrenzer. Im laufenden Normalbetrieb sind seine elektrischen Verluste null, während der induktive Strombegrenzer Verluste wie ein Transformator aufweist.

Nachteilig ist beim resistiven Strombegrenzer, dass die den Laststrom tragenden Anschlüsse aus dem Kryostat herausgeführt sein müssen, wodurch erhebliche Kälteverluste und dementsprechend höhere Betriebskosten verursacht werden.

Zur Stromunterbrechung ist dem supraleitenden Strombegrenzer ein Schalter in Reihe zu schalten.

17.6 Kurzschließer

Ein Sonderfall sind Kurzschließer, die eingesetzt werden, um Gehäuse von gasisolierten Schaltanlagen (GIS) oder metallgekapselten Mittelspannungs-Schaltanlagen beim Auftreten eines Kurzschlusses und damit eines Lichtbogens vor dem Durchbrennen zu bewahren. Wenn ein Kurzschluss eintritt, wird der Kurzschließer geschlossen, damit er den Kurzschlussstrom führt und den Lichtbogen erlöschen lässt. Der Kurzschließer muss also in möglichst kurzer Zeit schließen und in der Lage sein, über seine geschlossenen Kontakte den Kurzschlussstrom zu tragen. Da es keine eigene Norm für Kurzschließer gibt, werden sie nach der Norm für Hochspannungs-Leistungsschalter DIN EN 62271-100 (**VDE 0671-100**) geprüft mit dem dort vorgegebenen Einschaltstrom $I_e = 2{,}5 \cdot I''_{K3}$ und einem Kurzzeitstrom I''_{K3} von 1 s Dauer. Die Entwicklung gasisolierter Schaltanlagen, bei denen auch Aluminium-Gehäuse dem Lichtbogen mindestens während der ersten und zweiten Schutzstufe standhalten, hat den Einsatz von Kurzschließern obsolet gemacht.

In jüngster Zeit ist für Niederspannungs-Schaltanlagen ein Kurzschließer entwickelt worden, der mit einem pyrotechnischen Antrieb die Sammelschienen unmittelbar hinter dem Einspeiseschalter in weniger als 1 ms kurzschließt [102]. (Das Prinzip dieses Antriebs ist aus der Technik der im Kraftfahrzeug verwendeten Airbags übernommen worden.) Ausgelöst wird dieser Kurzschließer durch zwei Signale: zum einen durch die in der Einspeisung angeordneten Stromwandler, die einen Überstrom erkennen, sowie parallel dazu durch auf den Lichtbogen reagierende Lichtwellenleiter innerhalb der Schaltanlage. Da auf diese Weise der Lichtbogen nach etwa 2 ms erlischt, werden Schäden vermieden. Es ist damit zu rechnen, dass diese Technik, falls sie sich bewährt, auch auf Mittelspannungs-Schaltanlagen übertragen wird.

18 Schalten kleiner induktiver Ströme (Luftinduktivitäten)

Dieses Kapitel befasst sich mit den grundsätzlichen Erscheinungen beim Abschalten induktiver Lasten. Als induktive Last werden zunächst Luftinduktivitäten angesehen. Unter den Begriff Luftinduktivitäten fallen vor allem Erdschluss-Löschspulen, Kompensations-Drosselspulen und drosselspulenbelastete Transformatoren.

Die Vorgänge beim Ausschalten von Induktivitäten mit Eisenkern, wie beispielsweise unbelastete Transformatoren, werden in Kapitel 19, festgebremste Motoren und Motoren in der frühen Phase des Anlaufens im Kapitel 20 besprochen.

Die Häufigkeit des Ausschaltens kleiner induktiver Ströme ist wesentlich größer als die des Unterbrechens von Kurzschlussströmen. Während der Anteil der Kurzschlussschaltungen < 5 % ist, liegt der des Schaltens von Induktivitäten bei etwa 20 %.

Repräsentativ für den Begriff „kleine induktive Ströme" sind die Nennströme von Drosselspulen zur Blindleistungs-Kompensation. Sie erreichen in der Mittelspannung etwa 2000 A (30 kV/100 MVAr: 1925 A), und in den Spannungen der Höchstspannungs-Übertragungsnetze etwa 200 A (380 kV/100 MVAr: 152 A, 500 kV/175 MVAr: 202 A).

Obwohl die zu schaltenden induktiven Ströme wesentlich geringer sind als die im Kurzschlussfall zu unterbrechenden, kann dieser Schaltfall mit Problemen verbunden sein. Sie resultieren aus der Möglichkeit des Stromabrisses, dem Unterbrechen bei zu kurzem Kontaktabstand, dem Auftreten von Überspannungen und der hochfrequenten Einschwingspannung der induktiven Lasten.

Eine ausführliche Darstellung der beim Schalten verschiedener induktiver Lasten auftretenden Phänomene wurde von CIGRÉ in den Jahren 1980 bis 1990 veröffentlicht [50].

Die Vorgänge, die beim Ausschalten kleiner induktiver Ströme auftreten, werden im Folgenden an einphasigen Kreisen abgeleitet. Eine Beschreibung der Wechselwirkung zwischen den Leitern beim dreiphasigen Ausschalten von Drosselspulen findet sich in [51].

18.1 Stromabriss

Für Leistungsschalter besteht das grundsätzliche Problem darin, dass sie für das Unterbrechen von Kurzschlussströmen, also von einigen Kiloampere, ausgelegt sind. Daher besteht die Möglichkeit, dass sie kleine Ströme schon vor Erreichen des Nulldurchgangs „abreißen". Dieser Stromabriss verursacht Überspannungen an der induktiven Last. Die Höhe des Abreißstroms hängt ab von der Art und Bauweise des Leistungsschalters, den Kapazitäten (und Induktivitäten) in der unmittelbaren Umgebung des Schalters (Bild 18.4) und von den Daten des geschalteten Kreises.

Zur Erklärung des Stromabrisses über die mathematische Darstellung der negativen Strom-Spannungs-Kennlinie des Lichtbogens („Lichtbogenkennlinie") wird in der Literatur [101] ein negativer dynamischer Widerstand eingeführt. Damit lässt sich der grundsätzlich instabile Charakter einer solchen Kennlinie (im Gegensatz zur positiven stabilen *I*-*U*-Kennlinie eines ohmschen Widerstands) in der Rechnung erfassen. Leu [52] vermied diese wenig bildhafte Beschreibung, indem er zeigte, dass der Stromabriss verursacht wird durch eine Wechselwirkung zwischen dem Schaltlichtbogen und den zur Schaltstrecke parallel liegenden Kapazitäten. Da diese Darstellung wesentlich anschaulicher ist, wird sie der folgenden Beschreibung des Stromabrisses zugrunde gelegt.

Es ist bekannt, dass es zu Schwingungen kommt, wenn einem Lichtbogen eine Kapazität parallel geschaltet wird. Im realen Kreis sind solche Kapazitäten innerhalb und parallel zum Schalter stets vorhanden. Bedingt durch die negative Strom-Spannungs-Kennlinie des Lichtbogens in der Schaltstrecke (**Bild 18.1**) werden sich diese Schwingungen aufschaukeln. Ihre Frequenz wird bestimmt durch die Kapazitäten und Streuinduktivitäten in der unmittelbaren Umgebung der Schaltstrecke.

Für die Erläuterung wird der Lichtbogen als Widerstand mit thermischer Trägheit angesehen. Ist infolge der aus dem Lichtbogen abgeführten hohen Leistung dessen Widerstand groß genug geworden, so steigt die Spannung über der Schaltstrecke, und die Parallelkapazität wird aufgeladen. Ein Teil des Gesamtstroms kommutiert daher aus dem Lichtbogen in die Parallelkapazität. Durch den verringerten Stromfluss steigt die Lichtbogenspannung weiter an. Aufgrund ihrer thermischen Trägheit und der Erhöhung der treibenden Spannung erhöht sich wieder der Stromfluss über die Lichtbogenstrecke, sodass sie erneut ionisiert und damit besser leitfähig wird. Als Konsequenz fällt die Lichtbogenspannung. Mit der negativen Spannungsänderung entlädt sich die Kapazität, und der Strom kommutiert zurück in den Lichtbogen. Als Folge der thermischen Trägheit des Lichtbogens bleibt der Lichtbogen-Widerstand zunächst nahezu konstant, und es kommt durch den gestiegenen Stromfluss zu einer erneuten Spannungserhöhung. Der Vorgang der Wechselwirkung mit der Kapazität wiederholt sich.

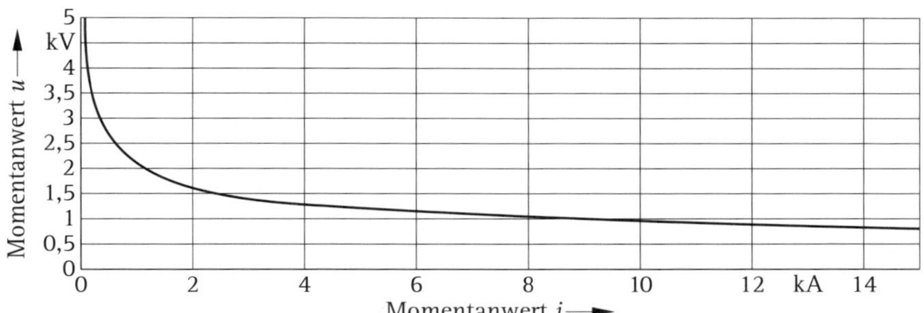

Bild 18.1 Strom-Spannungs-Kennlinie des Lichtbogens in einer Schaltstrecke eines SF_6-Leistungsschalters

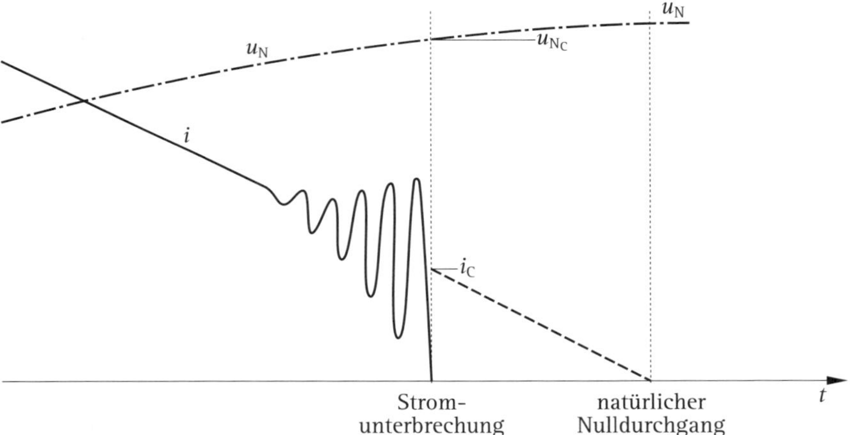

Bild 18.2 Stromabriss in einem Leistungsschalter

Die negative Lichtbogenkennlinie lässt keinen stabilen Arbeitspunkt zu, um den die Schwingung verlaufen könnte. Sie führt im Gegenteil dazu, dass sich jede Änderung von Spannung und Strom und damit die Stromamplituden im Verlauf der Schwingung vergrößern. Ist die Stromamplitude so groß geworden, dass der über den Lichtbogen fließende Strom einen Nulldurchgang aufweist (**Bild 18.2**), so wird der Strom vom Leistungsschalter unterbrochen.

Wie **Bild 18.2** zeigt, findet diese Stromunterbrechung zu einem Zeitpunkt statt, der vor dem des natürlichen (betriebsfrequenten) Stromnulldurchgangs liegt. Der Momentanwert des betriebsfrequenten Stroms zu diesem Zeitpunkt wird als Abreißstrom i_c (engl.: Chopping Current) bezeichnet, da, wie im folgenden Abschnitt dargestellt wird, der äußere Kreis so reagiert, als sei der betriebsfrequente Strom vom Momentanwert i_c „abgerissen“ worden.

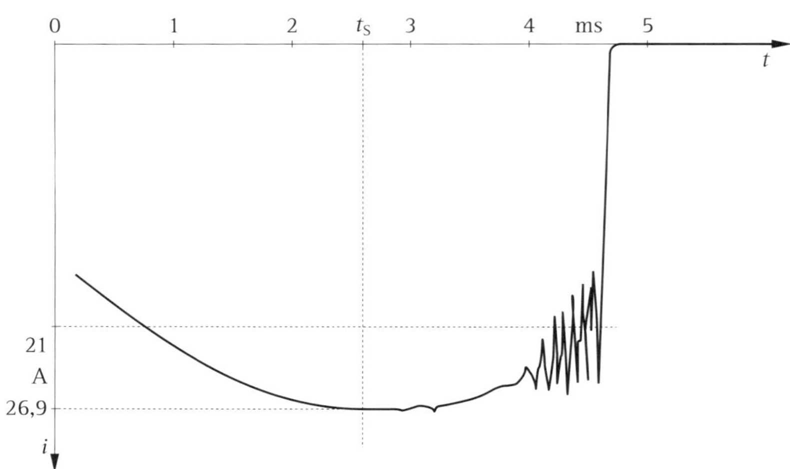

Bild 18.3 Oszillogramm des Stromabrisses in einem Leistungsschalter: Abreißstrom: 21 A (t_S Zeitpunkt der Kontakttrennung)

Ein typisches Oszillogramm eines Stromabrisses ist in **Bild 18.3** wiedergegeben.

Bild 18.4 zeigt das einphasige Ersatzschaltbild mit einer geerdeten Drosselspule, die die Induktivität L_L und die Eigenkapazität C_L hat [53]. L_N ist die Induktivität und C_N die Kapazität des speisenden Netzes. L_p und C_p sind Induktivitäten und Kapazitäten in unmittelbarer Nähe der offenen Kontakte des Leistungsschalters.

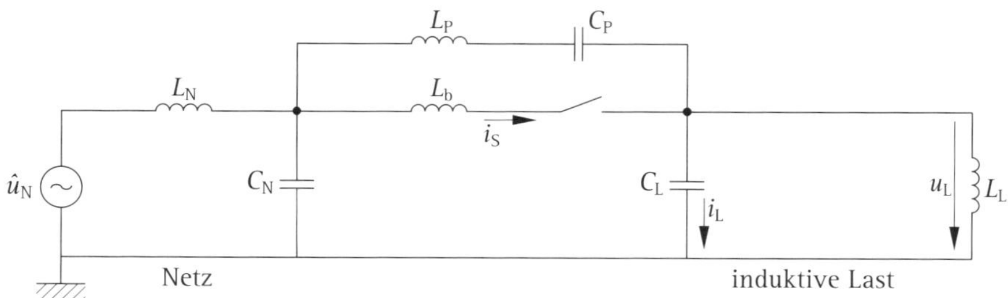

Bild 18.4 Ausschalten kleiner induktiver Ströme: Ersatzschaltbild des Kreises mit geerdeter Drosselspule

$\hat{u}_N$	Scheitelwert der Leiterspannung des speisenden Netzes
L_N, C_N	Kurzschlussinduktivität und Kapazität des speisenden Netzes
L_L, C_L	Induktivität und Kapazität der abgeschalteten Drosselspule
L_b	Induktivität der Verbindung zwischen Netz und Schalter (Sammelschiene, Kabel)
L_p, C_p	Induktivität und Kapazität in der Nähe der geöffneten Schaltstrecke

Dazu gehören die Eigenkapazität der Kontaktanordnung, die Induktivität der stromführenden Elemente des Schalters, und bei Leistungsschaltern mit mehreren Schaltstrecken in Reihe die Kapazität und Induktivität der Steuerkondensatoren. L_b ist die Induktivität der Verbindungsleitung zwischen der abzuschaltenden Drosselspule und dem Leistungsschalter.

Für den Abreißstrom lässt sich eine Beziehung ableiten [51]:

$$i_c = \lambda \cdot \sqrt{C_t} \tag{18.1}$$

mit i_c in Ampere und C_t in Farad. λ wird als „Abreißzahl“ bezeichnet. Sie bezieht sich auf eine Schaltstrecke eines Schalterpols.

C_t ist die resultierende Kapazität, wie sie im Bild 18.4 parallel zur Kontaktstrecke des Leistungsschalters gesehen wird:

$$C_t = C_p + \frac{C_N \cdot C_L}{C_N + C_L} \tag{18.2}$$

Ist C_N sehr viel größer als C_L (z. B. $C_N > 10\ C_L$), so kann die Parallelkapazität vereinfacht ausgedrückt werden durch:

$$C_t = C_p + C_L \tag{18.3}$$

Für Schalter mit n Schaltstrecken je Pol gilt für den Abreißstrom:

$$i_c = \lambda \cdot \sqrt{n \cdot C_t} \tag{18.4}$$

Der Abreißstrom steigt also mit der Wurzel der Anzahl von Schaltstrecken je Pol.

Das Abreißverhalten eines Schalters ist abhängig von der Gestaltung der Löschanordnung seiner Schaltstrecke, vom Lichtbogen-Löschmedium und von der Lichtbogenzeit. Bei längeren Lichtbogenzeiten steigt der Abreißstrom, da das Lichtbogen-Löschvermögen der Schaltstrecke zunimmt. Wegen dieser Abhängigkeit von der Lichtbogenzeit kann einem Schalter kein eindeutiger Wert für den Abreißstrom zugeordnet werden. Die Abreißzahl dient daher, unter der Voraussetzung gleicher Schaltbedingungen, nur zum Relativvergleich der Schalterkonstruktionen untereinander. Typische Werte für die Abreißzahl λ sind für SF_6-Schalter $\geq 4 \cdot 10^4$ und für Druckluftschalter $\geq 15 \cdot 10^4$. Bei einer Parallelkapazität von C_t = 10 nF liegen die Abreißströme für SF_6-Schalter also bei ≥ 4 A.

Bei Vakuum-Schaltern ist das Abreißverhalten weitgehend vom Kontaktmaterial abhängig. Der Abreißstrom von Vakuum-Leistungsschaltern liegt bei 2 A bis 4 A und der von Vakuum-Hochspannungs-Schützen um 0,1 A. Diese Werte sind nur schwach abhängig von den Daten des geschalteten Kreises. Daher wird bei Vakuum-Schaltgeräten von der Angabe einer Abreißzahl abgesehen.

Ist der Abreißstrom größer als der Scheitelwert des zu unterbrechenden induktiven Laststroms in dem betreffenden Kreis, so wird der betriebsfrequente Strom im Bereich seines Scheitelwerts abgerissen.

18.2 Überspannungen

In Bild 18.4 ist die induktive Last dargestellt durch die Parallelschaltung der abzuschaltenden Induktivität L_L und ihrer Eigenkapazität C_L. Letztere setzt sich im Wesentlichen zusammen aus der Kapazität zwischen der Spule und dem geerdeten Gehäuse und der Summe der Kapazitäten innerhalb der Spulenwicklung. Teilkapazitäten, die zusammen mit Teilabschnitten der Induktivität interne Resonanzkreise bilden, werden bei der Ermittlung der an den Klemmen der induktiven Last auftretenden Überspannungen nicht berücksichtigt.

Beim Momentanwert i_c des betriebsfrequenten Stroms enthält die Induktivität die Energie $\frac{1}{2}\, L_L\, i_c^2$. Da durch den Stromabriss die Last vom speisenden Netz getrennt wird und ein Ladungsausgleich nicht mehr stattfinden kann, bleibt diese Energie in der Induktivität gespeichert. Solange die Verbindung zum speisenden Netz bestand, lag die Netz-Leiterspannung $\hat{u}_N \cdot \sin \omega t$ an den Klemmen der Last. Die Kapazität C_L war daher stets auf den Augenblickswert dieser Spannung aufgeladen. Zum Zeitpunkt des Stromabrisses, also der Trennung vom speisenden Netz, hat diese Spannung, wie Bild 18.2 zeigt, den Momentanwert u_{NC}. In der Kapazität befindet sich also beim Strom-Momentanwert i_c die Energie $\frac{1}{2}\, C_L\, u_{NC}^2$.

Induktivität und Kapazität bilden nun, da die Verbindung zum Netz unterbrochen ist, einen eigenständigen Schwingkreis. Während seiner ersten Halbperiode schwingt die in der Induktivität gespeicherte Energie um in die Kapazität, sodass diese sich auf die Summe beider Teilenergiebeträge auflädt:

$$\frac{1}{2} \cdot L_L \cdot i_c^2 + \frac{1}{2} \cdot C_L \cdot u_{NC}^2 = \frac{1}{2} \cdot C_L \cdot u_m^2 \tag{18.5}$$

An der Kapazität, und damit an den Klemmen der induktiven Last, tritt also ein Spannungsscheitelwert u_m auf (**Bild 18.5**), der als Abreiß-Überspannung bezeichnet wird:

$$u_m = \sqrt{u_{NC}^2 + i_c^2 \cdot \frac{L_L}{C_L}} \tag{18.6}$$

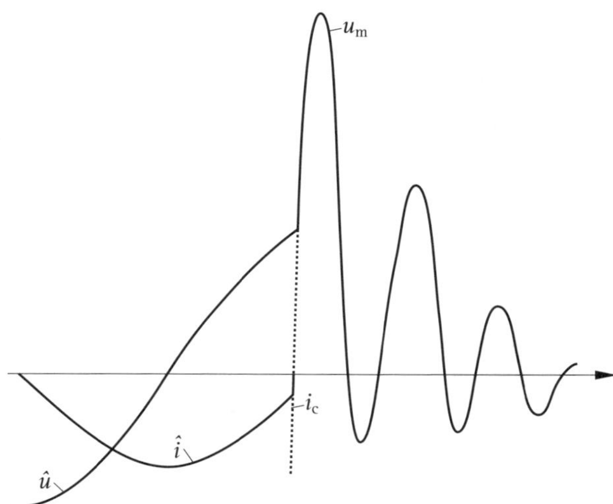

Bild 18.5 Spannungsverlauf bei Stromabriss

Bei Luftinduktivitäten werden ohmsche Verluste bei der Ermittlung der Überspannung im Allgemeinen vernachlässigt.

Wie in Bild 18.2 angedeutet wird, geschieht, vor allem bei höheren Lastströmen, der Stromabriss häufig kurz vor dem betriebsfrequenten Nulldurchgang des Laststroms. Dann ist u_{NC} annähernd gleich dem Scheitelwert der treibenden Netzspannung $\hat{u}_N$, und der Ausdruck für die Abreiß-Überspannung lautet:

$$u_m = \sqrt{\hat{u}_N^2 + i_c^2 \cdot \frac{L_L}{C_L}} \quad (18.7)$$

In der Praxis wird die Höhe der Abreiß-Überspannung durch den Überspannungsfaktor k_a charakterisiert. Setzt man wieder $u_{NC} = \hat{u}_N$, so lautet mit

$$k_a = \frac{u_m}{\hat{u}_N} \quad \text{(in p. u.)} \quad (18.8)$$

die Beziehung für den Überspannungsfaktor:

$$k_a = \sqrt{1 + \left(\frac{i_c}{\hat{u}_N}\right)^2 \cdot \frac{L_L}{C_L}} \quad (18.9)$$

Definitionsgemäß (Gl. (18.8)) bedeutet k_a = 1,0, dass $u_m = \hat{u}_N$, d. h. keine Spannungserhöhung und damit keine Überspannung auftritt. Überspannungen sind also durch k_a > 1,0 charakterisiert.

Ist C_S sehr viel größer als C_L und ist C_p vernachlässigbar, so kann der Überspannungsfaktor k_a durch die Nennleistung P_L der Drosselspule und die Abreißzahl λ des Leistungsschalters ausgedrückt werden:

$$k_a = \sqrt{1 + \frac{3 \cdot \lambda^2}{2 \cdot \omega \cdot P_L}} \tag{18.10}$$

Bei einem Stromabriss relativ früh vor dem natürlichen Nulldurchgang des Laststroms, wie es bei kleineren Lastströmen der Fall sein kann, ist $u_{NC} < \hat{u}_N$. Der Ausdruck für den Überspannungsfaktor k_a hat dann die Form:

$$k_a = \sqrt{\left(\frac{u_{NC}}{\hat{u}_N}\right)^2 + \left(\frac{i_c}{\hat{u}_N}\right)^2 \cdot \frac{L_L}{C_L}} \tag{18.11}$$

Wird der zu unterbrechende Strom im Scheitelwert abgerissen, so ist $u_{NC} = 0$. Die Gleichungen für die auf der Lastseite auftretenden Überspannungen vereinfachen sich dann zu:

$$u_m = i_c \cdot \sqrt{\frac{L_L}{C_L}} \tag{18.12 a}$$

$$k_a = \frac{i_c}{\hat{u}_N} \cdot \sqrt{\frac{L_L}{C_L}} \tag{18.12 b}$$

Zur Höhe der zulässigen Überspannungsfaktoren werden in Abschnitt 18.6 nähere Angaben gemacht.

Die Neigung zum Stromabriss nimmt im Allgemeinen mit wachsendem induktiven Laststrom ab. Daher werden von den meisten Leistungsschalter-Ausführungen Überspannungsfaktoren $k_a \leq 2{,}5$ p.u. problemlos beim Abschalten von annähernd rein induktiven Strömen oberhalb etwa 100 A bis 150 A erreicht. Bei kleineren Abschaltströmen können Überspannungen bis über 4 p.u. auftreten. Um beim Unterbrechen kleiner induktiver Ströme von < 100 A unzulässig hohe Überspannungen zu vermeiden, können Dämpfungswiderstände in der Größenordnung von einigen Kiloohm eingesetzt werden, die entweder im abzuschaltenden Lastkreis oder parallel zur Schaltstrecke des Leistungsschalters liegen. Derartige Widerstände parallel zur Schaltstrecke werden als Ausschaltwiderstände bezeichnet.

Beim gegenwärtigen Stand der Technik sind Ausschaltwiderstände nicht erforderlich, um beim Abschalten induktiver Lastströme über 100 A bis 150 A die für Bemessungsspannungen bis 800 kV vorgegebenen maximalen Überspannungsfaktoren nicht zu überschreiten.

Erfahrungsgemäß genügt für Bemessungsspannungen bis 550 kV der Schutz der Transformatoren und Drosselspulen durch Überspannungsableiter. In kritischen Fällen wird häufig von den Herstellern der Leistungsschalter abgeraten, rein induktive Lasten (Drosselspulen) mit Bemessungsströmen < 100 A einzusetzen.

Ist an der Tertiärseite des Transformators eine Kompensations-Drosselspule angeschlossen, so wird empfohlen, den unbelasteten Transformator nur dann ein- und auszuschalten, wenn diese Drosselspule abgeschaltet ist [61, 62].

Dämpfungs- oder Ausschaltwiderstände sind voraussichtlich vorzusehen für Übertragungssysteme mit Spannungen von ≥ 1 000 kV. Der Widerstandswert sollte in der Größenordnung von 1 500 Ω liegen, um den Überspannungsfaktor auf etwa 1,2 zu begrenzen.

18.3 Einschwingspannung

Nach der Stromunterbrechung tritt über der offenen Schaltstrecke die Differenz zwischen der betriebsfrequenten Spannung des speisenden Netzes und der hochfrequenten Spannung der Lastseite auf (**Bild 18.6** und **Bild 18.7**). Auf der Lastseite schwingt, wie in Abschnitt 18.2 beschrieben, infolge der unvermeidlichen Dämpfung die Ladung zwischen L_L und C_L schließlich auf null aus und bestimmt damit den Verlauf der lastseitigen Spannung. Ihre Frequenz ist:

$$\omega_L = \sqrt{\frac{1}{L_L \cdot C_L}} \qquad (18.13)$$

Häufige Werte für die Einschwingfrequenz von Hochspannungs-Drosselspulen sind f_L = 900 Hz bis 1 200 Hz.

In Bild 18.6 sind die für das Abschalten von Luftdrosselspulen charakteristischen Strom- und Spannungs-Verläufe über den Schalter dargestellt.

Ein Beispiel für den Verlauf der Einschwingspannung zeigt Bild 18.7. In diesem Fall erreicht die lastseitige Einschwingspannung eine Amplitude, die höher ist als die Abreiß-Überspannung. Über den Kern der dreipoligen Drosselspule wurde Energie im hier gezeigten abgeschalteten Leiter übertragen. Die deutliche Schwebung ist ebenfalls auf eine Wechselwirkung zwischen den Leitern zurückzuführen. Lediglich bei starr geerdeten Drosselspulen verhält sich jeder Leiter unabhängig von den übrigen.

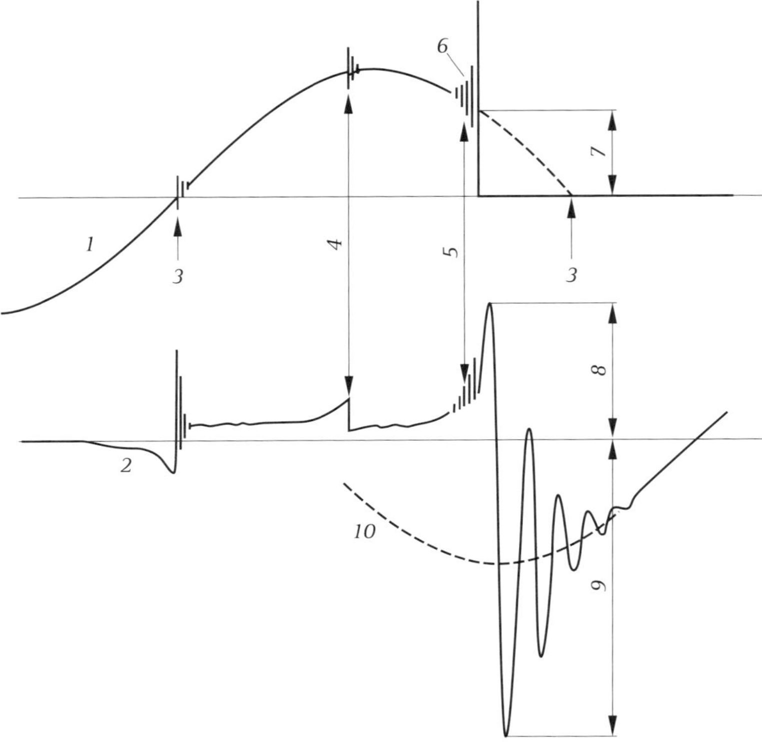

Bild 18.6 Definition der Größen, die im Zusammenhang mit Stromabriss beobachtet werden [50]
1 Strom durch den Schalter
2 Spannung über den Schalter
3 natürlicher Stromnulldurchgang
4 Lichtbogen-Instabilität, die nicht zum Stromabriss führt
5 Lichtbogen-Instabilität mit Stromabriss
6 Instabilitätsschwingung
7 Abreißstrom i_c
8 Abreiß-Überspannung u_m
9 Scheitelwert der lastseitigen Einschwingspannung
10 betriebsfrequente Netzspannung

Wie Bild 18.6 zeigt, beginnt der Einschwingvorgang der Spannung an der lastseitigen Induktivität mit dem Scheitel der durch den Stromabriss verursachten Abreiß-Überspannung. Wegen der relativ hohen Einschwingfrequenz bestimmt der Wert u_b der ersten Amplitude der Spannung auf der Lastseite die Beanspruchung der Schaltstrecke. Er ist über einen Dämpfungsfaktor k_D mit dem Überspannungsfaktor k_a verknüpft:

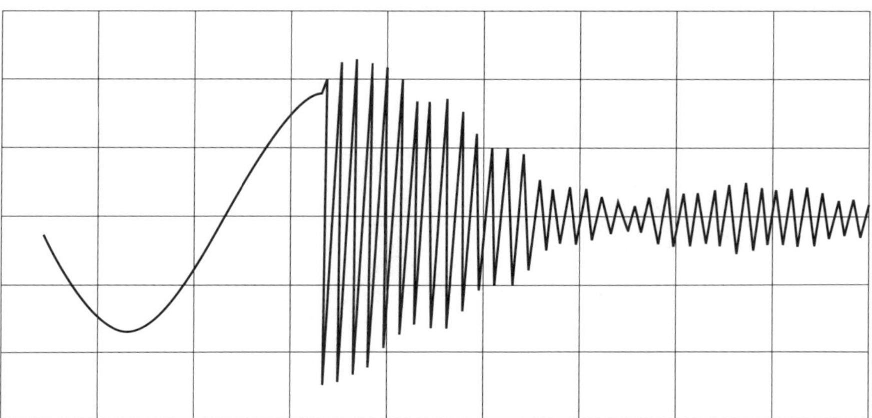

Bild 18.7 Spannungsverlauf beim Abschalten einer 200 MVAr/420 kV-Drosselspule (letztlöschender Leiter)

$$u_\mathrm{b} = \hat{u}_\mathrm{N} \cdot k_\mathrm{a} \cdot (1 + k_\mathrm{D}) \tag{18.14}$$

Für Hochspannungs-Drosselspulen liegt k_D bei 0,85 bis 0,95. Schon bei geringfügigem Stromabriss ist wegen dieser schwachen Dämpfung $u_\mathrm{b} > 2$ p.u. zu erwarten.

18.4 Wiederzünden

Hochspannungs-Leistungsschalter sind in der Lage, kleine Ströme, wie beispielsweise die „kleinen induktiven Ströme", schon mit sehr kurzen Lichtbogenzeiten (< 5 ms) zu unterbrechen. Bei derartig kurzen Zeiten und entsprechend kleinen Kontaktabständen hat die dielektrische Festigkeit der Schaltstrecke noch nicht ihren vollen Wert erreicht. Die auf der Lastseite auftretenden Spannungsamplituden u_b führen daher bei kurzen Lichtbogenzeiten häufig zum erneuten Durchzünden der Schaltstrecke. Über die Schaltstrecke fließt anschließend wieder der von der Drosselspule aufgenommene Betriebsstrom, der dann beim nächsten Stromnulldurchgang endgültig unterbrochen wird. Ein Beispiel zeigt **Bild 18.8** mit einer Wiederzündung und dem anschließenden Abschalten einer geerdeten Drosselspule.

Der grundsätzliche Verlauf der Spannung und des Stroms über die Lastinduktivität sowie des Schalterstroms ist in **Bild 18.9** abzulesen: Nach der Stromunterbrechung mit einem Stromabriss setzt die Spannung u_L über die Klemmen der Drosselspule an, mit der Einschwingfrequenz der Last auf den Wert null einzuschwingen. Die Schaltstrecke sieht die Differenz zwischen netzseitiger (u_N) und lastseitiger (u_L) Spannung.

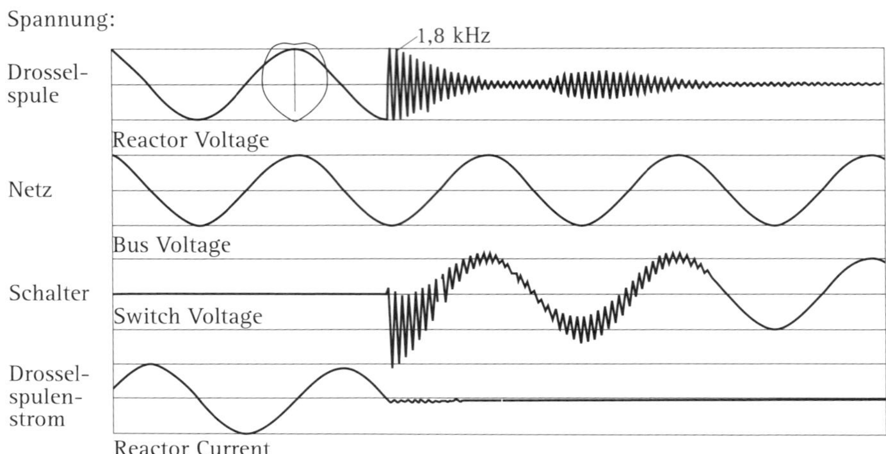

Bild 18.8 Oszillogramm des Abschaltens einer 180 MVAr/550 kV-Drosselspule mit Wiederzündung. Die Wiederzündung geschieht bei einer Schalterspannung von 1,8 p. u. bzw. einer Spannung an der Drosselspule von 0,8 p. u. (1 p. u. = $\hat{u}_N$)

Wegen der Kürze der dargestellten Zeit erscheint die netzseitige Spannung, die sich im betriebsfrequenten Scheitel befindet, als konstant. Kurz vor dem ersten Scheitelwert der lastseitigen Spannung u_L wird die Spannungsfestigkeit der Schaltstrecke überschritten. Zu diesem Zeitpunkt haben u_L den Wert –1,3 p. u. und u_N den Wert +1,0 p. u., sodass die Schaltstrecke mit der Spannung 2,3 p. u. beaufschlagt ist. Der nach der Wiederzündung zwischen Netz- und Lastseite (Bild 18.4) fließende Ausgleichstrom verursacht eine hochfrequente Schwingung der Spannung u_L um den Momentanwert der netzseitigen Spannung mit einer Amplitude von +2,6 p. u. Bipolar, d. h. vom negativen bis zum positiven Scheitelwert, tritt damit als Folge der Wiederzündung an den Klemmen der Lastinduktivität ein steiler Spannungsstoß von 3,9 p. u. auf, der zu einer entsprechenden Beanspruchung der Isolierung vor allem der ersten Windungen der Drosselspule führt. Die durchgezündete Schaltstrecke hat die Verbindung zwischen Netz und Last wieder hergestellt. Da der hochfrequente Ausgleichstrom wegen der zu kurzen Lichtbogenzeit nicht unterbrochen wird, geht die Spannung u_L in die Netzspannung und der Strom in den betriebsfrequenten Laststrom über.

Bei einer Wiederzündung treten Ausgleichvorgänge auf, die sich überlagern und deren Frequenzen und Amplituden durch die aus dem Ersatzschaltbild (Bild 18.4) abzuleitenden Schwingkreise bestimmt werden. Jede dieser Schwingungen kann individuell betrachtet werden. Voraussetzung, dass sie zustande kommen, ist, dass der Strom der jeweils höherfrequenten Schwingung nicht unterbrochen wurde.

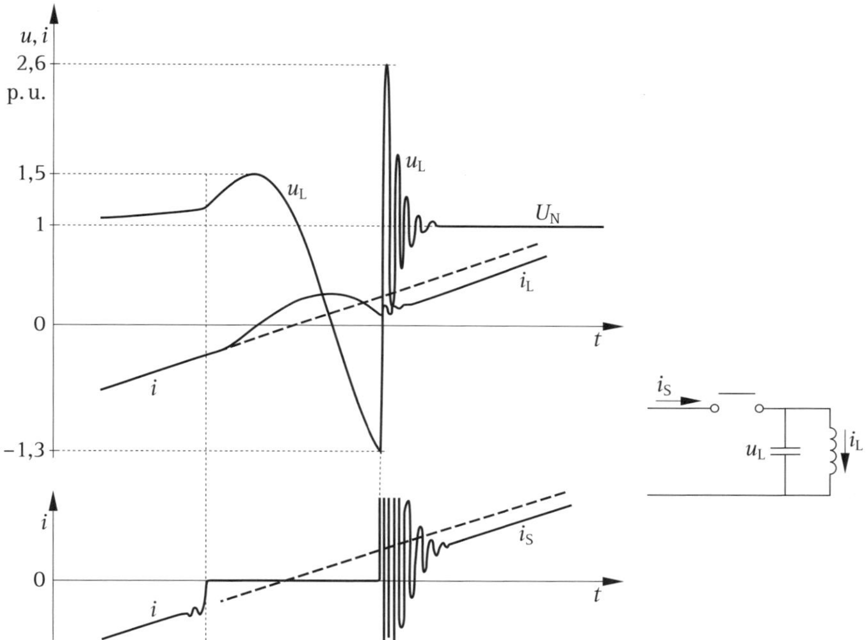

Bild 18.9 Strom- und Spannungsverlauf (i_L bzw. u_L) der Last-Induktivität sowie Strom i_S durch den Schalter bei einer Wiederzündung

In der unmittelbaren Umgebung der Schaltstrecke befindet sich ein Kreis, der von den Kapazitäten C_p und den Induktivitäten L_p gebildet wird (siehe Abschnitt 18.1). Dieser Kreis wird als „erster Parallel-Schwingkreis" bezeichnet. Die erste Parallel-Schwingung ist, wegen der kleinen Kapazitäten C_p und Induktivitäten L_p, sehr hochfrequent (Größenordnung ≥ 5 MHz):

$$f_{p1} = \frac{1}{2\pi \cdot \sqrt{L_p \cdot C_p}} \tag{18.15 a}$$

Neben der „ersten Parallel-Schwingung" f_{p1} führt die Wiederzündung zu zwei weiteren Schwingungsvorgängen: einer „zweiten Parallel-Schwingung" f_{p2}, während der sich die Spannungen über die Kapazitäten C_N und C_L über L_b ausgleichen (Bild 18.4), und der Schwingung f_N des Hauptkreises, die durch die Daten der Last und des speisenden Netzes bestimmt wird. Letztere geht über in den von der Drosselspule aufgenommenen betriebsfrequenten Strom.

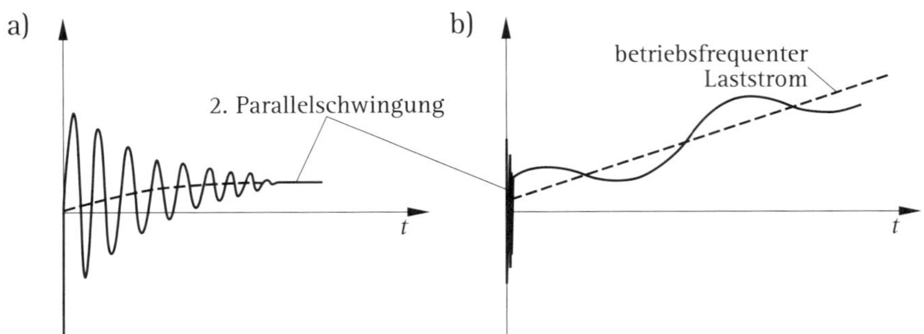

Bild 18.10 Ausgleichströme i_{p1} und i_{p2} nach einer Wiederzündung
a) erste Parallelschwingung
b) zweite Parallelschwingung

Die Eigenfrequenz f_{p2} der „zweiten Parallelschwingung" liegt im Bereich 100 kHz bis 500 kHz:

$$f_{p2} = \frac{1}{2\pi} \cdot \sqrt{\frac{C_N + C_L}{L_b \cdot C_N \cdot C_L}} \tag{18.15b}$$

Bild 18.10 zeigt qualitativ den Verlauf des Stroms i_{p2}. Wenn er nicht vom Schalter unterbrochen wird, fließt er, bis sich eine quasistationäre Spannung über C_N und C_L eingestellt hat.

In diesem Fall geht die „zweite Parallel-Schwingung" in die Schwingung des Hauptkreises über. Für die Schwingung des Hauptkreises werden die Spannungen über C_N und C_L als gleich angenommen. Die Lichtbogenspannung und der Spannungsfall an der Induktivität L_b werden vernachlässigt. Der Hauptkreis hat im Allgemeinen eine Eigenfrequenz von etwa 5 kHz bis 20 kHz:

$$f_H = \frac{1}{2\pi} \cdot \sqrt{\frac{L_N + L_L}{L_N \cdot L_L \cdot (C_N + C_L)}} \tag{18.15c}$$

Häufig hat der Strom dieser Frequenz keine Nulldurchgänge, insbesondere für $C_N \gg C_L$. Er geht dann in den betriebsfrequenten Strom über, den der Schalter beim nächsten Nulldurchgang unterbrechen wird. In der Zeit bis zum nächsten betriebsfrequenten Stromnulldurchgang haben sich die Schalterkontakte so weit voneinander entfernt, dass die Ausschaltung ohne Wiederzündung erfolgt.

Der Spannungsverlauf an den Klemmen der Drosselspule während der „ersten Parallel-Schwingung" als unmittelbare Folge der im Bild 18.8 gezeigten Wie-

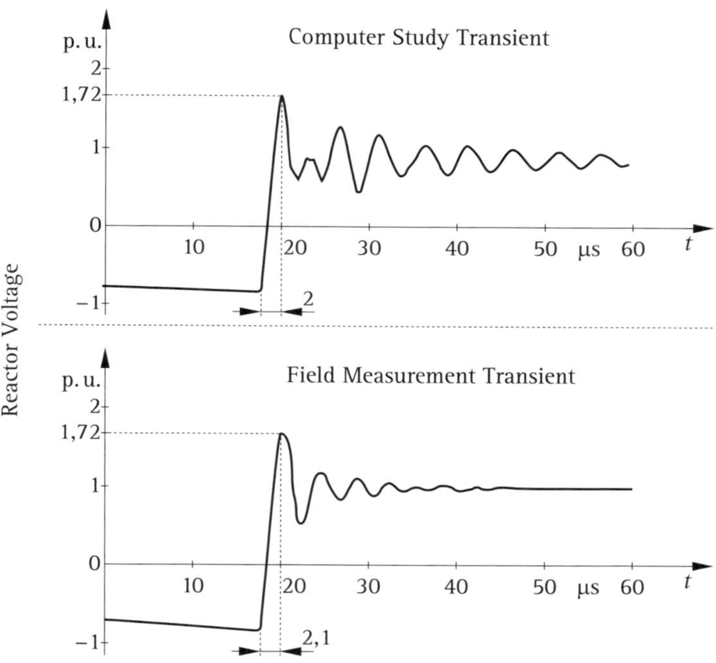

Bild 18.11 Erste Parallelschwingung nach der Wiederzündung, siehe Bild 18.8: Spannung der Lastseite

derzündung ist in **Bild 18.11** vergrößert dargestellt. Die Spannungsfront hat eine bipolare Höhe von etwa 2,5 p.u. bei einer Anstiegszeit von 2,1 µs. Diese hochfrequente Schwingung ist relativ stark gedämpft und geht nach etwa 10 µs in die „zweite Parallel-Schwingung“ über.

Die maximal möglichen Spannungswerte, die im völlig ungedämpften Kreis bei einer Wiederzündung auftreten können, ergeben sich unter der Voraussetzung $C_N \gg C_L$ aus der folgenden Betrachtung (**Bild 18.12**):

Ohne Stromabriss (k_a = 1,0): Im Nulldurchgang, und damit zum Zeitpunkt der Unterbrechung des Betriebsstroms liegt an der induktiven Last der Scheitelwert $\hat{u}_N$ der Netzspannung ($\hat{u}_N = u_L = +1{,}0$ p.u.). Nach der Stromunterbrechung schwingt die Spannung u_L auf −1,0 p.u. um. Damit tritt über die Schaltstrecke die Potentialdifferenz zwischen u_N und u_L bzw. zwischen C_N und C_L (Bild 18.4) von 2,0 p.u. auf. Geschieht in diesem Moment eine Wiederzündung, so schwingt die Spannung u_L um auf +3,0 p.u., sodass der bipolare Scheitelwert dieser Spannungsfront 4,0 p.u. beträgt (Bild 18.12 a).

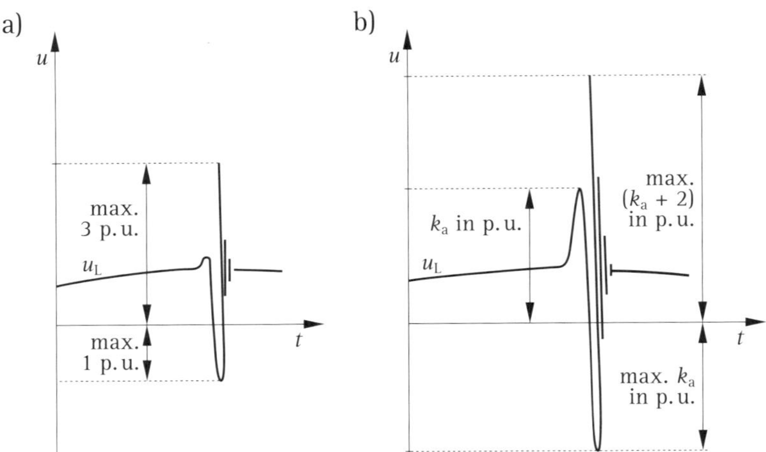

Bild 18.12 Maximal mögliche Überspannung an der Last
a) ohne Stromabriss
b) mit Stromabriss

Mit Stromabriss (k_a > 1,0): Als Folge des Stromabrisses tritt an der Last eine Abreiß-Überspannung mit der Amplitude $+k_a$ p.u. auf. Die Spannung u_L an C_L schwingt von diesem Wert auf $-k_a$ p.u. um. Über die offene Schaltstrecke, d. h. zwischen Netz- und Lastseite und damit C_N und C_L besteht nach diesem Umschwingen eine Potentialdifferenz von (k_a+1) p.u. (Bild 18.12 b). Zündet die Schaltstrecke bei diesem Wert durch, so schwingt die Spannung u_L um $2\cdot(k_a+1)$ p.u. auf den unipolaren Wert (k_a+2) p.u. über. Die bipolare Spannungsfront hat damit die Amplitude $2\cdot(k_a+1)$ p.u.

Die Voraussetzung $C_N \gg C_L$ bedeutet, dass beim Umschwingen kein oder nur ein vernachlässigbarer Ladungsübertrag aus C_N an C_L auftritt. Ist diese Voraussetzung nicht gegeben, so sind die für die Last ermittelten Überspannungswerte nach dem Umschwingen $(C_N - C_L)/(C_N + C_L)$.

Leitungen, Kabel usw. wirken gegenüber den hochfrequenten Vorgängen dämpfend, sodass die Überspannungen nach Stromabriss verringert werden zu:

unipolar: $$k = 1 + \beta\cdot(k_a+1) \tag{18.16 a}$$

bipolar: $$k' = (1+\beta)\cdot(k_a+1) \tag{18.16 b}$$

β kann als äquivalenter Dämpfungsfaktor aufgefasst werden. Im Allgemeinen ist β = 0,5.

Eine kapazitive Kopplung zwischen den Leitern kann in dreipoligen Anordnungen (z. B. im Transformator) dazu führen, dass die steile Spannungsfront, die bei einer Wiederzündung in einem Leiter entsteht, Überspannungen in den anderen Leitern induziert, die sich der dort vorhandenen Spannung überlagern.

Da, wie erwähnt, Wiederzündungen vor allem bei zu kurzen Lichtbogenzeiten auftreten, wird durch gesteuertes Ausschalten der für das Abschalten von Luftinduktivitäten (Drosselspulen) kritische Lichtbogen-Zeitbereich vermieden. Der Leistungsschalter wird so angesteuert, dass die Kontakttrennung schon beispielsweise $\geq$ 5 ms vor dem natürlichen Stromnulldurchgang auftritt, sodass der Schalter erst mit einer solchen Lichtbogenzeit unterbrechen kann, die zu einer für die Spannungsbeanspruchung ausreichenden Kontaktentfernung führt (siehe Abschnitt 26.1).

18.5 Einschalten induktiver Lastkreise

Die Vorgänge beim Einschalten eines induktiven Lastkreises entsprechen weitgehend denen bei einer Wiederzündung. Da die Energie, die bei einer vorangegangenen Ausschaltung in der Drosselspule und ihrer Kapazität zurückgeblieben war, durch die darauf einsetzenden Schwingungen in Wärme umgesetzt worden ist, befindet sich die Drosselspule vor dem Einschalten auf dem Potential null. Zwischen dem speisenden Netz und den Klemmen der Drosselspule kann somit maximal der Scheitelwert der Netzspannung $\hat{u}_N$ auftreten. Überspannungen, wie sie als Folge von Wiederzündungen ermittelt wurden, sind daher bei betriebsmäßigen Einschaltungen nicht zu erwarten.

Es gilt das einpolige Ersatzschaltbild Bild 18.4. Über die sich schließenden Kontakte des Schalters, über die die Differenzspannung zwischen Netz und Drosselspule ansteht, kommt es, wie in Abschnitt 16.1 beschrieben, zum Vor-Überschlag. Dies führt zu Ausgleichvorgängen im „ersten Parallel-Schwingkreis“ mit den Elementen C_p und L_p, der sich in unmittelbarer Nähe der Schaltstrecke befindet, im „zweiten Parallel-Schwingkreis“, über den sich die Potentiale der Kapazitäten C_N und C_L ausgleichen, und im Hauptkreis, in dem neben den Kapazitäten C_N und C_L auch die Induktivitäten L_N und L_L wirksam sind (siehe Abschnitt 18.4).

Abgesehen von Vakuum-Schaltern (siehe Abschnitt 21.1 und Bild 21.3) kann die sich schließende Schaltstrecke die in Bild 18.10 dargestellten hochfrequenten Ausgleichströme nicht unterbrechen. Der Strom geht also in den von der Größe der lastseitigen Drosselspule L_L bestimmten betriebsfrequenten Strom über. Für einen rein induktiven Wechselstrom gilt (entsprechend Gl. (16.2)) im eingeschwungenen Zustand:

$$i_{\approx}(t) = \frac{\hat{u}_{\mathrm{N}}}{\omega \cdot L_{\mathrm{L}}} \cdot \sin \omega t \tag{18.17 a}$$

Wird, wie in Gl. (16.10), der ohmsche Widerstand R_{L} der Drosselspulenwicklung berücksichtigt, so lautet die Gleichung für den betriebsfrequenten Strom im eingeschwungenen Zustand:

$$i_{\approx}(t) = \frac{\hat{u}_{\mathrm{N}}}{\sqrt{R_{\mathrm{L}}^2 + (\omega \cdot L_{\mathrm{L}})^2}} \cdot \sin \omega t \tag{18.17 b}$$

Wie der Kurzschlussstrom ein Gleichstromglied abhängig vom Einschalt- bzw. Vor-Überschlags-Augenblick bezogen auf die anliegende netzseitige Spannung enthält, so tritt auch beim Einschalten von Induktivitäten ein Gleichstromglied auf. **Bild 18.13** zeigt als Beispiel den Einschaltstrom einer 30-kV/100-MVA-Drosselspule.

In Leiter L1 ist deutlich das Gleichstromglied zu erkennen. Es klingt ab mit der Zeitkonstante $\tau = L_{\mathrm{L}}/R_{\mathrm{L}}$. Für Drosselspulen mit ihrem geringen ohmschen Widerstand ist mit τ = 200 ms bis 250 ms zu rechnen, während ein induktiver Lastkreis mit dem $\cos\varphi$ = 0,1 eine Zeitkonstante von 35 ms hat. Nach drei Zeitkonstanten ist das Gleichstromglied auf 5 % des Anfangswerts abgeklungen, d. h., es ist praktisch verschwunden.

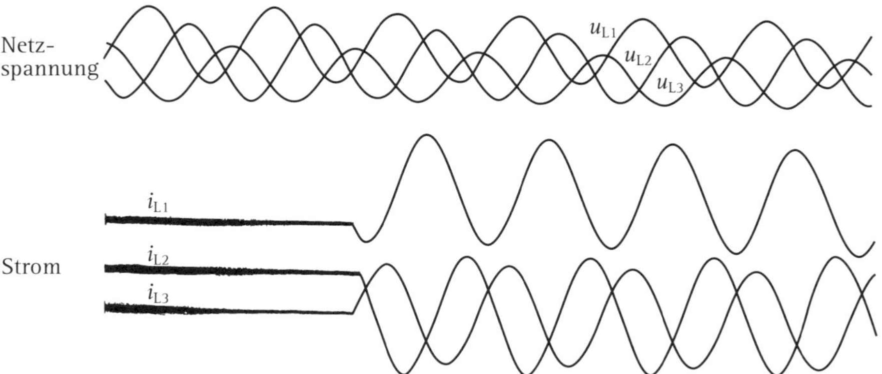

Bild 18.13 Einschalten einer Drosselspule 30 kV, 100 MVA mit freiem Sternpunkt
oben: netzseitige Spannung
unten: Strom

18.6 Netzsituation und Normen

Im Allgemeinen wird gefordert, dass für die Spannungsebenen bis 420 kV die Überspannungen beim Abschalten von Drosselspulen und induktiv belasteten Transformatoren den Wert k_a = 2,5 p.u. nicht überschreiten. Wegen des geringeren relativen Isolationsniveaus bei extrem hohen Bemessungsspannungen (550 kV, 800 kV) werden meist Werte von k_a = 2,0 p.u. oder 1,8 p.u. vorgegeben. Der Grund liegt darin, dass bei höheren Bemessungsspannungen die Isolierung im Verhältnis zur Bemessungsspannung knapper bemessen wird als bei niedrigeren Spannungsebenen. So hat gemäß DIN EN 62271-1 (**VDE 0671-1**) die Bemessungs-Steh-Schaltstoßspannung bei 420 kV mit 1 050 kV den Wert 3,06 p.u., bei 550 kV (1 175 kV) 2,62 p.u. und bei 800 kV (1 425 kV) 2,18 p.u. (siehe Kapitel 34).

Da, wie in Abschnitt 18.2 erwähnt, ohne zusätzliche Maßnahmen Überspannungsfaktoren von $k_a \leq 2,5$ p.u. nur beim Unterbrechen von Strömen oberhalb etwa 100 A erwartet werden können, ist nach DIN EN 62271-100 (**VDE 0671-100**) für Leistungsschalter mit einer Bemessungsspannung ≥ 100 kV eine Typprüfung mit rein induktivem Laststrom von 100 A ± 20 % vorgeschrieben. Für Leistungsschalter mit Bemessungsspannungen 52 kV bis 72,5 kV ist der vorgegebene Strom 200 A ± 20 %. Sollte der zu prüfende Schalter auch zum Schalten kleinerer induktiver Lastströme vorgesehen sein, so ist das korrekte Verhalten des Schalters beim kleinsten Grenzstrom nachzuweisen. Wiederzündungen sind nur beim ersten Nulldurchgang des betriebsfrequenten Stroms nach der Kontakttrennung zugelassen.

In DIN EN 62271-100 (**VDE 0671-100**) ist der Verlauf der lastseitigen Einschwingspannung wie folgt vorgegeben: Ihre Frequenz berechnet sich aus dem Induktivitätswert der Drosselspule (Bemessungsspannung des zu prüfenden Schalters und Bemessungsstrom der Drosselspule) mit den Kapazitätswerten für < 245 kV C_L = 1 750 pF und für ≥ 245 kV C_L = 2 600 pF. Da das Ausschalten von Hochspannungs-Drosselspulen im Allgemeinen einphasig geprüft und auch hier der erstlöschende Schalterpol am härtesten beansprucht wird, ergibt sich der Scheitelwert der lastseitigen Einschwingspannung aus einem Überschwingfaktor 1,9 sowie einem erstlöschenden Pol-Faktor von 1,5 für Bemessungsspannungen < 245 kV bzw. 1,0 für ≥ 245 kV. Es wird also davon ausgegangen, dass im Bereich der Bemessungsspannungen unter 245 kV eine Vielzahl von Drosselspulen mit isoliertem Sternpunkt betrieben werden, während ab 245 kV der Sternpunkt der Drosselspulen geerdet ist.

Der Überschwingfaktor 1,9 drückt aus, dass der ohmsche Widerstand und damit die Dämpfung der Drosselspulen relativ gering sind.

In vielen Fällen sind die Prüffelder nicht in der Lage, die beschriebene Prüfung durchzuführen, da der Aufwand für Hochspannungsdrosselspulen durchaus vergleichbar ist mit dem für entsprechende Transformatoren. Nachbildungen geben häufig keine korrekte Aussage zum Abreiß- und Überspannungsverhalten des geprüften Schalters. In diesen Fällen wird angestrebt, Schaltversuche in Schaltanlagen oder Umspannwerken durchzuführen.

Für Mittelspannungs-Leistungsschalter, d. h. Schalter mit Bemessungsspannungen 3,6 kV < U < 36 kV ist keine Typprüfung des Schaltens kleiner induktiver Ströme vorschrieben. Der Grund liegt darin, dass die in der Praxis zu schaltenden Ströme relativ groß sind. Beispielsweise zieht eine, als durchaus noch relativ klein zu bezeichnende Drosselspule von 36 kV/15 MVA einen Strom von 240 A. Da das relative Isolationsniveau von Mittelspannungsgeräten höher ist als das von Hochspannungsgeräten, wird die Isolierung von Mittelspannungs-Drosselspulen, wie die Praxis zeigt, als nicht gefährdet gesehen.

18.7 Schalten induktiv belasteter Transformatoren

Die Vorgänge beim Ein- und Ausschalten induktiv belasteter Transformatoren sind sehr ähnlich denen beim Schalten von Luftinduktivitäten, vorausgesetzt der Nennstrom der induktiven Last ist so groß, dass der Transformator auf seiner Oberspannungsseite einen Strom von etwa > 100 A zieht. Dies konnte durch Netzversuche bestätigt werden (z. B. [54]).

Beim Ausschalten sind die Lichtbogenzeiten, das Wiederzündverhalten und der Verlauf der Einschwingspannung nicht wesentlich anders als beim Ausschalten von Luftinduktivitäten. Die geschalteten Ströme sind fast durchweg > 100 A, bezogen auf die Oberspannungsseite, und ein Stromabriss tritt nicht oder nur in vernachlässigbarer Höhe auf. Die Überspannungsfaktoren werden demzufolge kleiner als beim Abschalten reiner Luftinduktivitäten. Der Unterschied verschwindet jedoch mit wachsender Stromstärke. Da der Magnetisierungszustand des belasteten Transformators anders ist als der eines unbelasteten, ist eine die Überspannungen dämpfende Wirkung des Transformator-Eisenkerns (s. Abschnitt 19.3) kaum feststellbar.

Beim Einschalten induktiv belasteter Transformatoren treten im Allgemeinen, anders als bei unbelasteten Transformatoren, keine nennenswerten Überspannungen auf. Dem Einschaltstrom der Luftinduktivität überlagert sich der Inrush-Strom des Transformators. Der Inrush-Vorgang ist nicht so ausgeprägt wie beim Einschalten eines unbelasteten Transformators (siehe Abschnitt 19.1), führt aber dennoch zu Spannungsverzerrungen auf der Lastseite.

19 Schalten von unbelasteten Transformatoren

Das durch die Magnetisierungskennlinie (Hystereseschleife) $B(H)$ bzw. $\Phi(i)$ bedingte nicht lineare Verhalten des Transformatorkerns kann relativ hohe Einschaltströme (Inrush-Ströme) verursachen, die erst nach etwa 1 s abgeklungen sind. Beim Einschalten von Luftinduktivitäten, Drosselspulen mit Eisenkern sowie von Motoren sind solche Inrush-Ströme, wenn überhaupt, nur schwach ausgeprägt und klingen innerhalb von einigen zig bis hundert Millisekunden ab.

19.1 Einschalten

Der Zusammenhang zwischen der nach dem Schließen des Schalters am Transformator anliegenden Spannung u und dem mit der Wicklung verketteten magnetischen Gesamtfluss Φ ist durch das Induktionsgesetz gegeben:

$$u = \frac{\mathrm{d}\Phi}{\mathrm{d}t} \tag{19.1}$$

Die Phasenverschiebung zwischen der angelegten Spannung u und dem Fluss Φ ist bei Vernachlässigung der geringen Verluste im ohmschen Wicklungswiderstand 90°.

Geht man davon aus, dass die Netzspannung sinusförmig ist, so gilt im Einschaltaugenblick ($t = 0$):

$$\hat{u} \cdot \sin \omega t = \frac{\mathrm{d}\Phi}{\mathrm{d}t} + i \cdot R \tag{19.2}$$

Aus Gl. (19.2) folgt:

$$\mathrm{d}\Phi = \left(\hat{u} \cdot \sin \omega t - i \cdot R\right) \cdot \mathrm{d}t$$

$$\Phi = \int \mathrm{d}\Phi = \frac{\hat{u}}{\omega} \cdot \left(1 - \cos \omega t\right) - R \cdot \int i \cdot \mathrm{d}t \tag{19.3 a}$$

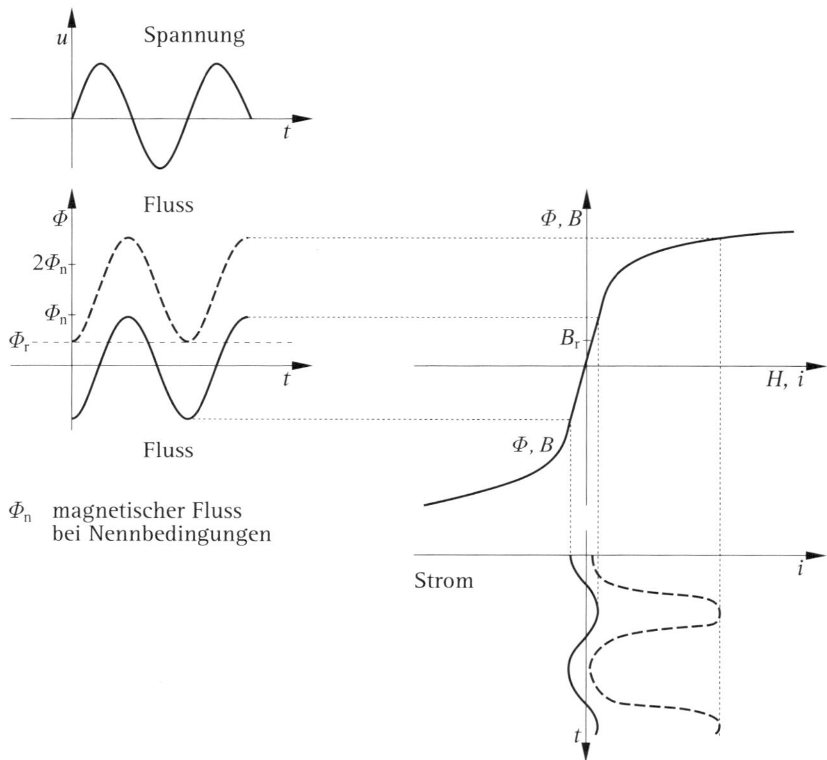

Bild 19.1 Spannungs-, Fluss- und Stromverlauf beim Einschalten eines Transformators
ausgezogen: stationäre Verhältnisse eines nicht vormagnetisierten Transformators
gestrichelt: Fluss und Strom beim Einschalten im Spannungsnulldurchgang; der Transformator ist auf den Remanenzwert B_r vormagnetisiert

Vernachlässigt man den durch den Spannungsfall über den ohmschen Widerstand R der Wicklung bestimmten Fluss und damit die Dämpfung, so gilt für den (stationären) Anfangswert des Flusses:

$$\Phi_1 = \frac{\hat{u}}{\omega} \cdot \left(1 - \cos \omega t\right) \qquad (19.3\,\text{b})$$

Bild 19.1 zeigt die sich ergebenden Zusammenhänge zwischen Spannungs-, Fluss- und Stromverlauf beim Einschalten eines nicht vormagnetisierten Transformators:

Beim Zuschalten im Spannungsscheitelwert ist der Anfangswert des Flusses null. Anschließend schwingt der Fluss Φ symmetrisch zur Nulllinie. Die Magnetisierungskennlinie des Transformators wird im linearen Bereich angesteuert und erzeugt einen ebenfalls symmetrisch zur Nulllinie schwingenden Strom i.

Wird im Spannungsnulldurchgang zugeschaltet, so hat Φ_1 seinen Maximalwert. Anschließend folgt der Fluss einer $(1 - \cos)$-Funktion mit dem Scheitelwert $2\,\hat{u}/\omega$. Die Flussverkettung ist voll verlagert, und die Magnetisierungskennlinie wird in die Sättigung ausgesteuert. Der resultierende Fluss hat eine Gleichflusskomponente. Der Strom i ist ebenfalls voll verlagert, d. h., er hat ein Gleichstromglied und nimmt große Scheitelwerte an.

Ist der Transformator durch den vorhergegangenen Betrieb auf einen Remanenzwert B_r vormagnetisiert, so verschiebt sich der Flussverlauf entsprechend. Hat der durch die erste Spannungshalbschwingung erzeugte Fluss die gleiche Richtung wie der im Kern vorhandene Remanenzfluss, so addiert er sich dem vorhandenen Remanenzfluss. Beim Zuschalten im Spannungsnulldurchgang wird der Scheitelwert des Flusses in diesem Fall, bedingt durch die Gleichflusskomponente, größer als $2\,\hat{u}/\omega$. Als Folge treten sehr hohe Stromscheitelwerte auf, bedingt durch die Sättigung des Eisenkerns. Werte um das Zehnfache des Nennstroms sind vor allem bei kleineren Transformatoren nicht ungewöhnlich. Dieser Effekt wird als „Inrush“ oder „Rush“ bezeichnet.

Mit steigender Transformatorleistung geht das Verhältnis Rush-Strom zu Nennstrom zurück. Daher haben Inrush-Vorgänge bei großen Netztransformatoren keine wesentliche Bedeutung.

Der typische Zusammenhang zwischen Spannung, Fluss und Strom (Magnetisierungsstrom) in einem unbelasteten Transformator ist in **Bild 19.2** dargestellt. Man erkennt deutlich die Verformung des Stroms, die durch den Verlauf der Magnetisierungskennlinie bedingt ist.

In Drehstromtransformatoren können durch das Einschalten des ersten Pols des Leistungsschalters bereits Flüsse induziert werden, die den Anfangswert Φ_1 in den nachfolgend zugeschalteten Leitern vergrößern. Da der Scheitelwert des Flusses des zuerst eingeschalteten Leiters erst nach einer betriebsfrequenten Halbschwingung auftritt, spielt diese Erhöhung von Φ_1 der nachfolgenden Leiter keine große Rolle, wenn die Leistungsschalter-Pole beim Einschalten nur geringfügig (2 ms bis 3 ms) streuen.

Die Sättigung des Eisenkerns können Oberschwingungen im Spannungsverlauf sowie Spannungs-Unsymmetrien verursachen. Es besteht die Möglichkeit, dass diese Oberschwingungen zu Resonanz-Erscheinungen in Kabelnetzen führen, die eine relativ niedrige Eigenfrequenz haben. Probleme sind in HGÜ(Hochspannungs-Gleichstrom-Übertragung)-Stationen aufgetreten, wo die dort vorhandenen Filter durch die Oberschwingungen enthaltenen Harmonischen zum Überschwingen angeregt wurden.

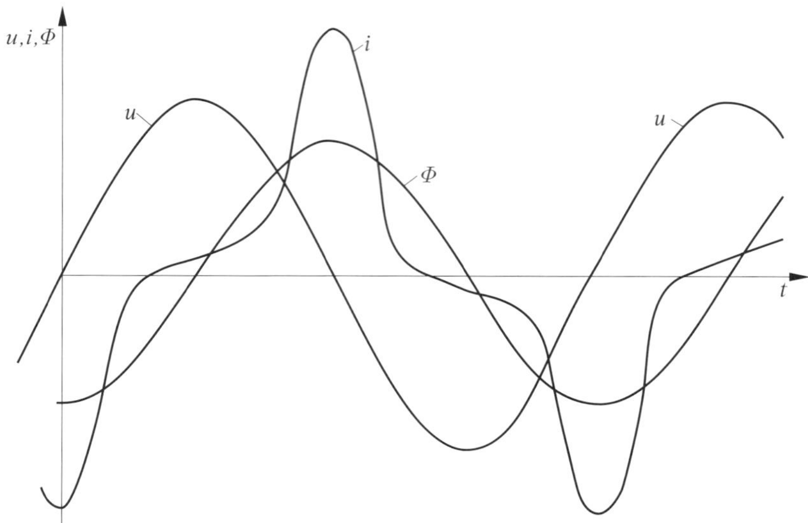

Bild 19.2 Typischer Zusammenhang zwischen Spannung $u(t)$, Fluss $\Phi(t)$ und Strom $i(t)$ in einem Transformator

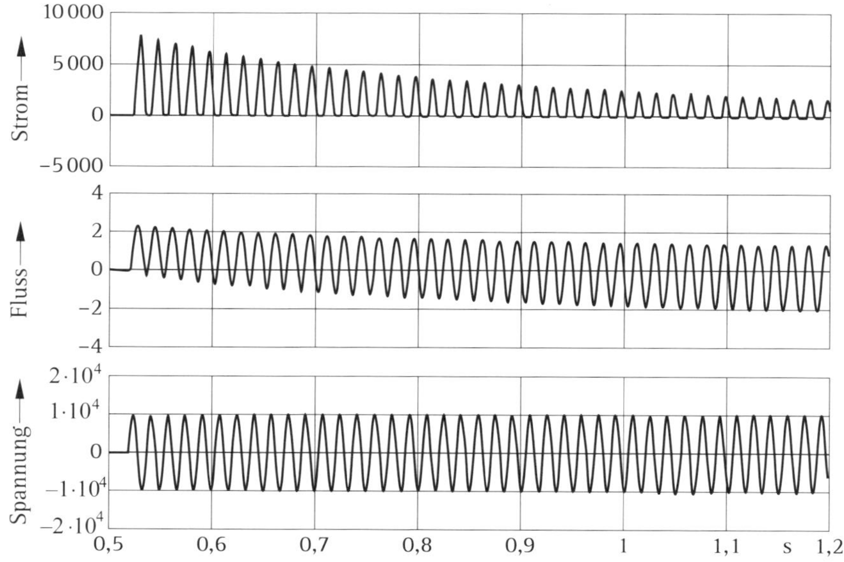

Bild 19.3 Inrush-Strom, Fluss im Schenkel und treibende Spannung

Wie sich aus Bild 19.1 ablesen lässt, enthält der durch das Einschalten im Spannungsnulldurchgang, aber auch schon beim Einschalten bei Momentanwerten der Spannung unterhalb des Scheitelwerts erzeugte Inrush-Strom ein Gleichstromglied. Es klingt ab in gleichem Maße wie der zunächst verlagerte Fluss in einen schwingenden Anteil symmetrisch zur Nulllinie übergeht (Bild 19.4). Da Transformatoren auf hohe Wirkungsgrade bzw. geringe ohmsche Verluste optimiert werden, ist die Abkling-Zeitkonstante $\tau = L/R$ relativ lang. Dieses Abklingen kann, je nach Bauart des Transformators, durchaus länger als 1 s dauern.

Neben den beschriebenen Vorgängen können Ausgleichschwingungen, die durch das Vorzünden in der schließenden Schaltstrecke verursacht werden, innerhalb der Transformatorwicklung zu Überspannungen führen. Vor allem wenn diese Ausgleichschwingungen in einzelnen Bereichen der Wicklung lokale Resonanzen anregen, treten Spannungsamplituden auf, die je nach Bauweise des Transformators möglicherweise Schäden in der Wicklungsisolierung verursachen. Da kein wesentlicher Unterschied besteht zum Einschalten von Motoren, sei auf die Erläuterungen im Abschnitt 20.2 verwiesen.

Um Rush-Vorgänge und Sättigungs-Überspannungen zu vermeiden, werden Drosselspulen und unbelastete Transformatoren in zunehmendem Maße gesteuert und phasenversetzt eingeschaltet. Das bedeutet, dass jeder Leiter zum optimalen Zeitpunkt zugeschaltet wird. Details werden im Kapitel 26 beschrieben.

19.2 Gleichlauf der Kontakte beim Einschalten

Für das Einschalten von Hochspannungs-Leistungsschaltern wird von den Normen in DIN EN 62271-100 (VDE 0671-100):2013-08, Abschnitt 5.101 generell vorgegeben, dass der Gleichlauffehler zwischen den Schalterpolen nicht größer sein darf als eine Viertel Periode der Nennfrequenz des Schalters. Der Grund liegt im Verhalten von Dreischenkel-Drehstrom-Transformatoren, die mit offenem Sternpunkt betrieben werden [57 ... 60].

Ist der Sternpunkt offen, beginnt der Magnetisierungsstrom zu fließen, wenn zwei Leiter zugeschaltet worden sind. Dies ist in dem Moment der Fall, wenn, wie im Abschnitt 16.4 beschrieben, während der Einschaltbewegung des Schalters der Vor-Überschlag zwischen den sich schließenden Kontakten auftritt. Wird der dritte Leiter mit einer Verzögerung von > 1/4 Periode eingeschaltet, so kann es innerhalb des Transformators in diesem Leiter zu einer unzulässig hohen Spannung kommen. Da die Spannung im Innern des Transformators auftritt, sind äußere Maßnahmen zum Schutz gegen Überspannungen nicht immer wirksam.

Erfolgt die Zuschaltung der ersten beiden Leiter nahe dem Nulldurchgang der zwischen ihnen verketteten Spannung, so würde, wie sich aus Bild 19.1 ableiten lässt, der Fluss Φ mit dem Scheitelwert einsetzen. Da der Fluss sich aber von null oder von einem noch vorhandenen Remanenzwert aufbauen muss, tritt, analog dem Strom beim Einschalten eines kurzschlussbehafteten Kreises (siehe Abschnitt 16.1), die magnetische Induktion in den Schenkeln dieser Leiter mit einem erheblichen Gleichanteil auf. Dazu addiert sich die eventuell vorhandene Remanenz. Als Folge davon geht das Eisen dieser Schenkel in die Sättigung. Der weiter steigende Fluss muss vom dritten Schenkel übernommen werden, der dem noch nicht zugeschalteten Leiter zugeordnet ist. Der Anstieg des magnetischen Flusses $\mathrm{d}\Phi/\mathrm{d}t$ im Schenkel des noch nicht zugeschalteten Leiters erzeugt gemäß Gl. (19.1) in dieser Wicklung eine innere Überspannung, die die Festigkeit der Wicklungsisolierung überschreiten kann.

Mit dem Zuschalten des dritten Leiters teilt sich der magnetische Fluss wieder symmetrisch auf die drei Schenkel auf. Der Spannungsverlauf der drei Leiter wird damit ebenfalls symmetrisch.

Wie in [57] gezeigt wird, benötigt der Aufbau des Flusses im Schenkel des noch nicht zugeschalteten Strangs eine gewisse Zeit. Je früher der dritte Leiter zugeschaltet wird, desto geringer ist daher die dort induzierte Spannung. Aus diesem Grund ist die Verzögerung des Zuschaltens möglichst kurz zu halten. Die Vorgabe von $\leq$ 1/4 Periode berücksichtigt, dass durch die in den verschiedenen Leitern unterschiedlich lange Vor-Überschlagszeit durchaus ein längerer Zeitunterschied im Stromflussbeginn zwischen dem erstschließenden und dem letztschließenden Leiter auftreten kann.

Erfolgt die Zuschaltung im oder nahe des Scheitelwerts der Spannungen der erstschließenden Leiter, so tritt kein oder nur ein kleiner Gleichanteil im magnetischen Fluss auf. Der sich über den Schenkel des noch nicht zugeschalteten Leiters schließende Fluss ist dementsprechend geringer und hat eine kleinere Steigung, sodass dort auch nur eine geringere Spannung induziert wird. In diesem Fall kann die Isolierung der Transformatorwicklung als nicht gefährdet angesehen werden.

Ein Vor-Überschlag ist bei einem hohen Momentanwert der anstehenden Spannung wesentlich wahrscheinlicher als nahe des Spannungsnulldurchgangs. Daher führt eine Störung des Gleichlaufs beim Einschalten des Leistungsschalters nur in relativ seltenen Fällen zur Schädigung des Transformators. Sie kann jedoch nicht ausgeschlossen werden.

19.3 Ausschalten des Magnetisierungsstroms

Beim Abschalten eines unbelasteten Transformators muss, ebenso wie beim Abschalten von Luftinduktivitäten, mit Stromabriss gerechnet werden.

Die folgenden Betrachtungen gehen davon aus, dass zum Zeitpunkt des Ausschaltens der beim Einschalten aufgetretene Ausgleichvorgang abgeklungen ist. Es wird daher das Verhalten beim Unterbrechen des stationären Magnetisierungsstroms untersucht.

Die Überspannung infolge des Abreißens eines stationären Magnetisierungsstroms wird durch das Freisetzen magnetischer Energie erzeugt, wenn der Magnetisierungszustand des Eisenkerns von dem Wert, der dem Abreißstrom entspricht, auf den des natürlichen Stromnulldurchgangs übergeht. Die freigesetzte Energie ist proportional der schraffierten Fläche in Bild 19.4. Geschieht der Stromabriss im Scheitelwert des stationären Magnetisierungsstroms, so ist dies die Fläche CDE in **Bild 19.4 a. Bild 19.4 b** zeigt die Energie beim Stromabriss kurz vor dem natürlichen Stromnulldurchgang des Magnetisierungsstroms (Fläche ABC) bzw. kurz nach dem Stromnulldurchgang (Fläche A′B′C′).

In Bild 19.4 wird angenommen, dass die Abnahme der Flussdichte Φ auch bei Stromabriss der normalen Hysteresekurve folgt. Dies würde bedeuten, dass die Abklinggeschwindigkeit des Flusses Φ gleich ist dem Abfall $\mathrm{d}i/\mathrm{d}t$ des betriebs-

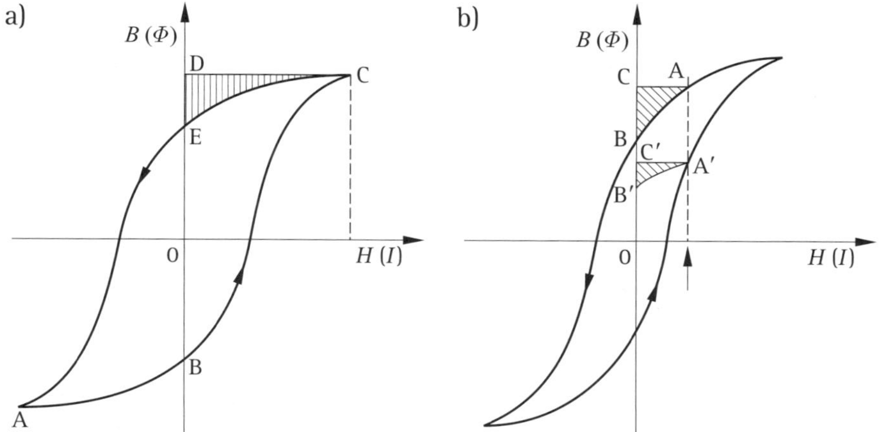

Bild 19.4 Freigesetzte magnetische Energie beim Abreißen eines Magnetisierungsstroms
a) Stromabriss im Scheitelwert des Magnetisierungsstroms
b) Stromabriss im Stromabfall, d. h. vor dem Stromnulldurchgang (A) bzw. im Stromanstieg, d. h. nach dem Stromnulldurchgang (A′)

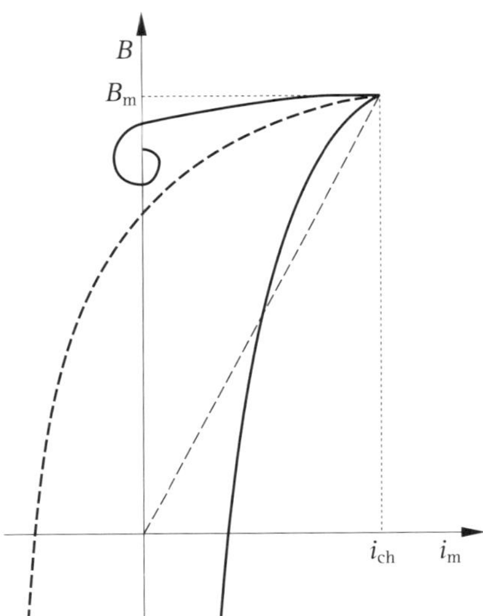

Bild 19.5 Abklingen der Magnetisierung und Freisetzen der magnetischen Energie bei Stromabriss im Stromscheitel

frequenten Stroms. In Wirklichkeit klingt die Flussdichte viel schneller ab und folgt einer Kurve, wie sie in **Bild 19.5** dargestellt ist. Die freigesetzte Energie ist dementsprechend kleiner, als in Bild 19.4 angedeutet.

Für Transformatoren mit kaltgewalzten kornorientierten Blechen wird häufig eine Funktion angegeben, die ein Maß für die unipolare Überspannung ist, wenn der stationäre Magnetisierungsstrom im Scheitel abgerissen wird:

$$k_a = f\left(\frac{C_t \cdot U_N^2}{\alpha \cdot P_N}\right) \tag{19.4}$$

Sie ist in **Bild 19.6** dargestellt, wobei angenommen wurde, dass der Stromabriss bei B = 1,7 T erfolgt.

U_N bzw. P_N sind die Nennspannung und die Nennleistung des Transformators. α ist das Verhältnis des stationären Magnetisierungsstroms zum Nennstrom (jeweils Effektivwerte) des Transformators. C_t ist die wirksame Kapazität des Transformators, die nach **Bild 19.7** ermittelt wird:

$$C_t = C_1 + \frac{C_2 \cdot C_{12}}{C_2 + C_{12}} \tag{19.5}$$

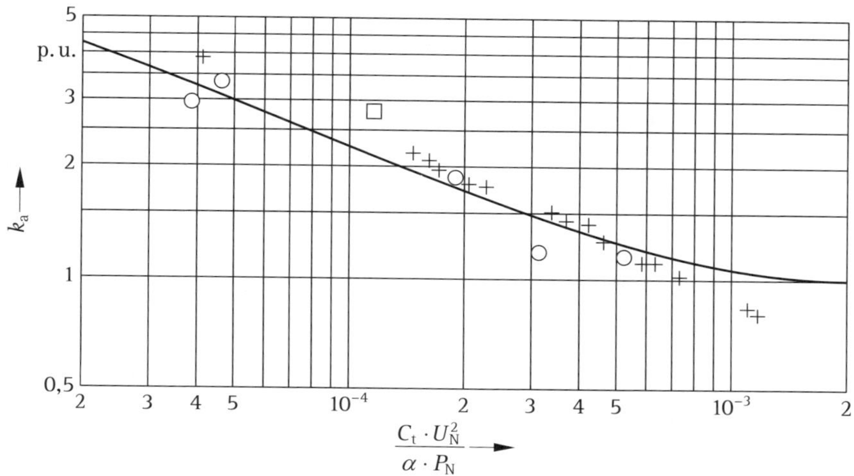

Bild 19.6 Abschalten von Magnetisierungsströmen unbelasteter Transformatoren: Bestimmung des Überspannungsfaktors durch die Funktion $k_a = f\left[C_t \cdot U_N^2/(\alpha \cdot P_N)\right]$ (Erläuterung der Größen: siehe Text)

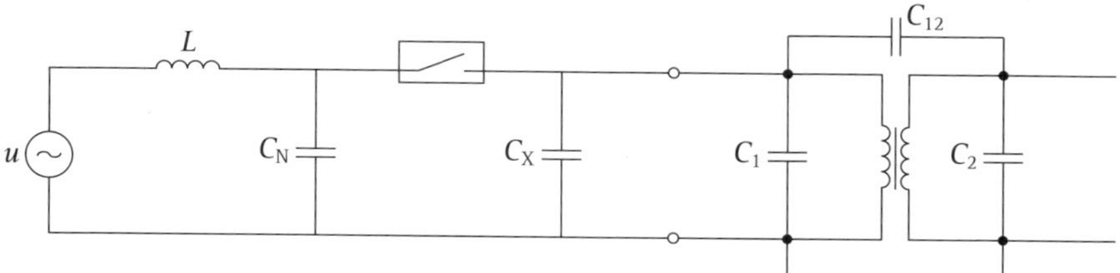

Bild 19.7 Einphasiges Ersatzschaltbild eines unbelasteten Transformators zur Bestimmung des Abreißstroms

Ein typischer Wert ist $C_1 = C_2 = C_{12} = 3$ nF.

Für Transformatoren mit warmgewalzten Blechen liegen die Überspannungen um etwa 25 % höher, als Bild 19.6 angibt.

Beim Abschalten stationärer Magnetisierungsströme entstehen relativ geringe Überspannungen, selbst, wenn der Strom im Scheitelwert abgerissen wird. Bei Hochspannungs-Transformatoren (ab 72,5 kV) liegen sie meist unter 1,5 p.u. und immer unter 2,0 p.u., bei Mittelspannungs-Transformatoren meist unter 3 p.u.

19.4 Ausschalten des Inrush-Stroms

Beim Abreißen eines Inrush-Stroms (**Bild 19.8**) entstehen wesentlich höhere Überspannungen als beim Abriss des stationären Magnetisierungsstroms. Da das Eisen in diesem Fall gesättigt ist, kann in guter Näherung die Überspannung in der gleichen Weise wie für Luftinduktivitäten (Abschnitt 18.1) bestimmt werden.

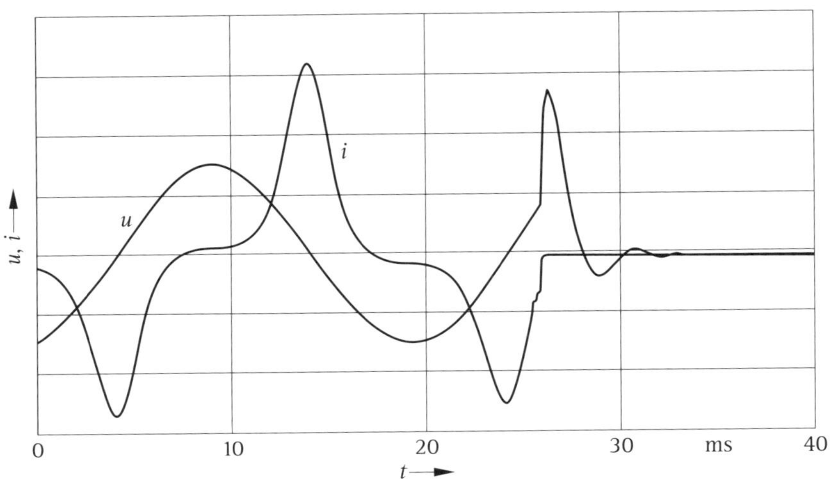

Bild 19.8 Abreißen eines Inrush-Stroms

Der Abreißstrom hat den Wert:

$$i_c = \lambda \cdot \sqrt{C_p} \tag{19.6}$$

mit

$$C_p = C_x + C_t$$

und C_l gemäß Gl. (19.5) bzw. Bild 19.7.

C_x sind die zwischen Schalter und Transformator befindlichen Kapazitäten.

λ ist die Abreißzahl des Schalters.

Die Überspannung ist, entsprechend der Ableitung im Abschnitt 18.2:

$$u_m = i_c \cdot \sqrt{\eta} \cdot \sqrt{\frac{L_{eff}}{C_p}} \tag{19.7 a}$$

Da die magnetische Energie nicht in jedem Fall, z. B. im unbelasteten Transformator, vollständig in elektrostatische Energie umgesetzt wird, wird ein magnetischer Wirkungsgrad η_m eingeführt. Sein Wert hängt ab von der Bauform des Transformators, der Art seiner Bleche und damit vom Verlauf der Hysteresekurve, dem Magnetisierungszustand etc. Für unbelastete Transformatoren liegt η_m bei 0,3 bis 0,5. Die durch η_m definierten Verluste beim Umschwingen der magnetischen Energie der in den Kapazitäten gespeicherten elektrischen Energie setzen sich zu etwa 70 % aus Hystereseverlusten und zu 30 % aus Wirbelstromverlusten zusammen. Da η_m beim Ausschalten unter Rush-Bedingungen höher liegt als im stationären Zustand, entstehen in diesen Fällen auch etwas höhere Überspannungen.

Für Luftinduktivitäten, d. h. Drosselspulen, drosselspulenbelastete Transformatoren, festgebremste oder anlaufende Motoren, ist $\eta_m = 1$. Die Überspannungen beim Abschalten unbelasteter Transformatoren sind dementsprechend wesentlich geringer als beim Abschalten von Luftinduktivitäten.

Der Ausdruck für den Überspannungsfaktor lautet, siehe Gl. (18.9):

$$k_a = \sqrt{1 + \left(\frac{i_c}{\hat{u}_N}\right)^2 \cdot \left(\frac{L_{eff}}{C_p}\right) \cdot \eta_m} \qquad (19.7\,b)$$

L_{eff} ist eine wirksame Induktivität:

$$L_{eff} = N \cdot A \cdot \frac{B_c}{I_c} \cdot x \qquad (19.7\,c)$$

Dabei ist N die Windungszahl, A der Querschnitt des Eisenkerns, B_c die Induktion, bei der der Stromabriss geschieht. Sollte kein besserer Wert verfügbar sein, so wird für B_c eine Induktion von 1,7 T bis 1,9 T eingesetzt. Der Faktor x beschreibt den Einfluss der Blechqualität. Er ist 0,15 für kaltgewalzte kornorientierte Bleche und 0,5 für warmgewalzte Bleche.

Die lastseitige Einschwingfrequenz nach Stromabriss ist:

$$f_{eff} = \frac{1}{2 \cdot \pi \cdot \sqrt{L_{eff} \cdot C_t}} \qquad (19.8)$$

Auch wenn die Überspannungen durch Abreißen eines Inrush-Stroms höher sind als durch Abreißen des stationären Magnetisierungsstroms, sind bei Hochspannungs-Transformatoren kaum Werte über 2 p. u. zu erwarten.

Wiederzündungen führen beim Abschalten von unbelasteten Transformatoren ebenfalls nicht zu gefährlichen Überspannungen. Der Scheitel-Scheitel-Wert wird im Allgemeinen $1{,}5 \cdot k_a$ nicht überschreiten. Transformatoren mit kornorientierten kaltgewalzten Blechen, die die Stehstoßspannungs-Prüfung bestanden haben, sind demzufolge durch Schaltüberspannungen nicht gefährdet. Wie in [20] näher ausgeführt, führt das Ausschalten unbelasteter Transformatoren zu geringerer Beanspruchung als das anderer induktiver Lasten. Eine Typprüfung unter diesen Bedingungen ist daher für Hochspannungs-Schaltgeräte nicht vorgesehen.

20 Schalten von Drehstrom-Motoren

Das Ausschalten von im Betrieb befindlichen Motoren ist weder für den Motor noch für den Schalter mit besonderen Anforderungen verbunden. Belastete Motoren ziehen einen Strom in der Größenordnung ihres Bemessungsstroms mit einem Leistungsfaktor $\cos\varphi$ zwischen 0,7 und 0,9. Der Leerlaufstrom von Motoren liegt häufig unter dem Wert des Abreißstroms des zugehörigen Schalters. In beiden Fällen wird, nachdem der Stromkreis unterbrochen ist, vom noch laufenden Motor eine Spannung induziert, die sich an den Schalterklemmen der treibenden Spannung des Netzes überlagert. Der Schalter sieht in den ersten zig Millisekunden daher nur eine relativ kleine Differenzspannung, die den Abschaltvorgang wesentlich erleichtert. Wiederzündungen treten im Allgemeinen nicht auf.

Wie beim Abschalten einer Induktivität können nach der Stromunterbrechung Schwingungen auftreten zwischen der Induktivität und Kapazität der Motor-Wicklung einerseits und der Kapazität des Zuleitungskabels andererseits. Die Frequenz dieser Schwingungen liegt in der Größenordnung weniger Kilohertz. Daher teilt sich die als Folge am Motor auftretende Spannung fast gleichmäßig auf die einzelnen Spulen auf. Es ist also für den Motor beim Ausschalten im Betrieb nicht mit gefährdenden Überspannungen zu rechnen.

Das in [55] angegebene dreiphasige Ersatzschaltbild für das Schalten von Motoren zeigt **Bild 20.1**.

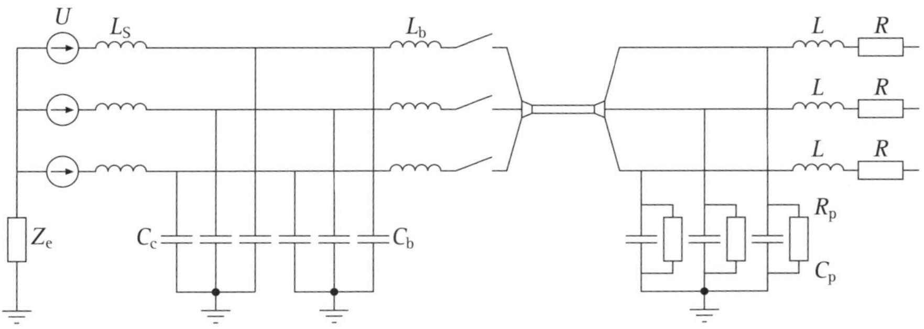

Bild 20.1 Ersatzschaltbild bzw. Prüfkreis für das Abschalten von Motoren

U	treibende (Netz-)Spannung	C_b	Sammelschienen-Kapazität
Z_e	Impedanz der Erdverbindung	R_p	Paralleldämpfung der Last
L_s	Impedanz der Speiseseite	C_p	Eigenkapazität der Motorwicklung
C_c	Kompensations-Kapazität	L	Induktivität der Motor-Wicklung
L_b	Sammelschienen-Induktivität	R	Innenwiderstand der Motor-Wicklung

Die Motorwicklung, deren drei Stränge jeweils durch L und R repräsentiert werden, ist im Stern geschaltet. C_p ist die Kapazität der Wicklungen gegen das Gehäuse.

20.1 Abschalten festgebremster oder anlaufender Drehstrom-Motoren

Motoren in der frühen Phase ihres Anlaufens oder festgebremste Motoren verhalten sich ähnlich wie nicht geerdete Luftinduktivitäten. Die Abschnitte 18.1 bis 18.4 sind daher auf diesen Schaltfall anwendbar. C_L in Bild 18.4 ist hier die Summe aus der in Bild 20.1 dargestellten Parallelkapazität C_{Mp} je Strang des Motors und dem Leiter des Anschlusskabels.

Mittelfrequente Schaltüberspannungen mit Anstiegszeiten von einigen zig Mikrosekunden bedeuten keine übermäßige Beanspruchung für die Isolierung von Hochspannungsmotoren, da sie sich annähernd gleichmäßig auf alle Spulen eines Wicklungsstrangs aufteilen.

Beim Abschalten anlaufender oder festgebremster Motoren ist jedoch mit Wiederzündungen zu rechnen [65]. Wie in Kapitel 21 gezeigt wird, besteht diese Möglichkeit sogar beim Einschalten. Durch die räumlichen Gegebenheiten in den relativ engen Nuten von Motoren muss zwangsläufig die Isolierung der in den Nuten liegenden Leiter knapper ausgelegt werden als die der Leiter in Drosselspulen und Transformatoren. Daher ist die Motor-Isolierung durch von Wiederzündungen verursachte Überspannungen gefährdet. Motoren sind aus diesem Grunde, falls die Möglichkeit des Auftretens von Überspannungen besteht, durch spezielle, wesentlich niedriger eingestellte Schutzelemente (Überspannungsableiter, Überspannungs-Begrenzer, *RC*-Glieder etc.) zu schützen (siehe hierzu auch [11] und [55] sowie „Application Guide“ [20]).

Im Bereich der Spannungen, in denen Hochspannungsmotoren eingesetzt werden (im Allgemeinen $U_r \leq 17{,}5$ kV), treten Wiederzündspannungen mit Anstiegszeiten von nur wenigen Mikrosekunden auf. Derartig steile Spannungsstöße beanspruchen Wicklungen dadurch, dass sie sich nicht gleichmäßig über die gesamte Wicklung abbauen, sondern fast vollständig an den ersten Spulen anstehen. Dies lässt sich darstellen durch eine Analogie zur Stoßspannungsaufteilung, wie sie auf Leitungen auftritt (Kapitel 3):

Gemäß Gl. (3.14) ist die Ausbreitungsgeschwindigkeit einer Stoßwelle auf einer Leitung:

$$v = \frac{1}{\sqrt{L' \cdot C'}} = \frac{1}{\sqrt{\varepsilon_0 \cdot \varepsilon_r \cdot \mu_0 \cdot \mu_r}}$$

Auf einer Freileitung mit $\varepsilon_r = 1$ und $\mu_r = 1$, die ja von Luft umgeben ist, breiten sich Stoßwellen mit einer Geschwindigkeit $v = 290$ m/µs aus, also mit annähernder Lichtgeschwindigkeit. In einem Kabel mit $\varepsilon_r = 4$ und $\mu_r = 1$ beträgt die Ausbreitungsgeschwindigkeit etwa 140 m/µs.

Die Permeabilität des Eisens, in dem die Motorwicklungen liegen, hat einen Wert $\mu_r \gg 1$. Ein genauer Wert lässt sich nicht angeben. Diese hohe Permeabilität hat zur Folge, dass die Ausbreitungsgeschwindigkeit einer Stoßwelle innerhalb der Wicklung nur im Bereich 20 m/µs bis 100 m/µs liegt. Es kann also eine Zeit in der Größenordnung über 1 µs dauern, bis die Wellenfront das jenseitige Ende einer Wicklung erreicht hat.

Bild 20.2 [65] zeigt eine Abschaltung mit einer Rückzündung sowie mit multiplen Wiederzündungen (siehe Kapitel 21), wodurch Überspannungen auftreten.

Der in der Nähe des negativen Scheitelwerts der Netzspannung aufgetretene Stromabriss führte zunächst zum mittelfrequenten Ausschwingen der an der Motorklemme auftretenden Spannung (Bild 20.2 c). Bei einer Differenzspannung an der Schaltstrecke von etwa 1 p. u. tritt die erste Wiederzündung auf. Die in das Kabel zum Motor einlaufende Stoßwelle wird durch Reflexion an der Motorklemme auf das etwa 1,6-Fache erhöht, wodurch das Kabel und die Eingangswindungen des Motors von 0 p.u. auf etwa 1,6 p.u. umgeladen werden. Unmittelbar danach unterbricht der Schalter beim ersten Nulldurchgang des Ausgleichstroms, wodurch wieder ein mittelfrequenter Ausschwingvorgang eingeleitet wird. Aus dem steileren Verlauf der Ausschwingspannung ist ersichtlich, dass die Wiederzündung den Energieinhalt der Kabel-Motor-Anordnung erhöht hat. Wegen der fortgeschrittenen dielektrischen Wiederverfestigung der Schaltstrecke tritt die zweite Wiederzündung erst bei einer Spannungsdifferenz von 1,7 p. u. auf, wodurch der bipolare Spannungssprung am Motor etwa 2,7 p. u. beträgt. Nach der dritten Wiederzündung mit einer bipolaren Schaltstoßspannung von etwa 3,4 p. u. ist die dielektrische Festigkeit der Schaltstrecke bereits höher als die wiederkehrende Spannung, sodass es zu keinen weiteren Wiederzündungen kommt. Der abgeschaltete Wicklungsstrang nimmt anschließend in einer mittelfrequent gedämpften Schwingung den Mittelwert der beiden anderen Leiterspannungen an.

In **Bild 20.3 a** ist zu sehen, dass die Stoßspannungswelle umso später an den einzelnen Spulen eintrifft, je weiter die Spule vom Wicklungsanfang entfernt ist. Die Stirnzeit wird größer, und der Scheitelwert wird kleiner. **Bild 20.3 b** zeigt dementsprechend, dass der Stoßspannungsfall je Spule mit zunehmender Entfernung vom Wicklungsanfang abnimmt als Folge der längeren Stirnzeit und des geringeren Scheitelwerts.

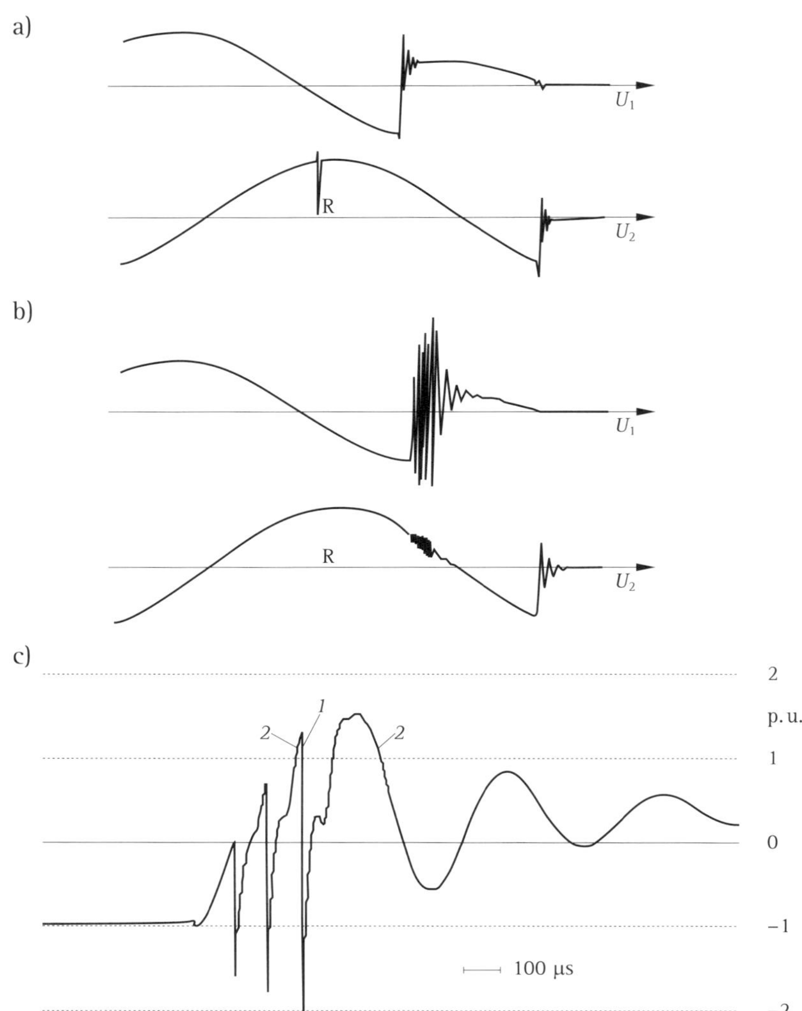

Bild 20.2 Überspannungen beim Abschalten eines anlaufenden 6 kV/60 kW-Motors mit multiplen Wiederzündungen (aus [65])
a) Rückzündung (R) im erstöffnenden, jedoch zweitlöschenden Schalterpol
b) multiple Wiederzündungen im erstlöschenden Schalterpol
c) Detail einer multiplen Wiederzündung
U_1 Strang mit erstlöschendem Schalterpol
U_2 Strang mit zweitlöschendem Schalterpol
1 bipolare Schaltstoßspannung
2 mittelfrequenter Ein- bzw. Ausschwingvorgang

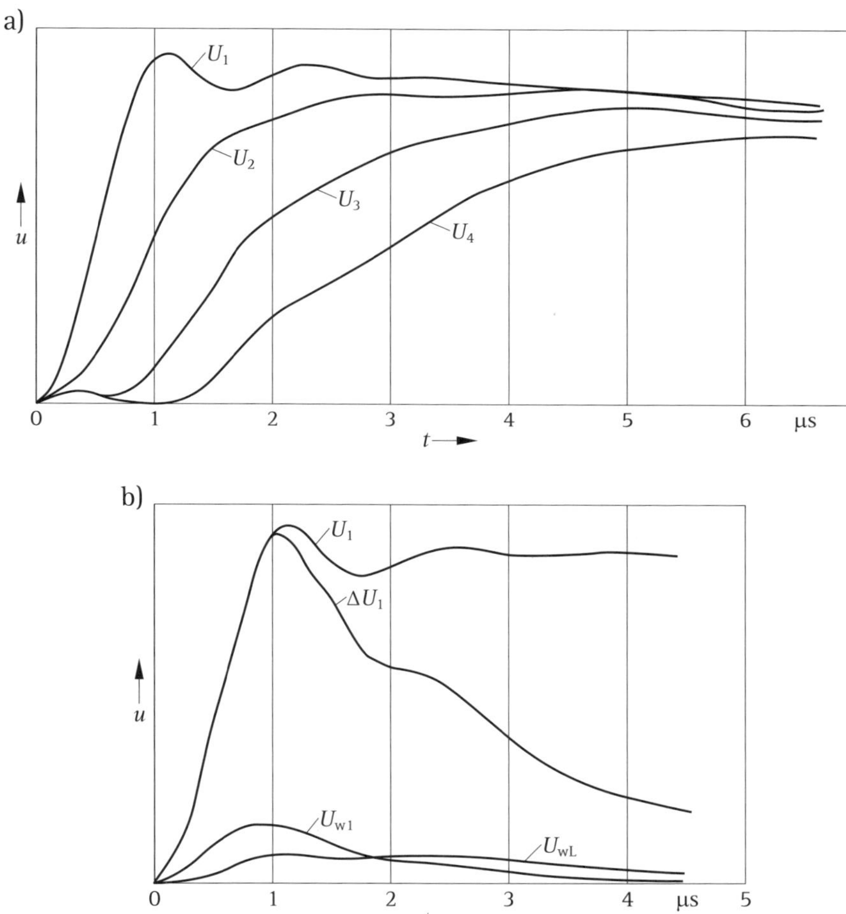

Bild 20.3 Ausbreitung einer Stoßwelle in der Wicklung eines Hochspannungsmotors [64]; Spannung am Anfang der ersten bis vierten in Reihe geschalteten Spule, jeweils gegen Erde gemessen

a) Stoßspannungsfall an den ersten vier in Reihe geschalteten Spulen

b) Stoßspannungsfall im Bereich der ersten Spule

U_1 Spannung am Anfang der ersten Spule, entsprechend $U_2 - U_4$

ΔU_1 Spannungsfall an der ersten Spule, entsprechend $\Delta U_2 - \Delta U_4$

U_{w1} Spannungsfall an der ersten Windung der ersten Spule

U_{wl} Spannungsfall an der letzten Windung der ersten Spule

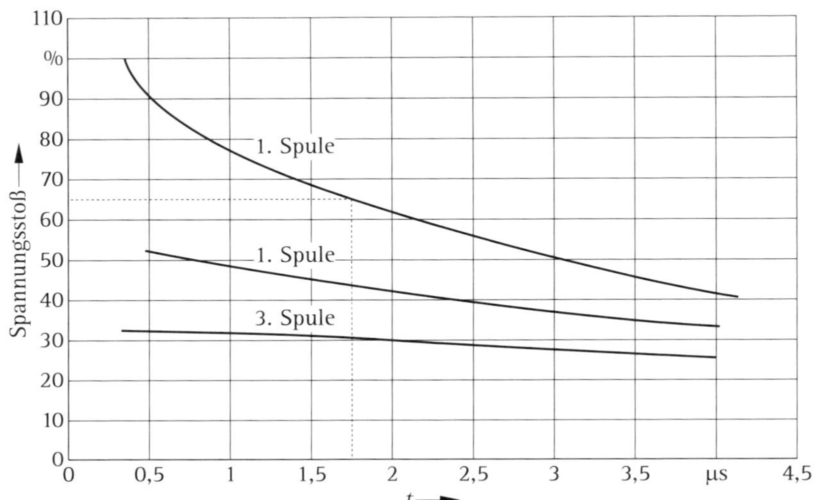

Bild 20.4 Spannungsverteilung über die ersten Motorspulen durch steile Spannungsfronten
U_1 Spannung am Anfang der ersten Spule gegen Erde
U_2, U_4 Spannung am Anfang der zweiten bis vierten Spule gegen Erde

Neben der einlaufenden Stoßspannungswelle und dem Spannungsfall an der ersten Spule ist in Bild 20.3 b der Spannungsfall an der ersten und an der letzten Windung dieser Spule dargestellt. Man erkennt, dass an der letzten Windung eine geringere Spannung als an der ersten abfällt. Ursache ist die Vergrößerung der Stirnzeit der Stoßwelle beim Durchlaufen der Spule.

Ein weiteres Beispiel für die Beanspruchung der ersten Spulen einer Motorwicklung zeigt **Bild 20.4** für einen 10 kV/400 kW-Motor. Bei einer Anstiegszeit der Spannungsfront von 1,7 µs fallen 65 % des bipolaren Werts eines Spannungsstoßes an der ersten Spule, 44 % an der zweiten Spule und 30 % an der dritten Spule ab. Mit kürzer werdender Anstiegszeit wird der an der ersten Spule abfallende Anteil der bipolaren Spannung größer.

Bedingt durch Resonanz mit örtlichen Teil-Kapazitäten und Teil-Induktivitäten der ersten Spule können an ihr sogar Spannungen auftreten, die größer sind als 100 % des bipolaren Stoßes.

Innerhalb der einzelnen Spule verteilt sich bei Stirnzeiten von etwa 0,5 µs die an der Spule anstehende Spannung ziemlich gleichmäßig auf die einzelnen Windungen der Spule auf [66]. Dadurch nimmt die Beanspruchung der Isolierung zwischen zwei benachbarten Windungen mit steigender Windungszahl ab, obwohl die Spannung über die Spule bei größerer Spulenleiterlänge zunimmt.

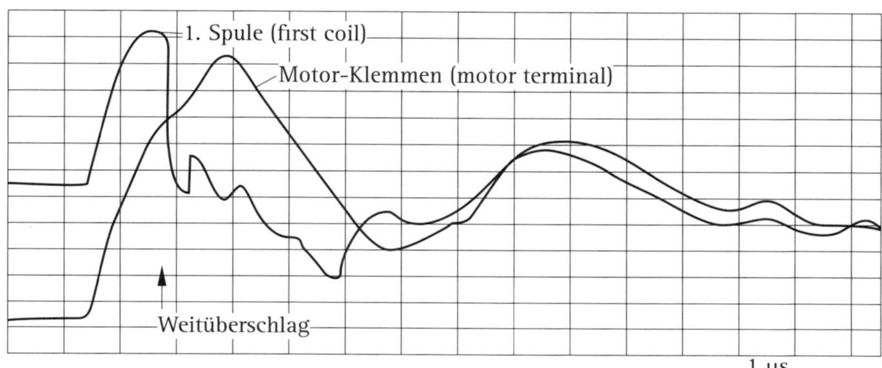

Bild 20.5 Weitdurchschlag in der ersten Spule als Folge des Einlaufens eines steilen Spannungsstoßes

In **Bild 20.5** ist ein „Weitdurchschlag" innerhalb der ersten Spule zu erkennen. Bei einem Weitdurchschlag bricht die Isolierung zwischen zwei Wicklungen innerhalb einer Spule zusammen, ohne dass es zum Überschlag zum geerdeten Ständerblech des Motors kommt. Durchschlagsprüfungen an Spulen mit mehreren Windungen haben gezeigt, dass praktisch immer ein Durchschlag von der ersten zur letzten Windung auftritt [65], da in diesem Fall die Spannungsbeanspruchung am höchsten ist.

Problematisch bei einem Weitdurchschlag ist, dass die Schädigung des Motors nicht unmittelbar zu erkennen ist, solange die Isolierung zum Ständerblech unversehrt ist. Es entsteht also kein Erdschluss. Die Vielzahl der noch intakten Spulen lässt eine Minderung der Motorleistung kaum feststellen. Der Spannungsverlauf an den Klemmen ändert sich nicht. Dennoch ist der Motor gefährdet, da die Spannungsbeanspruchung der übrigen Spulen im Betrieb und bei Schaltvorgängen erhöht ist.

Um der beschriebenen Gefahr zu begegnen, bemüht man sich sowohl bei Motoren als auch bei Transformatoren, die ersten Spulen hinter den Klemmen höher zu isolieren als die übrige Wicklung.

20.2 Einschalten von Motoren

Die vorstehenden Erläuterungen beschränken sich auf das Einschalten von Motoren unter normalen Betriebsbedingungen. Für das Einschalten von fehlerbehafteten Motoren, insbesondere von erdschlussbehafteten Motoren, sei auf [11] verwiesen.

Das betriebsmäßige Einschalten ist eine der häufigsten Schalthandlungen an Motoren. Ausgleichvorgänge, die durch den Vor-Überschlag in den sich schließenden Schaltstrecken verursacht werden, können innerhalb eines Motors zu Überspannungen führen.

Wie im einleitenden Teil des Kapitels 16 beschrieben, kommt es in der schließenden Schaltstrecke zu einem Vor-Überschlag zwischen den sich nähernden Kontakten, sobald die Spannungsfestigkeit der Schaltstrecke geringer geworden ist als der Momentanwert der anliegenden Spannung. Dies gilt auch bei betriebsmäßigem Einschalten im fehlerfreien Netz. Mit dem Vor-Überschlag, der auch im Scheitelwert der anliegenden Spannung auftreten kann, ist die elektrische Verbindung zwischen Netz und Last hergestellt, hier mit einem Motor.

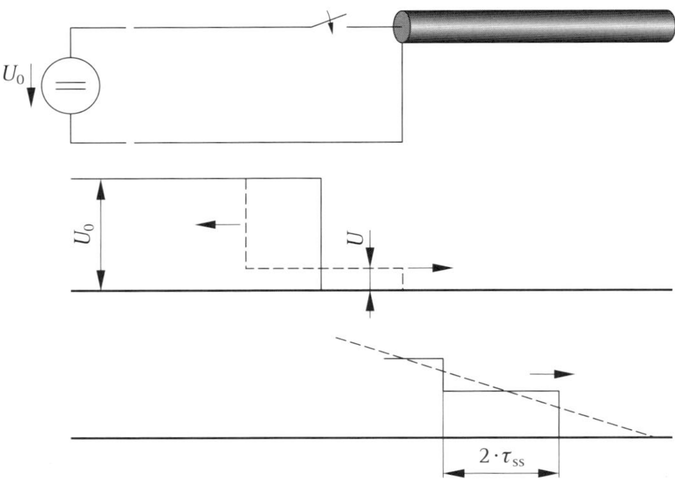

Bild 20.6 Einlaufen einer Wanderwelle in Kabel und Sammelschiene beim Schließen des ersten Schalterpols
τ_{SS} Laufzeit der Wanderwelle auf der Sammelschiene

Es wird angenommen, dass der Motor über ein langes Kabel mit dem Schalter und der wiederum über einen Sammelschienenabschnitt mit dem speisenden Netz verbunden ist (Bild 20.5). Das Netz habe die treibende Leiterspannung $\hat{u} \cdot \sin \omega t$, die Last habe das Potential null.

Der Vor-Überschlag, d. h. der Spannungszusammenbruch über die zunächst offene Schaltstrecke beim Einschalten des ersten Leiters erzeugt eine Stoßwelle, deren Höhe maximal dem Scheitelwert $\hat{u}$ der Leiterspannung entspricht. Als Folge laufen Stoßwellen in Richtung Netz und Motor. Ihre Amplituden $\Delta u_{1,2}$ werden durch die Potentialdifferenz Δu vor der Schalterzündung und das Verhältnis der Wellenwiderstände bestimmt:

zum Netz laufende Stoßwelle: $$\Delta u_1 = \Delta u \frac{Z_1}{Z_1 + Z_2} \tag{20.1}$$

zum Motor laufende Stoßwelle: $$\Delta u_2 = \Delta u \frac{Z_2}{Z_1 + Z_2} \tag{20.2}$$

Bei Industrie- und Kraftwerksanlagen kann davon ausgegangen werden, dass auf der Netzseite mehrere Kabel, also *n* Kabel, parallel liegen. Werden auf Netz- und auf der Lastseite Kabel gleichen Typs verwendet, so hat wegen $Z_1 = Z_2/n$ die zum Motor laufende Stoßwelle die Ampltude $\Delta u_2 = 6 \cdot \Delta u_1 \approx 0{,}85 \cdot \Delta u$.

Wegen des im Vergleich zum Kabel hohen Wellenwiderstands der Motor-Wicklung kann das dortige Kabelende annähernd als offen angesehen werden. An der Stoßstelle Kabel–Motorklemme wird die auf den Motor zulaufende Stoßwelle Δu_2 positiv auf das 1,8- bis 1,9-Fache reflektiert. Geht man von dem zitierten Beispiel aus, das durchaus als härtester Fall betrachtet werden kann, so tritt am zuerst zugeschalteten Motorstrang eine bipolare Stoßspannung von $1{,}9 \cdot 0{,}85 \cdot \Delta u = 1{,}6 \cdot \Delta u$ auf.

Diese Überlegungen gelten für Kabellängen zwischen Schalter und Motor, die so groß sind, dass die Stirn der Stoßwelle vollständig in das Kabel eingelaufen ist, ehe die Reflexion an den Motorklemmen eintritt. Die doppelte Kabellänge muss also mindestens so lang sein wie die Front der Stoßspannungswelle. Bei kürzeren Kabellängen interferiert die rücklaufende Spannungsfront mit dem noch einlaufenden Teil der Spannungswelle, sodass die vom Motor gesehene resultierende Spannungsamplitude kleiner wird. Geht man von einer Wellengeschwindigkeit von 140 m/µs und einer Stirnzeit der Spannungswelle von 1 µs aus, so ist bei Kabellängen unter 70 m bereits mit einer Beeinflussung der Stoßwellen-Stirnform durch Reflexionswellen zu rechnen.

Nach Einlaufen der Spannungswelle tritt innerhalb der Motorwicklung eine Schwingung auf, die einen Überschwingfaktor von etwa 1,5 hat und nach < 1 ms abgeklungen ist.

Am Beispiel [11] der Einschaltung eines 6 kV/5 000 kW-Motors mit Kurzschlussläufer geschieht die Vorzündung im ersten Pol des Schalters bei einer Potentialdifferenz über der Schaltstrecke von 4,8 kV (1 p. u.). Entsprechend dem Verhältnis der Wellenwiderstände der lastseitigen Verbindung Z_2 und der netzseitigen Z_1 läuft eine Spannungswelle mit der Amplitude 4,0 kV zum Motor. Die Spannung wird an der Motorklemme auf 7,6 kV reflektiert. (Reflexionsfaktor 1,9) Der Spannungssprung erzeugt innerhalb des Motors eine Schwingung mit einer durch die Daten des Motors gegebenen Frequenz von 7 kHz, die schließlich nach < 1 ms auf das Potential der Netzseite abgeklungen ist. Nimmt man an, dass die in Bild 20.1 dargestellten Elemente *L*, *R*, C_p und R_p der erstzugeschalteten Motorwicklung einen

Kreis mit einem Überschwingfaktor von 1,5 bilden, so treten an der Wicklung des erstzugeschalteten Motorstrangs Spannungsamplituden von bis zu 2,9 p. u. auf. Im Fall des 6-kV-Motors erreicht der Scheitelwert der Einschwingspannung 13.9 kV.

Das Oszillogramm einer derartigen Einschaltung zeigt **Bild 20.7**.

Verursacht der Schalter während seines Zuschaltens Wiederzündungen (siehe Kapitel 21), deren Folgefrequenz der Resonanzfrequenz der Motorwicklung oder Teilen von ihr entspricht, so kann die dadurch erzeugte Schwingung, neben dem Weitdurchschlag (Abschnitt 20.1), erhebliche, den Motor gefährdende Amplituden erreichen.

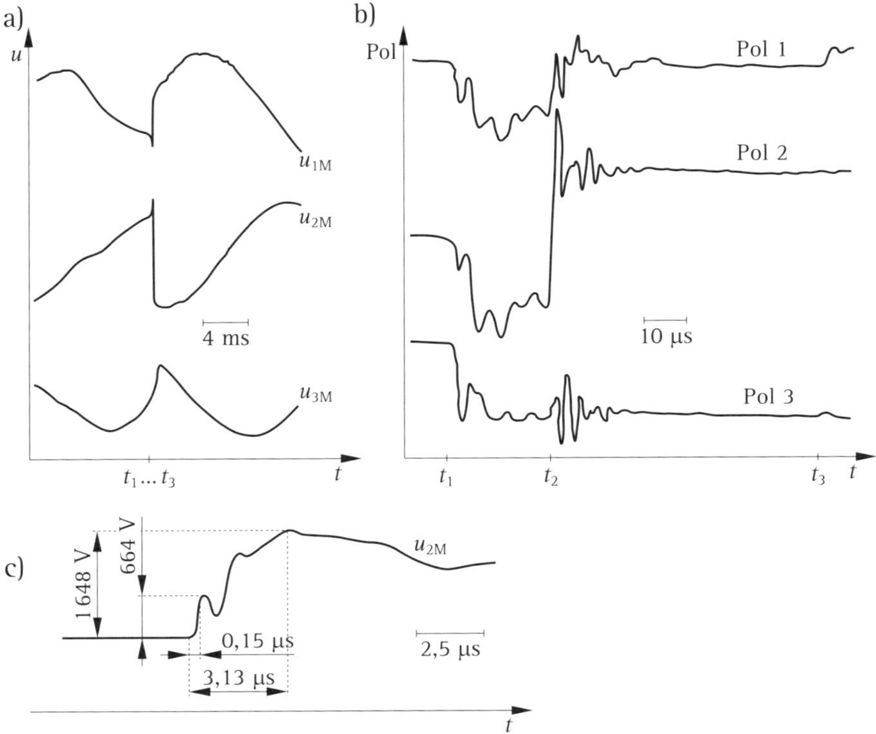

Bild 20.7 Oszillogramm der Einschaltung eines Motors:
Zum Zeitpunkt t_1 schaltet Schalterpol 3 zu, zum Zeitpunkt t_2 der Schalterpol 2 und zum Zeitpunkt t_3 der Schalterpol 1.
a), b) dreiphasige Oszillogramme geringer bzw. hoher Zeitauflösung
c) Spannungsanstieg im Strang 2 zum Zeitpunkt t_2 infolge der Zuschaltung bei Phasenopposition zwischen Netz- und Motorpotential

Mit dem Potential des erstzugeschalteten Motorstrangs ändert sich auch das der beiden übrigen Stränge. Die beiden noch in ihrem Potential freien Wicklungen schwingen gedämpft auf den Augenblickswert der erstzugeschalteten Wicklung ein [65].

Für das Einschalten des zweiten und dritten Motorstrangs sind zwei Fälle zu betrachten, die zu unterschiedlichen Spannungsbeanspruchungen führen (**Bild 20.8**).

Im ersten Fall geschieht das Zuschalten dieser beiden Leiter während des im ersten Leiter angeregten Einschwingvorgangs: Beim Durchzünden des ersten Schalterpols bei einer Spannung von 1 p.u. hatten die beiden anderen Leiter der treibenden Spannung einen Momentanwert von je 0,5 p.u. mit entgegengesetzter Polarität. Geht man davon aus, dass die beschriebene Schwingung, die einen ersten Scheitelwert von annähernd 3 p.u. erreichen kann, in voller Höhe auch in den beiden anderen Motorsträngen und damit an deren – noch offenen – Klemmen auftritt, so liegt an den beiden noch offenen Schaltstrecken eine Potentialdifferenz von 3,5 p. u (Bild 20.8). Es kommt infolge dieser hohen Spannung ebenfalls zum Vor-

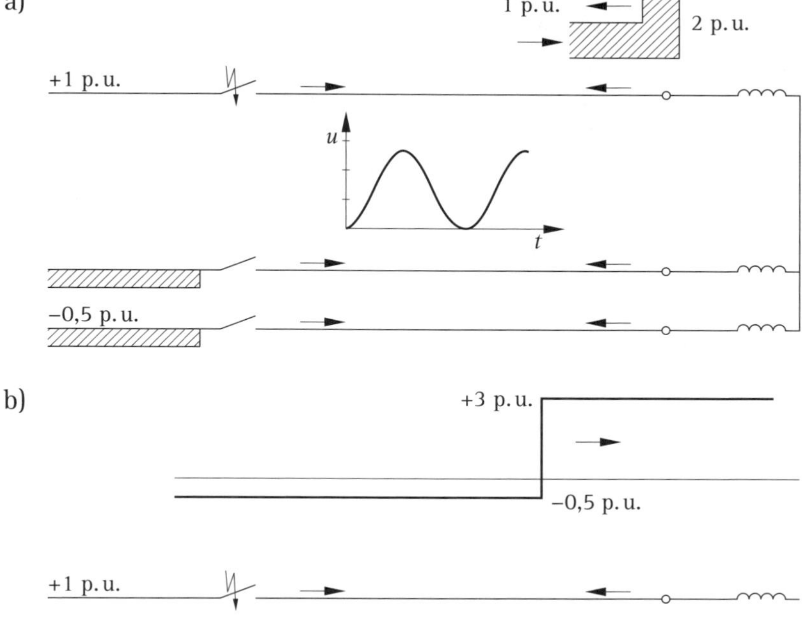

Bild 20.8 Beanspruchung der Isolierung der Motorwicklung durch an den Klemmen reflektierte Wellen
a) erstzündender Leiter
b) zweitzündender Leiter

Überschlag und damit zum Durchschalten der beiden anderen Schalterpole. Auf den zweiten und dritten Motorstrang läuft nun eine Spannungswelle zu, die an den entsprechenden Klemmen auf bis zu 7 p. u. reflektiert wird.

Für das Beispiel des 6 kV/5 000 kW-Asynchronmotors, in dem für die Einschwingspannung an der Klemme des erstzugeschalteten Leiters 2,9 p. u. ermittelt wurden, ergibt sich über die offenen Schaltstrecken der beiden letztzuschaltenden Schalterpole eine Spannungsamplitude von (2,9 + 0,5) p. u. und durch die Reflexion an den Klemmen der beiden Motorsträngen 3,4 p. u. · 1,94 = 6,6 p. u. Bedingt durch Dämpfung und die nicht vollständige Übertragung der Einschwingspannung von der erst- zu den letztzugeschalteten Leitern wird dieser Wert im Allgemeinen nicht erreicht. In der Literatur werden Messwerte bis zu 5,9 p. u. genannt. Für einen 6-kV-Motor bedeutet dies eine Spannung von 28,9 kV.

Im zweiten Fall ist die Zuschaltung der beiden letzten Motorstränge zeitlich soweit verzögert, dass der Einschwingvorgang im ersten Strang weitgehend abgeklungen ist. Dies ist eher der Normalfall, da die Schalterpole beim Einschalten mechanisch um mehr als 1 ms streuen können, also länger als die Abklingzeit dieses Einschwingvorgangs. Vor ihrer Zuschaltung haben damit diese Stränge das Potential des Augenblickswerts des erstzugeschalteten Leiters, also maximal 1 p. u.

Nachdem der erste Schalterpol zugeschaltet hat, kann die maximale Potentialdifferenz über der Schaltstrecke des zweit- bzw. drittschließenden Schalterpols den Scheitelwert der verketteten Spannung annehmen. Unter der schon für den Vorgang am erstzugeschalteten Motorstrang getroffenen Annahme, dass der größere Teil der durch den Vor-Überschlag erzeugten Spannungsfront auf den Motor zuläuft ($Z_2 > Z_1$), sehen die Motorklemmen eine Spannungswelle von 1,73 p. u., die durch Reflexion den Scheitelwert 3,46 p. u. erreichen kann. Im oben gebrachten Beispiel mit einem Reflexionsfaktor von 1,9 ergibt sich ein Scheitelwert von 3,3 p. u. Dazu addiert sich das Potential, das die beiden Motorstränge unmittelbar vor ihrer Zuschaltung angenommen hatten.

21 Multiple Wiederzündungen und virtueller Stromabriss

Wie in Abschnitt 18.4 dargestellt, treten Wiederzündungen beim Abschalten induktiver Lasten auf, wenn der Schalter den Strom mit einer Lichtbogenzeit unterbricht, die so kurz ist, dass die über die offene Kontaktstrecke auftretende Spannung nicht gehalten wird. Es wurde davon ausgegangen, dass anschließend wieder der Betriebsstrom fließt, der beim nächsten Stromnulldurchgang endgültig abgeschaltet wird. Die hochfrequenten Ausgleichströme aus der ersten und zweiten Parallelschwingung konnten nicht unterbrochen werden.

21.1 Multiple Wiederzündungen

Ist der Schalter in der Lage, den hochfrequenten Ausgleichstrom, sei es den der ersten oder den der zweiten Parallelschwingung, zu unterbrechen, so tritt, wie **Bild 21.1** schematisch zeigt, über der nun erneut offenen Schaltstrecke die vom Lastkreis bestimmte Einschwingspannung auf. Geschieht diese Unterbrechung schon bei sehr kurzen Lichtbogenzeiten bzw. kleinem Kontaktabstand, so wird die Einschwingspannung nicht gehalten, und der Schalter zündet erneut durch. Da der nun wieder fließende Ausgleichstrom, dessen Frequenz im Kiloherz-Bereich liegt, ebenfalls unterbrochen wird, wird der Kreis wieder geöffnet, und die Einschwingspannung tritt auf. Wiederholt sich dieser Vorgang mehrmals, so spricht man von multiplen Wiederzündungen.

Die Markierungen *1*, *3*, *5* im Bild 21.1 kennzeichnen Wiederzündungen, die Markierungen *2*, *4*, *6* das Unterbrechen des jeweiligen, im oberen Teil des Bildes gezeigten Ausgleichstroms. Da das Unterbrechen im Mikrosekunden-Bereich nach der vorhergehenden Wiederzündung erfolgt, hat sich die sich öffnende Kontaktstrecke in dieser Zeit nur wenig vergrößert. Die elektrische Festigkeit, die mit wachsendem Kontaktabstand zunimmt, ist entsprechend gering angestiegen. Sobald die Einschwingspannung jeweils höher wird als der Momentanwert der Spannungsfestigkeit der Schaltstrecke, kommt es zur weiteren Wiederzündung. Dieser Prozess ist erst dann beendet, wenn die Schaltstrecke eine Spannungsfestigkeit erreicht hat, die größer ist als die Amplitude der Einschwingspannung.

Jede Durchzündung ist, wie sich aus dem Ersatzschaltbild Bild 18.4 ableiten lässt, mit einem Energietransfer von der netzseitigen Kapazität C_N zur lastseitigen C_L

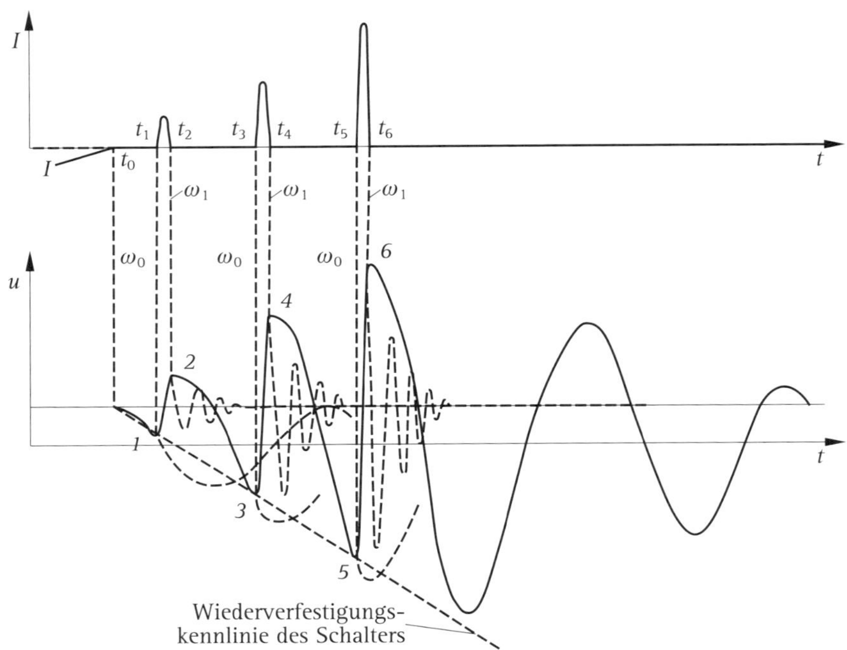

Bild 21.1 Strom im Schalter (oben) und Spannung an der Last (unten) bei multipler Wiederzündung

verbunden (zweite Parallelschwingung – siehe Abschnitt 18.4). Der Energieinhalt $\frac{1}{2} \cdot C_L \cdot u^2$ der Lastkapazität nimmt damit zu. Mit jeder Wiederzündung nimmt die momentane Spannungsdifferenz zwischen Netz- und Lastseite zu und damit auch der Ausgleichstrom bei der folgenden Wiederzündung. Dementsprechend wird auch, wie Bild 21.1 zeigt, nach jeder Durchzündung die Amplitude der lastseitigen Einschwingspannung größer.

Während in Bild 21.1 die ausgezogene Linie den Spannungsverlauf als Folge der Wiederzündungen angibt, ist gestrichelt dargestellt, wie die lastseitige Einschwingspannung verlaufen würde, wenn es nicht zu Wiederzündungen gekommen wäre. Außerdem ist gestrichelt gezeigt, wie die Spannung hochfrequent auf die netzseitige Spannung einschwingen würde, falls der Schalter den hochfrequenten Ausgleichstrom nicht unterbrechen könnte.

Wie **Bild 21.2** zeigt, können multiple Wiederzündungen bei Schaltern aller Löschprinzipien auftreten. Besonders häufig sind sie bei Vakuum-Leistungsschaltern, die mit sehr kurzen Lichtbogenzeiten (< 1 ms) schon Ströme mit hohem Gradienten di/dt abschalten können. Ihr Kontaktabstand liegt dann bei 1 mm oder darunter.

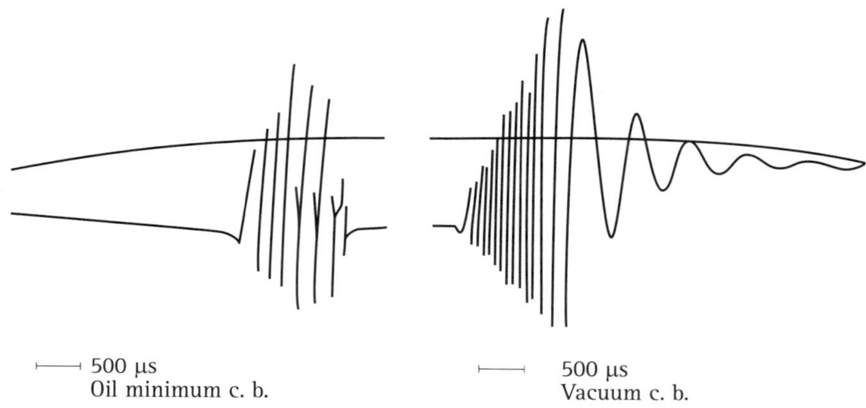

Bild 21.2 Multiple Wiederzündungen beim Abschalten: Spannung an der Lastseite
links: ölarmer Schalter
rechts: Vakuumschalter

Wie sich aus den Betrachtungen zu Bild 21.1 erkennen lässt, muss der geschaltete Kreis zwei Bedingungen erfüllen, damit multiple Wiederzündungen auftreten können [55]:

1. Die lastseitige Einschwingspannung muss nach der Stromunterbrechung schneller ansteigen als die elektrische Wiederverfestigung der sich öffnenden Schaltstrecke. Nur dann schneiden sich die Spannungsverläufe entsprechend den Markierungen *1*, *3*, *5*. Diese Bedingung ist erfüllt, wenn die in Gl. (18.13) angegebene Einschwingfrequenz der Last relativ hoch ist bzw. die Lastinduktivität L_L und/oder die Lastkapazität C_L klein sind.

2. Die netzseitige Kapazität C_N muss wesentlich größer sein als C_L, damit ein Energietransfer nach C_L möglich ist, ohne dass die Spannung an der netzseitigen Kapazität einbricht.

Grundsätzlich können multiple Wiederzündungen beim Abschalten aller Arten von induktiven Lasten, also Drosselspulen, unbelastete Transformatoren, oder festgebremste Motoren bzw. Motoren in der frühen Phase des Anlaufs, auftreten. Im Prüffeld durchgeführte statistische Untersuchungen [55] haben ergeben, dass die Häufigkeit des Auftretens multipler Wiederzündungen beim Abschalten festgebremster Motoren oder Motoren in der ersten Phase des Anlaufens in der Größenordnung von 19 % liegt. Erfahrungen haben jedoch gezeigt, dass im Netzbetrieb die Wahrscheinlichkeit multipler Wiederzündungen wesentlich geringer ist [56]. Dies lässt sich wie folgt begründen: Mit wachsender Frequenz des durch die erste Parallelschwingung getriebenen Ausgleichstroms wird die Fähigkeit des Schalters geringer, diesen Ausgleichstrom zu unterbrechen. Wie vergleichende Messungen zeigen, ist im Netz häufig diese Frequenz höher als in den Prüfkreisen. Der Schalter unterbricht in diesen Fällen den Ausgleichstrom nicht, sodass der betriebsfrequente Strom wieder fließt. Es kommt damit zu einer einfachen Wiederzündung, wie sie im Abschnitt 18.4 beschrieben ist.

Bei Vakuum-Leistungsschaltern treten auch während des Einschaltens multiple Wiederzündungen auf (**Bild 21.3**). Der beim Vor-Überschlag fließende hochfrequente transiente Einschaltstrom (siehe Abschnitt 16.5) hat Stromnulldurchgänge und wird vom Vakuum-Schalter unterbrochen. Die Schaltstrecke hat in diesem Moment nur eine begrenzte elektrische Festigkeit, wie der Vor-Überschlag gezeigt hat. Sie zündet daher wieder durch. Der Vorgang wiederholt sich, wobei die Amplitude abnimmt, bedingt durch die sich einander annähernden Kontakte. Er endet entweder, wenn sich die Kontakte berühren, oder wenn bei sehr kleinem Kontaktabstand das Unterbrechen des transienten Einschaltstroms nicht mehr möglich ist.

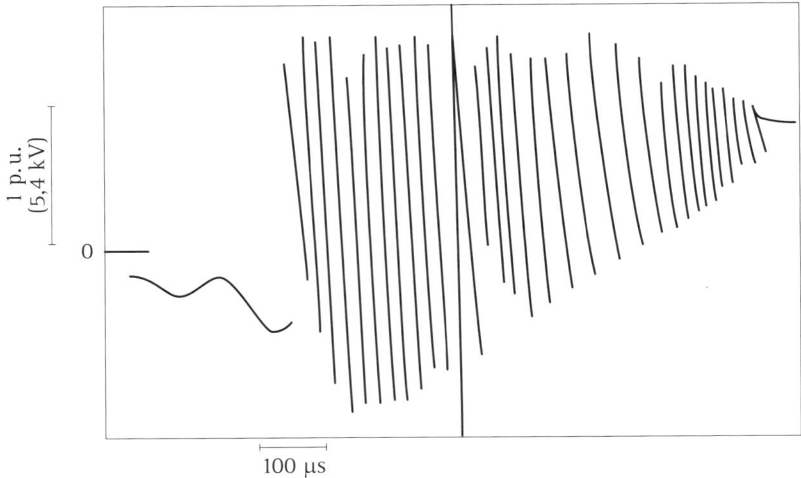

Bild 21.3 Einschaltung mit multiplen Wiederzündungen (Vor-Überschlagszeit < 1 ms)

21.2 Virtueller Stromabriss

Der hochfrequente Ausgleichstrom, der als Folge der multiplen Wiederzündungen fließt, induziert entsprechende hochfrequente Ströme in den übrigen Leitern. Ein Beispiel zeigt die Simulation in **Bild 21.4**: In einem ungeerdeten dreiphasigen Kreis sei Leiter „1" der erstlöschende Leiter. In ihm treten multiple Wiederzündungen auf. Nach der Unterbrechung im ersten Leiter fließt in den beiden anderen Leitern, wie in Abschnitt 5.1 abgeleitet worden ist, noch ein Strom von $\pm\sqrt{3}/2 = 0{,}866$ des dreiphasigen Betriebsstroms. Wenn in Leiter „1" bei Wiederzündungen der hochfrequente Strom der ersten und eventuell auch zweiten Parallelschwingung fließt, werden in den beiden anderen Leitern hochfrequente Ströme induziert, die sich dem dort fließenden Betriebsstrom überlagern. Ihre Amplituden sind abhängig von der Amplitude des hochfrequenten Ausgleichstroms im ersten Leiter. Da dieser mit jeder Wiederzündung größer wird, werden auch die Amplituden der im zweiten und dritten Leiter induzierten Ströme größer.

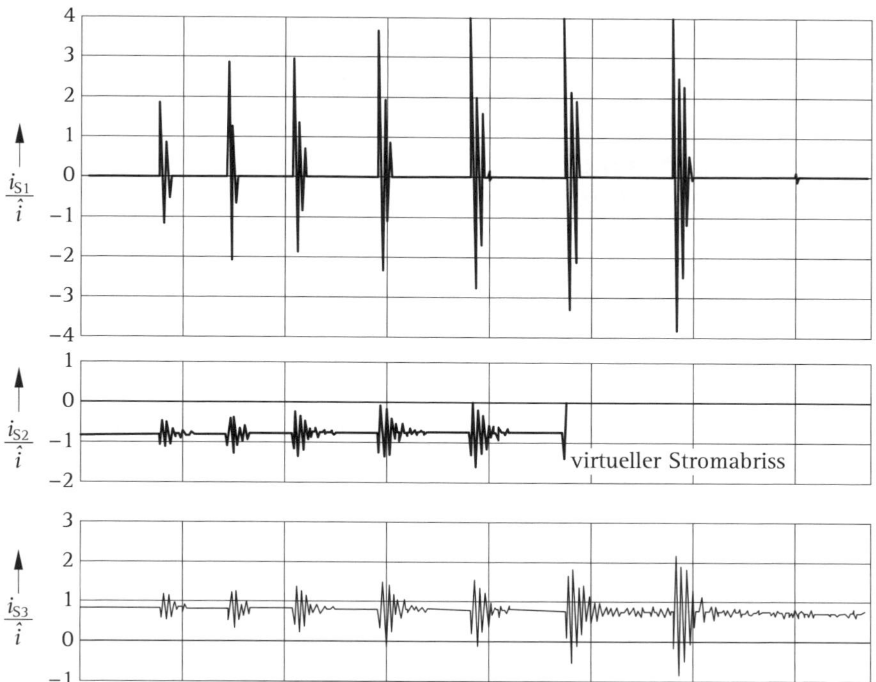

Bild 21.4 Virtueller Stromabriss (Simulation)
Leiter „1": erstlöschender Leiter mit multiplen Wiederzündungen

Wenn die Amplituden der in den letztlöschenden Leitern induzierten hochfrequenten Ströme größer geworden sind als der Momentanwert des dort fließenden betriebsfrequenten Stroms, kommt es zu Stromnulldurchgängen. Die letztlöschenden Schalterpole können nun den resultierenden Strom unterbrechen. Für die induktive Last ist eine derartige Stromunterbrechung gleichbedeutend mit einem Stromabriss. Dieser Vorgang wird als „virtueller Stromabriss“ bezeichnet. Der Abreißstrom ist mit dem 0,866-Fachen des Betriebsstroms im Allgemeinen erheblich höher als der in Abschnitt 18.1 erläuterte „natürliche“ Abreißstrom.

Ein virtueller Stromabriss führt zum annähernd gleichzeitigen Unterbrechen der Ströme in den drei Leitern eines ungeerdeten Kreises. Wegen der Größe des Abreißstroms hat er wesentlich höhere Überspannungen zur Folge als ein natürlicher Stromabriss.

Während bei Schalterprüfungen und bei Laboruntersuchungen virtuelle Stromabrisse immer wieder registriert worden sind, treten sie im praktischen Betrieb nur sehr selten auf, da hier die Wahrscheinlichkeit multipler Wiederzündungen erfahrungsgemäß geringer ist als in Prüfkreisen. Trotz der sehr großen Zahl der für das Schalten induktiver Lasten verwendeten Vakuum-Leistungsschalter ist dem Verfasser kein durch virtuellen Stromabriss verursachter Schaden bekannt.

21.3 Beanspruchung der Last durch multiple Wiederzündungen

Wie bei den in Abschnitt 18.4 diskutierten einfachen Wiederzündungen hat jede Wiederzündung der multiplen einen steilen Spannungsstoß zur Folge. Grundsätzlich wird die Isolierung der Last in entsprechender Weise beansprucht.

Da die Spannungsamplituden im Verlauf der multiplen Wiederzündungen ansteigen, verursachen multiple Wiederzündungen in vielen Fällen höhere Überspannungen als Schaltungen ohne multiple Wiederzündungen (**Bild 21.5**).

Bei entsprechender Folgefrequenz können multiple Wiederzündungen innerhalb einer Wicklung örtliche Resonanzen anregen, die zu Überspannungen führen. Dies wurde in Transformatoren, Drosselspulen und Motor-Wicklungen beobachtet.

Beispielhaft wird in [104] die Beanspruchung von Mittelspannungs-Gießharztransformatoren beim Schalten von Betriebsströmen durch Vakuumschalter geschildert. Der Verlauf der Einschwingspannung bei jeder einzelnen der multiplen Wiederzündungen ist in dem abgeschalteten Transformator bestimmt durch die Induktivitäten und Kapazitäten der Transformator-Wicklung sowie durch die Kapazitäten der Anschlusskabel auf beiden Seiten des Transformators. Die steilen Spannungsverläufe beim Wiederzünden führen unmittelbar nach der jeweiligen Durchzündung

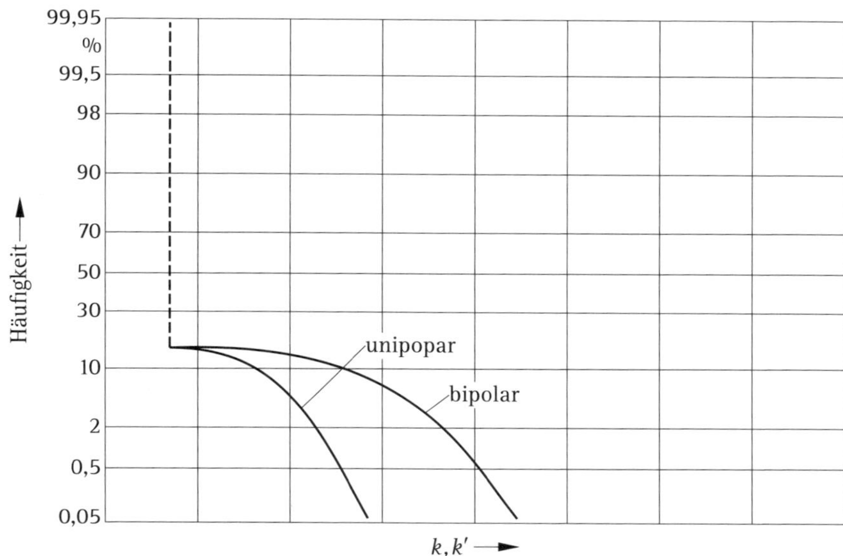

Bild 21.5 Häufigkeit von unipolaren und bipolaren Überspannungen beim Schalten eines festgebremsten Motors durch Vakuum-Leistungsschalter [55]
gestrichelte Linie: Schaltungen ohne multiple Wiederzündungen
ausgezogene Linien: Schaltungen mit multiplen Wiederzündungen

zu einer ungleichmäßigen Spannungsverteilung über die Oberspannungswicklung des Transformators. An der ersten Spule einer hochspannungsseitigen Scheibenwicklung fallen im ungünstigen Fall > 50 % der gesamten Spannungswelle ab. Bricht als Folge die so beanspruchte Wicklungsisolierung durch, kommt es zum Kurzschluss gegen den Transformatorkern und zur Zerstörung der Wicklung.

Die Situation beim Abschalten eines festgebremsten oder anlaufenden Motors ist ähnlich: Über die erste Spule fällt ebenfalls der größte Teil der einlaufenden Spannungswelle ab, beispielsweise bei einer Anstiegszeit der Spannungswelle < 2 µs etwa 50 %. Als Folge kann ein Überschlag zwischen der ersten und der letzten Windung dieser Spule auftreten („Weitdurchschlag“).

22 Abschalten kapazitiver Ströme

Im Netz treten kapazitive Ströme als Ladeströme unbelasteter, d. h. am entfernten Ende offener Freileitungen und Kabel sowie von Kondensatorbatterien auf. Auch Filterkreise ziehen häufig einen überwiegend kapazitiven Strom. Die Größe der Ströme ergibt sich bei Kondensatorbatterien aus deren Ladeleistung, bei Freileitungen und Kabeln aus deren Länge und dem Kapazitätsbelag pro Kilometer. In diesem Fall kann für die Ermittlung des Ladestroms der kontinuierlich verteilte Kapazitätsbelag durch eine konzentrierte Kapazität ersetzt werden.

Für Drehstromleitungen und Drehstromkabel ist die Betriebskapazität maßgebend. Die im Folgenden angegebenen Werte sollen einen Eindruck von der Größenordnung geben. Bei Freileitungen variieren die Kapazitätswerte u. a. in Abhängigkeit von der Höhe der Leitung über dem Erdboden und dem Mastbild, bei Kabeln werden sie im Wesentlichen vom Aufbau des Kabels bestimmt.

Betriebskapazität und Ladestrom pro Kilometer Freileitung:

123 (110) kV (Einfachseil):	9 nF/km – 10 nF/km	0,2 A/km
245 (220) kV (Zweier-Bündel):	11 nF/km – 12 nF/km	0,5 A/km
420 (380) kV (Vierer-Bündel):	14 nF/km – 15 nF/km	1,1 A/km

Bei einer Betriebskapazität von etwa 200 nF/km ergibt sich für Kabel, je nach Bemessungsspannung, ein Ladestrom bei:

12 (10) kV:	etwa 0,4 A/km
123 (110) kV:	etwa 4,5 A/km
420 (380) kV:	etwa 15 A/km

Das Abschalten kapazitiver Ströme fällt Leistungsschaltern relativ leicht, da die geschalteten Ströme normalerweise maximal wenige Hundert Ampere betragen. Es können jedoch Rückzündungen auftreten, die zu lastgefährdenden Überspannungen führen und/oder hochfrequente Ausgleichvorgänge verursachen, die die Spannungsqualität des Netzes beeinträchtigen.

In diesem Kapitel werden die grundsätzlichen Erscheinungen diskutiert, die beim Schalten von kapazitiven Strömen auftreten. Im praktischen Netzbetrieb ist jedoch eine Vielfalt von Einflüssen durch Kondensatoren möglich, die in verschiedener Weise im Netz verschaltet sind. Details dazu sowie zu den Kapiteln 23 und 24 finden sich im „Application Guide“ für die IEC-Norm 62271-100 für Hochspannungs-Leistungsschalter.

22.1 Einphasige Abschaltung

Anhand des in **Bild 22.1** dargestellten einphasigen Ersatzschaltbilds lassen sich die grundsätzlichen Vorgänge beim Unterbrechen eines kapazitiven Stroms erläutern.

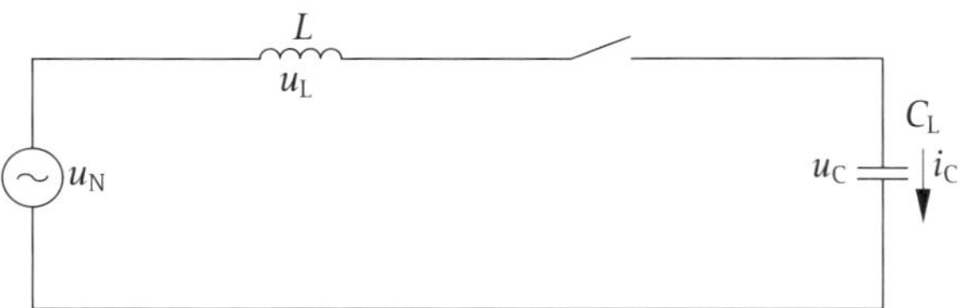

Bild 22.1 Einphasiges Ersatzschaltbild zur Abschaltung eines kapazitiven Stroms

Über den Schalter fließt der von der Lastkapazität C_L bestimmte stationäre kapazitive Strom i_C, der der treibenden Spannung u_N um 90° voreilt:

$$i_C = \hat{u}_N \cdot \frac{\omega \cdot C_L}{1 - \omega^2 \cdot L \cdot C_L} \cdot \sin \omega t \qquad (22.1\,a)$$

Jeder Kondensator hat zwangsläufig eine Eigeninduktivität. Die Induktivität L im Bild 22.1 fasst die auf der Netzseite des Schalters befindliche Induktivität L_N und die Eigeninduktivität des Kondensators zusammen. Die Eigeninduktivität L_C eines Kondensators bzw. einer Kondensatorbank, die nur aus einem Zweig besteht, liegt pro Leiter bei 5 µH im Mittelspannungsbereich ($U_r \leq 40$ kV) und bei $U_r \geq 52$ kV in der Größenordnung von 10 µH. Die Induktivität der Sammelschienen, einschließlich der Verbindung zur Kondensatorbatterie, beträgt 0,7 µH/m bis 1 µH/m. Damit ist, wenn man die Länge der Verbindungen zur Kondensatorbatterie berücksichtigt, generell $L_N > L_C$ bzw $L \approx L_N$.

In guter Näherung kann daher Gl. (22.1 a) geschrieben werden:

$$i_C = \hat{u}_N \cdot \omega \cdot C_L \cdot \sin \omega t \qquad (22.1\,b)$$

Dieser Strom wird im natürlichen Stromnulldurchgang rückzündungsfrei unterbrochen.

Der Strom i_C verursacht an der Induktivität L den Spannungsfall $\Delta u = u_L$, der im Vektordiagramm (Bild 22.2 b) der Spannung u_C entgegengesetzt gerichtet ist. Vor der Stromunterbrechung ist daher die an der kapazitiven Last anstehende Spannung u_C um Δu höher als die treibende Spannung u_N des Netzes. Diese Spannungserhöhung, die stets bei kapazitiven Lasten auftritt, wird als Ferranti-Effekt bezeichnet und im Abschnitt 25.1 näher diskutiert.

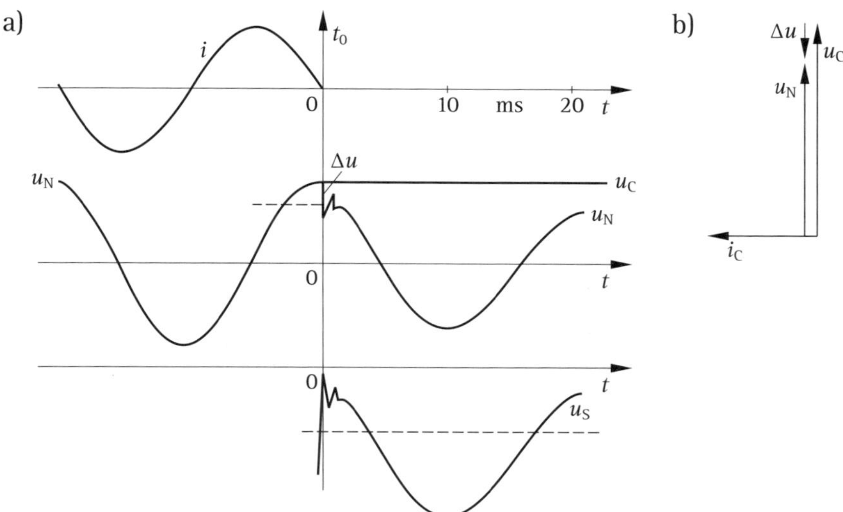

Bild 22.2 Verlauf von Strom und Spannung beim Abschalten einer kapazitiven Last C_L
a) Strom- und Spannungsverlauf
b) Vektordiagramm
u_N Netzspannung
u_C Spannung an der Kapazität nach der Stromunterbrechung
Δu Änderung der Netzspannung infolge der Stromunterbrechung (vor Stromunterbrechung: $u_N = u_C$)
u_S Spannung über dem offenen Schalter
i Strom

Bei größeren kapazitiven Lasten, wie beispielsweise längeren unbelasteten Freileitungen oder am anderen Ende offenen Kabelstrecken (siehe Abschnitte 22.4 und 22.5), kann diese Spannungserhöhung je nach Leitungslänge und Betriebskapazität die Größenordnung $0{,}1 \cdot u_N$ erreichen. Nach dem Unterbrechen des Ladestroms bleibt die kapazitive Last auf eine Spannung ($u_C = u_N + \Delta u$) aufgeladen (u_N Momentanwert der Netzspannung im Augenblick der Stromunterbrechung).

Ist der kapazitive Strom und damit der von ihm verursachte Spannungsfall an der Induktivität L relativ klein, so ist Δu verglichen zur Netzspannung gering und wird häufig vernachlässigt. Es kommt nach der Stromunterbrechung zu einem Einschwingvorgang mit der Frequenz $1/(2\pi) \cdot \sqrt{L \cdot C_N}$, der sich der Netzspannung überlagert (**Bild 22.2 a**).

Aus Gl. (22.1 a) folgt, dass der Spannungsverlauf an der Lastkapazität

$$u_C = \hat{u} \cdot \frac{1}{1 - \omega^2 \cdot L \cdot C_L} \cdot \sin \omega t \approx \hat{u} \cdot \sin \omega t \qquad (22.2)$$

praktisch dem des treibenden Netzes entspricht. Da $\omega^2 \cdot L \cdot C_L$ klein ist, wird dieser Term in der weiteren Betrachtung vernachlässigt.

Geht man davon aus, dass der Strom i_C im natürlichen Stromnulldurchgang unterbrochen wird, also ein Stromabriss nicht eintritt, so hat beim Abschalten einer reinen Kapazität die Spannung u_C ihren Scheitelwert. Wird u_L vernachlässigt, so ist dies der Scheitelwert $\hat{u}$ der treibenden Netzspannung. Die Kapazität C_L bleibt auf diese Spannung aufgeladen, während die Netzspannung mit ihrer Betriebsfrequenz (50 Hz oder 60 Hz) weiterschwingt (Bild 22.2 a).

Falls der Schalter den Strom i_C vor seinem natürlichen Stromnulldurchgang abreißt, ist die Spannung u_C noch nicht auf ihrem Scheitelwert. Die Kapazität C_L ist entsprechend weniger aufgeladen. Die Beanspruchung des Schalters in diesem Fall ist geringer als im Folgenden abgeleitet.

An den Kontakten des nun offenen Schalterpols liegt die Differenz aus den Spannungen u und u_C in Form einer voll verlagerten Cosinuskurve:

$$u_S = u_C - u = \hat{u} \cdot \left(1 - \cos \omega t\right) \tag{22.3}$$

Die Cosinuskurve beginnt zum Zeitpunkt der Stromunterbrechung mit dem Wert null und erreicht eine Halbschwingung später den zweifachen Scheitelwert der speisenden Netzspannung. Wegen der Kombination aus relativ kleinem unterbrochenen Strom und der im ersten Moment sehr langsam ansteigenden Spannung über der Schaltstrecke vermag der Schalter schon bei sehr kleinem Kontaktabstand den Lichtbogen zu löschen. Manche Leistungsschalter sind dazu sogar in der Lage, wenn der Stromnulldurchgang unmittelbar nach der Kontakttrennung auftritt. Es ist bei der Entwicklung des Schalters dafür zu sorgen, dass der Anstieg der Spannungsfestigkeit der Schaltstrecke, d. h. der Wiederverfestigungskennlinie, auch bei diesen kleinen Kontaktabständen schnell genug vor sich geht, damit der Schalter der dielektrischen Beanspruchung durch die ansteigende Spannung u_S standhält. Dabei ist auch zu berücksichtigen, dass eine Netzfrequenz von 60 Hz eine härtere Beanspruchung darstellt als 50 Hz.

22.2 Rückzündung und Wiederzündung

Bricht die Schaltstrecke unter dem Einfluss der ansteigenden Spannung u_S zusammen, so entlädt sich, getrieben von der Spannungsdifferenz zwischen der Lastkapazität C_L und dem Netz, die Kapazität mit einem Ausgleichstrom der Frequenz $1/(2\pi) \cdot \sqrt{L \cdot C_L}$. Der Kreis schwingt um, sodass in der zweiten Hälfte der Halbschwingung dieses Ausgleichstroms die Lastkapazität auf den entgegengesetzten Wert aufgeladen wird, den u_S bezogen auf den Momentanwert der

Netzspannung u_N im Augenblick der Durchzündung hatte. (Die in der Kapazität C_L gespeicherte elektrische Energie wurde in der ersten Hälfte der Halbschwingung des Ausgleichstroms in magnetische Energie in der Netzinduktivität L umgesetzt und ist anschließend wieder in C_L zurückgeschwungen.)

Eine nähere Betrachtung dieses Ausgleichstroms erfolgt im Kapitel 23 in Zusammenhang mit dem Einschalten eines kapazitiven Kreises, der L und R enthält.

Die Spannung u_C an der Lastkapazität nimmt den Wert $u_C = u + u_S$ an, wenn der Ausgleichstrom nach seiner ersten (oder dritten, fünften etc.) Halbschwingung unterbrochen wird, und den Wert $u_C = u - u_S$, wenn das Unterbrechen nach einer geradzahligen Halbschwingung des Ausgleichstroms erfolgt. Hat der Schalter den Ausgleichstrom nach seiner ersten Halbschwingung unterbrochen, so ist die Lastkapazität auf das Potential des Scheitelwerts des Ausgleichvorgangs aufgeladen, während an der netzseitigen Schalterklemme die betriebsfrequente Netzspannung ansteht.

Über den nun offenen Schalter erscheint wiederum die Differenzspannung, die einen entsprechenden neuen Wert angenommen hat.

Tritt in der Schaltstrecke die Durchzündung auf, wie im **Bild 22.3** dargestellt nach einer betriebsfrequenten Halbschwingung im Scheitelwert der Netzspannung $-\hat{u}$, und wird die Dämpfung vernachlässigt, so liegt nach der Unterbrechung im ersten Nulldurchgang des Ausgleichstroms die dreifache Netzspannung $-3 \cdot \hat{u}$ an der Kapazität.

Wie Bild 22.3 zeigt, erreicht die über die nun wieder offene Schaltstrecke anstehende Differenzspannung u_S nach einer weiteren Halbschwingung der betriebsfrequenten Spannung den vierfachen Scheitelwert der Netzspannung u. Wiederholt sich der Vorgang der Durchzündung der Schaltstrecke in diesem Scheitelwert $\hat{u}$ und wird der Ausgleichstrom wieder nach seiner ersten Halbschwingung unterbrochen, so nimmt die Kapazität die Spannung $u_C = 5 \cdot \hat{u}$ an. Dies zeigt die Gefahr, die derartige Durchzündungen für die Spannungsfestigkeit von Kondensatoren bzw. allgemein für die lastseitige Isolierung darstellen. Mit der Höhe der Differenzspannung u_S steigt auch die Amplitude des Ausgleichstroms und damit die dynamische Beanspruchung der Kondensatoren.

Durchzündungen, die wie beschrieben später als eine betriebsfrequente Viertelperiode auftreten, d. h. später als 5 ms im 50-Hz-Netz (4,17 ms im 60-Hz-Netz), werden als „Rückzündung" bezeichnet. Kommt es vor Ablauf der Viertelperiode, d. h. vor dem ersten auf die Abschaltung folgenden Nulldurchgang der Netzspannung u, zum Durchzünden der Schaltstrecke, so ist dies eine „Wiederzündung". Da die Differenzspannung u_S bis zu diesem Zeitpunkt maximal den Wert 1 p.u. erreicht, kann auch die an der Kapazität anstehende Spannung maximal auf $-\hat{u}$ umschwingen (**Bild 22.4**).

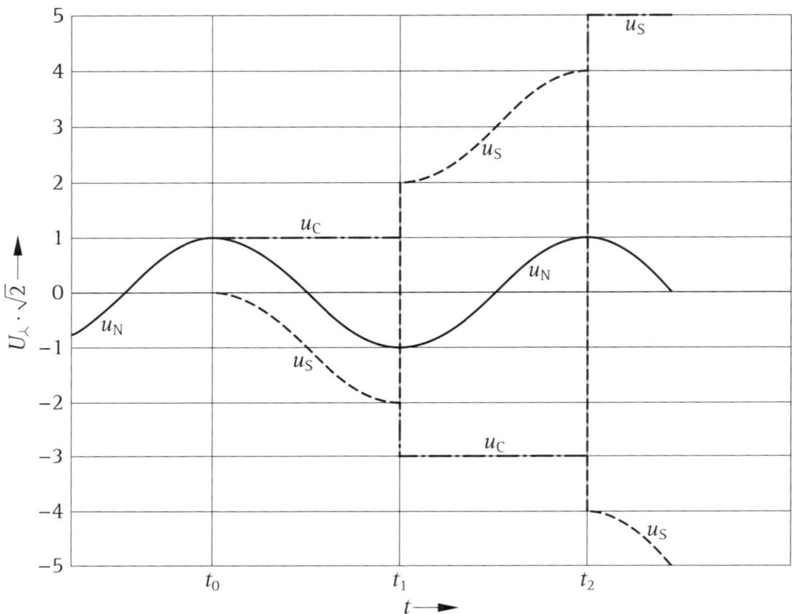

Bild 22.3 Spannungsverlauf beim einphasigen Schalten mit Rückzündung
u Netzspannung
u_C Spannung an der Kapazität
u_S Spannung über der Schaltstrecke (Differenzspannung $u_S = u_C - u$)
t_0 Lichtbogen-Löschzeitpunkt
t_1, t_2 Zeitpunkte der Rückzündungen

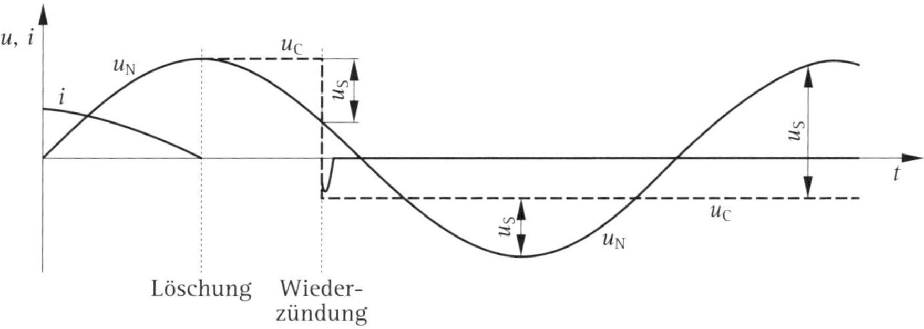

Bild 22.4 Wiederzündung nach dem Abschalten eines einphasigen kapazitiven Kreises. Der Zeitpunkt der Durchzündung liegt vor dem Ablauf einer Viertelperiode nach der Abschaltung.

Wiederzündungen haben also keine Überspannungen am Schalter zur Folge, während Rückzündungen zu durchaus die Kapazität gefährdenden Überspannungen führen können. Aus diesem Grund wird im Allgemeinen gefordert, dass Leistungsschalter rückzündungsfrei arbeiten. Da man davon ausgeht, dass in einem Schalter, der kapazitive Lasten mit Wiederzündungen abschaltet, auch gelegentlich Rückzündungen auftreten, wird verlangt, dass moderne Leistungsschalter rück- und wiederzündungsfrei schalten.

Jede Durchzündung führt während des Ausgleichvorgangs zu einem, wenn auch extrem kurzzeitigen, Kurzschluss im Netz. Dies beeinträchtigt die Spannungsqualität und kann bei empfindlichen elektronischen Geräten Störungen verursachen. Daher sind selbst Wiederzündungen zu vermeiden.

Statistisch würde die Forderung nach rück- und wiederzündungsfreiem Abschalten bedeuten, dass die Wahrscheinlichkeit des Auftretens von Rück- und/oder Wiederzündungen gleich null ist. Da es eine Wahrscheinlichkeit null nicht geben kann, gibt es auch, streng genommen, keine Leistungsschalter, die ideal rück- und wiederzündungsfrei arbeiten. Dem trägt das Vorgehen bei den in Abschnitt 22.6 beschriebenen Prüfungen Rechnung.

22.3 Dreiphasige Abschaltung

Wie im Abschnitt 4.1 dargestellt, lassen sich die kapazitiven Kopplungen der Leiter eines Drehstromsystems untereinander und gegen Erde durch die gegenseitigen Kapazitäten C_g und die Erdkapazitäten C_E darstellen. Bei symmetrischer Anordnung ergeben sich die in Gl. (4.3) angegebenen Kapazitäten zu:

- für das Mitsystem: $C_1 = C_E + 3 \cdot C_g$
- für das Nullsystem: $C_0 = C_E$

Sind die Sternpunkte sowohl der Netzseite als auch der kapazitiven Last wirksam geerdet, so hat jeder Leiter nur eine Kapazität gegen Erde (die gegenseitigen Kapazitäten C_g sind null), und es gilt $C_1 = C_0$. Der Strom wird in allen drei Leitern unabhängig voneinander mit $^1/_6$ Periode Abstand im natürlichen Stromnulldurchgang unterbrochen. Jeder Leiter verhält sich wie ein eigener einphasiger Kreis. Die Spannung über dem offenen Schalter ist in allen drei Leitern gleich und erreicht beim rückzündungsfreien Schalten maximal einen Scheitelwert 2 p.u. (**Bild 22.5**).

Ist jedoch der Sternpunkt des Netzes oder der Kapazität erdfrei oder sind beide Sternpunkte nicht geerdet, so gilt $C_1/C_0 \rightarrow \infty$, und es tritt, ähnlich dem Schalten induktiver Ströme, bei der Stromunterbrechung im erstlöschenden Schalterpol eine

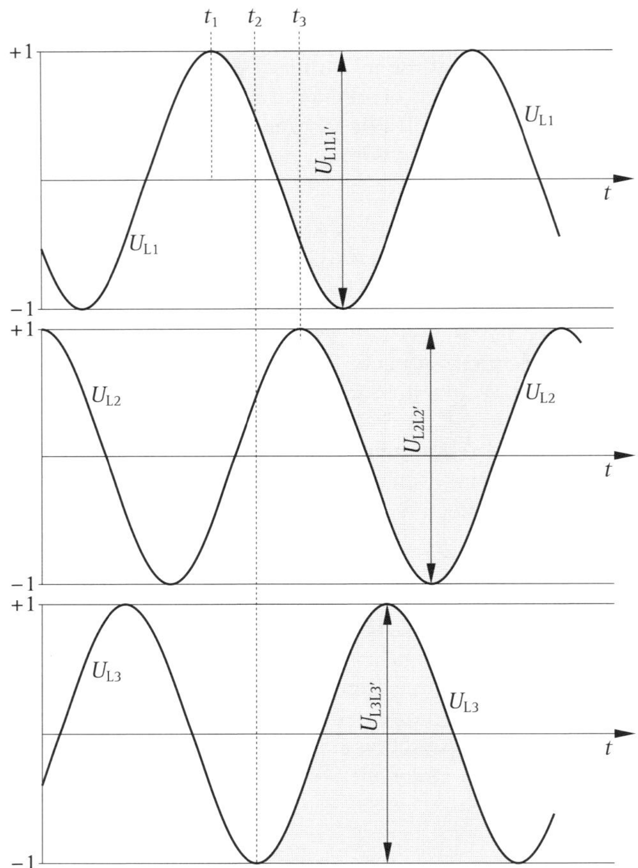

Bild 22.5 Abschalten einer Kondensatorbatterie mit geerdetem Sternpunkt im geerdeten Netz
u_{L1}, u_{L2}, u_{L3} Netzspannung der Leiter L1, L2, L3
u_{L1L1}, u_{L2L2}, u_{L3L3} Spannung über die Schaltstrecke des Pols L1 bzw. L2 bzw. L3
t_1, t_2, t_3 Zeitpunkte der Stromunterbrechung

Sternpunktverschiebung auf. Dieser Vorgang wird im Abschnitt 5.1 anhand der Bilder 5.3 und 5.4 beschrieben. Die Sternpunktverschiebung hat, verglichen mit dem einphasigen Schalten, eine Spannungserhöhung zur Folge. Dieser Fall soll an einem Kreis mit geerdetem Netzsternpunkt und erdfreiem Kapazitäts-Sternpunkt (**Bild 22.6**) betrachtet werden.

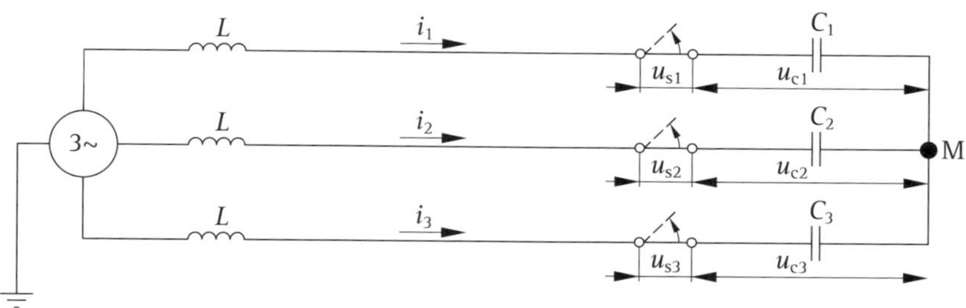

Bild 22.6 Ausschalten einer ungeerdeten dreipoligen Kapazität; Ersatzschaltbild

Vor der Stromunterbrechung fließt, wie bei einphasigen Abschaltungen, in jedem Leiter der stationäre Strom:

$$i_C = \hat{u}_N \cdot \frac{\omega \cdot C_L}{1 - \omega^2 \cdot L \cdot C_L} \cdot \sin \omega t \approx \hat{u}_N \cdot \omega \cdot C_L \cdot \sin \omega t \qquad (22.4)$$

Der Strom des Leiters 1 wird in seinem Nulldurchgang unterbrochen. Die Kapazität C_L dieses Leiters ist auf den Scheitelwert $\hat{u}_N$ der treibenden Spannung aufgeladen.

Für den weiteren Ablauf der Ausschaltung gelten ähnliche Verhältnisse wie beim Ausschalten eines dreiphasigen Klemmenkurzschlusses im ungeerdeten Drehstromnetz (Abschnitt 5.1).

Nach dem Abschalten des Leiters 1 bilden Leiter 2 und Leiter 3 einen zweiphasigen Kreis mit der verketteten Spannung $\sqrt{3} \cdot u_N$ als treibender Spannung. In diesem Kreis fließt der Strom:

$$i_2 = -i_3 = \sqrt{3} \cdot \hat{u}_N \cdot \frac{\omega \cdot C_L}{2 \cdot \left(1 - \omega^2 \cdot L \cdot C_L\right)} \cdot \cos \omega t \qquad (22.5)$$

Der Sternpunkt M der Lastkapazität nimmt aus Symmetriegründen das Mittelpotential von Leiter 2 und Leiter 3 an (**Bild 22.7**). Zum Zeitpunkt der Stromunterbrechung im Leiter 1 haben die Spannungen an den Kapazitäten in Leiter 2 und Leiter 3 den Wert (Spannungssumme null im symmetrisch belasteten Drehstromsystem!):

$$u_{C2}(0) = u_{C3}(0) = -\frac{1}{2} \cdot \hat{u}_N \frac{1}{1 - \omega^2 \cdot L \cdot C_L} \qquad (22.6)$$

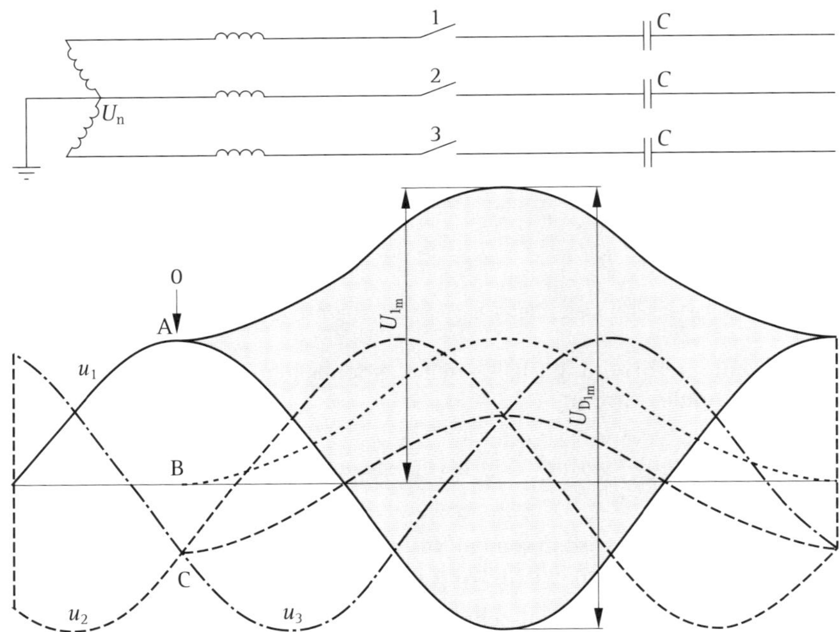

Bild 22.7 Verlauf der Spannung am Sternpunkt M und über den erstlöschenden Schalterpol beim Abschalten des ersten Leiters einer ungeerdeten dreiphasigen Kapazität, wenn die beiden anderen Schalterpole geschlossen bleiben.
0 Zeitpunkt der Stromunterbrechung im ersten Leiter
A Potential der Kapazität im Leiter 1
B Potential des Sternpunkts vor dem Abschalten des ersten Leiters
C Potential des Sternpunkts nach dem Abschalten des ersten Leiters

Beim Unterbrechen des ersten Leiters verschiebt sich der Sternpunkt M vom Potential null (Punkt B in Bild 22.7) auf den in Gl. (22.6) angegebenen gemeinsamen Momentanwert der Spannungen von Leiter 2 und Leiter 3 (Punkt M in Bild 22.8). Im weiteren Verlauf tritt an ihm die Spannung auf:

$$u_{\mathrm{M}} = \frac{1}{2} \cdot \hat{u}_{\mathrm{N}} \cdot \left(\frac{1}{1 - \omega^2 \cdot L \cdot C_{\mathrm{L}}} - \cos \omega t \right) \tag{22.7}$$

Gegenüber der Kapazität des Leiters 1 hat der Sternpunkt M nun die Potentialdifferenz von $1{,}5 \cdot \hat{u}_{\mathrm{N}}$. Unter der in **Bild 22.8** getroffenen Annahme, dass Leiter 2 und Leiter 3 nicht unterbrochen werden, ergibt sich für die Spannungsverläufe im Leiter 1 folgende Situation: Da die Ladung auf dem Scheitelwert $\hat{u}_{\mathrm{N}}$ der treibenden Spannung der aufgeladenen Kapazität des Leiters 1 verharrt und da das Potential des Sternpunkts M der Kondensatorbatterie mit einem $(1-\cos)$ -Verlauf schwingt, erreicht die Spannung u_M gegenüber dem Sternpunkt an der Kapazität des Leiters 1 einen Scheitelwert von $2 \cdot \hat{u}_N$ (= 2 p.u.). Über die Schaltstrecke des Leiters 1 tritt, unter der Voraussetzung $C_1/C_0 \to \infty$, eine maximale Spannungsdifferenz u_{DM} von 3 p.u. auf.

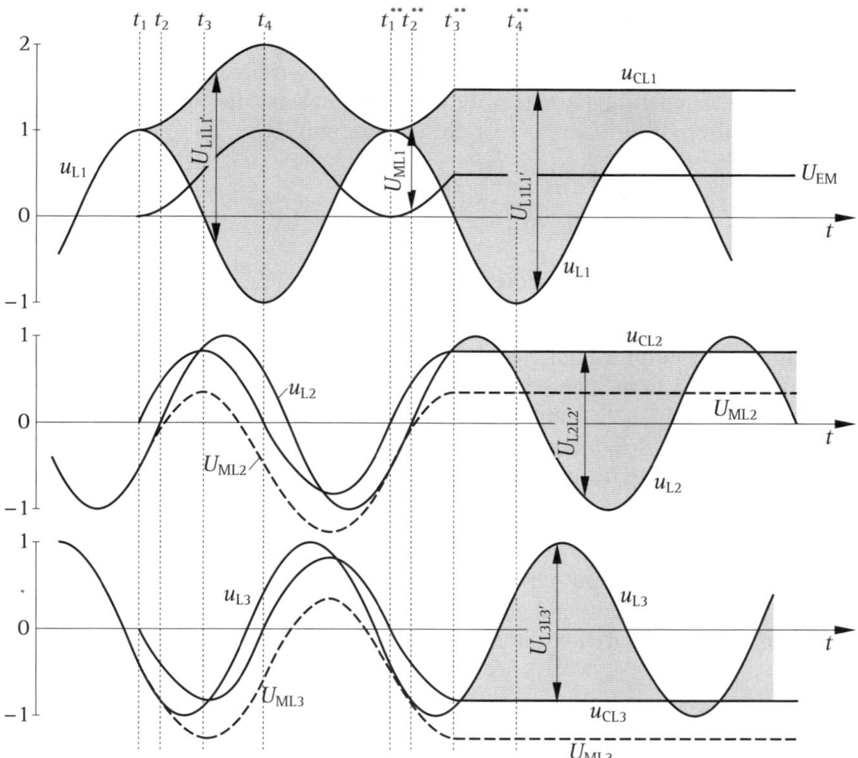

Bild 22.8 Abschalten einer dreiphasigen Kondensatorbatterie mit freiem Sternpunkt
Beispiel: nur einphasige Unterbrechung (t_1 bis t_4: nur Pol L1 öffnet)
Beispiel: dreiphasige Abschaltung (t_1^{**} bis t_4^{**}: alle Pole öffnen im Stromnulldurchgang)

u_{L1}, u_{L2}, u_{L3}	treibende Spannungen des Netzes
u_{CL1}, u_{CL2}, u_{CL3}	Spannung an der kapazitiven Last
u_{ML1}, u_{ML2}, u_{ML3}	Spannung des Sternpunkts gegenüber dem jeweiligen Schalterpol
$u_{L1L1'}$, $u_{L2L2'}$, $u_{L3L3'}$	Spannung über dem jeweiligen Schalterpol

Bis zur Unterbrechung der Ströme in den beiden anderen Leitern hat die Spannung u_{S1} über die offene Schaltstrecke im Leiter 1 den Verlauf:

$$u_{S1} = u_M + u_{C1}(0) - u_N = \frac{3}{2} \cdot \hat{u}_N \cdot \left(\frac{1}{1-\omega^2 L C_L} - \cos \omega t \right) \tag{22.8}$$

Analog dem Vorgang beim Unterbrechen eines dreiphasigen Kurzschlussstroms im ungeerdeten Netz (Abschnitt 5.1 und Bild 5.1) haben die entgegengesetzt gleichen Ströme in Leiter 2 und Leiter 3 zum Zeitpunkt 90° elektrisch (= $\pi/2$) nach der Stromunterbrechung im Leiter 1 einen gemeinsamen Nulldurchgang und können dabei ebenfalls unterbrochen werden. Die Spannung am Sternpunkt M hat in diesem Moment das Potential null. Da die treibende Netzspannung u_N im Leiter 1 jetzt ebenfalls einen Nulldurchgang hat, ist die Spannung über dem offenen Schalterpol des Leiters 1 in diesem Augenblick:

$$u_{S1}\left(\frac{\pi}{2}\right) = \frac{3}{2} \cdot \hat{u}_N \, \frac{1}{1-\omega^2 \cdot L \cdot C_L} \approx \frac{3}{2} \cdot \hat{u}_N \tag{22.9}$$

Dies ist auch das Potential, das die Kapazität im ersten Leiter nun gegenüber dem Sternpunkt M angenommen hat und beibehalten wird.

Gegenüber dem einphasigen Schaltfall, in dem nach der Stromunterbrechung die Kapazität auf den Scheitelwert der Netz-Leiterspannung aufgeladen blieb, wird im dreiphasigen System die Kapazität des zuerst abgeschalteten Leiters schließlich auf den 1,5-fachen Scheitelwert der Leiterspannung aufgeladen. Da die Netzspannung weiterschwingt, tritt über den Schalterpol des ersten Leiters eine Spannungsamplitude von 2,5 p.u. auf. Rück- und Wiederzündungen sind dabei nicht in Erwägung gezogen.

Vom Zeitpunkt der Stromunterbrechung im ersten Leiter bis zur Stromunterbrechung in den beiden anderen Leitern hat der Strom i_2 bzw. i_3 den Kondensatoren der Leiter 2 und 3 zusätzlich die Spannung aufgeprägt:

$$\Delta u_{CL2} = -\Delta u_{CL3} = \frac{1}{\omega \cdot C_L} \cdot \int i_2 \cdot \mathrm{d}t = \frac{1}{2} \cdot \sqrt{3} \cdot \hat{u}_N \, \frac{1}{1-\omega^2 \cdot L \cdot C_L} \approx \frac{1}{2} \cdot \sqrt{3} \cdot \hat{u}_N \tag{22.10}$$

Damit sind diese Kondensatoren auf den Wert aufgeladen:

$$u_{CL2}\left(\frac{\pi}{2}\right) = u_{CL2}(0) + \Delta u_{CL2} = \frac{1}{2} \cdot \hat{u}_N \cdot \frac{1}{1-\omega^2 \cdot L \cdot C_L} \cdot \left(\sqrt{3} - 1\right) \tag{22.11 a}$$

$$\approx \frac{1}{2} \cdot \hat{u}_N \cdot \left(\sqrt{3} - 1\right)$$

bzw.

$$u_{CL3}\left(\frac{\pi}{2}\right)=-\frac{1}{2}\cdot\hat{u}_N\,\frac{1}{1-\omega^2\cdot L\cdot C_L}\cdot\left(\sqrt{3}-1\right)\approx-\frac{1}{2}\cdot\hat{u}_N\cdot\left(\sqrt{3}-1\right)\tag{22.11 b}$$

Durch das Unterbrechen der Ströme in den beiden letztlöschenden Leitern ist das Drehstromsystem im Zeitpunkt $\pi/2$ symmetrisch geworden, und der Kondensatorsternpunkt M nimmt sein ursprüngliches, in Bild 22.7 mit „B" gekennzeichnetes Potential wieder an. Es hat damit den Wert:

$$u_M\left(\frac{\pi}{2}\right)=\frac{1}{2}\cdot\hat{u}_N\cdot\frac{1}{1-\omega^2\cdot L\cdot C_L}\approx\frac{1}{2}\cdot\hat{u}_N\tag{22.12}$$

angenommen, den er, da kein Strom mehr fließt, beibehält.

Beim Abschalten einer ungeerdeten Kondensatorbatterie ergibt sich für die Spannung über die einzelnen Schalterpole, nachdem der Strom unterbrochen ist **(Bild 22.9)**:

Leiter 1:

$$\begin{aligned}u_{S1}&=u_M\left(\frac{\pi}{2}\right)+u_{C1}\left(\frac{\pi}{2}\right)-u_M=\hat{u}_N\cdot\left[\frac{3}{2}\cdot\frac{1}{1-\omega^2\cdot L\cdot C_L}-\cos\omega t\right]\\&\approx\hat{u}\cdot\left[\frac{3}{2}-\cos\omega t\right]\end{aligned}\tag{22.13 a}$$

und entsprechend für Leiter 2 und Leiter 3:

$$\begin{aligned}u_{S2}&=\hat{u}_N\cdot\left[\frac{\sqrt{3}}{2}\cdot\frac{1}{1-\omega^2\cdot L\cdot C_L}-\cos\left(\omega t-120°\right)\right]\\&\approx\hat{u}_N\cdot\left[\frac{\sqrt{3}}{2}-\cos\left(\omega t-120°\right)\right]\end{aligned}\tag{22.13 b}$$

$$\begin{aligned}u_{S3}&=\hat{u}_N\cdot\left[\frac{\sqrt{3}}{2}\cdot\frac{1}{1-\omega^2\cdot L\cdot C_L}-\cos\left(\omega t+120°\right)\right]\\&\approx\hat{u}_N\cdot\left[\frac{\sqrt{3}}{2}-\cos\left(\omega t+120°\right)\right]\end{aligned}\tag{22.13 c}$$

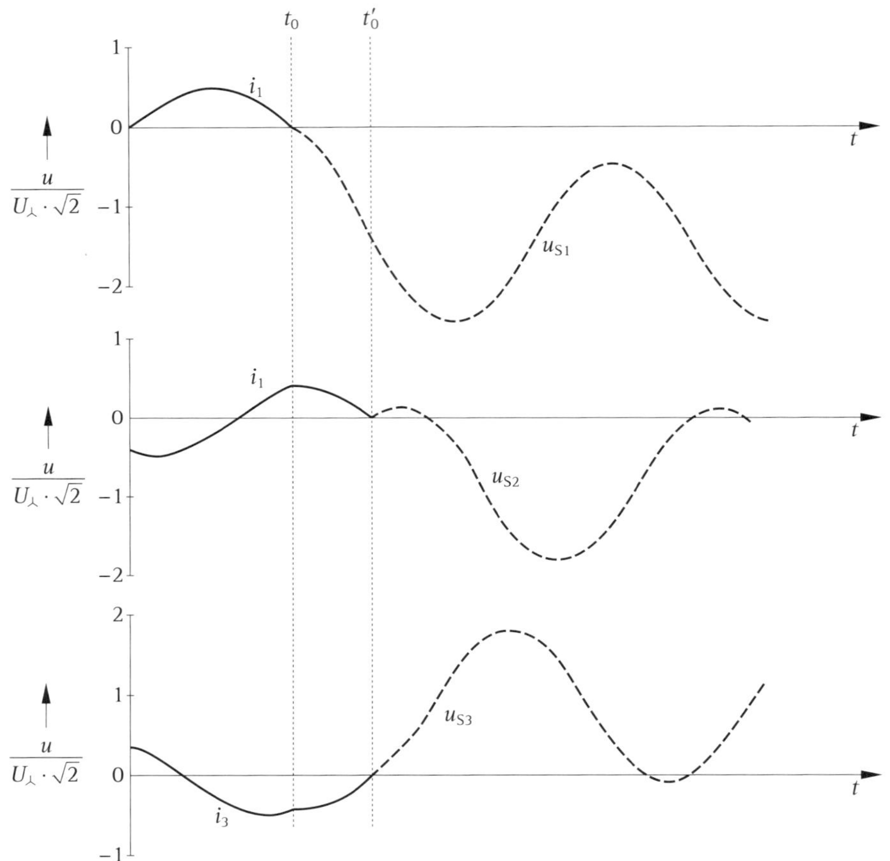

Bild 22.9 Stromverlauf und Spannung über den Schalter beim dreipoligen Abschalten einer Kondensatorbatterie mit ungeerdetem Sternpunkt
t_0, t_0' Zeitpunkte der Stromunterbrechung in der zuerst bzw. den zuletzt abgeschalteten Leitern

In den einzelnen Leitern können über den offenen Schalter also maximal die Scheitelwerte auftreten:

$$\hat{u}_{S1} = 2{,}5 \cdot \hat{u}_N \quad \text{bzw.} \quad \hat{u}_{S2} = \hat{u}_{S3} = \left(1 + \frac{\sqrt{3}}{2}\right) \cdot \hat{u}_N = 1{,}866 \cdot \hat{u}_N$$

Das Gleiche gilt, falls die Kondensatorbatterie geerdet, das Netz aber ungeerdet ist oder falls beide ungeerdet sind.

22.4 Abschalten unbelasteter unkompensierter Freileitungen

Eine unbelastete Freileitung kann generell als eine Kapazität angesehen werden. Für Längen bis etwa 100 km wird sie als konzentrierte Kapazität betrachtet, während für lange Freileitungen die Tatsache zu berücksichtigen ist, dass die Betriebskapazität C'/km über die Leitungslänge verteilt ist. Einige Werte für C' sind in Abhängigkeit von der Bemessungsspannung in der Einleitung zum Kapitel 22 genannt.

Freileitungen haben eine Kapazität sowohl der Leiter untereinander als auch gegen Erde mit einem Verhältnis von etwa C_1/C_0 gleich 2,0. Dies kann als Normalfall im geerdeten Drehstromnetz angesehen werden, also für die Energieübertragung mit Hochspannung ($U_r \geq 245$ kV und in vielen Regionen auch für $U_r = 123$ kV). Wird, wie im Bild 22.9, nur der erste Leiter unterbrochen, so erreicht der Scheitelwert der wiederkehrenden Spannung über diesen Schalterpol den Wert 2,4 p. u.

Ist $C_1/C_0 > 2,0$, so tritt über dem Schalter eine höhere Spannung auf. Dies ist im ungeerdeten Netz der Fall. Ungeerdete Freileitungen werden häufig im Mittelspannungsnetz und auch bei $U_r = 123$ kV betrieben.

Da zum Zeitpunkt der Stromunterbrechung in den letztlöschenden Leitern, wie Bild 22.9 zeigt, die Anstiegsteilheit der wiederkehrenden Spannung u_{S1} über den Schalterpol, der zuerst abgeschaltet hat, geringer wird, dessen wiederkehrende Spannung also auch einen kleineren Scheitelwert erreicht, werden für die einphasige Prüfung Spannungsverläufe mit entsprechend angepasstem Faktor vorgegeben. Einzelheiten sind im Abschnitt 22.6 dargestellt.

22.5 Abschalten unbelasteter Kabel

Radialfeldkabel, d. h. Kabel, deren einzelne Leiter mit einer geerdeten Schicht oder Metallmantel umhüllt sind, verhalten sich wie eine dreiphasige Kondensatorbatterie mit geerdetem Sternpunkt. Ist lediglich der gemeinsame äußere Metallmantel geerdet, so entsprechen sie einer ungeerdeten Kondensatorbatterie. Dementsprechend gelten die im Abschnitt 22.3 gemachten Ausführungen für das dreiphasige Abschalten.

Sofern nicht die Reaktanz $X_C = 1/(\omega C)$ des Kabels vom Hersteller angegeben ist, lässt sie sich für einphasige oder dreiphasige geschirmte Kabel pro Leiter mit einer im „Application Guide" angegebenen Formel ermitteln:

$$X_C = \frac{1}{2 \cdot \pi \cdot f_N \cdot C} = \frac{0,3495}{f_N \cdot \varepsilon_r} \mp \ln \frac{r_i}{r_c} \qquad (22.14)$$

mit der Dimension MΩ/km. In der Formel bedeuten:

f_N Netzfrequenz, in Hz

ε_r relative Dielektrizitätskonstante des Isoliermaterials im Kabel, in F/m

r_i Innenradius der geerdeten Schirmung, in mm

r_c Radius des Leiters, in mm

Einige Ladeströme pro Kilometer Kabel sind in der Einleitung zum Kapitel 22 genannt.

22.6 Normen und Klassifizierung der Schalter

Um das im Abschnitt 22.2 beschriebene Auftreten unzulässiger Überspannungen durch Rückzündungen zu vermeiden, sollten Leistungsschalter möglichst rückzündungsfrei abschalten. Eine Wahrscheinlichkeit null für das Vorkommen von Rückzündungen ist jedoch mathematisch – und in der Praxis – nicht denkbar. Bei der Prüfung des Vermögens, kapazitive Ströme auszuschalten, sind daher Rückzündungen gemäß der Norm DIN EN 62271-100 (**VDE 0671-100**):2013-08, Abschnitt 6.111.2, im Prinzip zugelassen.

Bezogen auf ihr Rückzündungs-Verhalten werden in der Norm zwei Klassen von Leistungsschaltern definiert:

- Klasse C1: Schalter mit einer geringen Rückzünd-Wahrscheinlichkeit
- Klasse C2: Schalter mit einer sehr geringen Rückzünd-Wahrscheinlichkeit

Diese Wahrscheinlichkeit bezieht sich auf das Verhalten des Schalters während der Prüfung.

Bei einer Netzfrequenz von 60 Hz steigt die Spannung schneller und erreicht schon nach 8 $^1/_3$ ms ihren Scheitelwert, verglichen mit 10 ms bei 50 Hz. Die Prüfung mit 60 Hz ist dementsprechend schwieriger zu bestehen als die mit 50 Hz. Daher deckt eine Prüfung mit 60 Hz das Verhalten bei 50 Hz mit ab. Umgekehrt gilt dies nicht.

Wie im Abschnitt 22.1 erwähnt, können Leistungsschalter durchaus in der Lage sein, einen kapazitiven Strom schon fast unmittelbar nach der Kontakttrennung zu unterbrechen. Da in diesem Fall die Möglichkeit einer Rück- oder Wiederzündung besonders hoch ist, wird bei den Prüfungen des Ausschaltvermögens besonderer Wert auf das Ermitteln der minimal möglichen Lichtbogenzeit gelegt, ohne dass Rück- oder Wiederzündungen auftreten. Zum Absichern des Verhaltens bei sehr kurzen Lichtbogenzeiten sind jeweils mehrere Ausschaltungen bei der minimal möglichen Lichtbogenzeit mit beiden Spannungspolaritäten durchzuführen. Ausgehend von der minimalen Lichtbogenzeit folgen Prüfungen bei Lichtbogenzeiten, die jeweils um 15° elektrisch länger sind.

Die zu schaltenden Ströme betragen 10 % bis 40 % und ≥ 100 % des kapazitiven Bemessungs-Ausschaltstroms des geprüften Schalters.

In DIN EN 62271-100 (**VDE 0671-100**):2013-08, Tabelle 5, sind Vorzugswerte für die kapazitiven Bemessungs-Ausschaltströme von Leistungsschaltern angegeben. Für Schalter, die zum Schalten von Freileitungen oder Kabel bestimmt sind, steigen die Bemessungsausschaltströme mit der Bemessungsspannung, da auch die Ladeströme mit der Spannung größer werden. Für Schalter, die zum Schalten von Kondensatorbatterien bestimmt sind, betragen sie 400 A, unabhängig von der Bemessungsspannung.

Die Angabe eines kapazitiven Bemessungsausschaltstroms ist verbindlich für Leistungsschalter mit einer Bemessungsspannung ≥ 72,5 kV, wenn sie zum Schalten von Freileitungen bestimmt sind, und für Leistungsschalter ≤ 52 kV, die Kabel schalten.

Es wird davon ausgegangen, dass Leistungsschalter, die unbelastete Freileitungen oder unbelastete Kabel auszuschalten haben, seltener betätigt werden als Schalter, die eine Kondensatorbank schalten. Dementsprechend sind unterschiedliche Gesamtzahlen von Schaltungen zu absolvieren, um sich, je nach Einsatzfall, für die Klassen C1 oder C2 zu qualifizieren. Als Beispiel seien die Zahlen bei einphasigen Prüfungen genannt:

Einsatzfall	**Freileitung oder Kabel**	**Kondensatorbatterie**
Klasse C1	48	48
Klasse C2	96	168

Vorgegeben sind auch, im Rahmen dieser Gesamtzahlen, die Anzahl einfacher Ausschaltungen (O) und Ein-Aus-Schaltungen (CO) sowie die Lichtbogenzeiten, der Gasdruck und die Auslöserspannung.

Die Erfahrung zeigt, dass für das Schalten von Freileitungen und Kabeln Schalter der Klasse C1 geeignet sind, während zum Schalten von Kondensatorbatterien die Klasse C2 empfohlen wird.

Sind aus prüftechnischen Gründen die Ein-Aus-Schaltungen nicht mit den vorgegebenen Werten möglich, so werden die Einschaltungen spannungslos, und die Ausschaltungen werden unter den vorgegebenen Bedingungen sowie in einer getrennten Prüfschaltfolge der Einschaltungen geprüft (DIN EN 62271-100 (**VDE 0671-100**):2013-08, Abschnitt 6.111.9.1.1). Dies kann besonders die Schalter betreffen, die zum Schalten von Kondensatorbatterien bestimmt sind (siehe auch Abschnitt 23.5).

Da ein Leistungsschalter auch in der Lage sein muss, kapazitive Ströme ohne Rück- und Wiederzündung abzuschalten, nachdem er im Laufe seines Einsatzes einen Fehlerstrom zu unterbrechen hatte, ist vor Beginn der Prüfungen für Klasse C2 eine Ausschaltung mit einem Klemmenkurzschlussstrom von 60 % seines Nennausschaltstroms (T60) als Vorbelastung durchzuführen.

Tritt während der Prüfung des kapazitiven Ausschaltvermögens eine Rückzündung auf, so ist die vollständige Prüfschaltfolge ohne Aufarbeiten des Leistungsschalters zu wiederholen. Ist die Wiederholung erfolgreich, so gilt die Prüfung als bestanden.

Wird ein Schalter gemäß Klasse C2 geprüft und treten mehr als eine Rückzündung auf, so kann der Schalter als Klasse C1 deklariert werden, wenn er sich nicht schlechter verhält als ein Klasse-C1-Schalter. Wie dies zu definieren ist, ist in der genannten Norm in DIN EN 62271-100 (**VDE 0671-100**):2013-08, Abschnitt 6.111.11.2 eindeutig beschrieben.

Schalter für höhere Bemessungsspannungen werden im Allgemeinen einphasig geprüft, da in den Prüffeldern häufig die erforderliche dreiphasige Prüfleistung nicht zur Verfügung steht. Da der erstlöschende Schalterpol eine höhere wiederkehrende Spannung als die letztlöschenden sieht, werden einphasige Prüfungen mit der Beanspruchung für den erstlöschenden Schalterpol durchgeführt. Um mit der einphasigen Prüfspannung die Situation beim dreiphasigen Abschalten möglichst genau nachzubilden, gibt die Norm für die verschiedenen Beanspruchungsfälle Faktoren vor, mit denen die angelegte einphasige Spannung zu multiplizieren ist. Bei der Festlegung dieser Faktoren wurde berücksichtigt, dass zum Zeitpunkt der Stromunterbrechung im natürlichen Stromnulldurchgang die abgeschaltete Kapazität auf den Scheitelwert der anliegenden Spannung aufgeladen ist und dass beim einphasigen Schalten 180° elektrisch nach der Stromunterbrechung die offene Schaltstrecke mit dem zweifachen Scheitelwert der angelegten Spannung beansprucht wird.

- **Spannungsfaktor 1,0:** Dies entspricht dem normalen Betrieb in starr geerdeten Netzen, wenn der Einfluss benachbarter Leiter des kapazitiven Kreises unerheblich ist ($C_1 = C_0$, siehe Abschnitt 22.3). Typische Fälle sind Kondensatorbatterien mit starr geerdetem Sternpunkt und Radialfeldkabel, bei denen jeder Leiter mit einer geerdeten Abschirmung umgeben ist.
- **Spannungsfaktor 1,2:** Prüfungen mit diesem Faktor decken den Betrieb von Kabeln ab, bei denen lediglich der äußere Mantel geerdet ist, sowie von Freileitungen der Spannungsebenen ≥ 52 kV in starr geerdeten Netzen. Dabei ist berücksichtigt, dass die Leiter des kapazitiven Kreises einander beeinflussen. Streng genommen gilt der Spannungsfaktor 1,2 nur für Freileitungen, die aus nur einem dreiphasigen System bestehen.
- **Spannungsfaktor 1,3:** Dieser Spannungsfaktor ist nicht in der Norm vorgegeben. Auf Freileitungen, deren Masten mehr als ein System tragen, werden

durch die Nachbarschaft der Systeme Spannungen eingekoppelt, die den betriebsfrequenten Scheitelwert um bis zu 0,2 p.u. erhöhen können. Daher spezifizieren Netzbetreiber mit Mehr-System-Freileitungen für die Prüfung von Leistungsschaltern teilweise einen Spannungsfaktor 1,3.

- **Spannungsfaktor 1,4:** Der Spannungsfaktor 1,4 wird angewendet auf die Prüfung von Leistungsschaltern, die für den normalen Betrieb sowie zum Schalten von Kondensatorbatterien im ungeerdeten Netz vorgesehen sind. Außerdem gilt er zum Nachweis, dass der Schalter in der Lage ist, Kabel mit lediglich äußerem geerdeten Mantel und Leitungen in Netzen für < 52 kV zu schalten. Weiterhin deckt er ein- und zweiphasige (Doppel-)Erdschlüsse in starr geerdeten Netzen ab.
- **Spannungsfaktor 1,7:** Diese Prüfungen entsprechen dem in den Kapiteln 12 und 13 behandelten Abschalten von ein- und zweiphasigen Erdschlüssen im ungeerdeten Netz.

Der Spannungsfaktor 1,4 ist ein Kompromiss. Über den erstlöschenden Schalterpol steigt die wiederkehrende Spannung beim Schalten im ungeerdeten Netz zunächst so an, wie es der 1,5-fachen Netzspannung entspricht. Nachdem die letztlöschenden Schalterpole 90° elektrisch nach der Stromunterbrechung des erstlöschenden Pols den Strom ebenfalls abgeschaltet haben, erhöht sich die Spannung über die offenen Kontakte des ersten Schalterpols gemäß Abschnitt 22.3 nun langsamer, bis sie 2,5 p.u. erreicht. Würde, wie es dem Scheitelwert von 2,5 p.u. entspricht, ein Spannungsfaktor 1,25 verwendet werden, so würde der erstlöschende Schalterpol zunächst geringer als im praktischen Betrieb beansprucht werden. Ein Spannungsfaktor 1,5 würde aber zu einer Überbeanspruchung führen, da er zu einem Scheitelwert von 3,0 p.u. führt. Ein Spannungsfaktor 1,4 stellt eine akzeptable Näherung dar.

Einige Netzbetreiber, die extrem lange Hochspannungs-Freileitungen (≥ 300 km) haben, spezifizieren für ihre Hochspannungs-Leistungsschalter einen Spannungsfaktor 1,5, da es beispielsweise beim Abschalten gesunder Leiter (Abschnitt 22.8) zu Spannungsscheitelwerten von 3,0 p.u. kommen kann.

22.7 Abschalten kompensierter Freileitungen

Sinn und Zweck einer Kompensation ist es, den kapazitiven Ladestrom einer Freileitung oder eines Kabels zu verringern.

Die folgenden Betrachtungen setzen voraus, dass die Kompensations-Drosselspulen $L_L/2$ direkt mit der Freileitung verbunden sind.

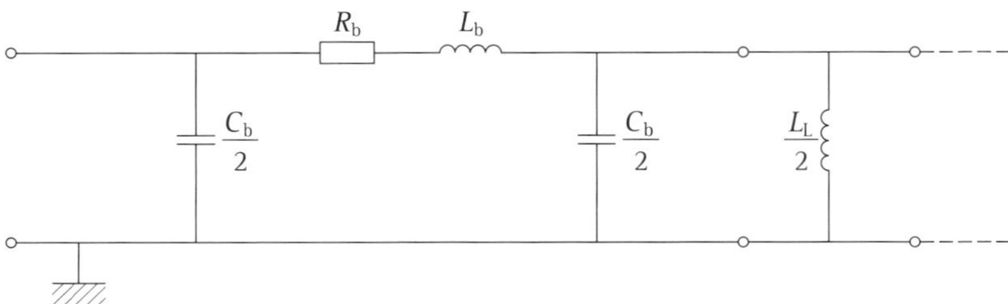

Bild 22.10 Kompensierte Freileitung mit direkt angeschlossener Kompensations-Drosselspule $L_L/2$ (Ersatzschaltbild)

Der Kompensationsgrad einer Freileitung wird durch den Kompensationsfaktor k_L charakterisiert:

$$k_L = \frac{X_{C\,(\text{Leitung})}}{X_{L\,(\text{Drosselspule})}} \tag{22.15}$$

Der kapazitive Ladestrom I_{CK} dieser Freileitung beträgt:

$$I_{CK} = I_C \cdot (1 - k) \tag{22.16}$$

I_C ist der kapazitive Ladestrom der unkompensierten Leitung.

Einem in [20] gegebenen Beispiel folgend wird angenommen, dass der Kompensationsgrad 60 % beträgt. Der kapazitive Ladestrom reduziert sich auf $I_{CK} = I_C \cdot (1 - 0{,}6) = 0{,}4 \cdot I_C$, also auf 40 %.

Gemäß Bild 22.9 bilden die Leitungskapazität und die Kompensations-Drosselspule einen Schwingkreis. Die wiederkehrende Spannung auf der unbelasteten Leitung ist daher nicht mehr wie im Fall einer reinen Kapazität eine Gleichspannung, sondern eine Schwingung, deren Resonanzfrequenz f_L durch die Kapazität C der Leitung und die Induktivität L der Drosselspule bestimmt ist:

$$f_L \approx \frac{1}{2 \cdot \pi \cdot \sqrt{L \cdot C}} = f_N \cdot \sqrt{\frac{X_{C\,(\text{Leitung})}}{X_{L\,(\text{Drosselspule})}}} = f_N \cdot \sqrt{k_L} \tag{22.17}$$

f_N ist die Netzfrequenz.

Die Resonanzfrequenz einer kompensierten Leitung hängt also vom Kompensationsgrad ab. Da im Allgemeinen der Kompensationsgrad von Freileitungen unter 1 liegt, ist die Resonanzfrequenz niedriger als die Netzfrequenz. Dadurch wird, wie **Bild 22.11** zeigt, auch die Spannungs-Beanspruchung des Schalters verringert. Ein zweifacher Scheitelwert der Netzspannung tritt am offenen Schalter nicht mehr auf.

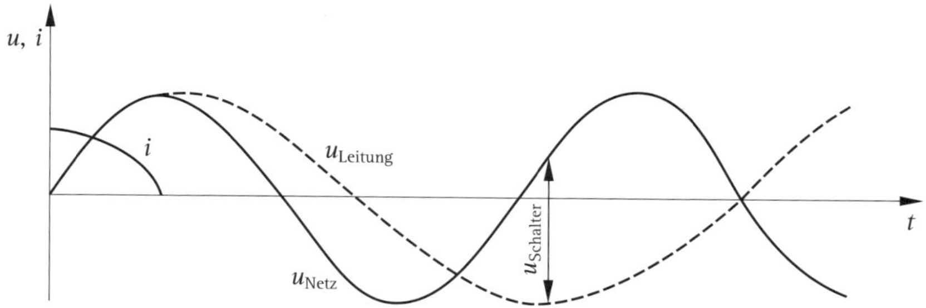

Bild 22.11 Spannungsverlauf nach dem Abschalten einer kompensierten Freileitung

Zur Kompensation der Kabel-Kapazität werden im Allgemeinen Drosselspulen verwendet, die auf der Tertiärseite des zugehörigen Transformators liegen. Vom Schalter her gesehen befinden sie sich damit auf der Netzseite, und nicht auf der Seite des Kabels. Der Schalter schaltet das unkompensierte Kabel. Entsprechendes gilt auch für Freileitungen, die durch Drosselspulen kompensiert sind, die sich auf der Sammelschienen- bzw. Netzseite des Schalters befinden.

22.8 Abschalten gesunder Leiter

Wie in den Abschnitten 9.1 und 9.6 erwähnt, werden beim dreiphasigen Unterbrechen eines ein- oder zweiphasigen Fehlers auf einer langen Freileitung auch die nicht fehlerbehafteten, also gesunden, Leiter mit abgeschaltet. Dabei kann die Spannung in diesen Leitern einen höheren Wert als beim Abschalten einer unbelasteten Freileitung erreichen [71].

Voraussetzung ist, dass der Fehler auf einer Freileitung mit einer Länge von $\gg$ 100 km auftritt, die zwei Netze miteinander verbindet. An beiden Enden der Leitung befinden sich Leistungsschalter. Im Falle eines Fehlers öffnen beide Schalter, jedoch normalerweise nicht exakt im selben Moment. Da, beispielsweise bei einem einphasigen Fehler, aus den gesunden Leitern in den fehlerbehafteten Leiter ein Strom induziert wird, der das Erlöschen des äußeren Überschlag-Lichtbogens verhindert, werden auf lange Freileitungen dreipolige AWE (Kurzunterbrechungen) durchgeführt. Das bedeutet, dass gesunde Leiter mit abgeschaltet werden.

Der als erster öffnende Schalter unterbricht in den gesunden Leitern den Betriebsstrom bzw., falls die angeschlossenen Netze nicht absolut synchron arbeiten, den zwischen ihnen fließenden Ausgleichstrom. In den nun einseitig offenen gesunden Leitern tritt ein kapazitiver Strom auf, der von den entsprechenden Polen des als zweiter öffnenden Schalters abzuschalten ist.

Die Spannungsbeanspruchung beim Abschalten der gesunden Leiter durch den zuerst öffnenden Schalter entspricht der beim Unterbrechen eines Betriebsstroms. Über die offenen Schalterpole, die die gesunden Leiter unterbrochen haben, tritt die Differenzspannung zwischen dem speisenden Netz und der sich einstellenden Spannung auf der Leitungsseite auf [31]. Laufen die beiden Netze auch nach der Trennung annähernd synchron weiter, so ist die Einschwingspannung gering.

Der als zweiter öffnende Schalter hat in den gesunden Leitern den kapazitiven Strom zu unterbrechen, was, wie in Abschnitt 22.1 gezeigt worden ist, einen Spannungsverlauf über die offenen Kontakte zu Folge hat, der einer (1 – cos)-Funktion entspricht. Geht man davon aus, dass die gesunden Leiter mit einer kürzeren Lichtbogenzeit als der fehlerbehaftete Leiter abgeschaltet werden, da der in ihnen fließende Strom kleiner ist als der Fehlerstrom, so wird durch den Fehlerstrom eine Spannung in den abgeschalteten gesunden Leitern induziert. Dies erhöht, im Vergleich zum Abschalten einer unbelasteten Freileitung, die Spannungsbeanspruchung über dem offenen Leistungsschalter.

Liegen die Schaltvorgänge der Leistungsschalter am Anfang und am Ende der Leitung zeitlich weit genug auseinander (etwa > 20 ms), so bestehen vor beiden Unterbrechungen in den gesunden Leitern quasistationäre Bedingungen [31]. Eine gegenseitige Beeinflussung der beiden Schaltvorgänge tritt nicht auf. Der maximal mögliche Scheitelwert am zweitöffnenden Schalter beträgt etwa 2,8 p. u. Dies entspricht einem bei der Prüfung anzulegenden Spannungsfaktor 1,4 (Abschnitt 22.6). Der als erster abschaltende Leistungsschalter sieht eine Spannung unterhalb 1 p. u.

Bei kürzeren Zeitdifferenzen kommt es zu einer Wechselwirkung zwischen den beiden Schaltern. Nach wie vor sieht der als zweiter öffnende Schalter eine höhere Beanspruchung als der erste. Bedingt durch Wanderwellen entlang der abgeschalteten Leitung zwischen den beiden Schaltern spiegelt sich an der offenen Schaltstrecke des erstöffnenden Schalters, wenn auch geringfügig gedämpft, die Spannungsbeanspruchung des zweiten. Reflexionen führen dazu, dass die Spannungen über die die gesunden Leiter unterbrechenden Pole des zweitöffnenden Schalters maximale Scheitelwerte von 3,0 p. u. erreichen, entsprechend einem Spannungsfaktor 1,5.

Schalten beide Schalter gleichzeitig die gesunden Leiter ab, so tritt diese Spannungsbeanspruchung an beiden Schaltern auf.

Die über die die gesunden Leiter abschaltenden Pole des zweitöffnenden Leistungsschalters auftretenden Spannungs-Scheitelwerte streuen statistisch und sind abhängig, neben der Koordination mit dem erstöffnenden Schalter, von der Leitungslänge, den Erdungsbedingungen und von der Kurzschlussleistung des mit dem zweitöffnenden Schalter verbundenen Netzes. Zum Wert 3,0 p. u. kommt es mit 5 % Wahrscheinlichkeit bei einer Leitungslänge von 300 km, einem $X_0/X_1 = 3$, und einer Kurzschlussleistung des Netzes von 15 GVA. Für $X_0/X_1 = 1$ beträgt dieser Wert 2,75, und für eine Leitungslänge von 200 km sind es 2,75 p.u. bzw. 2,55 p.u. Bei kleinerer Kurzschlussleistung steigt er geringfügig an, bei größerer wird er kleiner.

Die genannten Werte können als Extremfälle betrachtet werden. Sie wurden ermittelt unter der Annahme, dass bis zum Fehlereintritt die beiden über die Leitung verbundenen Netze synchron arbeiteten und als Folge der Abschaltung auf einen Phasenwinkel $\delta = 45°$ auseinander liefen. Dies ist im Allgemeinen nur möglich, wenn die geschaltete Leitung die einzige Verbindung zwischen den Netzen war. Existieren parallele Leitungen, so bleiben die Netze synchron oder nehmen eine nur geringere Phasenwinkel-Differenz an.

Befinden sich mehr als ein System auf den Freileitungsmasten, so ändern sich die Spannungs-Scheitelwerte praktisch nicht, da der vom Nachbarsystem induzierte Spannungsanteil relativ klein ist.

Im europäischen Netz sind die Leitungslängen infolge der engen Vermaschung vergleichsweise klein. Mit wenigen Ausnahmen werden in diesem Netz Automatische Wiedereinschaltungen (AWE/Kurzunterbrechungen) einpolig geschaltet. Das Abschalten gesunder Leiter tritt daher entweder nicht auf oder bedeutet keine Schalterbeanspruchung, die über die im Abschnitt 22.6 genannten Prüfwerte hinausgeht.

23 Ein- und Parallelschalten von Kapazitäten

23.1 Einschalten einer einphasigen Kapazität

Wird im rein kapazitiven Kreis eingeschaltet, d. h. bleiben die Induktivität und der ohmsche Widerstand des speisenden Netzes unberücksichtigt, so bildet ein ungeladener Kondensator zunächst einen Kurzschluss. Er wird in der theoretischen Zeit null auf den Momentanwert der treibenden Spannung aufgeladen. Dabei tritt, wie im **Bild 23.1** dargestellt, ein Ausgleichstrom mit unendlich großer Amplitude für eine unendlich kurze Zeit auf. Anschließend fließt der stationäre kapazitive Strom i_C gemäß Gl. (22.1), der der treibenden Spannung um 90° elektrisch voreilt.

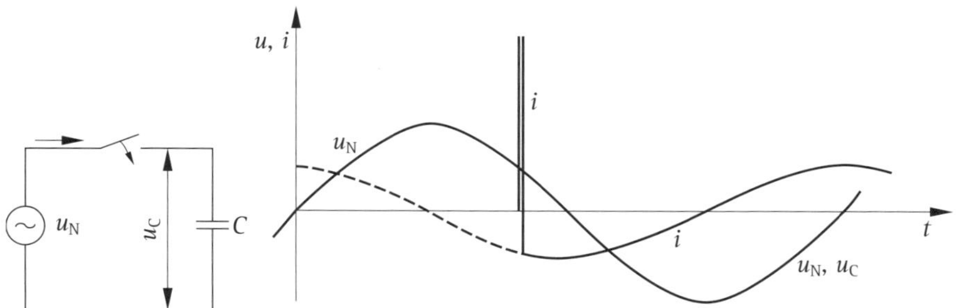

Bild 23.1 Einschalten einer Kapazität im rein kapazitiven Kreis

Lediglich in dem Fall, dass gerade im Nulldurchgang der Netzspannung u_N zugeschaltet wird, tritt kein Ausgleichstrom auf. Der Kondensatorstrom springt unmittelbar auf den Scheitelwert des betriebsfrequenten Stroms.

Selbstverständlich sind dies rein theoretische Vorstellungen, um die Wirkung einer Kapazität beim Zuschalten zu zeigen. In der Praxis bewirkt die zumindest auf der Seite des speisenden Netzes stets vorhandene Induktivität L, dass unmittelbar nach der Zuschaltung eine Schwingung einsetzt, die infolge der zwangsläufig vorhandenen ohmschen Widerstände R (Leitungsverbindungen, Schalter, Vor-Überschlags-Lichtbogen) gedämpft verläuft (**Bild 23.2**). Dennoch ist der damit verbundene Kondensator-Ladestromstoß im Allgemeinen groß im Vergleich zum betriebsfrequenten Strom und bestimmt somit die Beanspruchung des Schalters und der Kapazität.

a)

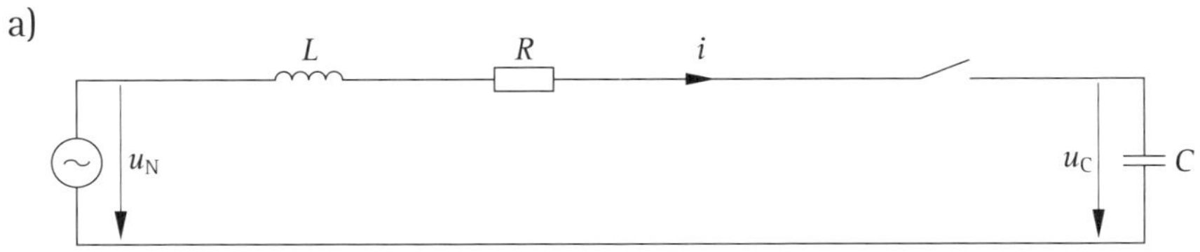

b)

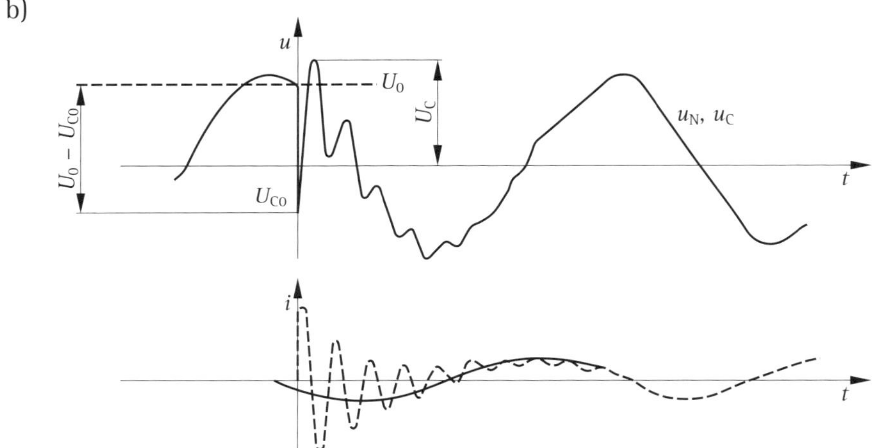

Bild 23.2 Einschalten einer Kapazität im Kreis mit *L* und *R*
a) Ersatzschaltbild
b) Spannungs- und Stromverlauf

Wird im Zeitpunkt $t_0 = 0$ der Stromkreis geschlossen (z. B. durch den Vor-Überschlag zwischen den sich bei der Einschaltung annähernden Schaltkontakten), so gilt für das Ersatzschaltbild im Bild 23.2 a:

$$i \cdot R + L \cdot \frac{\mathrm{d}i}{\mathrm{d}t} + \frac{1}{C} \cdot \int_0^t i \cdot \mathrm{d}t = u_{N0} - u_{C0} \tag{23.1}$$

u_{N0} ist der Momentanwert der Netzspannung zum Einschaltzeitpunkt t_0; u_{C0} ist die Spannung, auf die die Kapazität *C* gegebenenfalls vor den Schließen des Kreises aufgeladen war.

Aus der Differentialgleichung ergibt sich der Ausgleichstrom *i* während des Ladevorgangs beim Einschalten zu:

$$i = (u_{\mathrm{N0}} - u_{\mathrm{C0}}) \cdot \frac{1}{\sqrt{\frac{L}{C} - \left(\frac{R}{2}\right)^2}} \cdot \mathrm{e}^{-\frac{R}{2 \cdot L} \cdot t} \cdot \sin \omega_{\mathrm{e}} t \qquad (23.2\,\mathrm{a})$$

oder

$$i = \frac{u_{\mathrm{N0}} - u_{\mathrm{C0}}}{L} \cdot \frac{1}{\omega_{\mathrm{e}}} \cdot \mathrm{e}^{-\frac{R}{2 \cdot L} \cdot t} \cdot \sin \omega_{\mathrm{e}} t \qquad (23.2\,\mathrm{b})$$

mit der Eigenfrequenz:

$$\omega_{\mathrm{e}} = \sqrt{\frac{1}{L \cdot C} - \left(\frac{R}{2 \cdot L}\right)^2} \qquad (23.3\,\mathrm{a})$$

In vielen Fällen kann bei der Angabe der Eigenfrequenz die Dämpfung durch den Widerstand R vernachlässigt werden, sodass allein der Schwingungswiderstand $\sqrt{L/C}$ wirksam bleibt und für die Eigenfrequenz gilt:

$$\omega_{\mathrm{e}} \approx \sqrt{\frac{1}{L \cdot C}} \qquad (23.3\,\mathrm{b})$$

Unter diesen Bedingungen ergibt sich für den Ausgleichstrom:

$$i = (u_{\mathrm{N0}} - u_{\mathrm{C0}}) \cdot \sqrt{\frac{1}{L/C}} \cdot \sin \omega_{\mathrm{e}} t \qquad (23.4\,\mathrm{a})$$

Dieser Ausgleichstrom wird als Inrush-Strom bezeichnet. Beim Zuschalten eines ungeladenen Kondensators ($u_{\mathrm{C0}} = 0$) im Scheitelwert der treibenden Netzspannung $\hat{u}_{\mathrm{N}}$ hat er den Maximalwert:

$$\hat{\imath} = \frac{\hat{u}_{\mathrm{N}}}{\sqrt{L/C}} \qquad (23.4\,\mathrm{b})$$

Durch den Ausgleichstrom tritt an der Kapazität C eine Spannung auf mit der Amplitude:

$$\hat{u}_{\mathrm{C}} = u_{\mathrm{C0}} + \frac{1}{C} \cdot \int i \cdot \mathrm{d}t \qquad (23.5)$$

Setzt man die Gl. (23.4 a) für den Ausgleichstrom ein und wird der Dämpfungswiderstand R gleich null gesetzt, so erhält man für den Spannungsverlauf an der Kapazität (Bild 23.2):

$$u_{\mathrm{C}} = u_{\mathrm{C0}} + \frac{1}{C} \cdot \int_0^t \left[\left(u_{\mathrm{N0}} - u_{\mathrm{C0}} \right) \cdot \frac{1}{\sqrt{L/C}} \cdot \sin \omega_{\mathrm{e}} t \right] \mathrm{d}t \tag{23.6 a}$$

bzw.

$$u_{\mathrm{C}} = u_{\mathrm{C0}} + \left(u_{\mathrm{N0}} - u_{\mathrm{C0}} \right) \cdot \frac{1}{\omega_{\mathrm{e}}} \cdot \int_0^t \sin \omega_{\mathrm{e}} t \cdot \mathrm{d}t \tag{23.6 b}$$

und daraus

$$u_{\mathrm{C}} = u_{\mathrm{C0}} + \left(u_{\mathrm{N0}} - u_{\mathrm{C0}} \right) \cdot \left(1 - \cos \omega_{\mathrm{e}} t \right) \tag{23.7}$$

Unter Berücksichtigung der Dämpfung ergibt sich für den Spannungs-Scheitelwert:

$$\hat{u}_{\mathrm{C}} = u_{\mathrm{C0}} + \left(u_{\mathrm{N0}} - u_{\mathrm{C0}} \right) \cdot \left[1 + \exp \left(\frac{\pi \cdot \sqrt{L \cdot C}}{\sqrt{\left(2 \cdot L/R \right)^2 - L \cdot C}} \right) \right] \tag{23.8}$$

Im ungünstigsten Fall, d. h. beim Zuschalten im Scheitelwert der Netzspannung, und wenn der Kondensator auf den Scheitelwert, aber mit entgegengesetzter Polarität aufgeladen ist, also $u_{\mathrm{C0}} = -u_{\mathrm{N0}} = -\hat{u}_{\mathrm{N}}$, tritt mehr als der doppelte Scheitelwert der Netzspannung auf.

Im Allgemeinen wird das Einschalten auf eine voll aufgeladene Kapazität vermieden. Kondensatorbatterien werden meistens mit einem hochohmigen Entladewiderstand ausgerüstet, der die Kapazität nach dem Abschalten in einigen Minuten entlädt.

Schaltüberspannungen und Inrush-Ströme werden vermieden durch Zuschalten im Augenblick des Nulldurchgangs der Netzspannung. Näheres hierzu finden Sie im Abschnitt 26.2 „Gesteuertes Schalten“

Beispiel 23.1: In einem 15-kV-Netz wird eine Kapazität von $C = 60\ \mu\mathrm{F}$ eingeschaltet. Dies entspricht einer dreiphasigen Kondensatorbank mit einer Leistung von 4 240 kVA. Bei 50 Hz ist der Nennstrom dieser Kondensatorbank 163 A bzw. bei 60 Hz 196 A. Die Induktivität L auf der Seite des speisenden Netzes beträgt 1 mH. Vernachlässigt wird die Eigen-Induktivität der zugeschalteten Kapazität, einschließlich ihrer Anschlussleitung, in Höhe von 50 µH.

Bei einer Nennfrequenz von 50 Hz beträgt der Effektivwert des Kurzschlussstroms dieses Netzes 27,6 kA. Der Scheitelwert der Wechselstromkomponente ist 39 kA, ihre maximale Strom-Steilheit 12,2 A/µs.

Die einzuschaltende Kapazität ist nicht geladen, d. h. $u_{C0} = 0$. Der Vor-Überschlag in der Schaltstrecke erfolgt im Scheitelwert der Netzspannung $\hat{u}_{N0} = U \cdot \sqrt{2/3}$. Nach Gl. (23.4 b) wird der Scheitelwert des Inrush-Stroms:

$$\hat{\imath} = \hat{u}_N \cdot \sqrt{\frac{C}{L}} = U \cdot \sqrt{\frac{2}{3}} \cdot \sqrt{\frac{C}{L}} = 15 \cdot 10^3 \cdot \sqrt{\frac{2}{3}} \cdot \sqrt{\frac{60 \cdot 10^{-6}}{10^{-3}}} = 3{,}0 \cdot 10^3 \text{ A} = 3{,}0 \text{ kA}$$

Er ist damit dreizehnmal so groß wie der Scheitelwert des 50-Hz-Betriebsstroms bzw. elfmal so groß wie der des Betriebsstroms bei 60 Hz.

Seine Einschwingfrequenz wird mit Gl. (23.3 b) berechnet:

$$f_e = \frac{1}{2 \cdot \pi \cdot \sqrt{L \cdot C}} = 648 \text{ Hz}$$

Gemäß Gl. (23.7) tritt während des Ausgleichvorgangs an der zugeschalteten Kapazität, wenn die Dämpfung vernachlässigt wird, ein Spannungs-Scheitelwert auf von:

$$\hat{u}_C = 2 \cdot \hat{u}_{N0} = 2 \cdot U \cdot \sqrt{2/3} = 24{,}4 \text{ kV}$$

Der Maximalwert des Ausgleichstroms $\hat{\imath}$ beim Einschalten einer ungeladenen Kapazität lässt sich auch ermitteln über das Verhältnis der Einschwingfrequenz des Ausgleichvorgangs zur Netzfrequenz aus den Scheitelwerten des kapazitiven Ladestroms oder des Kurzschlussstroms des Netzes:

$$\hat{\imath} = U \cdot \sqrt{\frac{2}{3}} \cdot \frac{1}{\sqrt{L/C}}$$

Der kapazitive Ladestrom beträgt:

$$I_C = \frac{U}{\sqrt{3}} \cdot \omega \cdot C$$

Das Verhältnis zwischen dem maximal möglichen Ausgleichstrom $\hat{\imath}$ und dem Scheitelwert des betriebsfrequenten Ladestroms I_C wird damit:

$$\frac{\hat{\imath}}{I_C \cdot \sqrt{2}} = \frac{1}{\omega \cdot \sqrt{L \cdot C}} = \frac{\omega_e}{\omega} = \frac{f_e}{f} \tag{23.9}$$

Dieses ist gleich dem Verhältnis der Einschwingfrequenz des Ausgleichvorgangs zur Netzfrequenz.

Analog ergibt sich mit dem Kurzschlussstrom I_K des speisenden Netzes:

$$I_K = \frac{U}{\sqrt{3}} \cdot \frac{1}{\omega \cdot L}$$

$$\frac{\hat{\imath}}{I_K \cdot \sqrt{2}} = \omega \cdot \sqrt{L \cdot C} = \frac{\omega}{\omega_e} = \frac{f}{f_e} \tag{23.10}$$

Diese Beziehungen gelten jedoch nur dann, wenn, wie gesagt, eine ungeladene Kondensatorbatterie an das Netz geschaltet wird.

Beispiel 23.2: Vor dem Zuschalten ist die Kondensatorbatterie aufgeladen auf $u_{C0} = -U \cdot \sqrt{2/3}$, also auf den negativen Scheitelwert der Netzspannung. Die Zuschaltung geschieht in diesem Fall im positiven Scheitelwert der Netzspannung, also bei $u_{N0} = +U \cdot \sqrt{2/3}$. Unter Vernachlässigung der Dämpfung erhält man für den Scheitelwert des Inrush-Stroms:

$$\hat{\imath} = 2 \cdot \hat{u} \cdot \sqrt{\frac{C}{L}} = 2 \cdot 15 \cdot 10^3 \cdot \sqrt{\frac{2}{3}} \cdot \sqrt{\frac{60 \cdot 10^{-6}}{10^{-3}}} = 6{,}0 \text{ kA}$$

Der Spannungsscheitelwert an der Kapazität beträgt in diesem Fall:

$$\hat{u}_C = u_{C0} + 2 \cdot (u_{N0} - u_{C0}) = U \cdot \sqrt{2/3} \cdot (-1+4) = 3 \cdot U \cdot \sqrt{2/3} = 36{,}7 \text{ kV}$$

Die Einschwingfrequenz des Ausgleichvorgangs beträgt unverändert 648 Hz.

23.2 Dreiphasiges Einschalten einer ungeerdeten Kondensatorbatterie

Normalerweise tritt der Vor-Überschlag in den drei mechanisch synchron schließenden Schalterpolen nicht gleichzeitig auf, da die Momentanwerte der Spannung im Drehstromsystem verschieden sind. Damit werden auch die Stromkreise in den drei Leitern nicht gleichzeitig geschlossen. Geht man davon aus, dass die Kondensatorbatterie nicht geerdet ist, so fließt, wie sich aus Bild 22.6 entnehmen lässt, der betriebsfrequente Strom erst nach dem Schließen bzw. dem Vor-Überschlag im zweiten Schalterpol. Die nun im zweiphasigen Kreis treibende Spannung ist die verkettete Spannung U; die wirksame Induktivität und der ohmsche Widerstand haben den Wert $2 \cdot L$ und $2 \cdot R$, die Kapazität den Wert $C/2$.

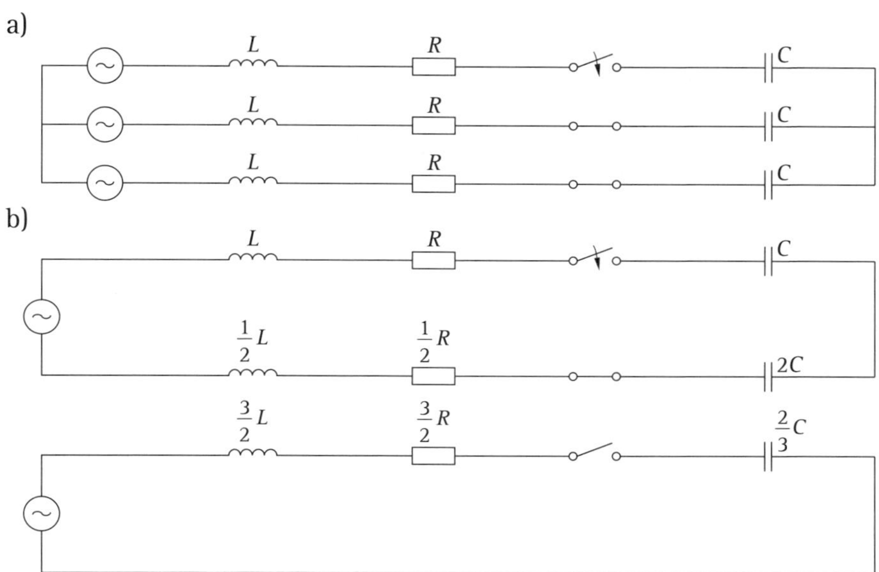

Bild 23.3 Schließen des letzten Leiters beim Einschalten einer dreiphasigen ungeerdeten Kondensatorbatterie
a) Drehstromkreis
b) Ersatzschaltbild

Wird R vernachlässigt, so bleibt die Frequenz ω_e des Ausgleichstroms unverändert. Seine Größe ist wegen der verketteten Spannung und der zweifachen wirksamen Induktivität das $\sqrt{3}/2$-Fache des einphasigen Stroms i.

Infolge der Sternpunktverlagerung im ungeerdeten Netz wird die dritte, noch offene Schaltstrecke mit der 1,5-fachen Leiterspannung beansprucht. Dies entspricht der im **Bild 23.3** dargestellten Situation.

Die beiden erstgeschlossenen Leiter liegen beim Zuschalten des dritten Leiters zueinander parallel und in Reihe mit der letztschließenden, sodass die Größen $3/2 \cdot L$, $3/2 \cdot R$ und $2/3 \cdot C$ wirksam sind. Dementsprechend fließt nach dem Schließen des letzten Leiters ein Ausgleichstrom, der in Frequenz und Amplitude gleich dem des einphasigen Kreises ist. Das Drehstromsystem ist von diesem Moment an wieder symmetrisch.

Beim Zuschalten eines dreiphasigen kapazitiv belasteten Kreises wird mit den Werten für das Zuschalten des letzten Leiters gerechnet, da hier die für den Schalter sowohl im Hinblick auf die vor dem Schließen anstehende Spannung als auch des anschließend fließenden Ausgleichstroms die härteste Beanspruchung auftritt.

23.3 Parallelschalten von Kondensatorbatterien

Häufig werden Kondensatoren, die zur Kompensation eines induktiven Laststroms dienen, je nach Lastzustand bzw. Größe des induktiven Stroms variiert. Dies geschieht, indem zu einer in Betrieb befindlichen Kondensatorbank, die aus einem oder mehreren Zweigen bestehen kann, weitere Kondensatoren parallel geschaltet werden (Bild 23.4).

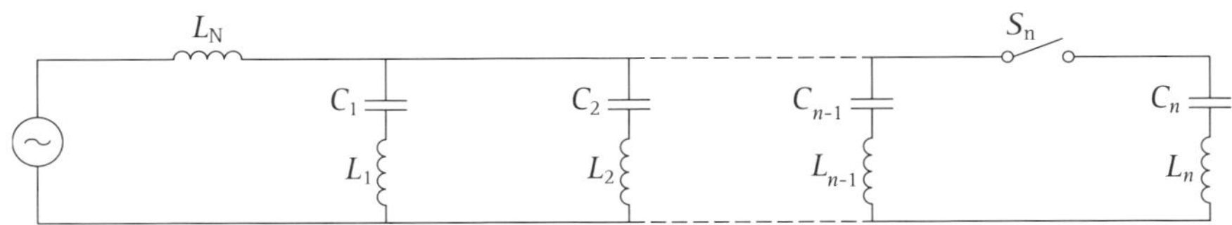

Bild 23.4 Zuschalten eines Kondensators C_n zu einer aus $(n-1)$ Kondensatoren bestehenden Bank; einphasiges Ersatzschaltbild; Dämpfung vernachlässigt

Das Zuschalten weiterer Kondensatoren zu einem bestehenden kapazitiven Kreis bedeutet eine härtere Beanspruchung des Schalters als das Einschalten des ersten Kondensators. Beim Einschalten des ersten Kondensators C_1 bestimmte die Netzinduktivität L_N zusammen mit C_1 die Höhe und Frequenz des Ausgleichstroms. Da die Induktivität L_1 des kapazitiven Zweigs sehr viel kleiner ist als die Netzinduktivität, war ihr Einfluss auf den Ausgleichvorgang vernachlässigbar und wurde daher im Abschnitt 23.1 nicht berücksichtigt.

Werden weitere kapazitive Zweige, wie im einphasigen Ersatzschaltbild Bild 23.4 gezeigt, zugeschaltet, so entlädt sich die bereits in Betrieb befindliche Kapazität über ihre Eigen-Induktivität in den neu eingeschalteten Zweig. Der Ausgleichvorgang wird bestimmt durch die bereits an Spannung liegende und die zugeschaltete Kapazität mit den Induktivitäten ihrer Zweige. Die Amplitude und die Frequenz des Ausgleichstroms sind wesentlich höher, da die den Ausgleichstrom begrenzende Wirkung der Netzinduktivität L_N entfällt.

Für die folgende einphasige Betrachtung wird zunächst vorausgesetzt, dass der im Bild 23.4 gezeigte Zweig „1" in Betrieb sei und der parallel liegende Zweig „2" zugeschaltet werde. Da die Induktivitäten L_1 und L_2 klein sind im Vergleich zur Netzinduktivität L_N, wird in erster Näherung die Kapazität C_2 von der Kapazität C_1 geladen. Der zu betrachtende Ausgleichvorgang spielt sich zwischen den Zweigen „1" und „2" ab. Dämpfungswiderstände sind ebenfalls sehr klein und können vernachlässigt werden.

Zum Ermitteln der einzelnen Beanspruchungswerte lassen sich die Gleichungen verwenden, die für das Einschalten eines einphasigen kapazitiven Kreises abgeleitet worden sind. Die Kapazität C_2 sei vor dem Schließen des Schalters S_2 ungeladen. An seinen Kontakten liegt die Spannung:

$$u_{S2} = u_1 = \hat{u}_N \cdot \frac{1}{1 - \omega^2 \cdot L \cdot C_1} \cdot \sin \omega t \tag{23.11}$$

mit $L = L_N + L_1$.

Im Augenblick φ_0 wird der Zweig „2" durch Schließen der Kontakte oder durch einen Vor-Überschlag im Schalter S_2 zugeschaltet. Die Zeit φ_0 zählt vom Nulldurchgang der Spannung u_N bzw. u_{S2}. Dementsprechend hat die Spannung u_{S2} im Zuschaltaugenblick den Wert:

$$u_{S20} = u_{S2} \sin \varphi_0 \tag{23.12}$$

und für $\varphi_0 = 90°$ ihren Scheitelwert.

Überträgt man Gl. (23.4 a), so erhält man für den die Kapazität C_2 ladenden Ausgleichstrom:

$$\begin{aligned} i_2 &= u_{S20} \cdot \frac{1}{\sqrt{(L_1 + L_2) \cdot \left(\frac{1}{C_1} + \frac{1}{C_2} \right)}} \cdot \sin \omega_{e2} t \\ &= u_{S20} \cdot \sqrt{\frac{1}{L_1 + L_2} \cdot \frac{C_1 \cdot C_2}{C_1 + C_2}} \cdot \sin \omega_{e2} t \end{aligned} \tag{23.13}$$

mit der Eigenfrequenz:

$$\omega_{e2} = \sqrt{\frac{1}{L_1 + L_2} \cdot \left(\frac{1}{C_1} + \frac{1}{C_2} \right)} \tag{23.14}$$

Der Ausgleichstrom schwingt mit der Anfangssteilheit:

$$\left(\frac{\mathrm{d}i_2}{\mathrm{d}t} \right)_0 = \frac{u_{S20}}{L_1 + L_2} \tag{23.15}$$

auf zum Scheitelwert:

$$\hat{i}_2 = \frac{u_{S20}}{\sqrt{(L_1 + L_2) \cdot \left(\frac{1}{C_1} + \frac{1}{C_2} \right)}} \tag{23.16}$$

Tritt der Vor-Überschlag im Scheitelwert der Spannung u_{S2} auf, so ist $\sin\varphi_0 = 1$, und der Ausgleichstrom i_2 hat seine größte Anfangssteilheit sowie seinen höchstmöglichen Scheitelwert. Da, wie erwähnt, $L_1 + L_2$ ist, kann in diesem Fall der Scheitelwert $\hat{i}_2$ des Ausgleichstroms wesentlich größer sein als der des Netzkurzschlussstroms $\hat{i}_{\mathrm{K}} = \hat{u}_{\mathrm{N}}/(\omega \cdot L_{\mathrm{N}})$:

$$\frac{\hat{i}_2}{\hat{i}_{\mathrm{K}}} = \frac{\omega \cdot L_{\mathrm{N}}}{\left(1-\omega^2 \cdot L \cdot C_1\right) \cdot \sqrt{(L_1 + L_2) \cdot \left(\frac{1}{C_1} + \frac{1}{C_2}\right)}} \tag{23.17}$$

Bezogen auf den betriebsfrequenten Ladestrom der zugeschalteten Kapazität C_2 ist:

$$I_{\mathrm{C2}} = \frac{U}{\sqrt{3}} \cdot \omega \cdot C_2$$

und der Maximalwert des Ausgleichstroms hat den Wert:

$$\frac{\hat{i}}{\sqrt{2} \cdot I_{\mathrm{C2}}} = \frac{C_1}{C_1 + C_2} \cdot \frac{f_{\mathrm{e}}}{f} \tag{23.18}$$

Eine von der Netzspannung unabhängige Beziehung für den Scheitelwert des Ausgleichstroms lässt sich mit den Ladeleistungen P_{C1} und P_{C2} der Kondensatoren C_1 und C_2 aufstellen:

$$\hat{i} = \frac{\sqrt{2}}{\sqrt{3}} \cdot \frac{1}{\omega \cdot (L_1 + L_2)} \cdot \sqrt{\frac{P_{\mathrm{C1}} \cdot P_{\mathrm{C2}}}{P_{\mathrm{C1}} + P_{\mathrm{C2}}}} \tag{23.19}$$

mit $P_{\mathrm{C}} = U^2 \cdot \omega \cdot C$

Die Steilheit des Ausgleichstroms kann beim Parallelschalten von Kondensatorbatterien Werte erreichen, die die Werte beim Einschalten auf einen Kurzschluss wesentlich überschreiten. Für den Maximalwert der Steilheit des Ausgleichstroms erhält man:

$$s_{\mathrm{i\,max}} = \hat{i} \cdot \omega_{\mathrm{e}} = U \cdot \frac{\sqrt{2}}{\sqrt{3}} \cdot \frac{1}{L_1 + L_2} \tag{23.20}$$

Beispiel 23.3: Die 15-kV-Kondensatorbatterie des im Abschnitt 23.1 betrachteten Beispiels 23.1 besteht aus mehreren individuell zuschaltbaren Zweigen mit jeweils gleichen Daten: $C_1, \ldots, C_n = 60\ \mu\mathrm{F}$, $L_1, \ldots, L_n = 50\ \mu\mathrm{H}$. Dem ersten bereits im Betrieb befindlichen Zweig wird ein weiterer parallel geschaltet.

Aus Bild 23.5 ist zu erkennen, dass, solange die Induktivität L_N des Netzes nicht wirksam ist, die Kapazität und die Induktivität des neu zugeschalteten Zweigs „2“ während des Ausgleichvorgangs in Reihe liegen mit der Kapazität und Induktivität des Zweigs „1“. Die Kapazität C_1 lädt also zunächst die Kapazität C_2 über die Induktivitäten $L_1 + L_2$.

Die Zuschaltung über den Vor-Überschlag in der dem Zweig „2“ vorgelagerten Schaltstrecke geschehe im Scheitelwert $\hat{u}_N$ der Netzspannung. Daher ist $u_{S20} = \hat{u}_N$.

Aus Gl. (23.14) erhält man für den Scheitelwert des Ausgleichstroms:

$$\hat{\imath} = u_{S20} \cdot \sqrt{\frac{1}{L_1 + L_2} \cdot \frac{C_1 \cdot C_2}{C_1 + C_2}} = 15 \cdot 10^3 \cdot \sqrt{\frac{2}{3}} \cdot \sqrt{\frac{30 \cdot 10^{-6}}{100 \cdot 10^{-6}}} = 6{,}7 \text{ kA}$$

Mit Gl. (23.12) ergibt sich für die Eigenfrequenz des Ausgleichvorgangs f_e = 2,9 kHz, und aus Gl. (23.18) für die Steilheit des Ausgleichstroms 122 A/µs. Diese Steilheit entspricht der Steilheit $\mathrm{d}i/\mathrm{d}t$ eines 50-Hz-Kurzschlussstroms mit dem Effektivwert von 276 kA.

Wegen dieser hohen Stromsteilheiten gilt das Parallelschalten von Kondensatorbatterien als eine extrem starke Beanspruchung für Schalter mit flüssigem Lichtbogen-Lösch- und -Isoliermedium. Für SF_6- und Vakuumschalter spielt die Stromsteilheit beim Zuschalten eine nur untergeordnete Rolle.

Besteht eine Kondensatorbank, wie Bild 23.5 zeigt, bereits aus $(n-1)$ parallelen Zweigen und wird ein weiterer Zweig n zugeschaltet, so sind in den Gleichungen für das Parallelschalten C_1 und L_1 durch C' und L' und C_2 und L_2 durch C_n und L_n zu ersetzen:

$$C' = C_1 + C_2 + \ldots + C_{(n-1)}$$

$$L' = \frac{1}{\frac{1}{L_1} + \frac{1}{L_2} + \ldots + \frac{1}{L_{(n-1)}}}$$

Die Gleichungen sind dann exakt gültig, wenn $L' \cdot C' = L_1 \cdot C_1 = \ldots = L_{(n-1)} \cdot C_{(n-1)}$ als Näherung betrachtet werden kann.

Zum Schutz der Kondensatoren und auch der Schalter werden die Inrush-Ströme durch Zusatz-Induktivitäten zwischen den Zweigen oder durch Vorschalt-Spulen zu den einzelnen Kondensatoren begrenzt. Typische Werte für diese entweder durch die Leitungsverbindungen zwischen den einzelnen Kondensatoren vorhandenen oder zusätzlich eingeschalteten Induktivitäten sind pro Leiter 10 µH bis 30 µH für $U \leq 36$ kV (Mittelspannung), 35 µH bis 100 µH bei U = 123 V bis 170 kV und

100 µH bis 200 µH für Netzspannungen ab 245 kV. Diese Zusatz-Induktivitäten werden gemäß Bild 23.5 in der Rechnung als Bestandteil der Induktivitäten der einzelnen Zweige betrachtet.

Da die Induktivitäten in den Zweigen der Kondensatorbatterie in der Praxis meist klein sind im Vergleich zur Netzinduktivität L_N, wird der Ausgleichvorgang bestimmt durch den Umladevorgang der speiseseitig liegenden Kondensatoren C' in die zugeschaltete Kapazität C_n über die zwischen ihnen liegenden Induktivitäten. Daher sind die

- resultierende Induktivität: $L^* = L' + L_n$
- resultierende Kapazität: $C^* = \dfrac{C' \cdot C_n}{C' + C_n}$

Der Ausgleichstrom beträgt:

$$i = u_{\mathrm{SN0}} \cdot \frac{1}{\sqrt{L^*/C^*}} \cdot \sin \omega_{\mathrm{e}}\, t \qquad (23.21\,\mathrm{a})$$

mit dem Maximalwert

$$\hat{\imath} = \hat{u}_{\mathrm{SN}} \cdot \frac{1}{\sqrt{L^*/C^*}} \qquad (23.21\,\mathrm{b})$$

Die angegebenen Beziehungen gelten wieder für den einphasigen Kreis bzw. im dreiphasigen System für den Leiter mit dem letztschließenden Schalterpol. Hier tritt, wie im Abschnitt 23.2 festgestellt worden ist, sowohl durch die Spannung vor dem Zuschalten als auch durch den Ausgleichstrom die höchste Beanspruchung auf.

Die Eigenfrequenz des Ausgleichstroms hat beim Parallelschalten einer zweiten Kondensatorbatterie, wie Gl. (23.12) angibt, den Wert:

$$f_{\mathrm{e}2} = \frac{1}{2 \cdot \pi \cdot \sqrt{(L_1 + L_2) \cdot \left(\dfrac{1}{C_1} + \dfrac{1}{C_2} \right)}}$$

bzw. wenn zu $(n-1)$ parallelen Zweigen ein weiterer Zweig n zugeschaltet wird:

$$f_{\mathrm{e}\,n} = \frac{1}{2 \cdot \pi \sqrt{(L' + L_n) \cdot \left(\dfrac{1}{C'} + \dfrac{1}{C_n} \right)}} \qquad (23.22)$$

Da in n parallel liegenden Zweigen infolge der Parallelität der dort befindlichen Induktivitäten L_1 bis L_n die resultierende Induktivität im Allgemeinen kleiner ist als beim Parallelschalten eines zweiten Zweigs zum in Betrieb befindlichen ersten, sind dort der Ausgleichstrom und seine Steilheit meistens höher als beim Parallelschalten zweier Zweige einer Kondensatorbatterie. Seine Amplitude erreicht mehrere Kiloampere mit Frequenzen im Bereich 2 kHz bis 5 kHz.

Beispiel 23.4: Den zwei bereits an Spannung liegenden Zweigen der 15-kV-Kondensatorbatterie wird ein weiterer Zweig parallel geschaltet, der ebenfalls dieselben Daten wie jeder der anderen Zweige hat. Dieser dritte Zweig mit der Kapazität C_3 wird dementsprechend von den parallel liegenden Kapazitäten $C_1 + C_2$ über die zueinander parallel liegenden Induktivitäten L_1 und L_2 und der damit in Reihe geschalteten Induktivität L_3 aufgeladen. Aus Bild 23.4 lässt sich entnehmen, dass in diesem Fall die resultierende Kapazität $C^* = (2/3) \cdot C_n = 40\ \mu\text{F}$ und die resultierende Induktivität $L^* = (3/2) \cdot L_n = 75\ \mu\text{H}$ werden.

Der Vor-Überschlag in der Schaltstrecke, die den Zweig „3" zuschaltet, tritt wieder im Scheitelwert $\hat{u}_\text{N}$ der anliegenden Netzspannung ein, sodass $u_{\text{S}20} = \hat{u}_\text{N}$ ist.

Mit Gl. (23.19 b) wird der Scheitelwert des maximalen Ausgleichstroms:

$$\hat{\imath} = u_{\text{S}20} \cdot \sqrt{\frac{1}{L' + L_n} \cdot \frac{C' \cdot C_n}{C' + C_n}} = 15 \cdot 10^3 \cdot \sqrt{\frac{2}{3}} \cdot \sqrt{\frac{40 \cdot 10^{-6}}{75 \cdot 10^{-6}}} = 8{,}9\ \text{kA}$$

Die Eigenfrequenz des Ausgleichvorgangs errechnet sich wieder zu $f_\text{e} = 4{,}6$ kHz. Die Steilheit des maximalen Ausgleichstroms beträgt in diesem Fall 162 A/µs.

Sind die Daten aller Zweige der Kondensatorbatterie gleich, so bleibt beim sequentiellen Zuschalten die Eigenfrequenz des Ausgleichvorgangs unverändert.

Wie in Beispiel 23.3 und Beispiel 23.4 wird die Dämpfung durch den ohmschen Widerstand der leitenden Verbindungen beim Ermitteln des Ausgleichstroms im Allgemeinen nicht berücksichtigt.

In großen Kondensatorbatterien ist durch die Anzahl der Zweige die beim Parallelschalten wirksame Induktivität $(L' + L_n)$ sehr viel kleiner als die Netzinduktivität L_N. Damit besteht die Möglichkeit, dass der Scheitelwert des Ausgleichstroms größer wird als der des Netz-Kurzschlussstroms:

$$\frac{\hat{\imath}}{I_\text{K} \cdot \sqrt{2}} = \frac{\omega \cdot L_\text{N}}{\left(1 - \omega^2 \cdot L \cdot C_n\right) \cdot \sqrt{L^* \cdot C^*}} \tag{23.23}$$

mit $L = L_\text{N} + L_n$ und $L^* = L' + L_n$ bzw. $C^* = \dfrac{C' \cdot C_n}{C' + C_n}$

In den Normen für Kondensatoren ist festgelegt, dass die Kondensatoren mit einem hochfrequenten Strom zu prüfen sind, der dem Hundertfachen des Bemessungs-Ladestroms entspricht. Besteht die Möglichkeit, dass der Scheitelwert des Ausgleichstroms diesen Prüfwert überschreitet, so werden, um die Kondensatoren nicht zu gefährden, Dämpfungswiderstände in die Zweige der Kondensatorbatterie eingefügt.

Wird eine Kondensatorbatterie an eine Sammelschiene angeschaltet, die bereits eine oder mehrere weitere Kondensatorbatterien speist, so entspricht dies in guter Näherung dem Parallelschalten von Kondensatorbatterien bzw. deren Zweigen. Es können jedoch erhöhte Ausgleichströme auftreten. Details solcher Sonderfälle werden im „Application Guide“ diskutiert.

23.4 Schalterbeanspruchung durch den Ausgleichstrom

Für Gas- und Vakuumschalter ist die Wirkung des Ausgleichstroms (Inrush-Strom) rein thermischer Natur. Schalter, die mit Gas als Lichtbogenlöschmittel (SF_6 oder Druckluft) arbeiten, und Vakuum-Schalter haben dementsprechend keine Schwierigkeiten, Kondensatorbatterien ein- oder parallel zu schalten. Probleme sind jedoch aufgetreten bei Schaltern mit flüssigem Lichtbogenlöschmittel (Öl oder Wasser). Der schnelle Stromanstieg, insbesondere beim Parallelschalten, erzeugt innerhalb der Schaltstrecke beim Vor-Überschlag sehr hohe Druckspitzen. Während diese steilen Druckspitzen, die im Lichtbogen auftreten, vom Gas gedämpft werden, wirkt eine Flüssigkeit bei derart schnellen Vorgängen wie ein fester Körper und gibt den Druck ungedämpft an das die Schaltstrecke umgebende Schaltgefäß weiter. Dies hat in mehreren Fällen zum Bersten des Schaltgefäßes geführt.

Der Inrush-Strom setzt ein im Moment des Vor-Überschlags. Er fließt damit über den Vor-Überschlags-Lichtbogen und ist weitgehend abgeklungen bzw. in den stationären Ladestrom übergegangen, wenn die Schalterkontakte galvanisch schließen. Durch den Lichtbogen werden die Kontakte aufheizt und aufgeschmolzen. Abgesehen von der damit verbundenen Kontakterosion besteht die Möglichkeit, dass die aufgeschmolzenen Kontaktbereiche nach der galvanischen Berührung miteinander verschweißen.

Beim darauf folgenden Ausschaltvorgang kann dies zum Schaltversagen führen, wenn der Antrieb nicht in der Lage ist, die verschweißten Kontakte zu trennen. Kommt es zur Trennung der Kontakte, so können in den verschweißten Bereichen Teile der Kontaktoberfläche beschädigt sein, indem Material herausgerissen wurde. In der Ausschaltstellung verlieren auf diese Weise stark erodierte Kontakte unter Umständen einen Teil ihrer Spannungsfestigkeit.

Aus diesem Grunde interessiert neben der Amplitude des Ausgleichstroms auch seine Abkling-Zeitkonstante. Je schneller er abklingt, desto weniger werden die den Vor-Überschlags-Lichtbogen tragenden Kontakte aufgeheizt.

Um die Beanspruchung eines Schalters beim Einschalten einer Kapazität beurteilen zu können, wird der Ausgleichstrom (Inrush-Strom) mit dem betriebsfrequenten Ladestrom der Batterie sowie mit dem Kurzschlussstrom des speisenden Netzes oder seinem Bemessungs-Kurzschluss-Ausschaltstrom verglichen. Das Netz wird durch seine Induktivität L charakterisiert. Mit dem Netz sind keine weiteren Kapazitäten verbunden. Es wird davon ausgegangen, dass die Kondensatorbatterie vor dem Zuschalten entladen war ($u_{C0} = 0$) und der Vor-Überschlag im Scheitelwert der Leiterspannung ($u_{N0} = U \cdot \sqrt{2/3}$) auftritt.

Man erkennt aus Gl. (23.9) und Gl. (23.10):

- Bei hoher Eigenfrequenz f_e des kapazitiven Kreises kann der Ausgleichstrom $\hat{\imath}$ ein Vielfaches der Amplitude des betriebsfrequenten kapazitiven Ladestroms werden.
- Da im Allgemeinen die Netzfrequenz f kleiner ist als die Eigenfrequenz f_e des kapazitiven Kreises, wird der Ausgleichstrom nicht größer als die Amplitude des Netz-Kurzschlussstroms und damit auch nicht höher als der Kurzschluss-Einschaltstrom.

Das Einschalten einer ungeladenen Kondensatorbatterie in einem Netz, an das keine weiteren Kondensatorbatterien angeschlossen sind, bedeutet also keine höhere Beanspruchung als das Einschalten auf einen Kurzschluss in diesem Netz. Die Steilheit des Ausgleichstroms wird von der Netz-Induktivität L bestimmt. Wird unter diesen Bedingungen eine größere Kondensatorbatterie eingeschaltet, so erhöht sich die Amplitude des Ausgleichstroms. Da die Frequenz des Ausgleichvorgangs im gleichen Maß sinkt, bleibt die Steilheit des Ausgleichstroms unverändert.

Wird auf einen aufgeladenen Kondensator geschaltet, so erhöht sich die Stromsteilheit entsprechend der Ladespannung des Kondensators $u_{C0}/\hat{u}_N$. Ist also der Kondensator auf den Scheitelwert der Netzspannung aufgeladen, aber mit entgegengesetzter Polarität, so ist die Steilheit des Ausgleichstroms doppelt so hoch wie die des Netz-Kurzschlussstroms.

Beim Parallelschalten weiterer Zweige einer Kondensatorbatterie zu einem oder mehreren bereits an Spannung liegenden Zweigen wird der Ausgleichvorgang zunächst von der Netz-Induktivität L nicht beeinflusst. Wie die im Abschnitt 23.3 gebrachten Beispiele 23.3 und 23.4 zeigen, hat das Parallelschalten weiterer Zweige einer Kondensatorbatterie einen höheren Ausgleichstrom zur Folge, aber auch eine höhere Frequenz des Ausgleichvorgangs als beim erstmaligen Einschalten einer Kondensatorbatterie. Dementsprechend steigt auch die Steilheit des Ausgleichstroms.

23.5 Netzbetrieb und Normen

Um den Ausgleichstrom auf einen für die Kondensatoren verträglichen Wert zu begrenzen, werden zusätzliche Induktivitäten in die Kondensatorbatterie eingeschaltet. Dies verlängert jedoch die Abkling-Zeitkonstante des Ausgleichvorgangs, sodass u. U. ein auf diese Weise verringerter, aber länger fließender Ausgleichstrom nach dem Vor-Überschlag, also beim Zuschalten, zum Verschweißen der Schalterkontakte führt. Dies lässt sich korrigieren, indem der Induktivität ein ohmscher Widerstand (Größenordnung 1 Ω bis 2 Ω) parallel geschaltet wird. Gegebenenfalls muss, in Abstimmung mit dem Hersteller des Schalters, nach einem Optimum gesucht werden.

Im Allgemeinen werden zum Ein- und Parallelschalten von Kapazitäten Leistungsschalter verwendet. Im Spannungsbereich bis 245 kV werden in einigen Regionen auch spezielle Schalter für das Schalten von Kapazitäten angeboten (Circuit Switcher, siehe Kapitel 32). Es sind dies SF_6-Schaltgeräte, die kein Kurzschluss-Schaltvermögen haben. Sie sind häufig mit Einschaltwiderständen ausgerüstet, um den Strom- und Spannungsverlauf beim Ein- und Parallelschalten zu dämpfen.

Gemäß der Norm für Hochspannungs-Leistungsschalter DIN EN 62271-100 (**VDE 0671-100**) ist für den Nachweis, dass der Schalter Kondensatorbatterien ein- und parallel schalten kann, die Prüfung mit einem Inrush-Strom von 20 kA Scheitelwert und einer Frequenz von 4,25 kHz durchzuführen, unabhängig von der Spannungsebene. Dies entspricht einer Strom-Steilheit von 534 A/µs.

Im Allgemeinen geschieht die Prüfung als Teil des Nachweises des Ausschaltvermögens von Kondensatorbatterien für Schalter der Klasse C2 (siehe Abschnitt 22.6). Für diese Schalter werden insgesamt 148 Ein-Aus-Schaltzyklen (CO) verlangt. Müssen, falls das Prüffeld nicht zu Ein-Aus-Schaltungen mit den in der Norm vorgegebenen Werten in der Lage ist, die Ein- und Ausschalt-Prüfschaltfolgen getrennt durchgeführt werden, so gelten für die Einschaltungen folgende Bedingungen (DIN EN 62271-100 (**VDE 0671-100**):2013-08, Abschnitt 6.111.9.1.1): Es ist die maximale Bemessungsspannung des Schalters anzulegen, und die Zuschaltung muss innerhalb von ±15° des Scheitelwerts der Leiterspannung erfolgen. Die Prüfung mit getrennten Einschaltungen soll vor der Prüfschaltfolge mit Ein-Aus-Schaltungen, bei der die Einschaltungen dann spannungslos erfolgen dürfen, durchgeführt werden.

24 Kurzschließen von Kapazitäten

Am weitaus häufigsten kommt es zum Kurzschließen einer Kapazität, wenn ein Kondensator bzw. eine Kondensatorbatterie oder ein Kabel bzw. eine Freileitung geerdet wird. Die Situation entspricht dann der, wie sie durch den rechten Zweig im **Bild 24.1 b** dargestellt ist. Über den Kurzschluss fließt ein Entladestrom, dessen Verlauf dem in Gl. (23.2 a) sowie in Gl. (23.4 a) angegebenen Ausgleichstrom entspricht. Die Höhe des Entladestroms i_C ist bestimmt durch die Spannung u_C, auf die die Kapazität vor dem Kurzschließen aufgeladen war. Unter Vernachlässigung der Dämpfung gilt:

$$i_C = u_C \cdot \sqrt{\frac{1}{L'/C_C}} \cdot \sin \omega_e t \tag{24.1}$$

Die Eigenfrequenz des Entladestroms ist gemäß **Bild 24.1 b**:

$$\omega_e \approx \sqrt{\frac{1}{L' \cdot C_C}} \tag{24.2}$$

Im Fall eines Kabels oder einer Freileitung ist C_C die Betriebskapazität und L' die Betriebsinduktivität des zu erdenden Leitungsabschnitts. Während die Kapazität einer Freileitung mit etwa 10 nF/km relativ gering ist, haben Kabel, je nach ihrem Aufbau, Kapazitäten, die in der Größenordnung einiger Hundert nF/km liegen. Freileitungen können, ebenso wie Kondensatoren, durch einfache Messer-Erdungsschalter geerdet werden. Zum Erden von Kabeln werden, wegen des hohen Entladestroms, dagegen einschaltfeste Erdungsschalter („Arbeits-Erdungsschalter") (siehe Kapitel 31) oder Leistungsschalter verwendet.

Im Netzbetrieb kommt es zu Vorgängen, die ebenfalls ein Kurzschließen von Kondensatoren bewirken. Sie werden in den folgenden Abschnitten 24.1 und 24.2 diskutiert.

24.1 Kurzschluss in der Nähe einer Kondensatorbank

In einer Schaltanlage befindet sich eine geerdete Kondensatorbatterie. Auf der Sammelschiene dieser Schaltanlage oder, wie im **Bild 24.1** dargestellt, in einem Abzweig tritt ein einphasiger Kurzschluss auf. Der Schalter, über den dieser Abzweig versorgt wird, unterbricht den Kurzschlussstrom [68, 69].

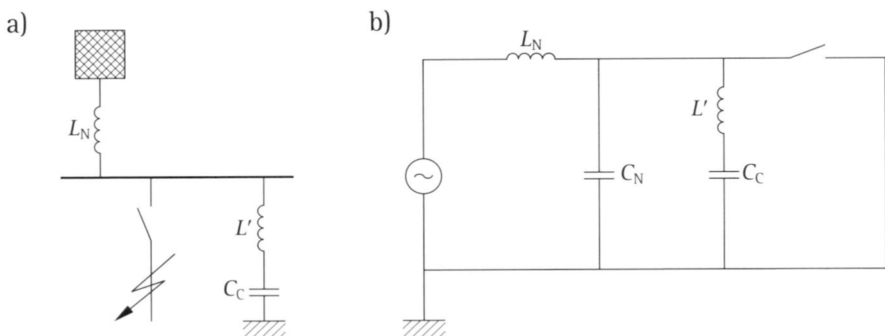

Bild 24.1 Kurzschluss im Netz in der Nähe einer Kondensatorbatterie (nach [68 und 69])
a) Netzsituation
b) Ersatzschaltbild

Bedingt durch die Parallelschaltung der Kapazität C_C der Kondensatorbatterie zur Kapazität C_N des Netzes ist die entsprechend Gl. (3.7 b) auftretende Frequenz der transienten Einschwingspannung, unter Vernachlässigung der ohmschen Dämpfung und der im Kondensatorkreis befindlichen relativ kleinen Induktivität $L' \ll L_N$, kleiner als im Fall eines Klemmenkurzschlusses:

$$\omega_0 = \sqrt{\frac{1}{L_N \cdot (C_N + C_C)}}$$

Die Kapazität der Kondensatorbatterie verändert den Verlauf der Einschwingspannung nach der Unterbrechung des Fehlerstroms in Richtung auf eine (1 – cos)-Funktion. Daher ist auch die Steilheit der transienten Einschwingspannung geringer als im Fall eines Klemmenkurzschlusses. Dem Leistungsschalter fällt es dementsprechend leichter, den Fehlerstrom zu unterbrechen. Die Folge ist, dass es zu einer Stromunterbrechung mit einer Lichtbogenzeit kommen kann, bei der der Kontaktabstand noch nicht zur erforderlichen dielektrischen Festigkeit ausreicht. In diesem Fall ist es möglich, dass die Schaltstrecke wieder durchzündet.

Solange die Ausgangssituation vor der Unterbrechung des Kurzschlussstroms bestand, war die Kapazität C_C über den Fehler kurzgeschlossen und daher spannungslos. Sie wurde anschließend mit dem Anstieg der transienten Einschwingspannung u_{TRV} über die Netzinduktivität L_N aufgeladen. Im Fall einer Durchzündung zum Zeitpunkt t_1 hat die Spannung an dieser Kapazität den Wert $u_C = u_{TRV}(t)$, bei dem die Schaltstrecke zwischen ihren Kontakten überschlägt.

Als Folge einer Durchzündung fließt über die Schaltstrecke und über den Fehlerort die Summe aus dem vom Netz gespeisten betriebsfrequenten Kurzschlussstrom I''_{K1} und dem Entladestrom i_C der Kondensatorbatterie:

$$i_C = u_{TRV}(t_1) \cdot \sqrt{\frac{C_C}{L'}} \cdot \sin \omega_e t \tag{24.3}$$

Setzt man voraus, dass die Frequenz des kapazitiven Entladestroms ω_e wesentlich größer ist als die Netzfrequenz, so kann bei der Berechnung des Stroms der Anteil des betriebsfrequenten Kurzschlussstroms während der ersten hochfrequenten Schwingungen des kapazitiven Stroms vernachlässigt werden.

Der hochfrequente Entladestrom hat, auch in der Überlagerung mit dem netzfrequenten Kurzschlussstrom, Nulldurchgänge, die dem Schalter Gelegenheit geben, den Summenstrom erneut zu unterbrechen. Da die Frequenz des Ausgleichvorgangs und damit des Entladestroms i_C in der Größenordnung Kiloherz liegt, vergehen einige zig bis hundert Mikrosekunden, bis der erste Nulldurchgang des Summenstroms auftritt. Der Zeitpunkt dieses Nulldurchgangs, in dem der Schalter den Strom wieder unterbricht, ist t_2. Der netzfrequente Kurzschlussstrom ist in dieser Zeit auf $i_K(t_2)$ angestiegen. Je nachdem, wann dieser Zeitpunkt t_2 eintritt, d. h. in Abhängigkeit von der Frequenz des Entladestroms und der Größe des Netzkurzschlussstroms, hat $i_K(t_2)$ einen Wert von einigen Hundert Ampere oder sogar einigen Kiloampere. Die Stromunterbrechung im Zeitpunkt t_2 ist daher gleichbedeutend wie ein Stromabriss des netzfrequenten Kurzschlussstroms beim Wert $i_K(t_2)$.

Im Kapitel 18 werden die Konsequenzen eines Stromabrisses betrachtet. Im vorliegenden Fall ist beim Stromabriss die magnetische Energie $\frac{1}{2} \cdot L_N \cdot \left[i_K(t_2)\right]^2$ in der Induktivität L_N des Netzes gespeichert. Sie schwingt um in die parallel liegenden Kapazitäten C_N des Netzes und C_C der in der Schaltanlage befindlichen, gegen Erde geschalteten Kondensatorbatterie (Bild 24.1). Dabei treten, wie in [69] ausführlich abgeleitet, Überspannungen im Netz und an der Kondensatorbatterie und damit über den offenen Schalter auf. Die Höhe dieser Überspannungen hängt ab vom Zeitpunkt t_2 und damit vom Ladezustand der Kapazität C_C zu diesem Zeitpunkt sowie von der Netzkonfiguration.

24.2 Schutz von Reihen-Kapazitäten durch Überbrückungs(Bypass)-Schalter

Drehstrom-Freileitungen von mehreren Hundert Kilometern Länge werden mit Reihen-Kondensatoren ausgerüstet, um ihre Betriebsinduktivität teilweise zu kompensieren und die Leitung „elektrisch" auf ein für den stabilen Betrieb zulässiges Maß „zu verkürzen". Die Reihenkapazität trägt den gleichen Betriebsstrom wie die Leitung und muss entsprechend dimensioniert sein. Es wäre jedoch unwirtschaftlich, sie auf den Kurzschlussstrom auszulegen. Daher sind sie gegen Kurzschlussstrom zu schützen.

Sehr lange Drehstrom-Freileitungen, mit Längen von teilweise über 1 000 km, werden in 550-kV- und 800-kV-Netzen betrieben. Die Leistung der verwendeten Reihen-Kapazitäten beträgt einige Hundert MVA bis > 1 000 MVA.

Bild 24.2 zeigt das Prinzip einer Schutzbeschaltung [70] für eine im Zuge einer langen Freileitung eingefügten Reihenkapazität *C*. Im Normalbetrieb, wenn an der Reihenkapazität eine nur geringe Spannung abfällt, bildet der Metalloxid-Überspannungsableiter A mit seiner nicht linearen Strom-Spannungs-Charakteristik einen sehr hochohmigen Parallelpfad. Fließt jedoch über die Freileitung ein unzulässig hoher Strom oder ein Kurzschlussstrom, so fällt an der Reihenkapazität eine hohe Spannung ab, und der Überspannungsableiter wird extrem niederohmig. Die Reihenkapazität ist auf diese Weise praktisch kurzgeschlossen und geschützt. Um zu vermeiden, dass der Überspannungsableiter eine für ihn unzulässig hohe Energie aufnehmen muss und thermisch überlastet würde, wird er durch eine triggerbare Funkenstrecke F geschützt, die ihn nach einigen Mikrosekunden kurzschließt. Beide, Überspannungsableiter und Funkenstrecke, können aber die Reihenkapazität nur für kurze Zeit überbrücken, da die Funkenstrecke

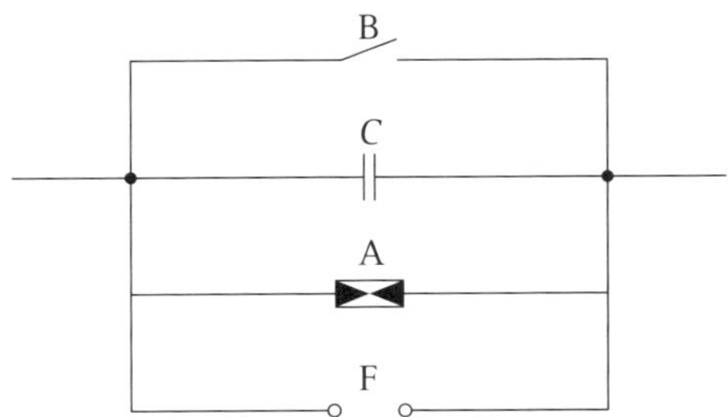

Bild 24.2 Ersatzschaltbild einer Reihen-Kapazität mit Schutzbeschaltung (nach [70])
A Überspannungsableiter
B Überbrückungsschalter (Kurzschließer)
C Reihenkapazität
F triggerbare Funkenstrecke

den Kurzschlussstrom lediglich über einige zig Millisekunden tragen kann. Die endgültige Entlastung erfolgt durch einen schnell schließenden Leistungsschalter, den Überbrückungs(Bypass)-Schalter B, der nach etwa 50 ms einschaltet und die ganze Anordnung kurzschließt. Der Überbrückungsschalter muss also in der Lage sein, schneller als ein normaler Leistungsschalter auf einen Kurzschluss einzuschalten. Er braucht jedoch keinen Kurzschlussstrom zu unterbrechen.

Der Überbrückungsschalter bleibt geschlossen, bis der Strom auf der Freileitung wieder auf einen für die Reihenkapazität verträglichen Wert zurückgegangen ist. Das bedeutet, dass er nur bei einem Strom in der Größenordnung des Betriebsstroms der Freileitung abschaltet und diesen Strom damit in die Reihenkapazität kommutiert. Er muss jedoch auch in der Lage sein, die Reihenkapazität direkt kurzzuschließen.

Um die Netzstabilität aufrechtzuerhalten, sollten gegebenenfalls Reihenkondensatoren möglichst schnell wieder eingeschaltet werden.

Das Einschalten der Kondensatorbatterie geschieht über den Überbrückungsschalter, der zunächst geschlossen ist. Nach Öffnen des Schalters ist die Reihenkompensation wirksam. Sollte aus betrieblichen Gründen eine Reihenkompensation nicht mehr erforderlich sein, so wird die Kondensatorbatterie über den Überbrückungsschalter kurzgeschlossen.

Überbrückungsschalter sind in der Norm DIN EN 62271-109 (**VDE 0671-109**) erfasst. Die vorgegebenen Prüfungen sind aus DIN EN 62271-100 (**VDE 0671-100**) abgeleitet. Die Schaltstrecke selbst muss nur für die Spannung dimensioniert sein, die an der Kondensatorbatterie im Normalbetrieb abfällt. Gegen Erde sind jedoch die Isolationsbedingungen zu erfüllen, die dem Netz entsprechen. So wird beispielsweise ein Überbrückungsschalter mit einer Bemessungsspannung gegen Erde entsprechend 550 kV mit einer Schaltstrecke für 245 kV ausgerüstet [70].

25 Einschalten einer unbelasteten Freileitung

Das Einschalten unbelasteter Freileitungen geschieht relativ oft, nicht nur beim Zuschalten einer noch nicht in Betrieb befindlichen Leitung, sondern auch im Verlauf einer erfolgreichen AWE (Kurzunterbrechung) („Aus"–„Ein"). Nachdem die Leistungsschalter an beiden Enden die Freileitung abgeschaltet haben, schaltet der erste wieder zuschaltende Schalter die unbelastete Freileitung ein.

Beim Einschalten der unbelasteten Leitung kommt es sowohl zu betriebsfrequenten als auch zu transienten Spannungserhöhungen.

Beim Zuschalten einer Leitung läuft eine Wanderwelle in die Leitung hinein, die am offenen Ende reflektiert wird. Dieser Vorgang ist jedoch nur bei langen Freileitungen im Detail zu betrachten, um die dabei auftretenden Überspannungen zu ermitteln. Wie im Abschnitt 25.2 diskutiert wird, kommt es bei kurzen Freileitungen nicht zu derartigen Spannungserhöhungen.

Kurze Freileitungen werden vereinfacht als konzentrierte Kapazitäten und Induktivitäten betrachtet, wobei „kurz" nicht eindeutig definiert ist. Erfahrungsgemäß können Freileitungen bis zu einer Länge von 200 km als kurz bezeichnet werden. In dicht vermaschten Netzen gilt daher generell das im Bild 25.2 a angegebene Ersatzschaltbild.

Die beim Einschalten einer Freileitung auftretenden Überspannungsfaktoren hängen, außer von der Leitungslänge, im Wesentlichen ab von der Kurzschlussleistung des speisenden Netzes und vom Ungleichlauf zwischen den Polen des schließenden Leistungsschalters. Der Stromfluss setzt ein beim Vor-Überschlag zwischen den schließenden Kontakten. Daher ist der Zeitpunkt des Vor-Überschlags identisch mit dem Einschaltzeitpunkt. Ist, wie im Normalfall, die Einschaltbewegung des Schalters nicht mit der Netzspannung synchronisiert, so streut die Spannung, bei der der Vor-Überschlag auftritt, zwischen annähernd null und dem Scheitelwert der anliegenden Netzspannung.

Dementsprechend streuen, wie **Bild 25.1** zeigt, die Überspannungsfaktoren beim Zuschalten einer Freileitung, die nicht aufgeladen ist.

Beim Einschalten einer Freileitung, deren Betriebskapazität noch als Folge einer kurz zuvor gelegenen Abschaltung aufgeladen ist (Wiedereinschalten), können Potentialdifferenzen zwischen ihrer Betriebskapazität und der anliegenden Netzspannung bis zum Faktor 2 p.u. auftreten. Dies führt, wie aus Bild 25.1 ersichtlich, zu erheblich höheren Überspannungen beim Einschalten.

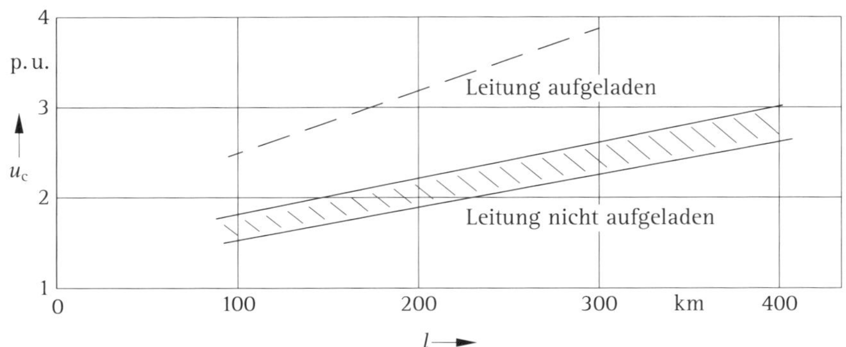

Bild 25.1 Berechnete Überspannungen beim Einschalten einer unbelasteten Freileitung (2-%-Wahrscheinlichkeit) ohne Einschaltwiderstand als Funktion der Leitungslänge.
schraffiert: nicht aufgeladene Leitung (mit Streubereich der Ergebnisse)
gestrichelt: vom vorhergegangenen Betrieb her aufgeladene Leitung

Im praktischen Betrieb kommt es im Allgemeinen nicht zu den höheren Überspannungen des Wieder-Einschaltens. Der Grund ist, dass auch sehr lange Freileitungen relativ schnell über angeschlossene induktive Messwandler entladen werden. Netzversuche haben gezeigt, dass bei einer Leitungslänge von 460 km die Zeit von 300 ms zwischen dem Aus- und dem Einschalten während einer erfolgreichen AWE (Kurzunterbrechung) ausreicht, um die auf der Freileitung verbliebenen Ladungen annähernd vollständig abzuführen [72].

Während sich der im Abschnitt 25.3 dargestellte Einsatz von Einschaltwiderständen zum Begrenzen von Einschaltüberspannungen auf sehr langen Freileitungen bewährt hat, genügt es, zum Einschalten von Leitungen geringerer Länge Leistungsschalter ohne Einschaltwiderstand zu verwenden. Aus Bild 25.1 ist, entsprechend den für die jeweiligen Spannungsebenen zulässigen Überspannungsfaktoren k, die maximale, ohne Einschaltwiderstand zu schaltende Leitungslänge zu entnehmen. Beispielsweise ist dies für 420 kV ($k \leq 2{,}5$) eine Länge von 260 km und für 550 kV ($k \leq 2{,}2$) 200 km.

25.1 Ferranti-Effekt

Eine unbelastete Leitung (Freileitung, Kabel) lässt sich näherungsweise durch das vereinfachte Ersatzschaltbild **Bild 25.2 a** mit ihrer Betriebsinduktivität $L = l \cdot L'$ und ihrer Betriebskapazität $C = l \cdot C'$ darstellen. Um deren gleichmäßigen Verteilung des Induktivitätsbelags L' und des Kapazitätsbelags C' über die gesamte Leitungslänge l im Ersatzschaltbild zu entsprechen, wird die Induktivität L als konzentriertes Element in der Mitte der Leitung dargestellt, während die Kapazität C hälftig an den beiden Leitungsenden angeordnet wird („π-Glied").

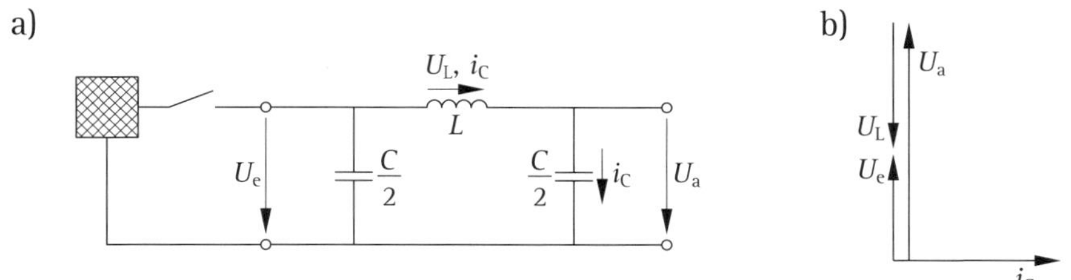

Bild 25.2 a) Ersatzschaltbild einer unbelasteten Leitung
b) Zeigerdiagramm der Spannungserhöhung $\Delta u = i_C \cdot \omega \cdot L$ durch Ferranti-Effekt

Die Leitung nimmt einen mit ihrer Länge zunehmenden kapazitiven Ladestrom i_C auf, der infolge des Spannungsfalls an der Betriebsinduktivität L eine Spannungserhöhung um Δu zum Leitungsende hin bewirkt (**Bild 25.2 b**). Diese entlang der Leitung kontinuierlich wachsende Spannungserhöhung wird als Ferranti-Effekt bezeichnet.

Aus dem vereinfachten Ersatzschaltbild lässt sich für den Spannungsfall an der Leitungsinduktivität und damit für die in Bild 25.2 b gezeigte Spannungserhöhung auf U_e am Leitungsende als Näherungsgleichung ableiten:

$$\Delta u = \frac{U_a}{\sqrt{3}} \cdot \frac{0,5 \cdot \omega^2 \cdot l^2 \cdot L' \cdot C'}{1 - 0,5 \cdot \omega^2 \cdot l^2 \cdot L' \cdot C'} \qquad (25.1\,a)$$

$$\frac{U_e}{\sqrt{3}} = \frac{U_a}{\sqrt{3}} + \Delta u; \qquad \delta = \frac{U_e}{U_a} \qquad (25.1\,b)$$

U_a ist die Spannung am Leitungsanfang.

Beim Ferranti-Effekt handelt es sich um eine betriebsfrequente Spannungserhöhung um den Faktor δ. Geht man von den gerundeten Werten $L' = 1$ mH/km und $C' = 10$ nF/km aus, so ergibt sich für eine mit 50 Hz betriebene Leitung von 300 km Länge eine Spannungserhöhung um etwa 5 % und für eine 600 km lange Leitung um 25 %. Für 60 Hz lauten diese Werte etwa 7,5 % bzw. 36 %.

(Typische Werte für C' sind, wie in Tabelle 9.1 angegeben, 9,1 nF/km für Leitungen mit Einfach-Seilen und 14 nF/km für Leitungen mit Vierer-Bündelleiter.)

Bei Leitungslängen bis etwa 100 km ist der Ferranti-Effekt ohne Bedeutung.

Wie in Abschnitt 22.1 erwähnt, kommt es in Kreisen mit kapazitiver Last ebenfalls zum Ferranti-Effekt. Der kapazitive Ladestrom bewirkt an der vorgeschalteten Induktivität, z. B. der Induktivität des speisenden Netzes, einen Spannungsfall Δu, sodass die Spannung an der Kapazität höher ist als die Netzspannung.

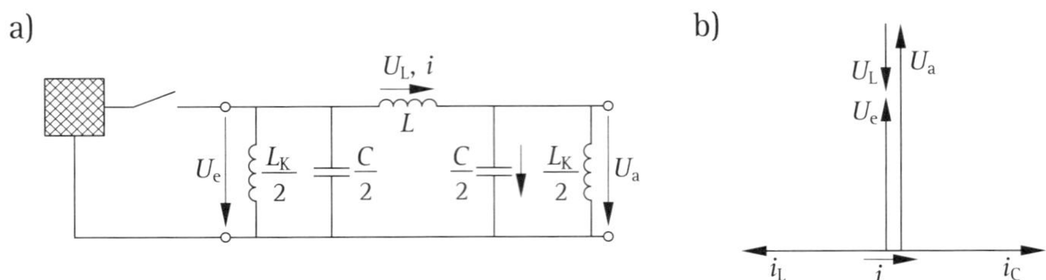

Bild 25.3 Unbelastete Leitung mit Kompensation durch direkt angeschaltete Drosselspulen $L_K/2$
a) Ersatzschaltbild
b) verringerter Ferranti-Effekt durch die Kompensation

In Gl. (25.1 a) sind in diesem Fall $0{,}5 \cdot l \cdot C'$ durch die Lastkapazität C und $l \cdot L'$ durch die vorgeschaltete Induktivität L zu ersetzen.

Wie sich aus Bild 25.2 a entnehmen lässt, gilt die Berechnung mit Gl. (25.1 a) für Leitungen, die nicht kompensiert sind. Eine Kompensation durch an die Leitung angeschlossene Drosselspulen verringert die wirksame Betriebskapazität der Leitung und damit auch die Spannungserhöhung durch den Ferranti-Effekt. Da der Ferranti-Effekt im Wesentlichen für unbelastete Leitungen relevant ist, also für Leitungen, die am Ende offen sind, sind nur die Drosselspulen wirksam, die direkt mit der Leitung verbunden sind. Eine Drosselspule, die an die Sammelschiene angeschlossen ist, sodass der jeweilige Schalter zwischen Drosselspule und Leitung liegt, hat bei geöffnetem Schalter keinen Einfluss auf die Betriebskapazität der Leitung, da sie nun von der Leitung getrennt ist.

Nicht berücksichtigt ist bei der obigen Betrachtung des Ferranti-Effekts, dass der kapazitive Ladestrom einer unbelasteten Leitung auch an der Reaktanz des speisenden Netzes einen Spannungsfall und damit eine Spannungserhöhung gegenüber der treibenden Quellenspannung verursacht. Dies ist umso ausgeprägter, je kleiner die Kurzschlussleistung $P_K = \sqrt{3} \cdot U \cdot I''_{K3}$ des Netzes ist [75]. Im Allgemeinen wird dieser Effekt wegen der im Vergleich zur Leitungsreaktanz geringen Netzreaktanz vernachlässigt.

25.2 Einschalten langer Freileitungen

Die Vorgänge beim Zuschalten langer unbelasteter Freileitungen lassen sich mithilfe der Wanderwellentheorie darstellen [3, 73]. Dies gilt auch, wie erwähnt, bei der Wiederzuschaltung im Verlauf einer erfolgreichen AWE (Kurzunterbrechung), solange der Schalter am anderen Ende der Leitung noch offen ist.

Die folgende Betrachtung geht zunächst vom Einschalten nur eines Leiters einer langen Freileitung aus.

In die unbelastete Freileitung läuft eine Wanderwelle ein, die am noch offenen Ende reflektiert wird. Diese Wanderwellen können infolge der Reflexion Amplituden erreichen, die für die Isolierung der Freileitung gefährlich sind. Bleibt eine eventuelle Dämpfung unberücksichtigt, so verdoppelt sich die Amplitude. Zur Dämpfung werden lange unbelastete Freileitungen über Einschaltwiderstände zugeschaltet (Abschnitt 25.3). Zudem werden häufig diese Leitungen mit Überspannungs-Ableitern versehen, die die Wanderwellen-Amplituden begrenzen.

Die Zuschaltung geschieht mit dem Vor-Überschlag zwischen den schließenden Schaltkontakten. Da der wahrscheinlichste Moment des Vor-Überschlags im Bereich des Scheitelwerts der anstehenden Netzspannung $\hat{u}_{\mathrm{N}}$ liegt, werden die als Folge des Einschaltens auftretenden Überspannungen in p.u. auf diesen Wert bezogen ($\hat{u}_{\mathrm{N}} = U \cdot \sqrt{2/3} = 1$ p. u.). Die Spannung auf der Leitungsseite u_{L} ist vor der Zuschaltung einer nicht aufgeladenen Leitung gleich null.

Die höchste Spannungsdifferenz zwischen Netz und Leitung tritt auf, wenn die Leitung von der vorhergehenden Abschaltung noch auf den Scheitelwert der Netzspannung, aber mit entgegengesetzter Polarität von $\hat{u}_{\mathrm{N}}$, aufgeladen ist ($u_{\mathrm{L}} = -\hat{u}_{\mathrm{N}} = -1$ p.u.). Wie bereits erwähnt, entladen sich die Leitungen im Allgemeinen in so kurzer Zeit, dass bei Wiedereinschaltungen, wie im Verlauf von AWE (Kurzunterbrechungen), keine oder gegenüber dem Ausgangszustand verringerte Spannungserhöhungen auftreten. Dennoch wird, um mögliche Extremfälle aufzuzeigen, im unten angeführten Beispiel damit gerechnet, dass bei einer Wiedereinschaltung noch die volle Netzspannung u_{N} ansteht.

Vom Augenblick des Zuschaltens an laufen, wie **Bild 25.4** zeigt, Wanderwellen von beiden Klemmen des Schalters in das Netz (u_1) bzw. in die Leitung (u_2) hinein:

$$u_1 = \frac{u_L - u_{\mathrm{N}}}{1 + Z_{\mathrm{L}}/Z_{\mathrm{N}}} \qquad u_2 = \frac{u_{\mathrm{N}} - u_{\mathrm{L}}}{1 + Z_{\mathrm{N}}/Z_{\mathrm{L}}} \tag{25.2}$$

Z_{N} bzw. Z_{L} sind der Wellenwiderstand der Netzseite bzw. der Freileitung.

Solange die Wanderwellen in der Leitung noch nicht abgeklungen sind, ist der Wellenwiderstand der Leitung wie ein ohmscher Widerstand zu betrachten.

In guter Näherung kann der Wellenwiderstand des Netzes ersetzt werden durch die wirksame Netzreaktanz $X_{\mathrm{N}} = \omega \cdot L_{\mathrm{N}}$ [3, 74]. Da die ohmschen Widerstände des Netzes und der Leitung klein sind, bleiben sie unberücksichtigt.

Das folgende Beispiel zeigt für einen typischen Fall, mit welcher Amplitude die Wanderwellen in die Freileitung und in das speisende Netz einlaufen.

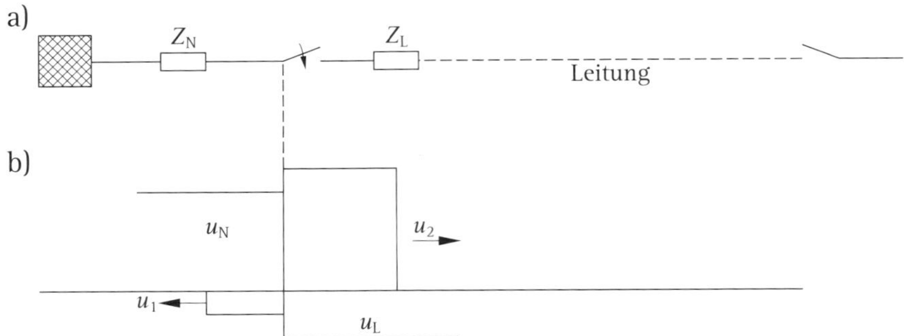

Bild 25.4 a) Ersatzschaltbild
b) Wanderwellenvorgang beim Einschalten einer langen unbelasteten Freileitung
Z_N, Z_L Wellenwiderstand des Netzes bzw. der Leitung
u_N, u_L Spannung des Netzes bzw. auf der Leitung unmittelbar vor der Zuschaltung
u_1, u_2 in das Netz bzw. in die Leitung einlaufende Wanderwelle

Beispiel 25.1:

U = 420 kV, I''_{K3} = 10,0 kA. Daraus folgt: X_N = 24,25 Ω.
(U = 550 kV, I''_{K3} = 13,1 kA ergibt die gleiche Netzreaktanz von 24,25 Ω.)

Freileitung mit Bündelleitern 4 × 402 mm², Z_L = 305 Ω.

U_N ist der Momentanwert der Netz-Leiterspannung, bei dem der Vor-Überschlag geschieht.

a) Die Freileitung ist vor dem Zuschalten nicht aufgeladen, d. h. $u_L = 0$:

Amplitude der in die Freileitung einlaufenden Wanderwelle: $u_2 = 0{,}93 \cdot u_N$;
Amplitude der in das Netz einlaufenden Wanderwelle: $u_1 = -0{,}07 \cdot u_N$.

b) Die Freileitung ist vor dem Zuschalten aufgeladen auf die Amplitude der Netzspannung, jedoch mit entgegengesetzter Polarität, d. h. $u_L = -\hat{u}_N$ (Wiederzuschaltung). Der Vor-Überschlag geschieht im Scheitelwert der anstehenden Netz-Leiterspannung $\hat{u}_N$:

$u_2 = 1{,}85 \cdot \hat{u}_N$; $u_1 = 0{,}15 \cdot \hat{u}_N$

Die in das Netz einlaufende Wanderwelle hat eine der Netzspannung entgegengesetzte Polarität. Sie führt zu einer kurzfristigen Absenkung der Netzspannung, wenn eine unbelastete Freileitung eingeschaltet wird. Je kleiner der Kurzschlussstrom des Netzes ist, d. h. je höher die Netzreaktanz, desto weniger stabil ist das Netz und desto größer ist dieser Spannungszusammenbruch. Ursache ist die Stromwelle, die mit dem Zuschalten in die zunächst ungeladene oder mit entgegengesetzter Polarität aufgeladene Freileitung einläuft und die Leitungskapazität auf- oder umlädt. Der Vorgang entspricht dem im Abschnitt 23.1 beschriebenen Einschalten einer Kapazität. Die Dauer des Spannungszusammenbruchs im Netz wird bestimmt durch die Laufzeit der Wanderwellen in der Leitung und ihr Abklingen. Sie liegt maximal im Bereich weniger Millisekunden.

Je geringer der Spannungszusammenbruch auf der Netzseite bzw. die in das Netz einlaufende Wanderwelle ist, desto höher ist die Wanderwelle in der Freileitung. Beide ergänzen sich zu der Spannungsdifferenz zwischen Netz und Leitung, die vor dem Zuschalten bestand, d. h. vor dem Vor-Überschlag über dem offenen Schalter.

Wie das Beispiel zeigt, kann mit guter Näherung davon ausgegangen werden, dass die gesamte im Augenblick des Vor-Überschlags anstehende Potentialdifferenz u_N bzw. $(u_N + u_L)$ als Spannungswelle in die Leitung hineinläuft und an deren offenen Ende reflektiert wird.

Die einlaufende Spannungswelle überlagert sich der betriebsfrequenten Spannungserhöhung am Ende der unbelasteten Freileitung, die durch den Ferranti-Effekt verursacht wird. Die infolge der Reflexion verursachte Spannungsamplitude der Wanderwelle, multipliziert mit dem den Ferranti-Effekt beschreibenden Faktor δ, kann bei einer Wiederzuschaltung den Wert 4 p.u. überschreiten. Der resultierende Überspannungsfaktor wird mit k_E bezeichnet.

Die im Bild 25.3 gezeigte Kompensation der Ladeleistung der Leitung bewirkt infolge des geringeren Ferranti-Effekts, dass sich die Spannungserhöhung vermindert.

Noch höhere Spannungen als beim bisher betrachteten einphasigen Zuschalten können beim Einschalten einer dreiphasigen Freileitung auftreten, wenn die drei Schalterpole nicht gleichzeitig schließen bzw. vor-überschlagen. Die Wanderwelle eines Leiters induziert durch kapazitive Kopplung in den anderen Leitern ebenfalls Wanderwellen. Die Überspannung am Leitungsende ergibt sich aus der Verdopplung der einlaufenden Spannungswelle und der zu diesem Zeitpunkt dort bereits vorhandenen kapazitiv induzierten Spannung. Wie in [73] abgeleitet wird, wird der als letzte zugeschaltete Leiter der Leitung am härtesten beansprucht. Ist, wie in Abschnitt 4.1 dargestellt, C_1 die Kapazität des Mitsystems und C_0 die des Nullsystems und nimmt man ein mittleres Verhältnis von $C_1/C_0 = 2$ an, so hat mit $Z_N \approx 0$ die im zuletzt zugeschalteten Leiter der nicht aufgeladenen Leitung einlaufende Wanderwelle die Amplitude $2{,}2 \cdot u_N$.

Die bisherigen Betrachtungen gehen davon aus, dass eine unendlich steile Spannungswelle in die Leitung einläuft und an ihrem Ende reflektiert wird. Ein Spannungssprung an der Leitung wird jedoch durch die Induktivität L_N des Netzes verhindert. Es ergibt sich eine Ausgleichschwingung, deren Eigenfrequenz vornehmlich durch die Induktivität des Netzes und die Leitungskapazitäten und damit durch den Wellenwiderstand Z_L der Leitung bestimmt wird. Näherungsweise kann nach [3] der Anstieg der leitungsseitigen Spannung beschrieben werden durch die Gleichung:

$$u_2 \approx (u_\mathrm{N} - u_\mathrm{L}) \cdot \left(1 - \mathrm{e}^{-Z_\mathrm{L} \cdot t / L_\mathrm{N}}\right) \tag{25.3}$$

Die Spannung steigt also asymptotisch von null auf u_2 mit der Zeitkonstante $L_\mathrm{N}/Z_\mathrm{L}$. Die Anstiegszeit ist in guter Näherung durch die dreifache Zeitkonstante gegeben.

Aus der Anstiegszeit der Spannungswelle kann abgeleitet werden, ob eine verlustlose Freileitung als konzentrierte Kapazität oder als Wellenleiter aufzufassen ist [77]: Ist die Laufzeit einer Welle durch die Leitung größer als ein Viertel der Anstiegszeit, so treten beim Eintreffen der reflektierten Wellen am Leitungsanfang abwechselnd positive und negative Wellen auf, die dazu führen, dass die Spannung am Leitungsende von null bis zur doppelten Spannung aufschwingen kann. Ist die Laufzeit dagegen kleiner als ein Viertel der Anstiegszeit, treten beim Eintreffen der reflektierten Welle am Leitungsanfang nur noch negative Wellen auf, die bewirken, dass die Spannung am Leitungsende monoton auf die Spannung der Spannungsquelle ansteigt. Bei einer Wellengeschwindigkeit von etwa 300 m/µs ist dies für das genannte Beispiel mit X_N = 24,24 Ω und der daraus resultierenden Anstiegszeit (gerundeter Wert) bei 50 Hz von 760 µs bei einer Leitungslänge bis zu etwa 60 km (bei 60 Hz bis zu etwa 50 km) der Fall. Eine derartige Leitung kann als konzentrierte Kapazität und damit als kurze Leitung angesehen werden. Ist die Leitung länger, muss sie für eine genauere Aussage als Wellenleiter bzw. als lange Freileitung betrachtet werden.

(Der Wanderwellen-Vorgang entspricht prinzipiell dem, der beim Unterbrechen eines Kurzschlusses auf einer Freileitung – Abstandskurzschluss – auftritt. Er ist im Abschnitt 9.2 mit dem Bild 9.3 beschrieben.)

Die Definition der langen Freileitung ist über X_N bzw. L_N stark von den Daten des speisenden Netzes abhängig. Je höher die Nennspannung und je geringer der Klemmenkurzschlussstrom I''_K3 des Netzes, desto länger ist die Anstiegszeit und damit die Leitung, die sich noch wie eine konzentrierte Kapazität verhält. Systematische Untersuchungen [76] haben gezeigt, dass die Spannweite der Anstiegszeiten von etwa 50 µs bis etwa 3 500 µs reicht.

Nicht berücksichtigt blieb dabei, dass die einlaufende Spannungswelle vom ohmschen Widerstand der Leitung gedämpft wird und abflacht. Dementsprechend werden aus Erfahrung Leitungen bis zu einer Länge von etwa 100 km als kurze Leitung betrachtet und im Ersatzschaltbild als konzentrierte Kapazität dargestellt.

Als Maßnahmen, die beim Einschalten langer unbelasteter Freileitungen auftretenden Überspannungen auf ein für die Isolierung verträgliches Maß zu begrenzen, werden Einschaltwiderstände verwendet (Abschnitt 25.3) oder die Schalterpole so eingeschaltet, dass vor dem Zuschalten die Potentialdifferenz zwischen Netz und Leitung annähernd null ist (gesteuertes Schalten: Abschnitt 26.2).

Gelegentlich wurde vorgeschlagen, am Ende langer unbelasteter Freileitungen Erdungsschalter als „Kurzschließer" einzusetzen, um die Reflexion der beim Einschalten der Freileitung einlaufenden Spannungswelle am offenen Leitungsende zu vermeiden. Nach Abklingen des mit dem Einschalten verbundenen Schwingungsvorgangs sollte der Kurzschließer geöffnet werden, sodass sich die Freileitung dann im Betriebszustand befindet. Derartige Lösungen, die die Verwendung von Einschaltwiderständen vermeiden sollten, haben sich nicht durchgesetzt.

25.3 Einschaltwiderstand

Das bisher übliche Vorgehen zum Reduzieren der Überspannungen, die beim Einschalten oder Wiedereinschalten langer unbelasteter Freileitungen auftreten, ist das Ausstatten der Leistungsschalter mit Einschaltwiderständen. Als lange Freileitung ist, wie in Abschnitt 25.2 gezeigt wurde, eine Freileitung zu verstehen, in der die Wellenlaufzeit bis zum offenen Ende länger dauert als ein Viertel der Anstiegszeit $3 \cdot L_N/Z_L$ der einlaufenden Spannungswelle (Wellenleiter). Zum Einschalten kürzerer Freileitungen sind Einschaltwiderstände nicht erforderlich. Wie in Abschnitt 25.2 ebenfalls erwähnt, vergrößert sich die Leitungslänge, ab der Einschaltwiderstände benötigt werden, mit steigender Nennspannung des Netzes und sinkendem Klemmenkurzschlussstrom. Für 60-Hz-Netze liegt diese Grenze tiefer als für 50-Hz-Netze. Unter Berücksichtigung der Konfiguration des speisenden Netzes und der Dämpfung der in der eingeschalteten Freileitung laufenden Wanderwellen sowie der Kompensation der Betriebskapazität der Leitung sind Einschaltwiderstände erst zum Zuschalten von Freileitungen erforderlich, die länger als 200 km sind.

Das Einschalten über einen Einschaltwiderstand geschieht in zwei Stufen. Zunächst wird der Einschaltwiderstand R_E durch eine Hilfsschaltstrecke S_R für eine vorgegebene Zeit in Reihe mit der Freileitung geschaltet, und anschließend wird durch Schließen der Hauptkontakte des Schalters S_H die Leitung endgültig zugeschaltet. Dabei wird der Einschaltwiderstand durch die Hauptschaltstrecke S_H kurzgeschlossen (**Bild 25.5**).

Im ersten Leiter kommt es zu einer Spannungsteilung zwischen Einschaltwiderstand R_E und Freileitung, dargestellt durch ihren Wellenwiderstand Z_L, sodass eine Wanderwelle mit der geringeren Amplitude u_L' in die Leitung einläuft:

$$u_2' = \frac{u_N - u_L}{1 + Z_N/Z_L} \cdot \frac{Z_L}{R_E + Z_L} \approx (u_N - u_L) \cdot \frac{Z_L}{R_E + Z_L} \qquad (25.4)$$

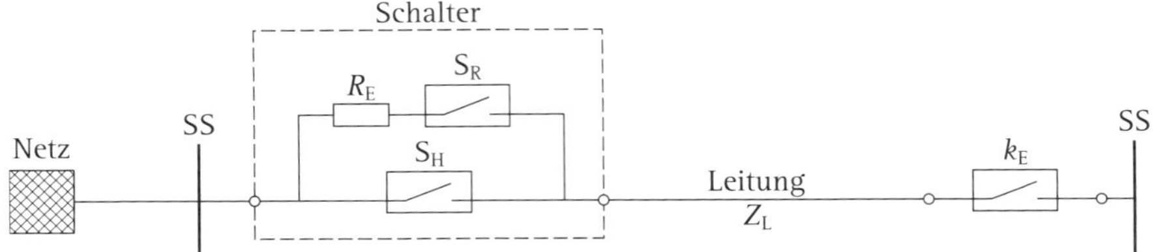

Bild 25.5 Einschalten einer Freileitung durch einen Schalter mit Einschaltwiderstand R_E
S_R Widerstandsschaltstrecke SS Sammelschiene
S_H Hauptschaltstrecke
k_E durch Reflexion erzeugte Überspannung
Z_L Wellenwiderstand der Freileitung

Der Einschaltwiderstand R_E soll wirksam bleiben, bis der von der Wanderwelle u_2' ausgelöste transiente Vorgang abgeklungen ist.

Wenn anschließend der Widerstand R_E durch die Hauptschaltstrecke überbrückt wird, folgt eine zweite Wanderwelle, deren Amplitude $(u_2 - u_2')$ dem Spannungsfall am Widerstand entspricht.

Als Beispiel für das Einschalten einer langen unbelasteten 550-kV-Freileitung zeigt Bild 26.3 a, dass durch das Zuschalten über einen Einschaltwiderstand der maximale Überspannungsfaktor von 3,0 p.u. auf 1,9 p.u. reduziert wird.

Der optimale Wert für den Einschaltwiderstand R_E ist, wie aus **Bild 25.6** entnommen werden kann, gleich dem Wellenwiderstand Z_L der Leitung. In diesem Fall hat, wie Gl. (25.4) zeigt, die mit der Zuschaltung des Einschaltwiderstands

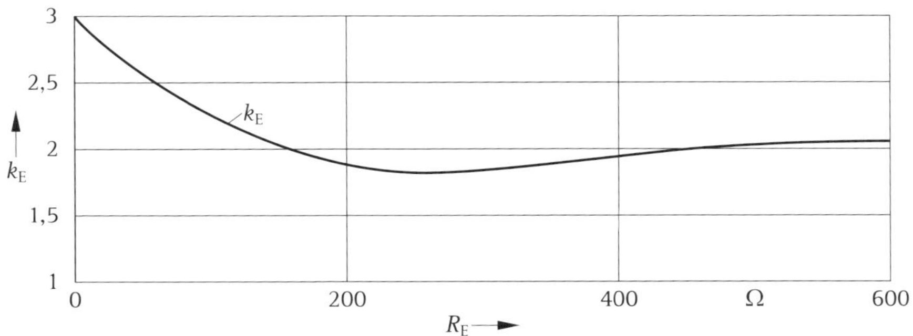

Bild 25.6 Einfluss des Wertes des Einschaltwiderstands auf den maximalen Überspannungsfaktor k_E (aus [14, 75])
(Beispiel: Wellenwiderstand Z_L der Leitung: 275 Ω)

ausgelöste Wanderwelle die halbe Gesamt-Amplitude. Beim Kurzschließen des Einschaltwiderstands tritt demzufolge eine gleich hohe Wanderwelle auf. Der Überspannungsfaktor k_E steigt jedoch zunächst nur langsam an, wenn der Widerstand R_E den optimalen Wert überschreitet. Mit Rücksicht auf die Wärmebelastung der Widerstände wird deshalb meist ein etwas höherer Widerstandswert gewählt, häufig $R_E = 400\ \Omega$.

Als Einschaltdauer hat sich eine Zeit von 6 ms bis 8 ms bewährt. Die mechanisch eingestellten Zeitpunkte des Zuschaltens der Hilfs- und der Hauptschaltstrecke sind unter Berücksichtigung ihres Vor-Überschlagsverhaltens anzupassen.

Um zu vermeiden, dass der Einschaltwiderstand während eines Ausschaltvorgangs der Hauptschaltstrecke wirksam ist, muss die Hilfsschaltstrecke unterbrochen sein, bevor die Hauptschaltstrecke öffnet.

Bei der räumlichen und thermischen Dimensionierung von Einschaltwiderständen ist zu berücksichtigen, dass beim Zuschalten des zunächst offenen zweiten Schalters am Leitungsende über dessen offener Schaltstrecke eine Spannung bis zur Phasenopposition, $2 \cdot U/\sqrt{3}$, anstehen kann. Da im praktischen Betrieb nicht immer abzusehen ist, welcher von beiden Schaltern als erster die dann offene Leitung einschaltet, wird auch dieser Schalter mit Einschaltwiderständen ausgerüstet. Bei Phasenopposition müssen die Einschaltwiderstande maximal die vierfache thermische Leistung im Vergleich zur Einschaltung unter normaler Spannung aufnehmen.

Für die Dimensionierung und Prüfung von Einschaltwiderständen liegt keine entsprechende Norm vor. Gegebenenfalls sind die Daten zwischen Hersteller und Anwender der Leistungsschalter abzustimmen.

26 Gesteuertes Schalten

Durch gesteuertes Schalten lassen sich unzulässig hohe Überspannungen beim Schalten von Induktivitäten, Kapazitäten und unbelasteten Freileitungen vermeiden. Dazu wird der Augenblick der Stromunterbrechung bzw. der Zuschaltung entsprechend den Schaltbedingungen auf den optimalen Momentanwert der anstehenden sinusförmigen Spannung abgestimmt.

Zum betriebsmäßigen Schalten wird, wie aus **Bild 26.1** zu entnehmen ist, ein Schaltimpuls zunächst auf ein Steuergerät gegeben. Das Steuergerät ermittelt den für den jeweiligen Schaltfall günstigsten Moment der Kontakttrennung oder des Kontaktschließens des Leistungsschalters und löst, unter Berücksichtigung der mechanischen Eigenzeit des Schalters, den Schaltvorgang zu einem geeigneten Zeitpunkt aus. Um diesen Zeitpunkt zu ermitteln, verfolgt das Steuergerät ständig – oder nach Eingang des Schaltimpulses von der Schaltwarte – den sinusförmigen Verlauf der Leiterspannung. Ist der Leistungsschalter offen und handelt es sich um einen Schließbefehl, so wird der zeitliche Verlauf der Spannung an beiden Klemmen des Schalters registriert.

Da die mechanische Eigenzeit des Schalterantriebs gegebenenfalls von Parametern wie Umgebungstemperatur, Hydraulikdruck oder Federvorspannung, Löschmitteldruck, am Auslöser anstehende Betätigungsspannung etc. abhängig ist, ist das von diesen Parametern abhängige Verhalten des Leistungsschalters dem Steuergerät einprogrammiert. Die jeweiligen Daten werden ihm kontinuierlich zugeführt.

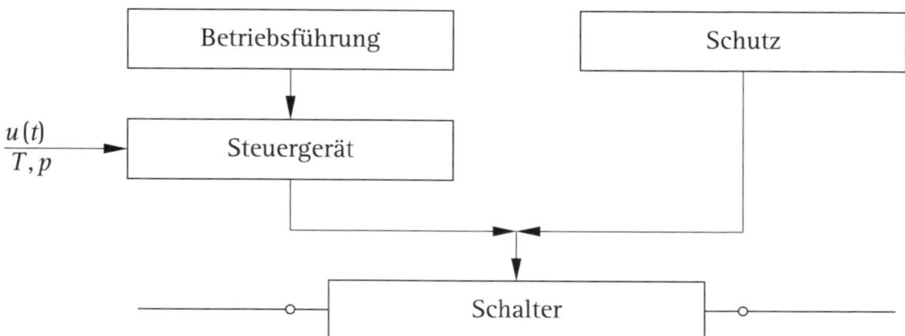

Bild 26.1 Anordnung für gesteuertes Schalten
Einflussgrößen:
p Druck des Lichtbogen-Löschgases bzw. Antriebsdruck
T Umgebungstemperatur

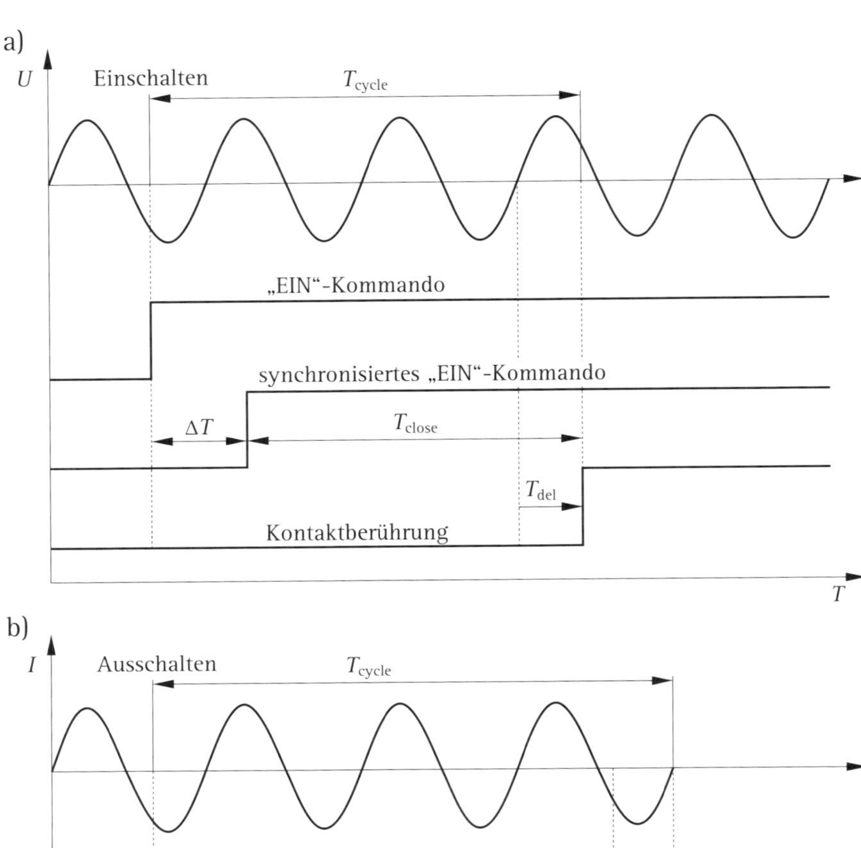

Bild 26.2 Beispiele für gesteuertes Schalten
a) Ablauf einer Einschaltung
b) Ablauf einer Ausschaltung

Das Ermitteln und das Warten auf den für den Schaltvorgang günstigsten Zeitpunkt führt zu einer Verzögerung des gesamten Schaltvorgangs um einige Millisekunden. Diese Verzögerung ist im **Bild 26.2** durch die Angabe von ΔT gegenüber dem Ein- bzw. Ausschaltkommando gekennzeichnet. Sie ist für das betriebsmäßige Schalten irrelevant. Da jedoch im Fall eines Fehlers der Leistungsschalter möglichst schnell den Fehlerstrom unterbrechen soll, wird das im Fehlerfall den Schalter auslösende Schutzsignal am Steuergerät vorbeigeführt.

Einen detaillierten Überblick über den Einsatz des gesteuerten Schaltens bieten [79 und 83]. CIGRÉ empfiehlt spezielle Prüfbedingungen für Leistungsschalter, die synchron mit dem Spannungs- oder Stromverlauf schalten [108].

In den Abschnitten 26.1 und 26.2 werden nur die derzeit üblichen Anwendungen diskutiert. Das gesteuerte Schalten von Transformatoren zum Vermeiden von Inrush-Strömen ist bei Transformatoren mit kaltgewalzten Blechen nicht erforderlich, da die Inrush-Ströme heute gebauter Transformatoren keine die Konstruktion gefährdenden Amplituden erreichen.

26.1 Abschalten von Drosselspulen

Wie in den Abschnitten 18.1 und 18.4 dargestellt, treten beim Abschalten von Drosselspulen Überspannungen als Folge von Stromabriss und Wiederzündungen auf.

Die Neigung eines Leistungsschalters, den induktiven Laststrom vor dem natürlichen Nulldurchgang abzureißen, und die Höhe des Abreißstroms nehmen mit wachsender Lichtbogenzeit zu. Daher wäre es angebracht, den Schalter so anzusteuern, dass er Drosselspulen mit einer möglichst kurzen Lichtbogenzeit abschaltet.

Andererseits kommt es bei kurzen Lichtbogenzeiten häufig zum Durchzünden der Schaltstrecke, da der geringe Kontaktabstand nicht ausreicht, die Potentialdifferenz zwischen der netzseitig betriebsfrequent verlaufenden Spannung und der Einschwingspannung der abgeschalteten Drosselspule zu beherrschen. Der Leistungsschalter ist, um eine Wiederzündung zu vermeiden, so anzusteuern, dass die Lichtbogenzeit und damit der Abstand zwischen den öffnenden Kontakten genügend groß ist. Dies ist im Allgemeinen der Fall, wenn die Kontakte sich ≥ 5 ms vor dem natürlichen Stromnulldurchgang trennen.

Für das Abschalten von Drosselspulen werden, um beide Bedingungen zu erfüllen, bei gesteuertem Schalten Leistungsschalter so ausgelöst, dass die Lichtbogenzeiten zwischen 5 ms und 10 ms liegen.

26.2 Aus- und Einschalten von Kapazitäten, Zuschalten langer Freileitungen

Das Abschalten einer kapazitiven Last fällt einem Leistungsschalter zunächst sehr leicht, da ein relativ kleiner Strom zu unterbrechen ist und anschließend die Spannung über die offene Schaltstrecke nur entsprechend dem $(1 - \cos \omega_N t)$-Verlauf (ω_N Netzfrequenz) ansteigt. Daher wird der Strom häufig unmittelbar nach der Kontakttrennung unterbrochen (Abschnitt 22.1). Eine netzfrequente Halbperiode später steht jedoch über der Schaltstrecke die Spannungsamplitude $\geq 2 \cdot \hat{u}_N$ an. Der Anstieg der Spannung auf diesen Wert kann wegen der eventuell noch zu geringen Kontaktentfernung zu Wieder- oder Rückzündungen führen.

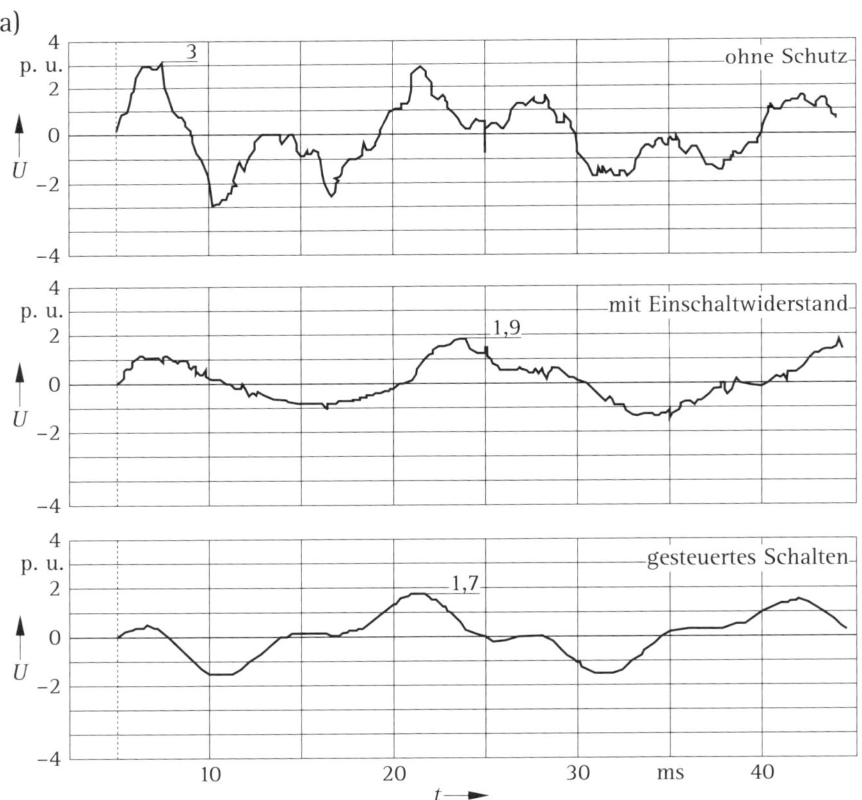

Bild 26.3 a Wirkung des gesteuerten Einschaltens kapazitiver Lasten; Einschalten einer unbelasteten 550-kV-Freileitung

Wie in Abschnitt 22.2 gezeigt wird, verursachen Rückzündungen Überspannungen.

Für Leistungsschalter, die erfolgreich nach Klasse C2 geprüft worden sind (Abschnitt 22.6), trifft dies nicht zu. Sie beherrschen die genannte Spannungsamplitude auch dann, wenn die Stromunterbrechung unmittelbar nach der Kontakttrennung erfolgt.

Um bei einem weniger leistungsfähigen Schalter Rückzündungen zu vermeiden, kann zum gesteuertem Ausschalten kapazitiver Lasten der Schalter so angesteuert werden, dass die Schaltstrecke weit genug geöffnet ist, wenn die hohe Spannungsamplitude auftritt. Das bedeutet, dass die Kontakttrennung eine entsprechend lange Zeit vor dem Nulldurchgang des kapazitiven Laststroms erfolgen soll.

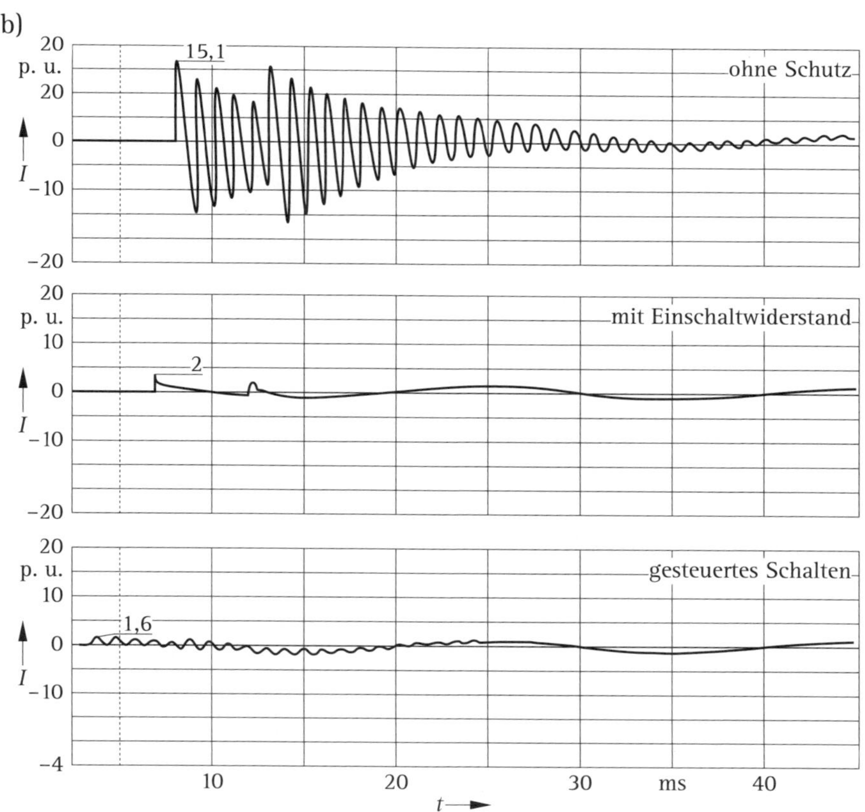

Bild 26.3b Wirkung des gesteuerten Einschaltens kapazitiver Lasten; Einschalten einer ungeerdeten Kondensatorbank

Wird ein ungeladener Kondensator bei einem Momentanwert > 0 der Netzspannung u_N eingeschaltet, tritt ein hochfrequenter Ausgleichstrom mit unter Umständen erheblicher Amplitude auf (Abschnitt 23.1). Beim Zuschalten im Nulldurchgang der Netzspannung beginnt der Strom lediglich mit dem Scheitelwert des betriebsfrequenten Laststroms.

Ist die Kapazität aufgeladen, so ist die Potentialdifferenz u_S zwischen Kapazität und Netz zum Zeitpunkt der Zuschaltung, also des Vor-Überschlags, entscheidend für die Höhe des Ausgleichstroms. Ist diese Potentialdifferenz null, so fließt kein Ausgleichstrom.

Daraus folgt, dass bei gesteuertem Einschalten von Kapazitäten die Spannung an beiden Klemmen des Schalters zu registrieren ist, um den optimalen Einschaltzeitpunkt zu ermitteln. Theoretisch ist es der Nulldurchgang der Potentialdifferenz u_S über den Schalter.

Die im **Bild 26.3** gezeigten Beispiele machen deutlich, dass durch gesteuertes Einschalten kapazitiver Lasten das Auftreten von unzulässigen Überspannungen vermieden wird. Es werden Überspannungsfaktoren < 2 erreicht. Damit ist es möglich, die entsprechenden Schalter ohne Einschaltwiderstände einzusetzen.

Ein Zuschalten im Spannungsnulldurchgang setzt voraus, dass die Vor-Überschlagskennlinie des Schalters mindestens so steil verläuft wie der Spannungsgradient $\mathrm{d}u_S/\mathrm{d}t$ unmittelbar vor dem Nulldurchgang der über den Schalter anstehenden Spannung (**Bild 26.4**). Darüber hinaus ist zu berücksichtigen, dass beim Einschalten, ebenso wie beim Ausschalten, der Schalterantrieb mechanisch streut, sodass der Zeitpunkt der Kontaktberührung vom idealen Zeitpunkt abweichen kann. Im Bild 26.4 ist diese mechanische Streuung mit ±0,8 ms angenommen. Würde der Schalter so angesteuert werden, dass die Kontaktberührung ohne Berücksichtigung der Streuung im gleichen Moment erfolgt wie der Spannungsnulldurchgang, so würde bei einer durchaus möglichen, um 0,8 ms vorzeitigen Kontaktbewegung ein Vor-Überschlag schon bei der Spannung 0,85 p. u. auftreten. Der Effekt wäre ähnlich wie bei einer Zuschaltung im Scheitel der über den offenen Kontakten anstehenden Potentialdifferenz.

Um dies zu vermeiden und die Zuschaltung im oder nahe des Spannungsnulldurchgangs nicht zu gefährden, wird der Schalter so angesteuert, dass seine Vor-Überschlagskennlinie in diesem Fall erst 0,8 ms nach dem Spannungsnulldurchgang die Nulllinie erreicht. Verhält sich der Schalter ideal, so tritt, wie Bild 26.3 zeigt, ein Vor-Überschlag bei der Spannung 0,15 p. u. ein. Schließen die Kontakte um 0,8 ms vorzeitig, so wird bei der Potentialdifferenz null zugeschaltet. Ist die Kontaktbewegung um 0,8 ms verzögert, so kommt es zu einem Vor-Überschlag bei 0,3 p. u. Diese Werte sind klein genug, dass der Ausgleichvorgang beim Einschalten einer Kapazität vernachlässigbar bleibt.

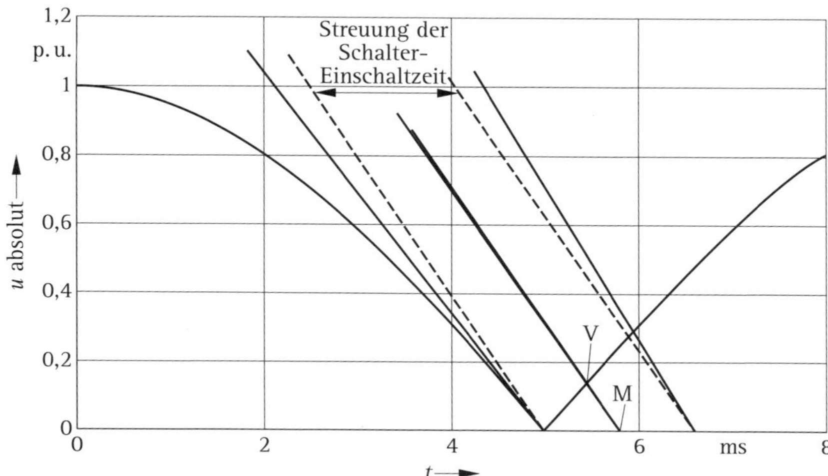

Bild 26.4 Anpassung der Einschaltbewegung an Spannungsverlauf und Vor-Überschlagskennlinie
V Zeitpunkt des Vor-Überschlags und damit Schließen des Stromkreises
M Zeitpunkt des mechanischen Berührens der Kontakte

Wie aus Gl. (25.2) hervorgeht, treten beim Zuschalten einer langen unbelasteten Freileitung keine Wanderwellen auf, wenn die Zuschaltung bei der Potentialdifferenz null erfolgt, also $u_N = u_L$. Wird der Leistungsschalter wie in Bild 26.4 angesteuert, läuft in die Leitung eine Wanderwelle mit der maximalen Amplitude $0,3 \cdot (u_N - u_L)$ ein. Selbst bei vollständiger Reflexion am offenen Leitungsende verursacht diese Wanderwelle keine Überspannung. Für einen derartig gesteuerten Leistungsschalter sind Einschaltwiderstände nicht erforderlich.

27 Nicht aufrechterhaltener Durchschlag (NSDD)

Bei Prüfungen von Vakuumschaltern sind vereinzelt kurzzeitige Wiederzündungen beobachtet worden, die nicht zum Spannungszusammenbruch geführt haben, sondern lediglich zu einer Verschiebung im Spannungsverlauf. Sie werden als „Nicht aufrechterhaltener Durchschlag" (NSDD – Non Sustained Disruptive Discharge) bezeichnet. Die Ursache für diese Erscheinung konnte noch nicht geklärt werden. Ebenso konnte keine Verminderung des Schaltvermögens festgestellt werden, die mit NSDD im Zusammenhang stehen würde. Aus dem praktischen Betrieb ist das Auftreten von NSDD bisher nicht bekannt geworden. Die Ursache hierfür könnte jedoch sein, dass im Betrieb das Verhalten der Leistungsschalter nicht laufend oszilloskopiert wird.

In DIN EN 62271-100 (**VDE 0671-100**) sowie in [20] ist ein nicht aufrechterhaltener Durchschlag (NSDD) wie folgt definiert: Durchschlag zwischen den Kontakten eines Vakuumschalters während des Intervalls der Wiederkehrspannung, der zu einem hochfrequenten Stromfluss führt, in den die Kapazitäten in unmittelbarer Umgebung der Schaltstrecke einbezogen sind.

Zuverlässig lässt sich eine NSDD nur durch eine zeitlich sehr hoch aufgelöste Spannungsmessung feststellen.

Eine NSDD tritt im Allgemeinen einphasig auf. Sie verursacht an der schaltereigenen Streukapazität einen extrem hochfrequenten Ausgleichstrom, der sich dem Laststrom überlagert und vom Schalter in seinem ersten Nulldurchgang unterbrochen wird. In einem dreiphasigen Kreis induziert dieser hochfrequente Ausgleichstrom Stromimpulse in den anderen Leitern, die ebenfalls in ihrem ersten Nulldurchgang abgeschaltet werden. Dadurch kommt es zu Spannungsverschiebungen in den drei Leitern. Der zeitliche Ablauf ist so kurz, dass der niederfrequente Spannungsverlauf sich nur wenig ändern kann.

Da, wie erwähnt, ein Einfluss auf das Schaltverhalten nicht gefunden wurde, muss das Auftreten vereinzelter NSDD nicht in Prüfprotokollen vermerkt werden.

28 Synthetische Prüfung

Das Kurzschluss-Schaltvermögen von Hochspannungs-Leistungsschaltern, sowohl beim Aus- als auch beim Einschalten, übertrifft selbst die in großen Prüffeldern zur Verfügung stehende, von Generatoren erzeugte Prüfleistung. Abgesehen davon, dass derartige Prüfungen im Netz nicht durchgeführt werden können, da sie zu extremen Störungen im Netzbetrieb führen würden, liegen auch die bei den entsprechenden Bemessungsspannungen örtlich zur Verfügung stehenden Kurzschlussleistungen weit unter den von den Leistungsschaltern zu beherrschenden Werten.

Diese Situation hat zur Entwicklung synthetischer Prüfschaltungen geführt. Das Prinzip der synthetischen Prüfung beruht darauf, dass im Kurzschlussfall Strom und Spannung den Schalter nicht gleichzeitig beanspruchen. Solange der Kurzschlussstrom fließt, ist die am Schalter anstehende Spannung gering bzw., wie bei Klemmenkurzschluss, annähernd null. Erst nach der Stromunterbrechung durch den Leistungsschalter treten über die offenen Schaltkontakte die transiente Einschwingspannung sowie die wiederkehrende betriebsfrequente Spannung auf. Die Kurzschlussleistung ist also keine Wirk- oder Blindleistung im Sinne der bestehenden Definitionen, sondern eine Bezeichnung für das Produkt aus Kurzschlussstrom und wiederkehrender Spannung, die in zwei getrennten, unmittelbar aufeinanderfolgenden Zeitabschnitten den Schalter beanspruchen. Prüfstrom und Prüfspannung können daher getrennten Schaltkreisen entnommen werden, die miteinander zu koppeln sind.

Dementsprechend gelten nach DIN EN 62271-101 (**VDE 0671-101**) folgende Begriffe:

Direkte Prüfung: Prüfung, bei der die treibende Spannung, die Einschwingspannung und die betriebsfrequente Wiederkehrspannung von einer einzigen Energiequelle geliefert werden. Diese kann aus einem Netz oder aus besonderen Generatoren in einem Kurzschlussprüffeld oder aus einer Kombination beider bestehen.

Synthetische Prüfung: Prüfung, bei der der gesamte Strom oder der überwiegende Teil davon aus einer Energiequelle (Hochstromkreis) geliefert wird und die treibende Spannung und/oder die Wiederkehrspannungen (Einschwing- und betriebsfrequente Spannung) insgesamt oder teilweise aus einer oder mehreren Spannungsquellen bezogen werden (Hochspannungs-Kreise).

Synthetische Prüfschaltungen ermöglichen dementsprechend das Prüfen des Schaltverhaltens und der Zuverlässigkeit leistungsstarker Schalter mit verhältnismäßig geringer Netzanschlussleistung. Die treibende Spannung des Hochstromkreises sollte jedoch so groß sein, dass die Lichtbogenspannungen der im Kreis befindlichen Schalter nicht den Verlauf des Kurzschlussstroms merkbar beeinflussen.

Um Schalter unter Bedingungen zu prüfen, die möglichst genau denen beim Abschalten eines Kurzschlusses im Netz entsprechen, müssen an die synthetische Prüfschaltung folgende Anforderungen gestellt werden [86]:

- Die Lichtbogenleistung in der öffnenden Schaltstrecke des zu prüfenden Schalters soll gleich sein der, die bei einer direkten Prüfung auftreten würde.
- Zwischen Strom- und Spannungsbeanspruchung darf bei der Prüfung des Ausschaltverhaltens des Schalters keine Lücke entstehen.
- Der Stromverlauf $\mathrm{d}i/\mathrm{d}t$ unmittelbar vor dem Stromnulldurchgang, in dem die Stromunterbrechung erfolgen soll, muss gleich sein dem $\mathrm{d}i/\mathrm{d}t$ des entsprechenden Kurzschlussstroms im Netz.
- Die wirksame Impedanz des Hochstromkreises soll unmittelbar vor dem Stromnulldurchgang, in dem die Stromunterbrechung erfolgen soll, gleich sein der Impedanz des Netzes im Kurzschlussfall, wenn der entsprechende Kurzschlussstrom fließt.
- Der zeitliche Verlauf der Einschwingspannung muss den Vorgaben der Norm entsprechen.
- Der Hochspannungskreis muss genügend Energie liefern können, damit im Fall, dass ein Nachstrom fließt, eine Dämpfung der transienten Einschwingspannung vermieden wird.
- Ein Versagen des Schalters muss eindeutig festzustellen sein.

Die zulässigen Toleranzen für den Verlauf des Stroms und der Einschwingspannung sind in der Norm DIN EN 62271-100 (**VDE 0671-100**) angegeben. Nähere Hinweise bezüglich der Anforderungen für synthetische Ausschaltprüfverfahren sowie zur Ermittlung der Abweichungen vom idealen Verlauf enthält DIN EN 62271-101 (**VDE 0671-101**).

Wie Bild 28.1 zeigt, ist die Spannungsquelle des Hochspannungskreises ein aufgeladener Kondensator. Der Prüfkreis gestaltet sich einfacher, wenn anstelle der betriebsfrequenten wiederkehrenden Spannung der zu prüfende Schalter mit einer aus diesem Kondensator gespeisten Gleichspannung beansprucht wird, dem die transiente Einschwingspannung überlagert wird – auch wenn dies für den Prüfling eine höhere Beanspruchung darstellt. In DIN EN 62271-100 (**VDE 0671-100**) ist festgelegt, dass die wiederkehrende Spannung mindestens 300 ms am Prüfling anstehen soll und am Ende dieser Zeit auf nicht weniger als 95 % des spezifizierten Wertes abgeklungen sein darf.

Gegenüber einer direkten Prüfung hat die synthetische Prüfung den Vorteil, dass im Fall des Versagens der zu prüfende Schalter nicht zerstört oder nur relativ gering beschädigt wird.

Mit den synthetischen Prüfkreisen der meisten Prüffelder ist nur eine Prüfung bei vorgegebener Lichtbogenzeit und mit voller Spannungsbeanspruchung möglich. Um Prüfungen bei langen Lichtbogenzeiten durchführen zu können, wenn also die Möglichkeit besteht, dass der zu prüfende Schalterpol schon eine Halbschwingung früher den Strom unterbricht, müssen einer oder mehrere zusätzliche Wiederzündkreise in den Prüfkreis eingesetzt werden. Ein Wiederzündkreis besteht im Wesentlichen aus einem aufgeladenen Kondensator, der über eine Funkenstrecke entladen wird und im Bereich des Nulldurchgangs des Kurzschlussstroms den Prüfschalter mit einem hohen $\mathrm{d}i/\mathrm{d}t$ beaufschlagt [88].

Besondere Maßnahmen sind auch erforderlich, um einen Leistungsschalter unter den Bedingungen der Automatischen Wiedereinschaltung (AWE/Kurzunterbrechung) synthetisch zu prüfen.

Bild 28.1 zeigt das Prinzip der synthetischen Prüfkreise [87]. Der Hochstromkreis *1* liefert im Wesentlichen die Strombeanspruchung und bei bestimmten synthetischen Prüfschaltungen auch einen Teil entweder nur der Einschwingspannung oder sowohl der Einschwingspannung als auch der wiederkehrenden Spannung. Aus dem Hochspannungskreis *2* wird die Einschwingspannung und die wiederkehrende Spannung, letztere entweder in voller Höhe oder in überwiegendem

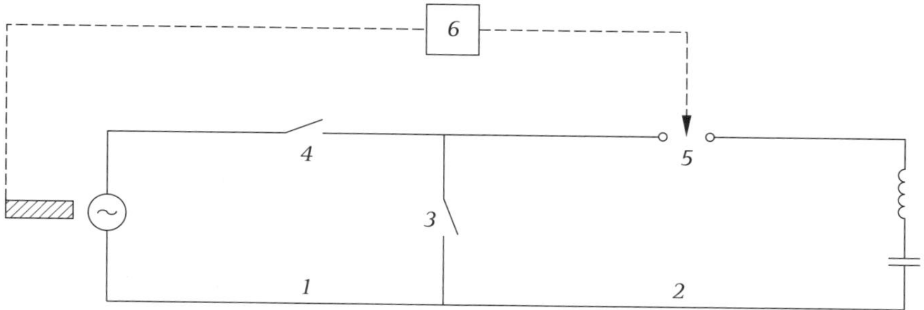

Bild 28.1 Prinzipschaltplan einer synthetischen Prüfschaltung
1 Hochstromkreis
2 Hochspannungskreis
3 zu prüfender Schalter
4 Hilfsschalter
5 Schaltfunkenstrecke
6 Steuergerät

Ausmaß, und bei bestimmten synthetischen Prüfschaltungen auch noch ein Teil der Strombeanspruchung bezogen. Der Hilfsschalter *4* hat die Aufgabe, den Hochstromkreis nach der Unterbrechung des darin fließenden Stroms gegen die Spannung des Hochspannungskreises abzuschirmen. Dementsprechend ist von den beiden im Hochstromkreis befindlichen Schaltern *3* und *4* immer derjenige der Hilfsschalter, an dessen Klemmen die Differenz zwischen der Spannung des Hochstromkreises und der vollen Prüfspannung ansteht. In einem genau definierten und die verschiedenen synthetischen Prüfschaltungen kennzeichnenden Augenblick gibt die Steuerung *6* ein aus dem Hochstromkreis ankommendes Signal als Zündimpuls an die Schaltfunkenstrecke *5* weiter, die damit einen extrem schnellen gesteuerten Draufschalter darstellt.

Von den verschiedenen synthetischen Prüfverfahren zur Prüfung unter Kurzschlussbedingungen werden hier nur die beiden wichtigsten und allgemein gebräuchlichen einphasig für Klemmenkurzschluss-Prüfungen dargestellt: das Stromüberlagerungsverfahren und das Spannungsüberlagerungsverfahren. Weiterhin diskutiert werden das Verfahren zur Prüfung des Einschaltens auf Kurzschluss und eine synthetische Prüfschaltung zum Nachweis des kapazitiven Schaltvermögens. Details zu weiteren synthetischen Prüfverfahren sowie für dreiphasige Prüfkreise finden sich in DIN EN 62271-101 (**VDE 0671-101**) sowie im „Guide for Application of IEC 62271-1 and IEC 62271-100, Part 2“ [20].

Leistungsschalter hoher Bemessungsspannung, die mit mehreren Schaltstrecken pro Pol arbeiten, werden häufig mit einer Teilpol-Prüfung geprüft (Abschnitt 28.3). In diesem Fall muss für die Prüfung nur die Einschwing- und die wiederkehrende Spannung zur Verfügung stehen, die, wie im Abschnitt 2.4 erläutert, dem Spannungsanteil des geprüften Teilpols entspricht.

28.1 Stromüberlagerungsverfahren

Bild 28.2 zeigt das grundsätzliche Schaltbild für das Stromüberlagerungsverfahren. Dieses Schaltbild wird im Allgemeinen durch zusätzliche Elemente ergänzt, z. B. um den Verlauf der transienten Einschwingspannung korrekt darzustellen, mit einem zweiten Schwingkreis eine Vier-Parameter-Einschwingspannung zu liefern und/oder bei Prüfungen unter Abstandskurzschluss-Bedingungen den Prüfling mit der leitungsseitigen Einschwingspannung zu beaufschlagen.

Da das Stromüberlagerungsverfahren im Bereich des Stromnulldurchgangs, in dem der Strom zu unterbrechen ist, sowohl das im Netz auftretende $\mathrm{d}i/\mathrm{d}t$ als auch die volle Netzspannung liefert, entspricht die Beanspruchung des zu prüfenden Schalters den Netzbedingungen. Dies begründet die Akzeptanz und weite Verbreitung dieses Prüfverfahrens.

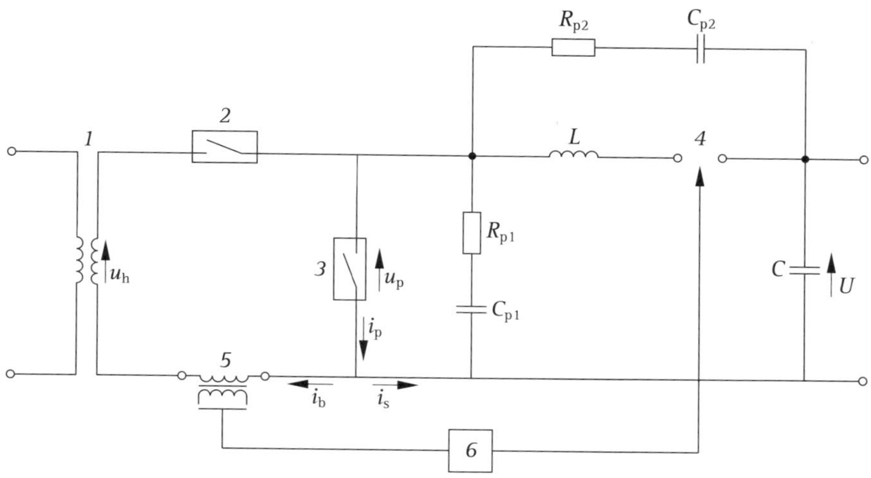

Bild 28.2 Synthetischer Prüfkreis für das Stromüberlagerungsverfahren
1 Hochstromkreis mit Stoßleistungstransformator
2 Hilfsschalter
3 zu prüfender Schalter
4 Schaltfunkenstrecke
5 Steuergerät, verbunden mit Stromwandler

In einem synthetischen Prüfkreis mit Stromüberlagerung wird die Schaltfunkenstrecke kurz vor dem Nulldurchgang des vom Hochstromkreis gelieferten betriebsfrequenten Kurzschlussstroms i ausgelöst. Die aufgeladene Kapazität C im Hochspannungskreis liefert über die Induktivität L einen Strom i_h mit kleinerer Amplitude, aber höherer Frequenz, der sich in dem Zweig, in dem der Prüfschalter liegt, dem betriebsfrequenten Kurzschlussstrom mit gleicher Polarität überlagert (**Bild 28.3**). Der Prüfling führt den Strom i_p, der sich zunächst aus $i + i_h$ zusammensetzt. Wenn der Kurzschlussstrom i durch null geht (Zeitpunkt A), wird er vom Hilfsschalter *2* unterbrochen. Während der anschließenden Zeit t_h fließt nur der Überlagerungsstrom i_h über den Prüfling. Dieser Strom hat das gleiche $\mathrm{d}i/\mathrm{d}t$ wie der betriebsfrequente Kurzschlussstrom. Beim Nulldurchgang des Stroms i_h unterbricht der Prüfschalter (Zeitpunkt B), und die vom Hochspannungskreis bestimmte Einschwingspannung beansprucht die offene Schaltstrecke.

Auf diese Weise wird der Prüfschalter selbsttätig zum Zeitpunkt A mit dem Hochspannungskreis verbunden, nachdem der Hochstromkreis durch den Hilfsschalter abgetrennt wurde. Es gibt keine Verzögerung zwischen der Strom- und der Spannungsbeanspruchung des Prüfschalters.

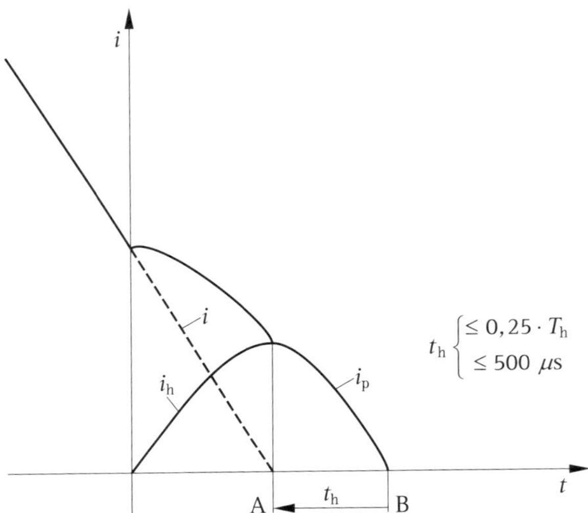

Bild 28.3 Zeitablauf der Stromüberlagerung im Prüfkreis von Bild 28.2
i betriebsfrequenter Strom des Hochspannungskreises
i_h vom Hochspannungskreis gelieferter Überlagerungsstrom
i_p resultierender Strom durch den Prüfschalter
t_h Zeitpunkt der Stromunterbrechung im Hilfsschalter, bezogen auf die Stromunterbrechung im Prüfschalter
T_h Periodendauer des Überlagerungsstroms

Die Zuschaltung des Hochspannungskreises wird von einem Steuergerät bestimmt, das vom Kurzschlussstrom im Hochstromkreis zu einem vorgegebenen Zeitpunkt angestoßen wird. Gemäß DIN EN 62271-101 (**VDE 0671-101**) soll dieser Zeitpunkt so gewählt werden, dass der Zeitpunkt A zwischen dem Scheitelwert und dem darauf folgenden Nulldurchgang des Überlagerungsstroms liegt. Die maximal zulässige Zeit, in der über den Prüfling allein der Überlagerungsstrom fließt, ist 500 μs, die minimale Zeit 200 μs. Im Allgemeinen wird für den Überlagerungsstrom eine Frequenz eingestellt, die etwa das Zehnfache der Betriebsfrequenz beträgt.

Im Fall, dass der Prüfschalter versagt, fließt durch seine Schaltstrecke nur der Überlagerungsstrom, da der Hilfsschalter den eigentlichen Kurzschlussstrom abgeschaltet hat. Die Energie des Überlagerungsstroms ist nicht so groß, dass es zu Zerstörungen in der Schaltstrecke kommt.

Zur Prüfung von Leistungsschaltern hoher Bemessungsspannung muss im Stromüberlagerungs-Hochspannungskreis eine relativ große Kondensatorbatterie zur Verfügung stehen, da sie auf mindestens den Scheitelwert der wiederkehrenden Polspannung aufzuladen ist. Eine Lösung, um diesen Aufwand zu reduzieren, ist die Kombination der Stromüberlagerungsschaltung mit einer Spannungsüberlagerungsschaltung [89].

28.2 Spannungsüberlagerungsverfahren

Beim Spannungsüberlagerungsverfahren (**Bild 28.4**) wird der Hochspannungskreis zugeschaltet, nachdem der Prüfschalter den betriebsfrequenten Kurzschlussstrom unterbrochen hat. Der Hochstromkreis liefert den gesamten Kurzschlussstrom über den zu prüfenden Schalter sowie, nach der Stromunterbrechung, den Anfangsverlauf der transienten Einschwingspannung. Der Hochspannungskreis wird bei einem vorgegebenen Wert des Anfangsverlaufs der Einschwingspannung zugeschaltet.

Prüfschalter *3* und Hilfsschalter *2* unterbrechen den Strom gleichzeitig. Mit der Stromunterbrechung im Hilfsschalter sind Hochstrom- und Hochspannungskreis in Reihe an den zu prüfenden Schalter geschaltet.

Den Klemmen des Hilfsschalters ist eine sehr kleine Impedanz – im Bild 28.4 als *RC*-Glied R_b und C_b ausgebildet – parallel geschaltet. Sie ist wesentlich kleiner als die Impedanz an den Klemmen des Prüfschalters. Dadurch liegt nahezu die gesamte Spannung des Hochstromkreises an den Klemmen des zu prüfenden Schalters *3*.

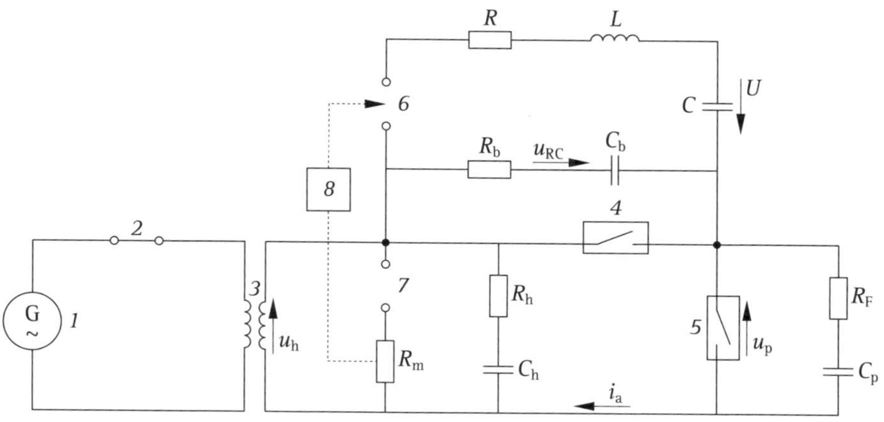

Bild 28.4 Synthetischer Prüfkreis für das Spannungsüberlagerungsverfahren
1 Hochstromkreis mit Stoßleistungstransformator
2 Hilfsschalter
3 zu prüfender Schalter
4 Messfunkenstrecke
5 Steuergerät
6 Schaltfunkenstrecke

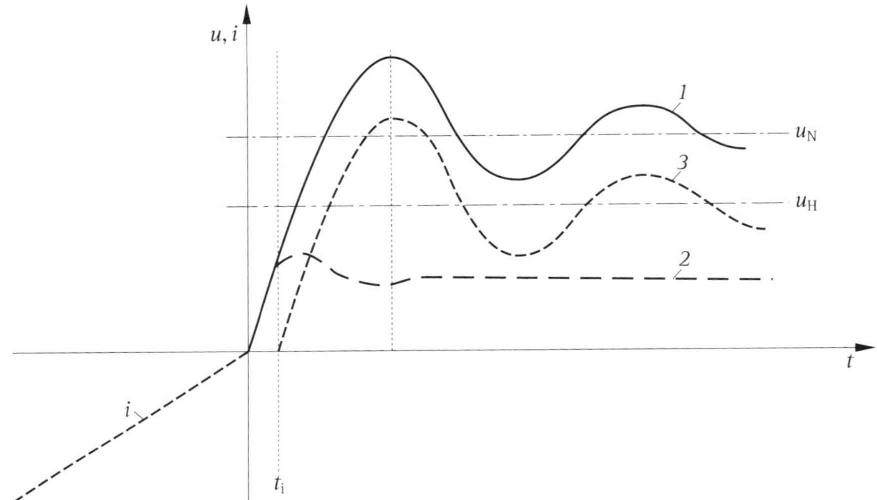

Bild 28.5 Verlauf der Einschwingspannung des in Bild 28.4 dargestellten Spannungsüberlagerungskreises parallel zum Hilfsschalter
1 Einschwingspannung an den Klemmen des zu prüfenden Schalters
2 Spannung des Hochstromkreises
3 Spannung des Hochspannungskreises an den Klemmen des *RC*-Glieds R_b/C_b
u_N Scheitelwert der (betriebsfrequenten) wiederkehrenden Spannung
u_H Spannung, gegen die der Hilfsschalter zu unterbrechen hat
t_i Zeitpunkt des Ansprechens der Schaltfunkenstrecke (Beginn der Spannungsüberlagerung)

Der vom Hochspannungskreis nach der Zuschaltung durch die Schaltfunkenstrecke *6* gelieferte Spannungsanteil ist so abgestimmt, dass, wie **Bild 28.5** zeigt, die Summe der Spannungen aus den Hochstrom- und dem Hochspannungskreis den korrekten Verlauf der transienten Einschwingspannung entspricht.

Prüfungen mit dem Spannungsüberlagerungsverfahren sind ebenfalls nicht zerstörend, da im Fall des Versagens des Prüfschalters nur der von der Ladekapazität *C* gelieferte Strom durch den Prüfschalter fließt.

Der Einsatz des Spannungsüberlagerungsverfahrens ist begrenzt auf Prüfbedingungen, in denen nur mit Schaltversagern zu rechnen ist, die später als mehrere 10 µs nach der Stromunterbrechung (dielektrische Versager) auftreten. Dies ist im Allgemeinen bei Prüfungen unter Klemmenkurzschluss- oder Asynchronbedingungen der Fall. Es sollte nicht eingesetzt werden für Abstandskurzschluss-Prüfungen oder Prüfungen des Verhaltens bei Beanspruchung mit der Anfangseinschwingspannung (siehe Kapitel 10), d. h. bei Prüfungen mit sehr steilem Anfangsverlauf der transienten Einschwingspannung, bei denen es zum Versagen innerhalb der ersten wenigen Mikrosekunden (thermisches Versagen) kommen kann.

Der Vorteil des Spannungsüberlagerungsverfahrens liegt darin, dass als Spannungsquelle im Hochspannungskreis eine relativ kleine Kapazität eingesetzt werden kann, da sie nur die transiente Einschwingspannung zu liefern hat, nicht aber einen Überlagerungsstrom.

28.3 Teilpolprüfung

Steht in einem Prüffeld die erforderliche Spannung nicht zur Verfügung, um einen aus mehreren Schaltstrecken in Reihe bestehenden Schalterpol komplett (Vollpol) zu prüfen, so kann diese Prüfung auch an einem Teil des Schalterpols durchgeführt werden. Die Höhe der Spannungsbeanspruchung orientiert sich in diesem Fall daran, welchen Anteil der gesamten Spannung der am höchsten beanspruchte Teil des offenen Schalters zu übernehmen hat.

In dem im Abschnitt 2.4 zitierten Beispiel eines zweifach unterbrechenden Schalterpols, dessen Schaltstrecken mit Steuerkondensatoren von je 500 pF ausgestattet sind, beträgt die Spannungsaufteilung 51,6 %/48,4 %.

Die Teilpolprüfung, in diesem Fall also die Prüfung einer Schaltstrecke, ist mit der Amplitude und Steilheit der Einschwingspannung sowie mit der wiederkehrenden Spannung von 51,6 % der nach Norm für die entsprechende Bemessungsspannung vorgegebenen Werte durchzuführen. Über den geprüften Schalterpol fließt der volle Prüfstrom.

Bei der Prüfung von Schalterpolen, die sich in einem geerdeten Gehäuse befinden, ist zu beachten, dass die Isolierung gegen das Gehäuse bei einer Vollpolprüfung mit der vollen Einschwing- und wiederkehrenden Spannung beaufschlagt wird. Da diese Beanspruchung mitentscheidend ist, ob der Schalter die geprüfte Beanspruchung beherrscht, ist durch Zusatzmaßnahmen sicherzustellen, dass auch bei einer Teilpolprüfung an der Isolierung gegen Erde die volle Spannung auftritt.

Da im Allgemeinen nur Schalter höherer Bemessungsspannung mit mehr als einer Schaltstrecke pro Pol ausgestattet sind, werden Teilpolprüfungen überwiegend in synthetischen Prüfkreisen durchgeführt. Der nicht als Prüfling betrachtete Teilpol, der ja mit dem zu prüfenden Teilpol synchron schaltet, wird in diesen Prüfungen häufig als Hilfsschalter eingesetzt.

28.4 Synthetisches Kurzschluss-Einschaltprüfverfahren

Wie im Kapitel 16 dargestellt, kommt es beim Einschalten auf einen kurzschlussbehafteten Kreis zum Vor-Überschlag zwischen den schließenden Schaltkontakten, sobald die Spannungsfestigkeit der sich einander nähernden Kontakte geringer wird als die anstehende Spannung. Der Zeitpunkt des Vor-Überschlags ist zufällig und hängt ab von der zeitlich nicht festgelegten Bewegung der Schaltkontakte in Relation zum Verlauf der netzfrequenten Spannung.

Über den Vor-Überschlagslichtbogen fließt der Kurzschlussstrom des nun geschlossenen Stromkreises. Die Schaltstrecke wird vom Vor-Überschlagslichtbogen beansprucht, bis die Kontakte galvanisch geschlossen sind. Dies kann u. a. zur Schädigung der Kontaktoberfläche führen, sodass die Stromtragfähigkeit und das Ausschaltverhalten des Schalters beeinträchtigt werden.

Eine synthetische Schaltung zur Prüfung des Einschaltverhaltens muss daher nicht nur den im fehlerbehafteten Netz fließenden Kurzschlussstrom, sondern auch die im Vor-Überschlagslichtbogen umgesetzte Leistung darstellen [90, 91]. Dazu müssen folgende Größen den im Netz auftretenden gleich sein: die Vor-Überschlagszeit, die Spannung, bei der es zum Vor-Überschlag kommt, und der Verlauf des Einschaltstroms, einschließlich des transienten Einschaltstroms (ITMC).

Bild 28.6 zeigt das Prinzip der synthetischen Einschaltprüfschaltungen.

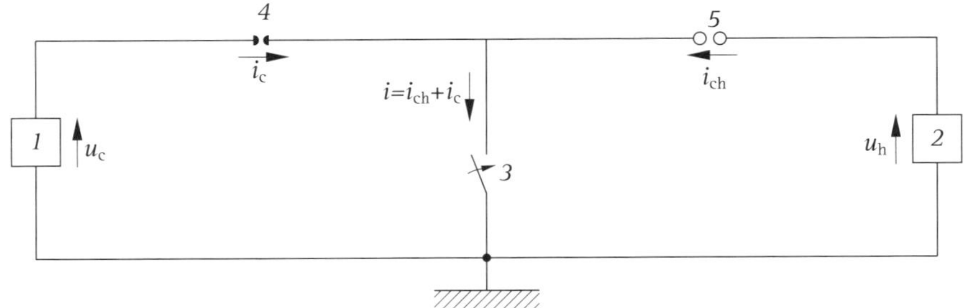

Bild 28.6 Prinzipschaltplan eines synthetischen Kreises zur Prüfung des Kurzschluss-Einschaltverhaltens

1 Hochstromkreis
2 Hochspannungskreis
3 zu prüfender Schalter
4 schneller Draufschalter
5 Schaltfunkenstrecke des Hochspannungskreises
u_c Spannung des Hochstromkreises
u_h Spannung des Hochspannungskreises
i_c Strom aus dem Hochstromkreis
i_{ch} transienter Einschaltstrom
i Strom durch den zu prüfenden Schalter

Die Ladekapazität des Hochspannungskreises *2* ist auf die Prüfspannung aufgeladen. Der Hochspannungskreis ist so abgestimmt, dass, nachdem die Schaltfunkenstrecke *5* angesprochen hat, seine Spannung u_h mit 50 Hz oder 60 Hz schwingt. Die Schaltfunkenstrecke wird zu dem Zeitpunkt getriggert, in dem die betriebsfrequente Spannung u_c des Hochstromkreises *1* ihren Scheitelwert gleicher Polarität erreicht (**Bild 28.7**). Wenn der zu prüfende Schalter *3* vor-überschlägt, fließt der vom Hochspannungskreis gelieferte transiente Einschaltstrom i_{ch}. Angeregt durch den Vor-Überschlag, der den Spannungszusammenbruch über die zu prüfende Schaltstrecke zur Folge hat, schaltet nach wenigen Hundert Mikrosekunden der Draufschalter *4* ein, sodass nun der vom Hochstromkreis gespeiste Kurzschluss-Einschaltstrom i_c, zusammen mit i_{ch}, als $i = i_{ch} + i_c$ über die zu prüfende Schaltstrecke fließt.

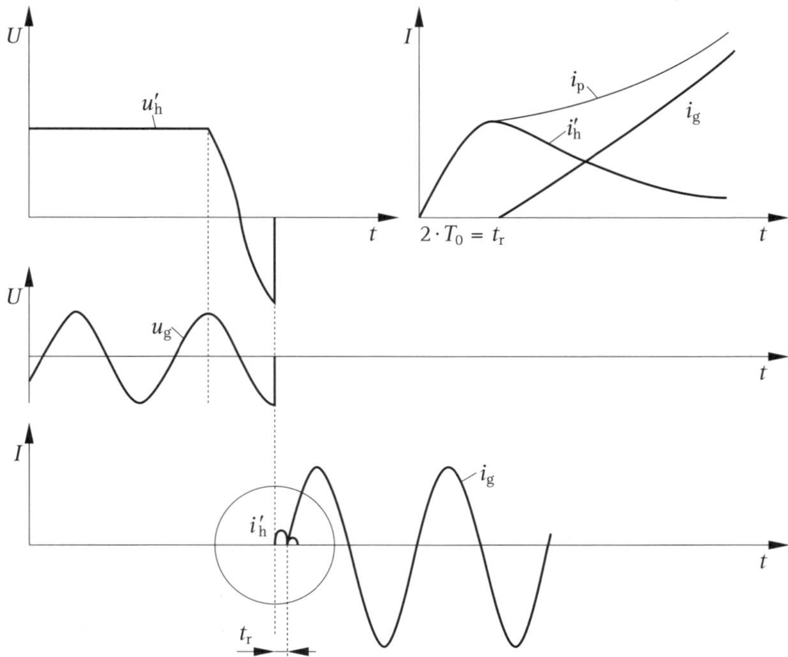

Bild 28.7 Spannungs- und Stromverlauf während einer synthetischen Einschaltprüfung
t_r Zeitverzögerung beim Zuschalten des Draufschalters
(übrige Bezeichnungen siehe Bild 28.6)

28.5 Synthetischer Prüfkreis zum Ausschalten kapazitiver Ströme

Synthetische Prüfkreise zum Nachweis des kapazitiven Ausschaltvermögens werden eingesetzt, wenn keine genügend große Kondensatorbatterie oder nur eine mit zu geringer Nennspannung zur Verfügung steht, sowie für Prüfungen mit 60 Hz, wenn ein Prüffeld nur eine 50-Hz-Spannungsquelle hat.

In der Praxis ist eine relativ große Zahl an synthetischen Prüfkreisen zum Ausschalten kapazitiver Ströme im Einsatz. Einen Überblick geben die Norm DIN EN 62271-101 (VDE 0671-101) sowie [92]. Im Folgenden sei das Prinzip der Nachbildung einer entsprechend großen Kondensatorbatterie anhand eines Kreises mit Stromüberlagerung (**Bild 28.8**) erläutert.

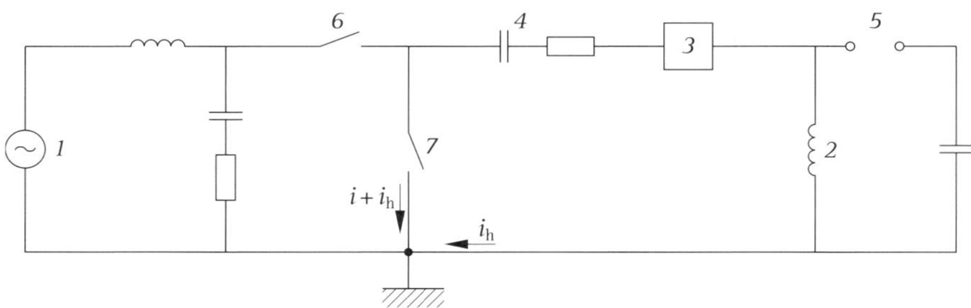

Bild 28.8 Stromüberlagerungskreis zum Prüfen des kapazitiven Ausschaltvermögens
1 betriebsfrequenter Stromkreis
2 Hochspannungskreis
3 Zusatzkreis zum Einstellen des vom Ferranti-Effekt verursachten Spannungssprungs
4 Lastkapazität mit Dämpfung
5 Schaltfunkenstrecke
6 Hilfsschalter
7 geprüfter Schalter

Der Ablauf einer Prüfung entspricht weitgehend dem im Abschnitt 28.1 für Kurzschluss-Abschaltung geschilderten. Der im Betrieb von der Kapazität gezogene Ladestrom i wird vom Stromkreis (*1*) geliefert, der entweder von einem Generator oder dem Netz gespeist wird. Der Spannungskreis (*2*) speist den Überlagerungsstrom i_h und die wiederkehrende Spannung.

Das Durchzünden der Schaltfunkenstrecke (*5*) schließt, wie im Bild 28.3 dargestellt, den Hochspannungskreis (*2*) vor dem Nulldurchgang des betrieblichen kapazitiven Ladestroms i. Über den zu prüfenden Schalter fließt nun die Stromsumme $i + i_h$, bis zu dem im Bild 28.3 angegebenen Zeitpunkt A der Ladestrom i, der in seinem

Nulldurchgang vom Hilfsschalter (6) unterbrochen wird. Im Nulldurchgang des nun den Prüfling allein beanspruchenden Stroms i_h (Zeitpunkt B im Bild 28.3) unterbricht der Prüfling. Die Frequenz und der Verlauf di/dt des Stroms i_h durch den Prüfling sowie die Frequenz der wiederkehrenden Spannung werden durch die Elemente des Hochspannungskreises (2) und des Zusatzkreises (3) eingestellt.

Wie im Abschnitt 22.1 erwähnt und im Abschnitt 25.1 näher erläutert, verursacht der kapazitive Strom durch den Spannungsfall an der Induktivität einer Leitung eine Spannungserhöhung am Leitungsende. Das Abschalten der kapazitiven Last verursacht einen Spannungssprung, mit dem die erhöhte Spannung wieder auf die treibende Spannung des Netzes zurückgeführt wird (Bild 22.2 a). Zur Nachbildung dieses Spannungssprungs mit seinem hochfrequenten Übergang dient der Zusatzkreis (3), der aus einer Kombination von Kapazität, Induktivität und ohmschen Widerstand besteht.

Um auch in Prüfanlagen, die mit 50 Hz gespeist werden, mit geringem Aufwand Prüfungen des kapazitiven Ausschaltens bei 60 Hz durchführen zu können, wird häufig mit Prüfkreisen gearbeitet, die durch eine Phasenverschiebung unmittelbar nach der Stromunterbrechung einen Spannungsverlauf erzeugen, der dem einer 60-Hz-Spannung ähnlich ist (**Bild 28.9**).

Im 50-Hz-Netz tritt der Scheitelwert der Spannung über den Prüfschalter nach 10 ms auf. Damit dieser Scheitelwert schon, wie im 60-Hz-Netz, $8\,{}^1/_3$ ms nach der Stromunterbrechung auftritt, wird der zu unterbrechende Strom durch die im Bild 28.9 gezeigte Phasenverschiebung um $1\,{}^2/_3$ ms (= 30°) verzögert. Der Nulldurchgang und dementsprechend der Zeitpunkt der Stromunterbrechung durch den Schalter liegt also $1\,{}^2/_3$ ms später als bei einer Unterbrechung im rein kapazitiven 50-Hz-Kreis.

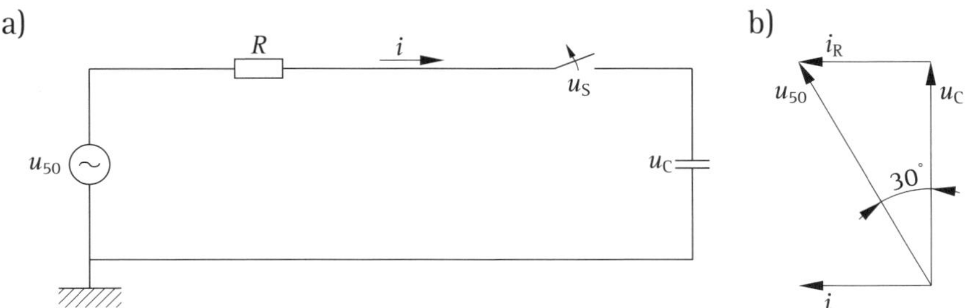

Bild 28.9 Kapazitiver 50-Hz-Prüfkreis, in dem infolge der Phasenverschiebung durch einen ohmschen Widerstand der Anfangsverlauf einer 60-Hz-Spannung simuliert wird
a) Prinzip-Schaltbild
b) Vektordiagramm

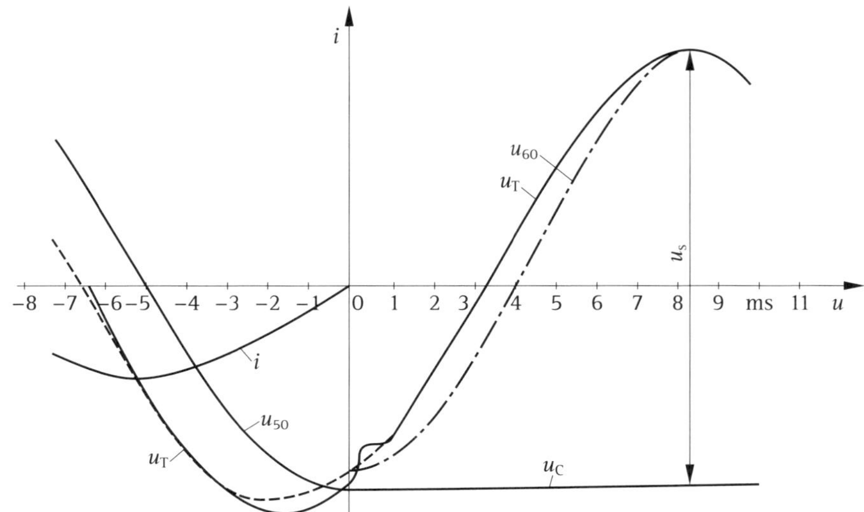

Bild 28.10 Spannungsverlauf beim kapazitiven Ausschalten im Kreis nach Bild 18.9
u_{50} 50-Hz-Spannung des speisenden Netzes
u_{60} 60-Hz-Spannung (Verlauf im 60-Hz-Netz)
u_T nachgebildete 60-Hz-Spannung
u_S Spannung über den mit 60 Hz zu prüfenden Schalter
u_C Spannung an der Lastkapazität

Ein in den Prüfkreis eingeschalteter Widerstand:

$$R = \frac{X_C}{\tan 60°} = \frac{X_C}{\sqrt{3}} = \frac{1}{2 \cdot \pi \cdot 50 \cdot C \cdot \sqrt{3}} \tag{28.1}$$

erzeugt die geschilderte Phasenverschiebung des Stroms gegenüber der 50-Hz-Spannung u_{50}.

In diesem Prüfkreis ist die abgeschaltete kapazitive Last nicht, wie im rein kapazitiven Kreis, auf den Scheitelwert der betriebsfrequenten Spannung aufgeladen, sondern nur auf den Wert:

$$\hat{u}_C = \hat{u}_{50} \cdot \sin 60° = \frac{\sqrt{3}}{2} \cdot \hat{u}_{50} \tag{28.2}$$

Die speiseseitig weiterhin anstehende 50-Hz-Spannung $u_{50} \cdot \sin \omega_{50} t$ führt zu einer maximalen Spannungsbeanspruchung von

$$\hat{u}_{\mathrm{S}} = \hat{u}_{50} \cdot \left(1 + \frac{\sqrt{3}}{2}\right) \tag{28.3}$$

gegenüber dem im Netz auftretenden Scheitelwert $\hat{u}_{\mathrm{S}} = 2 \cdot \hat{u}_{60}$. Um diese Spannungsminderung auszugleichen, muss die 50-Hz-Prüfspannung erhöht werden um den Faktor:

$$k = \frac{2}{1 + \frac{\sqrt{3}}{2}} \tag{28.4}$$

d. h. um das 1,072-Fache.

Der Strom ergibt sich unter Berücksichtigung der Gl. (28.1) für R aus:

$$i = \frac{u_{50}}{\sqrt{X_{\mathrm{C}}^2 + R^2}} = u_{50} \cdot \frac{\sqrt{3}}{2 \cdot X_{\mathrm{C}}} \tag{28.5}$$

Wie Bild 28.8 zeigt, hat der Prüfkreis den Nachteil, dass die am Prüfling auftretende Spannung in ihrem Anfangsverlauf nicht einer $(1 - \cos)$-Funktion entspricht, sondern mit der nach 30° vorhandenen Tangentensteilheit ansteigt. Dies kann zu einer Überbeanspruchung oder zu längeren minimalen Lichtbogenzeiten des zu prüfenden Schalters führen.

29 Für Verteilungsnetze typische Schaltfälle

Bedingt durch die Konfiguration von Verteilungsnetzen, insbesondere in Ballungsgebieten, sind in einigen Fällen die Beanspruchungen durch die Einschwing- und die wiederkehrende Spannung, relativ gesehen, höher als in Netzen ab 100 kV Bemessungsspannung [93].

Die folgenden Betrachtungen gehen davon aus, dass es sich bei Verteilungsnetzen ($U_r \leq 52$ kV) um Mittelspannungsnetze handelt, die über einen oder mehrere Transformatoren aus dem Hochspannungsnetz gespeist werden. Der für den Kurzschluss-Schutz eingesetzte Leistungsschalter befindet sich auf der Mittelspannungsseite des oder der Einspeise-Transformatoren. Zu beachten ist auch, dass in der Einspeisung, bzw. in der Verbindung zwischen Teilnetzen, Drosselspulen zur Kurzschlussstrom-Begrenzung eingesetzt werden.

Bild 29.1 zeigt eine derartige typische Konfiguration.

Die Beanspruchung der in der Einspeisung befindlichen Schalter ändert sich nicht, wenn zusätzlich erhebliche Energiemengen, beispielsweise durch dezentrale Erzeugung, direkt in das Mittelspannungsnetz fließen. Dies hat jedoch Konsequenzen für den Kurzschluss-Schutz im Mittelspannungsnetz, der nun nicht mehr allein durch die Schalter in der Einspeisung gegeben sein kann.

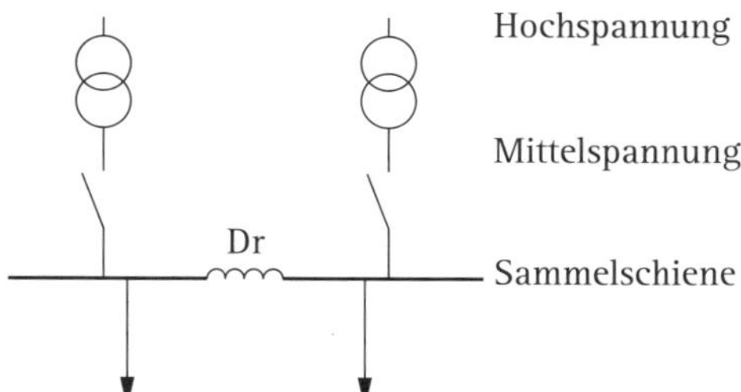

Bild 29.1 Einspeisung in das Mittelspannungsnetz über zwei Transformatoren
Dr Drosselspule zur Kurzschlussstrom-Begrenzung

29.1 Kurzschluss gespeist durch Transformator(en)

Es wird angenommen, dass als besonders ernster Fall ein Kurzschluss auf der in Bild 29.1 dargestellten Mittelspannungs-Sammelschiene auftritt, also in unmittelbarer Nähe des oder der Einspeise-Schalter. Während, wie im Kapitel 7 dargestellt, im Hochspannungsnetz davon ausgegangen wird, dass der vom Transformator begrenzte Kurzschlussstrom 10 % des Nenn-Kurzschlussausschaltstroms der Leistungsschalter beträgt, treten in diesem Fall wegen der geringeren Nenn-Kurzschlussausschaltströme von Mittelspannungs-Leistungsschaltern Ströme auf, die in der Größenordnung von 50 % des Nennwerts liegen [93]. Ein typischer Wert des Kurzschlussstroms ist 10 kA.

Der theoretisch ermittelte Überschwingfaktor γ kann 1,9 erreichen und liegt in 90 % der Fälle bei 1,7 bis 1,8. Der tatsächliche Wert reduziert sich auf 1,5 bis 1,6 durch die Überlagerung der auf der Hochspannungsseite auftretenden Einschwingspannung, die eine wesentlich geringere Frequenz als die des Transformators hat.

Ist die Kabel-Verbindung zwischen Transformator bzw. Schalter und Sammelschiene kurz (< 10 m), so hat die einfrequente Einschwingspannung in Abhängigkeit von der Leistung des Transformators eine Frequenz zwischen 30 Hz und 80 kHz. Dies führt bei einem Kurzschlussstrom von 10 kA zu einer Steilheit der Einschwingspannung, die bei 12 kV Bemessungsspannung 3,6 kV/µs und bei 36 kV 6,2 kV/µs beträgt. Liegen, je nach Höhe des Betriebsstroms, ein oder mehrere parallel geführte Kabel zwischen Schalter und Fehlerort, so bewirkt die Kabel-Kapazität, dass die Steilheit der Einschwingspannung nur noch Werte zwischen 0,7 kV/µs und 2,3 kV/µs hat. Dies entspricht weitgehend den genormten Werten in DIN EN 62271-100 (VDE 0671-100) für Klemmenkurzschluss-Prüfungen bei 60 % und 30 % des Bemessungs-Kurzschlussausschaltstroms für Mittelspannungs-Leistungsschalter.

Praktische Betriebserfahrungen zeigen, dass so geprüfte Mittelspannungs-Leistungsschalter den im Netz auftretenden Beanspruchungen genügen.

Erfolgt die Einspeisung über mehrere parallel geschaltete Transformatoren, aber nur über einen gemeinsamen Leistungsschalter, so ist der Kurzschlussstrom entsprechend höher, die Einschwingspannung ändert sich aber nur unwesentlich. Die in der Einspeisung wirksame Induktivität reduziert sich durch die Parallelschaltung der Transformatoren, die Kapazität wächst jedoch proportional. Die sich daraus ergebende Einschwingfrequenz ist annähernd gleich der eines einzelnen Transformators, der seinen Anteil zum Gesamtstrom liefert.

29.2 Drosselspule in Reihe mit der Einspeisung

In Einspeisungen mit hoher Leistung werden gelegentlich Luft-Drosselspulen in Reihe mit den Einspeise-Transformatoren geschaltet, um den Kurzschlussstrom zu begrenzen. Beispielsweise lässt sich durch Einsatz einer 5-mH-Drosselspule in einer 24-kV-Einspeisung der Kurzschlussstrom von 20 kA auf 6 kA verringern. Nachteilig sind, verglichen zu der im Bild 29.1 dargestellten Anordnung, dass eine in Reihe geschaltete Drosselspule im ungestörten Betrieb höhere Verluste verursacht. Vorwiegend, aber nicht in allen Fällen, wird die Drosselspule zwischen dem Einspeise-Transformator bzw. dem zugehörigen Leistungsschalter und der Sammelschiene angeordnet (siehe Abschnitt 17.1).

Nach dem Abschalten eines Kurzschlusses, der auf der Sammelschiene oder auf einem in das Mittelspannungs-Netz führenden Abgang aufgetreten ist, verursacht die Luft-Drosselspule einen hochfrequenten Einschwingvorgang (Frequenz in der Größenordnung 90 kHz bis 120 kHz) [93]. Er überlagert sich der in Abschnitt 29.1 angegebenen, vom Transformator und der Sammelschiene bestimmten geringeren Einschwingfrequenz. Infolge der relativ kleinen Betriebskapazität von Luft-Drosselspulen ist die Verzögerungszeit der hochfrequenten Einschwingspannung sehr kurz – sie liegt in der Größenordnung von 0,5 µs. Als Abhilfe und um Schaltversager zu vermeiden, wird empfohlen, eine Kapazität von etwa 20 nF gegen Erde oder, vorzugsweise, parallel zur Luft-Drosselspule zu schalten [94]. Damit bekommt die Einschwingspannung einen annähernd cosinusförmigen Verlauf mit einer Frequenz < 20 kHz und einer Verzögerungszeit > 1 µs.

29.3 Öffnen eines Rings

In Mittelspannungsnetzen, aber auch in Hochspannungs-Verteilungsnetzen, werden vielfach Ringe gebildet, deren Enden, wie im **Bild 29.2** dargestellt, häufig an einer gemeinsamen Sammelschiene liegen. An einen Ring angeschlossene Verbraucher oder Abgänge werden von zwei Seiten versorgt, wodurch eine höhere Betriebssicherheit gegeben ist. Muss der Ring im Fehlerfall oder aus betrieblichen Gründen aufgetrennt werden, so bleiben die Abgänge noch von einer Seite mit der speisenden Sammelschiene verbunden.

Die Abgänge aus dem Ring sowie die einzelnen Ring-Abschnitte werden durch Last- oder Lasttrennschalter geschaltet, die in der Lage sind, den Laststrom zu unterbrechen, nicht aber einen Kurzschlussstrom. Den Kurzschlussschutz übernehmen die Leistungsschalter in den Verbindungen zwischen Ring und Sammelschiene. Tritt in einem Abgang oder auf einem Ring-Abschnitt ein Fehler auf, so öffnen zunächst die Leistungsschalter. Im nun stromlosen Ring wird die Fehlerstelle durch die entsprechenden Lastschalter isoliert. Die Leistungsschalter schließen daraufhin, und die fehlerfreien Segmente des Rings werden weiterhin versorgt.

Werden zum Schalten innerhalb eines Rings Last- oder Lasttrennschalter verwendet, gilt DIN EN 62271-103 (**VDE 0671-103**). Als „Öffnen eines Rings“ wird in der Norm das betriebsmäßige Öffnen bezeichnet. Nach der Unterbrechung des im Ring fließenden Stroms bleiben in diesem Fall beide Seiten unter Spannung. Solange beide Einspeisungen in den Ring von derselben Spannungsquelle versorgt werden, tritt beim Öffnen des Rings nur eine geringe wiederkehrende betriebsfrequente Spannung auf.

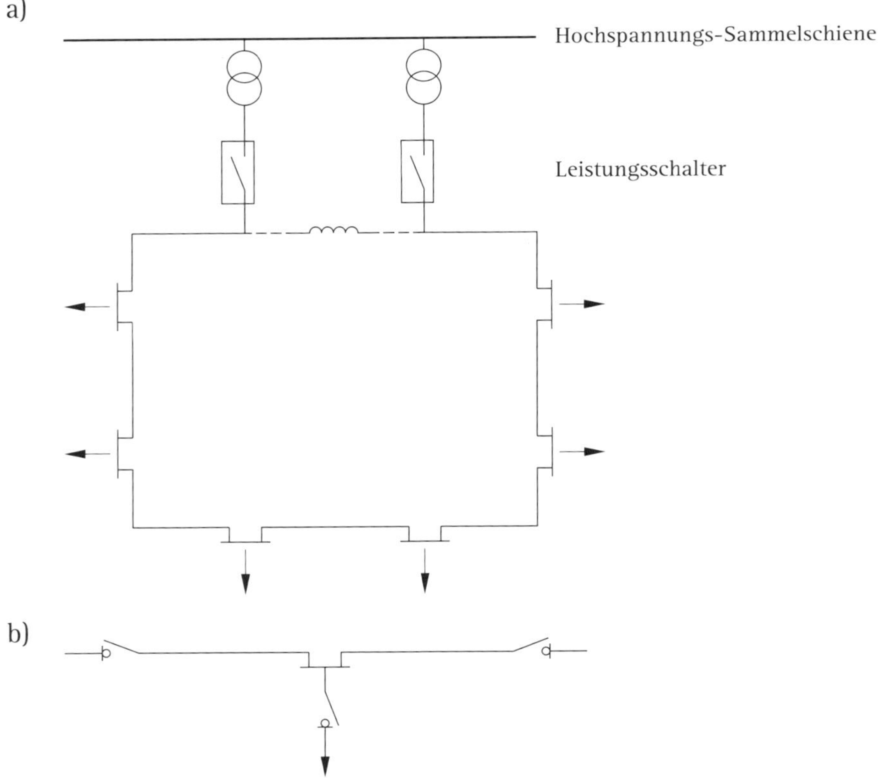

Bild 29.2 Mittelspannungs-Ringnetz, angeschlossen an eine 123-kV-Sammelschiene
a) grundsätzlicher Aufbau
b) Detail eines Abgangs aus dem Ringnetz mit Last- bzw. Lasttrennschaltern

Um die maximal auftretende wiederkehrende Spannung beim Öffnen des Rings abzuschätzen, wird angenommen, dass die Lasten in allen Abgängen etwa gleich sind und daher die Ströme über beide Verbindungen zur Sammelschiene und dementsprechend auf beiden Seiten des Rings gleich groß sind [93]. Die im Ring verlegten Kabel oder Leitungen haben überall dieselben Daten. Der Spannungsfall zwischen den Einspeisungen und der am weitesten entfernten Stelle des Rings betrage 5 %, wie maximal zulässig. Es wird aus betrieblichen Gründen einer der beiden Leistungsschalter oder ein in der Nähe befindlicher, im Ring liegender Lastschalter geöffnet. Die Versorgung geschieht also nur noch von einer Einspeisung, die aber den doppelten Strom zu liefern hat. Die Strecke bis zum nun am weitesten entfernten Abgang ist etwa zweimal so lang wie die bis zur ursprünglich am weitesten entfernten Stelle. Der Spannungsfall, und damit auch die Spannungsdifferenz über dem offenen Schalter, erhöht sich auf 20 % der Spannung an der Einspeisung.

In [93] wird gezeigt, dass beim dreiphasigen Öffnen eines Rings, der aus einem dreiphasigen Radialfeldkabel besteht, die wiederkehrende Spannung über den erstlöschenden Schalterpol einen Pol-Faktor < 1,5 und über den zweitlöschenden Pol, je nach induktiver Impedanz des Kabels, den Pol-Faktor < 1,6 erreichen kann. In der Norm DIN EN 62271-103 (**VDE 0671-103**) wird für die Prüfung ein erstlöschender Pol-Faktor 1,5 vorgegeben. Der Überschwingfaktor beträgt 1,4.

Ausgehend von den vorstehenden Betrachtungen nennt DIN EN 62271-103 (**VDE 0671-103**) als Scheitelwert der transienten Einschwingspannung:

$$u_c = U_r \frac{\sqrt{2}}{\sqrt{3}} \cdot 0{,}20 \cdot 1{,}5 \cdot 1{,}4 \tag{29.1}$$

Der Verlauf dieser Spannung entspricht einer $(1-\cos)$-Funktion, d. h., die transiente Einschwingspannung wird als einfrequent betrachtet. Ihre Frequenz liegt zwischen 6,4 kHz für U_r = 3,6 kV bis 7,2 kV und für U_r = 36 kV bei 2,3 kHz.

Der über den einseitig gespeisten Ring fließende Laststrom darf nicht höher sein als der Bemessungs-Dauerstrom der eingesetzten Betriebsmittel, also Leistungsschalter, Last- bzw. Lasttrennschalter, Kabel etc. Daraus folgt, dass beim Öffnen des Rings ein Strom unterbrochen worden ist, der höchstens 50 % dieses Bemessungs-Dauerstroms betrug.

Es sind jedoch Situationen denkbar, dass beispielsweise ein großer Verbraucher dicht an einer der beiden Einspeisungen an den Ring angeschlossen ist. In diesem Fall wird über die am nächsten liegende Einspeisung ein entsprechend hoher Strom fließen. Wird die Verbindung zu dieser Einspeisung unterbrochen, so hat der entsprechende Schalter einen Strom abzuschalten, der wesentlich größer sein kann als 50 % seines Bemessungs-Dauerstroms.

a)

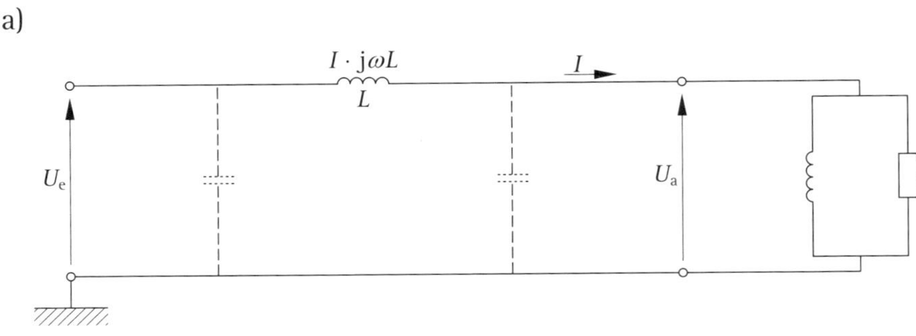

b)

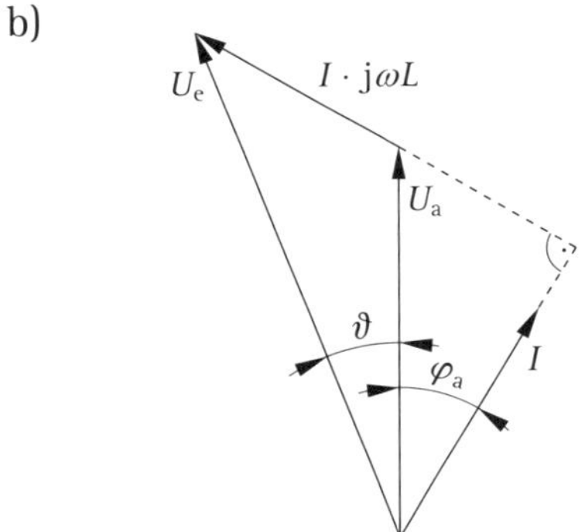

Bild 29.3 Unterschied der Phasenlage von U_a und U_e, verursacht durch den Spannungsfall an der Reaktanz der Ringleitung
a) Ersatzschaltbild
b) Zeigerdiagramm
U_e Spannung an der Einspeisung des Rings
U_a Spannung am am weitesten entfernten Abgang
I_V Strom des Verbrauchers mit $\cos\varphi$ = 0,65 ... 0,75
φ_e bzw. φ_a Phasenwinkel zwischen I und U_e bzw. U_a
ϑ Phasenwinkel zwischen U_a bzw. U_e

Der Bemessungswert des zu unterbrechenden Ringstroms wird in der Norm nicht vorgegeben. Ihn hat der Hersteller des Schaltgeräts zu nennen. Im Allgemeinen wird er einen Wert angeben, der dem Bemessungs-Laststrom des Schalters entspricht. Die Prüfung ist mit diesem Strom und einem $\cos\varphi \leq 0{,}3$ durchzuführen.

Der Unterschied zwischen den bei der Prüfung gemäß DIN EN 62271-103 (**VDE 0671-103**) einzustellenden Leistungsfaktoren für den an der Einspeisung gedachten Lastschalter ($\cos\varphi$ = 0,3) und für die Laststrom-Prüfung ($\cos\varphi$ = 0,65 ... 0,75, siehe Abschnitt 30.1) berücksichtigt die Spannungsfälle $I \cdot \omega \cdot L$ an den Reaktanzen der Abschnitte der Ringleitung zwischen der Einspeisung und dem am weitesten entfernten Abgang. Der Einfluss der Betriebskapazität des Kabels oder der Leitung kann in diesem Zusammenhang vernachlässigt werden, da der kapazitive Ladestrom klein ist im Vergleich zu den Lastströmen I, die die Ringleitung führt.

Öffnet ein Lastschalter auf der Oberspannungsseite der Einspeisung, also vor einem der Einspeise-Transformatoren, so kommt es an der Transformator-Reaktanz zu einem weiteren Spannungsfall. Dadurch wird der Phasenwinkel zwischen der Ring-Eingangsspannung U_e und der Spannung U_a am weitesten entfernten Abgang vergrößert. Dementsprechend ist für die Prüfung eines für diese Aufgabe vorgesehenen Schalters $\cos\varphi = 0{,}2$ vorgegeben.

30 Lastschalter und Recloser

Dieses Kapitel betrifft Schaltgeräte, die im Wesentlichen in Verteilungsnetzen, d. h. in Mittelspannungsnetzen ($U_r \leq 52$ kV), eingesetzt werden. Sofern sie selbst Kurzschlussströme nicht unterbrechen können, werden an übergeordneter Stelle Leistungsschalter verwendet.

30.1 Schaltvermögen der Last- und Lasttrennschalter

Gemäß DIN EN 62271-103 (VDE 0671-103) können Lastschalter Betriebsströme bis zur Höhe ihres Bemessungsstroms unterbrechen. Der Bemessungsstrom handelsüblicher Lastschalter beträgt 400 A, 630 A oder 1 250 A. Die Prüfung des Schaltvermögens erfolgt mit einem Leistungsfaktor $\cos\varphi = 0{,}65$ bis $0{,}75$ (induktiv). In einem Lastkreis mit $\cos\varphi = 0{,}6$ ist, wie im Abschnitt 8.2 gezeigt wird, die Gleichstromzeitkonstante $\tau = L/R < 4$ ms, sodass ein Gleichstromglied bei diesen Prüfungen nicht berücksichtigt werden muss und der geschaltete Strom rein symmetrisch bleibt. Im Prüfkreis wird die Last durch eine Parallelschaltung von Widerständen und Reaktanzen dargestellt.

Neben dem Lastschaltvermögen muss ein Lastschalter in der Lage sein, den Strom beim Öffnen eines Rings (siehe Abschnitt 29.3) zu unterbrechen. Außerdem kann er unbelastete Transformatoren sowie den Ladestrom eines Kabels oder einer Freileitung abschalten. Die Höhe dieser Ströme ist vom Hersteller anzugeben. In IEC/VDE werden beispielsweise empfohlen: Kabel-Ladeströme von 10 A bei 12 kV und 20 A bei 36 kV. Die bei der Prüfung einzuhaltenden Bedingungen entsprechen denen, die hier in den entsprechenden Kapiteln genannt werden.

Für die Vorgabe der transienten Einschwingspannung beim Abschalten von Betriebsströmen wird davon ausgegangen, dass das speisende Netz nicht oder über eine hochohmige Erdschlusslöschspule geerdet betrieben wird. Es wird, analog der Beschreibung im Abschnitt 5.1, als mit einem dreiphasigen Klemmenkurzschluss behaftetes Netz angesehen. Daher gilt für den erstlöschenden Pol ein erstlöschender Pol-Faktor $k_{pp} = 1{,}5$. Mit einem Überschwingfaktor 1,4 erhält man für den Scheitelwert der transienten Einschwingspannung:

$$u_c = U_r \cdot \frac{\sqrt{2}}{\sqrt{3}} \cdot 1{,}5 \cdot 1{,}4 \qquad (30.1)$$

Der Verlauf entspricht einer (1 – cos)-Funktion. Die Tangentensteilheit ist gleich der über den erstlöschenden Pol bei einem Klemmenkurzschluss im ungeerdeten Netz. Sie beträgt je nach Bemessungsspannung des Lastschalters 0,2 kV/µs bis 0,6 kV/µs.

Details zur Beanspruchung beim Abschalten von Lastströmen finden sich in [93].

Auch wenn Lastschalter kein Kurzschluss-Ausschaltvermögen haben, so kann es doch vorkommen, dass sie auf einen bestehenden Kurzschluss einschalten, da der Zustand des abgeschalteten Netzteils häufig nicht bekannt ist. Daher müssen sie in der Lage sein, auf einen Kurzschluss einzuschalten und den Kurzschlussstrom mindestens 0,2 s lang zu tragen. Im Allgemeinen sind Lastschalter so dimensioniert, dass sie im geschlossenen Zustand den Kurzschlussstrom, ebenso wie Leistungsschalter, 1 s lang führen können. Die Anzahl der Einschaltungen auf Kurzschluss ist jedoch auf zwei begrenzt.

Da Lastschalter für den Einsatz im ungeerdet betriebenen Netz vorgesehen sind, müssen sie, wenn auf ihrer Lastseite ein Erdschluss auftritt, den Erdschlussstrom abschalten können.

Für bestimmte Einsatzfälle sind spezielle Lastschalter verfügbar, die zusätzlich zu genannten Beanspruchungen insbesondere Kondensatorbatterien oder festgebremste Motoren zu schalten in der Lage sind.

Weniger verbreitet sind Lastschalter für Bemessungsspannungen oberhalb 52 kV gemäß DIN EN 62271-104 (**VDE 0671-104**). Die Betriebsbedingungen entsprechen weitgehend denen für Mittelspannungs-Lastschalter.

Lasttrennschalter sind Lastschalter, die beim Öffnen eine sichtbare Trennstrecke herstellen und damit zusätzlich den im Kapitel 31 erläuterten Bedingungen nach DIN EN 62271-102 (**VDE 0671-102**) genügen.

30.2 Lastschalter-Sicherungs-Kombination

Durch die Kombination mit Sicherungen können Last- bzw. Lasttrennschalter, ähnlich wie Leistungsschalter, den Kurzschlussschutz im Netz übernehmen (siehe auch Abschnitt 17.2), vorausgesetzt, dass Sicherungen für die entsprechende Bemessungsspannung verfügbar sind.

(Anmerkung: Anstelle der offiziellen Bezeichnung „Sicherungseinsatz" wird hier, wie allgemein üblich, das Wort „Sicherung" verwendet.)

Gemäß DIN EN 62271-105 (**VDE 0671-105**) bilden Lastschalter-Sicherungs-Kombinationen eine Funktionseinheit. Der Lastschalter unterbricht, wie in Abschnitt 30.1 dargestellt, Betriebsströme bis zur Höhe seines Bemessungsstroms.

Die Sicherungen haben die Aufgabe, auftretende Kurzschlussströme bis einschließlich ihren Bemessungsströmen abzuschalten. Sie sind mit einem Schlagstift ausgestattet, der beim Ansprechen einer Sicherung das dreipolige Öffnen des Lastschalters bewirkt. Der abgeschaltete Netzteil wird auf diese Weise durch den Lastschalter vom übrigen Netz getrennt – wozu die Sicherung nicht in der Lage wäre.

Da die Kennlinien der Sicherungen verschiedener Hersteller unterschiedlich verlaufen können, lässt sich die Koordination zwischen Lastschalter und Sicherung nicht normen. Darüber hinaus ist diese Koordination auf den jeweiligen Einsatz der Lastschalter-Sicherungs-Kombination abzustimmen. Entsprechende Hinweise für das Vorgehen finden sich in DIN EN 62271-105 (**VDE 0671-105**). Um aber dem Anwender einer Lastschalter-Sicherungs-Kombination für den oberspannungsseitigen Schutz von Transformatoren die Auswahl eines geeigneten Sicherungseinsatzes zu erleichtern, wurden die Grenz- Kennlinien der Hochspannungs(HH)-Sicherungen für Transformatorstromkreise in DIN VDE 0670-402 (**VDE 0670-402**) genormt.

Um sicherzustellen, dass ein Strom zuverlässig unterbrochen wird, muss der Bemessungs-Betriebsstrom einer Lastschalter-Sicherungs-Kombination niedriger sein als der vom Hersteller angegebene Bemessungsstrom der Sicherungen. Damit ist sichergestellt, dass die Sicherung den Betriebsstrom dauerhaft führen kann. Dies gilt auch für die zulässige Überlastung der Betriebsmittel, die beispielsweise bei einem Transformator 150 % betragen darf. Im Allgemeinen wird der Bemessungs-Betriebsstrom durch den Einsatzfall bestimmt. Ein Beispiel ist der Schutz eines Transformators, der einen Bemessungs-Betriebsstrom von 63 A führt.

Bei Fehlerstromwerten unterhalb des Mindestausschaltstroms der Sicherungen, wenn der Sicherungsschmelzleiter durchbrennt, die Sicherung aber den Lichtbogen nicht löschen kann, wird der Sicherungsschlagstift der betreffenden Sicherung ausgelöst und betätigt den Lastschalter. Der Lastschalter muss den Strom innerhalb einer Ausschaltzeit unterbrechen können, die kurz genug ist, um das Bersten der Sicherung als Folge des inneren Lichtbogens zu vermeiden.

Der Wert des symmetrischen dreiphasigen Stroms, bei dem die Ausschaltaufgabe vom Lastschalter zu den Sicherungen wechselt, wird als „Übergangsstrom“ bezeichnet. Bei einem dreiphasigen Fehler unterbricht die am frühesten ansprechende Sicherung den Strom im ersten Pol, und ihr Schlagstift bewirkt das Auslösen des Lastschalters. Die beiden anderen Schalterpole sehen dann, wie in Abschnitt 5.1 erläutert, den $\sqrt{3}/2$ -fachen Strom, der entweder durch den Lastschalter oder die beiden verbleibenden Sicherungen unterbrochen wird.

Wird die Lastschalter-Sicherungs-Kombination durch einen Auslöser betätigt, so bezeichnet der „Übernahmestrom“ den Strom, oberhalb dessen die Sicherungen die Stromunterbrechung anstelle des Lastschalters übernehmen. Der Übernahmestrom ist dadurch definiert, dass die Sicherung den Strom mit einer Schmelzzeit unterbricht, die kürzer ist als die Ausschaltzeit des Lastschalters. Ströme unterhalb des Übernahmestroms werden vom Lastschalter abgeschaltet.

Vor allem das Ermitteln des Übergangsstroms ist entscheidend für die richtige Auswahl des Bemessungsstroms der Sicherungen im Hinblick auf den jeweiligen Einsatzfall [98, 99]. Eine zusätzliche Sicherheit bietet häufig der Einsatz einer Sicherung mit flinkem Verhalten.

Ein weiteres Kriterium für die Auswahl der Sicherungen einer Lastschalter-Sicherungs-Kombination, die oberspannungsseitig den Schutz eines Transformators übernimmt, ist, dass die Sicherungen den Transformator-Einschaltstrom tragen können muss. Je nach Transformatorleistung kann er zwischen dem 6- und 20-Fachen des Transformator-Bemessungsstroms liegen und 0,1 s lang fließen. Das bedeutet, dass die in DIN VDE 0670-402 (**VDE 0670-402**) festgelegte untere Grenzkennlinie für den Sicherungs-Bemessungsstrom im Zeitbereich 0,1 s oberhalb des Transformator-Einschaltstroms liegen muss.

Lastschalter, die in Lastschalter-Sicherungs-Kombinationen verwendet werden, müssen ebenfalls zweimal auf einen Kurzschluss einschalten und dem Kurzschlussstrom standhalten können. Je nach Höhe des Kurzschlussstroms und der Kenngrößen der Sicherungen ist es möglich, dass die Sicherungen den Kurzschlussstrom schon während des Einschaltvorgangs unterbrechen. Da dies aber nicht vorausgesetzt werden kann, muss der Lastschalter den Kurzschlussstrom mindestens 0,1 s lang tragen.

Ebenso wie in den Kreisen, in denen Leistungsschalter eingesetzt werden, wird davon ausgegangen, dass das speisende Netz einen praktisch rein induktiven Kurzschlussstrom mit einem Leistungsfaktor $\cos\varphi$ zwischen 0,07 und 0,15 liefert. Für den Lastkreis, der den Übergangsstrom bestimmt, ist bei den Prüfungen, je nach Größe des Ausschaltstroms, ein $\cos\varphi$ im Bereich 0,2 bis 0,4 (induktiv) vorgegeben.

30.3 Recloser (Wiedereinschalter)

Recloser sind Freiluft-Leistungsschalter mit begrenztem Kurzschluss-Ausschaltvermögen und integriertem Schutz- und Steuergerät für die Anwendung in Mittelspannungs-Freileitungsnetzen bis zu U_r = 38 kV. Sie wurden ursprünglich in den USA entwickelt, wo oft lange Stichleitungen abgelegene ländliche Verbraucher versorgen. Es hat sich gezeigt, dass 70 % bis 80 % aller auf diesen Leitungen aufgetretenen Fehler vorübergehender Natur waren. Der ursprünglich eingesetzte Schutz durch Hochspannungs-Sicherungen brachte aber auch bei vorübergehenden Fehlern relativ lange Ausfallzeiten, bis die angesprochene Sicherung ersetzt worden war.

Durch die weltweite Elektrifizierung ländlicher Gebiete werden Recloser inzwischen auf fast allen Kontinenten eingesetzt. In den VDE-Normen sind Recloser erfasst durch den Entwurf DIN EN 62271-111 (**VDE 0671-111**):2014-09 „Automatische Wiedereinschalter und Fehlerunterbrecher für Wechselspannungen bis 38 kV".

Das Auftreten eines Fehlers auf der von einem Recloser geschützten Freileitung veranlasst, wie im Abschnitt 9.1 dargestellt, den Recloser zu einer ein- oder dreiphasigen AWE (Kurzunterbrechung), d. h. einer Stromunterbrechung mit selbsttätiger Wiedereinschaltung. Die Offenzeit ist einstellbar und beträgt für die erste Unterbrechung $\leq$ 0,3 s. Handelt es sich um einen vorübergehenden Fehler, wie beispielsweise einen Überschlag über einen Isolator als Folge eines Blitzeinschlags, einen Überschlag zwischen zwei Leitern einer Leitung oder einen von einem Vogel verursachten Kurzschluss, so ist nach der Stromunterbrechung die Ursache des Fehlers beseitigt. Fließt jedoch nach der Wiedereinschaltung erneut der Fehlerstrom, so wiederholt der Recloser die AWE (Kurzunterbrechung) mit einer längeren, vorab eingestellten Offenzeit von $\geq$ 2 s. Dies kann je nach Bauart drei- bis fünfmal geschehen, bis der auf die Leitung gefallene Ast oder der verbrannte Vogel durch die Bewegung der Leiterseile beseitigt ist. Ist dies nicht erfolgreich, so wird nach Ablauf der Schaltserie endgültig abgeschaltet.

Die Hauptkomponenten des Reclosers sind ein wetterfester Leistungsschalter und ein ebenfalls wetterfest untergebrachtes Schutz- und Steuergerät mit unterbrechungsfreier Stromversorgung. Es hat die Funktion, Überströme, Zeiten und Fehlerströme zu messen und den Schalter zu steuern. Dazu kommen Funktionen der Fernüberwachung, Schutz gegen Erdschlüsse und gegebenenfalls des Lastmanagements.

Recloser werden im Allgemeinen auf einem Mast der zu schützenden Freileitung installiert, gelegentlich auch in einer Schaltanlage.

Die Bemessungsströme der am Markt befindlichen Recloser betragen 400 A bis 800 A, die von ihnen beherrschten Kurzschlussströme reichen bis 20 kA. Da Mittelspannungs-Freileitungen nicht durch ein Erdseil gegen Blitzeinschläge geschützt werden können, haben Recloser unter Kurzschluss-Bedingungen eine wesentlich höhere Schaltspielzahl zu beherrschen als Leistungsschalter, die in Kabelnetzen oder zum Schutz von Hochspannungs-Freileitungen eingesetzt sind.

31 Trenn- und Erdungsschalter

Definitionsgemäß haben Trennschalter nach DIN EN 62271-102 (VDE 0671-102) die Aufgabe, eine sichtbare offene Trennstrecke herzustellen. Dadurch wird zuverlässig gezeigt, dass die Verbindung eines abgeschalteten Netzelements zum spannungsführenden Netz unterbrochen ist. Dementsprechend sind Trennschalter Geräte mit einer „Sicherheits-Funktion" und müssen, wie im Kapitel 34 erläutert, über die offene Trennstrecke eine höhere Spannungsfestigkeit nachweisen als andere Schaltgeräte.

In Mittelspannungs-Schaltanlagen wird die offene Trennstrecke häufig hergestellt, indem der Einschub mit dem Leistungsschalter ein Stück heraus in die „Trennstellung" gezogen wird. Dadurch werden die Steckverbindungen zwischen dem Leistungsschalter-Modul und der übrigen Anlage getrennt. Dass die Trennstrecken offen sind, zeigt sich in diesem Fall durch die Position der Abdeckung des Leistungsschalter-Moduls vor der Frontplatte des übrigen Schaltfelds.

Sofern die offene Trennstrecke nicht sichtbar ist, wie in metallgekapselten Schaltanlagen oder in Leistungsschaltern, die gleichzeitig die Trenn- und die Sicherheits-Funktion übernehmen („Combined Function" (DIN EN 62271-108 (VDE 0671-108)), ist die kinematische Kette zwischen Antrieb und bewegtem Kontakt so zu gestalten, dass bei einer Funktionsstörung der Kontaktbewegung die Schaltstellungsanzeige zuverlässig der Position des Kontakts entspricht. Bei einem Brechen der Verbindung zwischen Antrieb und Kontakt muss die Bruchstelle zwischen Schaltstellungsanzeiger und Antrieb liegen.

Erdungsschalter sollen abgeschaltete Netzelemente galvanisch erden. Einschaltfeste Erdungsschalter („Arbeitserder") sind zudem in der Lage, auf Kurzschluss oder geladene Kondensatoren einzuschalten. Sie werden im Allgemeinen eingesetzt, um Kabel zu erden, die nach der vorangegangenen Abschaltung noch aufgeladen sind.

Schnell einschaltende Erdungsschalter („Kurzschließer") werden gelegentlich verwendet, um bei einem Überschlag in einem Leiter einer langen Freileitung die einpolige AWE zu ermöglichen (siehe Abschnitt 9.1). Ein weiterer Einsatzfall als Kurzschließer ist der Schutz von Gehäusen gasisolierter Schaltanlagen gegen das Durchbrennen bei einem inneren Lichtbogen-Überschlag. In Abschnitt 25.2 wird die Verwendung von Kurzschließern erwähnt, um den Einsatz von Einschaltwiderständen zu vermeiden. Dies hat sich jedoch nicht durchgesetzt.

Unter normalen Betriebsbedingungen müssen darüber hinaus Trenn- und Erdungsschalter bestimmte Schalt-Beanspruchungen beherrschen, die nur zum Teil in der Norm erfasst sind, und die im Folgenden behandelt werden.

Ausgenommen wird bei dieser Betrachtung das Unterbrechen von Magnetisierungsströmen. Obwohl Trennschalter dazu in der Lage sind, solange die Ströme wesentlich unter 1 A bleiben und die Trennschalter mit speziellen Schaltkontakten ausgerüstet sind, wird von derartigen Schalthandlungen abgeraten. Der Grund liegt darin, dass bei Wiederzündungen im abzuschaltenden Transformator Inrush-Ströme auftreten können, die das Abschaltvermögen des Trennschalters übersteigen und zum Schaltversagen führen würden. Die Beschreibung dieses Schaltvorgangs deckt sich mit der für Leistungsschalter (Abschnitt 19.3).

31.1 Schalten kapazitiver Ladeströme durch Trennschalter

Das Schalten kapazitiver Ladeströme durch Trennschalter lässt sich im Wesentlichen auf zwei Schaltaufgaben zurückführen [95, 96]:

- das Schalten von Ladeströmen, die über die Steuerkondensatoren eines offenen Leistungsschalters fließen (**Bild 31.1 a**)
- das Schalten eines unbelasteten Sammelschienenabschnitts durch den Längstrenner (**Bild 31.1 b**)

Um eine annähernd gleichmäßige Spannungsaufteilung auf die in Reihe geschalteten Schaltstrecken eines mehrfach unterbrechenden Leistungsschalter-Pols zu erreichen, werden die Schaltstrecken mit Steuerkondensatoren C_S überbrückt. Diese Steuerkondensatoren haben im Allgemeinen eine Kapazität von $\geq$ 500 pF. Da die Kapazität C_{LE} des Schalters gegen Erde wesentlich kleiner und die Kapazität C_{SS} des abgeschalteten Netzelementes größer ist als C_S, wird der kapazitive Ladestrom durch die über den gesamten Schalterpol resultierende Steuerkapazität C_S bestimmt. Nimmt man als Beispiel einen 420-kV-Schalter mit zwei Schaltstrecken in Reihe und mit Steuerkondensatoren von je 500 pF ($C_S \approx$ 250 pF), so beträgt der kapazitive Ladestrom etwa 20 mA.

Der kapazitive Ladestrom eines Sammelschienenabschnitts ist abhängig von der Nennspannung, der Betriebsfrequenz und der Länge des abgetrennten Abschnitts. In Freiluft-Schaltanlagen kann man von einem Kapazitätsbelag der Sammelschienen gegen Erde von 10 pF/m ausgehen. In metallgekapselten SF_6-isolierten Schaltanlagen liegt dieser Wert bei 35 pF/m bis 45 pF/m. Je nach Länge des abgeschalteten Sammelschienen-Abschnitts kann die Kapazität in der Größenordnung von Nanofarad liegen. Bei einer Frequenz von 50 Hz beträgt der kapazitive Ladestrom in einer 420-kV-Anlage 76 mA/nF.

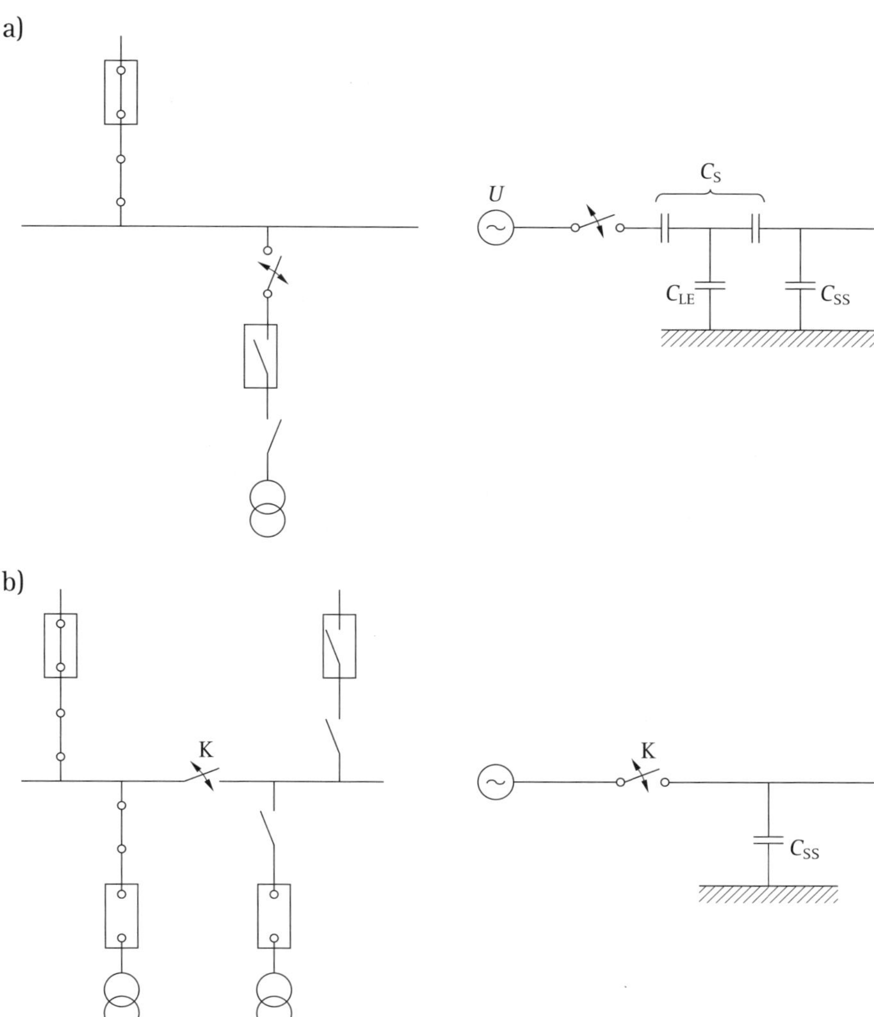

Bild 31.1 Schalten kapazitiver Ladeströme durch Trennschalter
Erläuterung zu a) und b): siehe Text
K Kuppelschalter zwischen Sammelschiene SS1 und Sammelschiene SS2

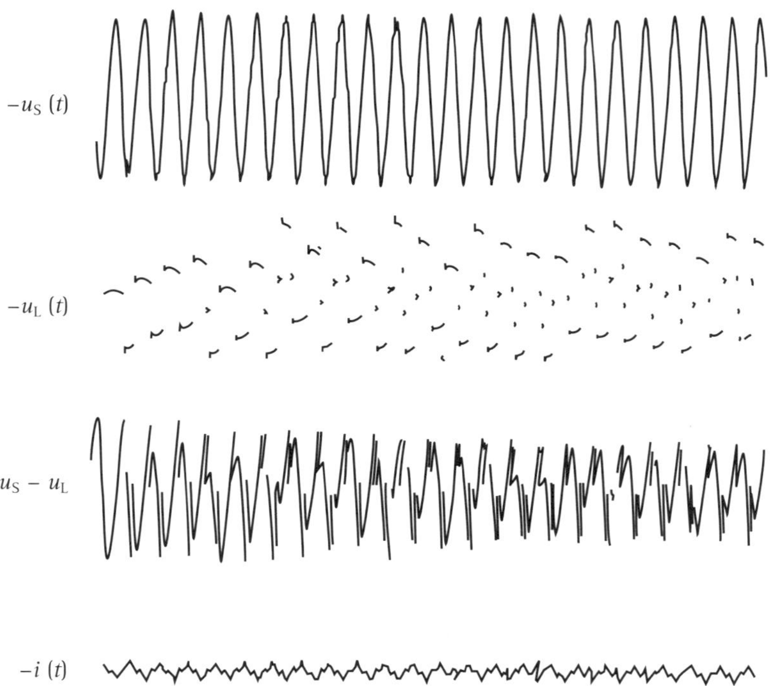

Bild 31.2 Spannungs- und Stromverlauf beim Einschalten eines Trennschalters (Ausschnitt)
U = 242 kV; Kapazität des speisenden Netzes: 4,4 nF, Kapazität der Last: 1,55 nF
u_S Spannungsverlauf auf der speisenden Sammelschiene
u_L Spannungsverlauf an der einzuschaltenden Last

Das Problem beim Aus- und Einschalten kapazitiver Ladeströme durch Trennschalter besteht darin, dass die Kontaktgeschwindigkeit von Trennschaltern relativ gering ist. Vom Zeitpunkt der Kontakttrennung bis zur endgültigen Löschung des Lichtbogens bzw. vom Moment des Vor-Überschlags bis zur galvanischen Berührung der Kontakte können durchaus mehr als 0,5 s vergehen. Dabei treten, wie **Bild 31.2** zeigt, sowohl beim Aus- als auch beim Einschalten eine Vielzahl von Unterbrechungen und Durchzündungen auf.

Wie im Abschnitt 22.2 erwähnt, verursachen die Durchzündungen, vor allem in SF_6-isolierten Schaltanlagen, hochfrequente Ausgleichvorgänge und steile Spannungsfronten, die zur Schädigung der Isolierung von Netzelementen und zu Problemen der elektromagnetischen Verträglichkeit (EMV) führen können.

Obwohl die Lichtbögen relativ stromschwach sind, erodieren sie die Kontaktflächen des Trennschalters und beeinträchtigen damit seine Dauerstrom-Tragfähigkeit.

Aus diesem Grunde werden die Kontakte häufig so gestaltet, dass der Lichtbogen nicht in dem Bereich ansetzen kann, über den bei geschlossenem Trennschalter der Betriebsstrom fließt. Eine Alternative ist der Einsatz von Hilfs- oder Schaltkontakten, die das Lichtbogen-Tragen und Lichtbogen-Löschen übernehmen.

Durch konstruktive Maßnahmen wird verhindert, dass in metallgekapselten SF_6-isolierten Schaltanlagen der zwischen den sich öffnenden oder schließenden Trennschalterkontakten brennende Lichtbogen einen Überschlag zum geerdeten Gehäuse verursacht.

31.2 Sammelschienenwechsel

Beim Sammelschienenwechsel in Hochspannungs-Schaltanlagen mit Mehrfach-Sammelschiene müssen die Sammelschienen-Trennschalter den Betriebsstrom von einem auf einen anderen parallelen Strompfad umschalten [95].

In der Ausgangssituation im **Bild 31.3** sind sowohl die Einspeisung als auch der Abgang mit der Sammelschiene SS1 verbunden. Der Abgang soll auf die Sammelschiene SS2 umgeschaltet werden, während unverändert auf Sammelschiene SS1 eingespeist wird. Dazu werden beide Sammelschienen über den Kuppelschalter K verbunden und der an der Sammelschiene SS2 liegende Abgangstrennschalter eingelegt. Der von der Einspeisung zum Abgang fließende Strom teilt sich nun entsprechend der Impedanzen zwischen Einspeisung und Abgang auf: Z_1 im Ersatzkreis entspricht dem direkten Pfad nur über Sammelschiene SS1, Z_2 stellt den längeren Pfad von Sammelschiene SS1 über den Kuppelschalter K und der Sammelschiene SS2 zum Abgang dar. Daher ist in diesem Fall $Z_2 > Z_1$.

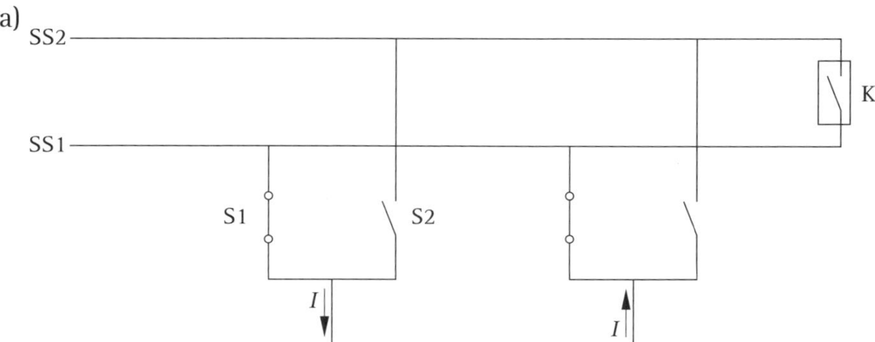

Bild 31.3 Umschalten des Abgangs von Sammelschiene SS1, in die eingespeist wird, auf Sammelschiene SS2

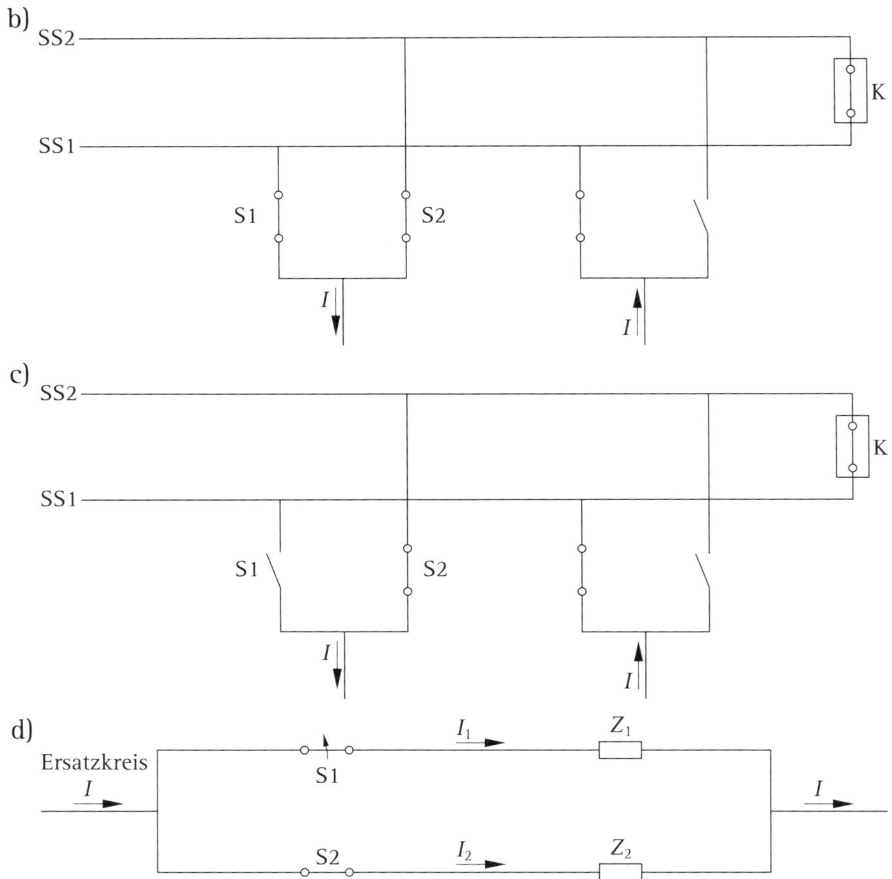

Bild 31.3 (*Fortsetzung*) Umschalten des Abgangs von Sammelschiene SS1, in die eingespeist wird, auf Sammelschiene SS2

Solange beide Trennschalter S1 und S2 eingeschaltet sind, ist die Kommutierungsspannung $u_T = 0$. Der Gesamtstrom I hat sich entsprechend dem Verhältnis Z_2/Z_1 auf die beiden Zweige aufgeteilt. Wird Trennschalter S1 geöffnet, fließt der gesamte Strom I über den Zweig mit Z_2. Über den Trennschalter S1 tritt damit eine Kommutierungsspannung auf

$$u_T(t) = (i_1 - i_2)(t) \cdot Z_2 \tag{31.1}$$

gegen die Trennschalter S1 den Stromanteil I_1 unterbrechen muss.

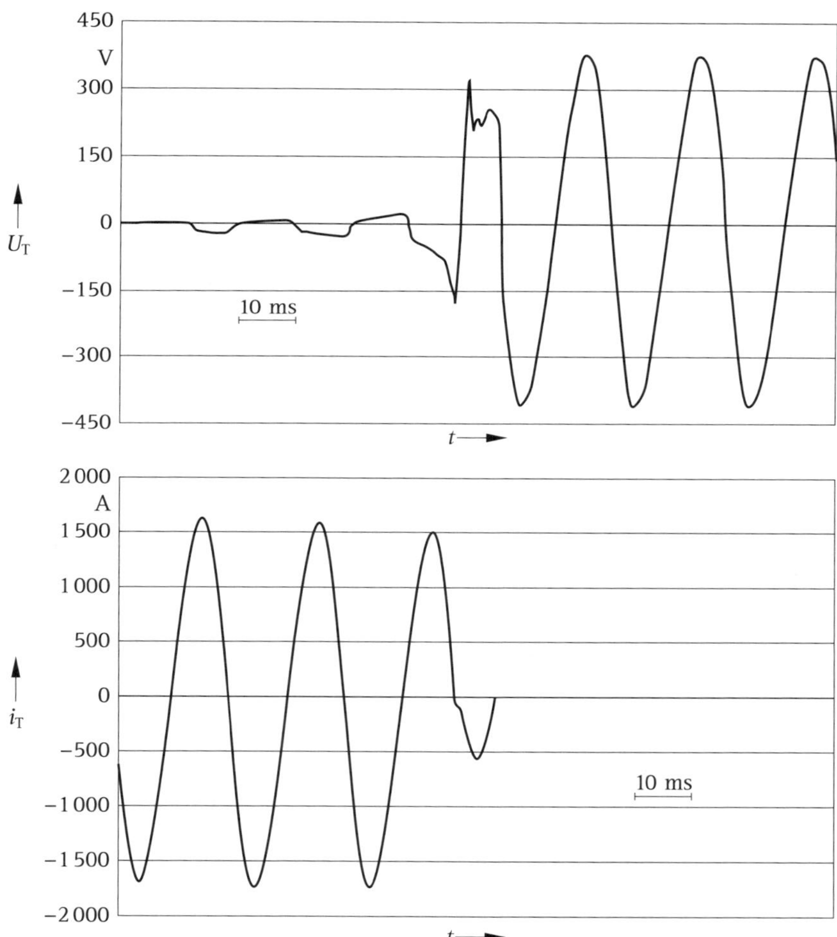

Bild 31.4 Verlauf von Kommutierungs-Spannung und Kommutierungs-Strom beim Sammelschienenwechsel

Bild 31.4 zeigt als Beispiel den Strom- und Spannungsverlauf über den öffnenden Trennschalter beim Sammelschienenwechsel [95]. Die Lichtbogenzeit beträgt in diesem Fall etwa 50 ms.

In DIN EN 62271-102 (**VDE 0671-102**):2013-12, Tabelle C.1 sind die für die Prüfung vorgegebenen Werte der Kommutierungsspannung für Trennschalter ≥ 52 kV für Freiluft- und SF_6-isolierte Schaltanlagen zusammengestellt. Sie reichen, je nach Nennspannung, von 100 V bis 300 V für Freilufttrennschalter und von 10 V bis 40 V für Trennschalter in SF_6-isolierten Anlagen. Die niedrigeren Werte für SF_6-isolierte Anlagen ergeben sich aus deren geringeren Abmessungen und Sammelschienenlängen sowie dem vergleichsweise geringeren Wellenwiderstand ihrer Sammelschienen.

31.3 Schalten induzierter Ströme durch Erdungsschalter

Zwei oder mehrere Systeme einer Freileitung, von denen eines abgeschaltet und an beiden Enden geerdet ist, seien auf gemeinsamen Masten verlegt. Wird die Erdung aufgehoben, so müssen die Leitungs-Erdungsschalter in der Lage sein, den vom in Betrieb befindlichen in das geerdete System induktiv und kapazitiv eingekoppelten Strom zu unterbrechen [95, 97].

Für die Leitungs-Erdungsschalter treten dabei zwei unterschiedliche Beanspruchungen auf: Der zuerst öffnende Erdungsschalter einer beidseitig geerdeten Leitung unterbricht einen induktiv eingekoppelten Strom. Die Steilheit der transienten Einschwingspannung ist dabei zwar groß, die stationäre wiederkehrende Spannung bleibt jedoch gering, solange die Leitung am anderen Ende noch geerdet bleibt (**Bild 31.5 a**).

Ist das abgeschaltete System nur noch an einem Ende geerdet, so muss der dann öffnende Erdungsschalter einen kapazitiven Strom abschalten (**Bild 31.5 b**), der kleiner ist als der ursprünglich induktiv eingekoppelte. Die transiente Einschwingspannung steigt nun zwar langsamer an, erreicht aber viel höhere Werte als im induktiven Schaltfall.

Beide Beanspruchungen müssen die Leitungs-Erdungsschalter beherrschen.

Die Größe der zu unterbrechenden Ströme und der über die geöffnete Schaltstrecke der Leitungs-Erdungsschalter auftretenden Spannung ist gegeben durch die Spannung des in Betrieb befindlichen Systems 1, den dort fließenden Strom I, die Länge l des geerdeten Systems, den Mastaufbau sowie die Position des betrachteten Leiters des geerdeten Systems. Der Mastaufbau ist der wesentliche Faktor für die Kopplung zwischen dem geerdeten und dem in Betrieb befindlichen System.

Für den induktiven Schaltfall ergeben sich die Koppelungsfaktoren aus der Selbstinduktivität L_x je Längeneinheit des betrachteten geerdeten Leiters sowie den Induktivitäten L_{ix} je Längeneinheit (jeweils „Induktivitätsbelag"), die sich, analog der Gegeninduktivität zwischen den Leitern eines dreiphasigen Systems, aus den Leiterschleifen zwischen dem geerdeten Leiter x und den einzelnen Leitern des in Betrieb befindlichen Systems bzw. bei mehreren Systemen allen n stromdurchflossenen Leitern auf dem Mast ergeben:

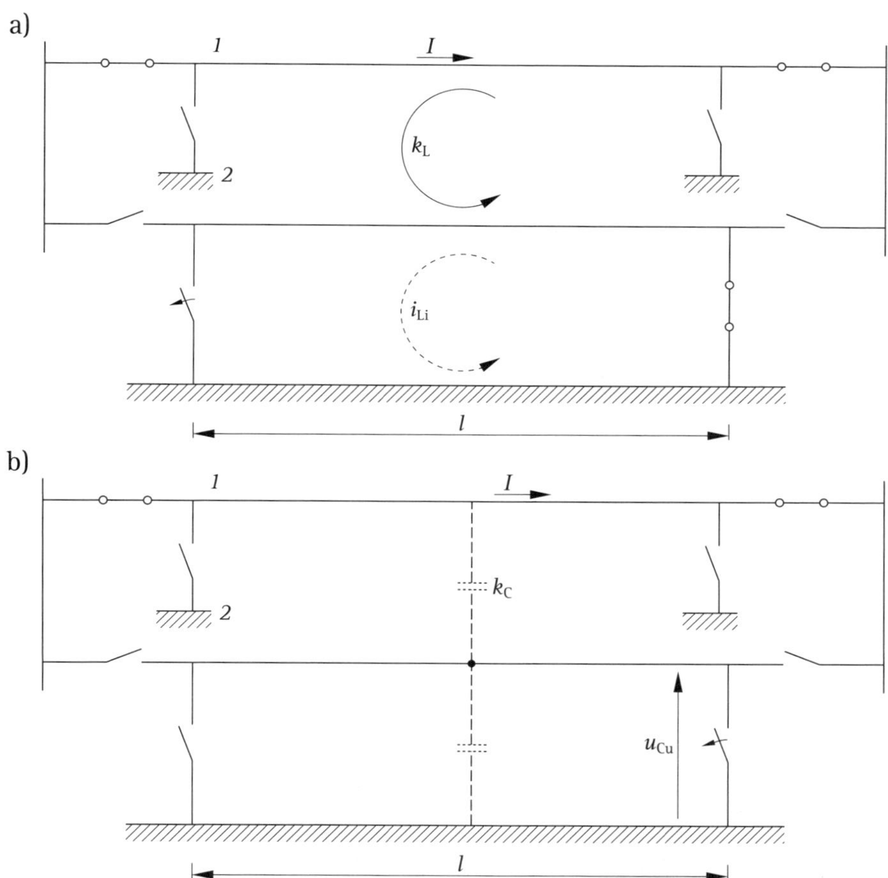

Bild 31.5 Ausschalten induzierter Ströme durch Erdungsschalter
a) induktiver Schaltfall beim Öffnen des ersten Erdungsschalters
b) kapazitiver Schaltfall beim Öffnen des letzten Erdungsschalters

Damit gilt für den induktiv eingekoppelten Strom:

$$i_{\text{Lix}} = k_{\text{Lix}} \cdot I \tag{31.2 a}$$

mit

$$k_{\text{Lix}} = \frac{1}{L_{\text{x}}} \cdot \sum_{i=1}^{n} L_{i\,\text{x}} \tag{31.2 b}$$

und für die induktiv eingekoppelte Spannung

$$u_{\mathrm{Lux}} = k_{\mathrm{Lux}} \cdot I \cdot l \tag{31.3 a}$$

mit

$$k_{\mathrm{Lux}} = \omega \cdot \sum_{i=1}^{n} L_{i\,\mathrm{x}} \tag{31.3 b}$$

Für die kapazitiv eingekoppelte Spannung gilt mit den auf die Längeneinheit bezogenen Kapazitäten $C_{i\,\mathrm{x}}$ zwischen den Leitern des im Betrieb befindlichen Systems und dem jeweils betrachteten Leiter x des geerdeten Systems sowie der Erdkapazität pro Längeneinheit C_{xE} dieses Leiters („Kapazitätsbelag"):

$$u_{\mathrm{Cux}} = k_{\mathrm{Cux}} \cdot U \tag{31.4 a}$$

mit

$$k_{\mathrm{Cux}} = \frac{C_{i\,\mathrm{x}}}{C_{\mathrm{xE}} + C_{i\,\mathrm{x}}} \tag{31.4 b}$$

und für den kapazitiv eingekoppelten Strom:

$$i_{\mathrm{Cix}} = \omega \sum_{i=1}^{n} C_{i\,\mathrm{x}} \cdot U \cdot l \tag{31.5}$$

(I bzw. i in A, U bzw. u in kV, l in km)

Tabelle 31.1 gibt einen Überblick über die Kopplungsfaktoren für induzierte Ströme und Spannungen in gebräuchlichen Systemanordnungen, wie sie für die Prüfung von Leistungs-Erdungsschaltern zugrunde gelegt werden.

Für die vielfach übliche Anordnung mehrerer Drehstromsysteme auf Donaumasten werden als gute Näherung folgende Kopplungsfaktoren verwendet: k_{Lix} = 0,05 A/A, k_{Lux} = 0,03 V/(A km) sowie k_{Cix} = 0,2 mA/(kV km), k_{Cux} = 0,05 V/V. Die sich ergebenden Werte gelten dann für die jeden Leiter des abgeschalteten und geerdeten Systems.

Ein Beispiel für die Werte, die sich selbst bei der relativ kurzen Länge von 11 km der abgeschalteten Leitung ergeben, gibt **Bild 31.6.**

Bemessungsspannung		kV		52 … 123	145 … 170	245 … 300	362 … 420	550 … 800
Leitungslänge		km	A	15	30	30	50	50
			B	60 … 90	120	160	200	250
Elektromagnetische Kopplung								
Kopplungsfaktor	k_{Lix}	A/A	A	0,10	0,05	0,05	0,03	0,03
			B	0,25	0,25	0,15	0,10	0,10
	k_{Lux}	V/(A km)		0,05	0,03	0,03	0,02	0,02
induzierter Strom	i_{Lix}	A	A	50	50	80	80	80
			B	100	125	160	200	200
induzierte Spannung	u_{Lux}	kV	A	0,5	1	1,4	2	2
			B	4 … 6	10	15	20	25
Elektrostatische Kopplung								
Kopplungsfaktor	k_{Cix}	mA/kVkm	A	0,35	0,20	0,20	0,10	0,10
			B	0,70	0,40	0,40	0,20	0,20
	k_{Cux}	V/V	A	0,10	0,05	0,05	0,02	0,02
			B	0,20	0,10	0,10	0,05	0,05
induzierter Strom	i_{Cix}	A	A	0,4	0,4	1,25	1,25	1,6
			B	2–5	5	10	15	25
induzierte Spannung	u_{Cux}	kV	A	3	3	5	5	8
			B	6	6	15	15	25

Tabelle 31.1 Kopplungsfaktoren nach DIN EN 62271-102 (**VDE 0671-102**):2012-06, Tabelle C.1

Bild 31.6 zeigt auch, wie stark die Größen der induzierten Ströme und Spannungen vom Mastbild und der Anordnung der Systeme auf dem Mast abhängen. Wegen der intensiveren Kopplung in der Einebenen-Anordnung wird diese Anordnung kaum verwendet. Befinden sich zwei Systeme auf den Masten, so sind infolge der größeren Abstände zwischen den Systemen die längenunabhängigen Werte (induktiv eingekoppelter Strom und kapazitiv eingekoppelte Spannung) geringer. Für die anderen beiden Werte können sich bei größeren Leitungslängen auch für Freileitungen mit zwei Systemen höhere Werte ergeben.

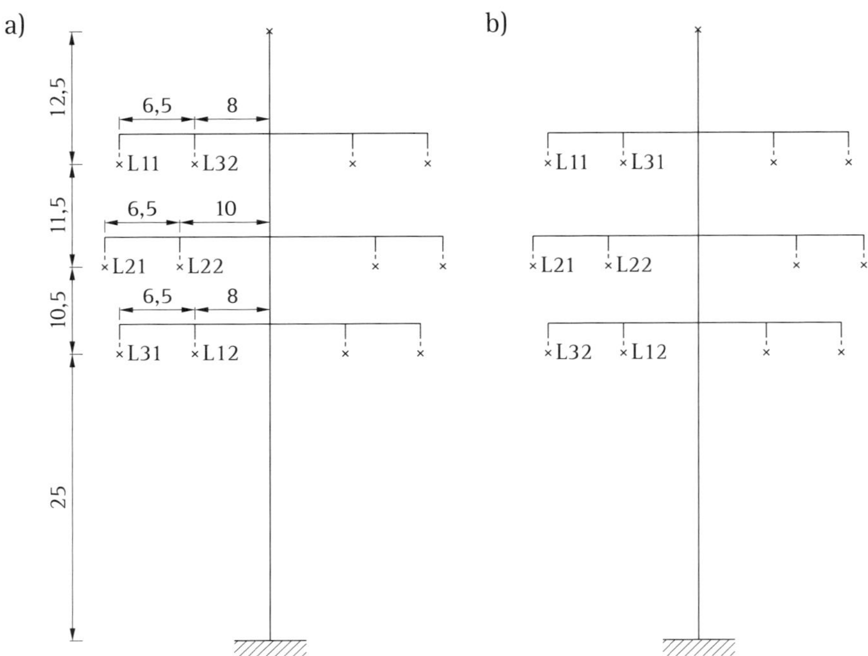

	induktiv		kapazitiv	
	I_{L2}	U_{L2}	U_{C2}	I_{C2}
a)	370 A	1,1 kV	41,5 kV	1,7 A
b)	160 A	0,5 kV	20,5 kV	0,8 A

Bild 31.6 Abschalten induzierter Ströme: Beanspruchung der Erdungsschalter im freigeschalteten System 2 (betriebsfrequente Werte) [95]
380-kV-Freileitung: U = 380 kV, I = 1 700 A, l = 11 km
a) Ein-Ebenen-Anordnung der Leiter
b) Dreiecksanordnung der Leiter

32 Circuit Switcher

Als kostengünstige Alternative zu Leistungsschaltern werden in einigen Ländern für die Spannungsebenen bis 245 kV Circuit Switcher eingesetzt (IEC 62271-107 (2012-05) Ed. 2.0; DIN EN 62271-107 (**VDE 0671-107**):2013-03). Sie haben ein im Vergleich zu Leistungsschaltern begrenztes Kurzschluss-Schaltvermögen, im Allgemeinen zwischen 20 kA und 40 kA, und benötigen zum Unterbrechen längere Ausschaltzeiten, die bis zu 100 ms betragen können. Ihre Dauerstrom-Tragfähigkeit ist mit maximal etwa 2000 A ebenfalls geringer als die der Leistungsschalter.

Circuit Switcher sind in vielen Fällen, wie in **Bild 32.1** dargestellt, eine Kombination einer im Porzellangehäuse gekapselten Leistungsschaltstrecke, d. h. eines leichten Leistungsschalters mit einer beweglichen Freiluft-Trennstrecke.

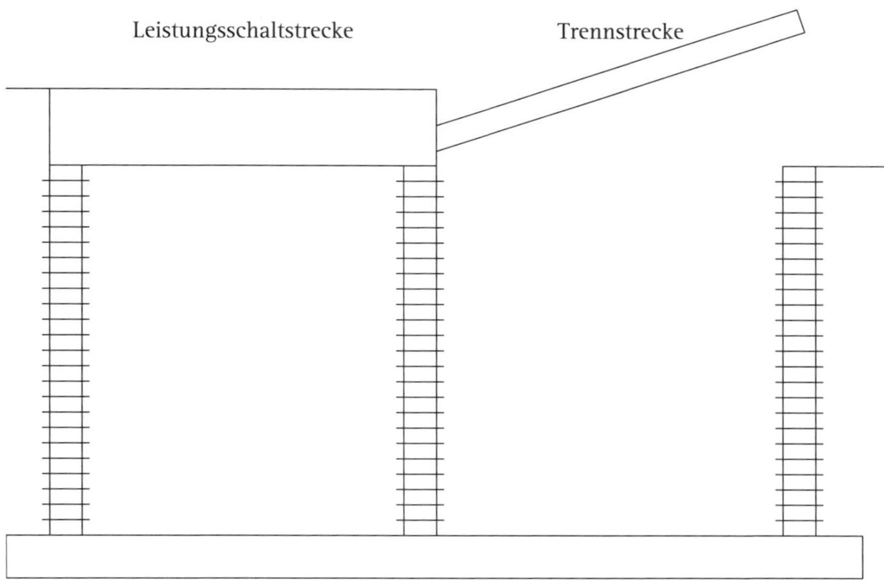

Bild 32.1 Prinzipieller Aufbau eines Circuit Switchers

Außer für Betriebsschaltungen und zum Kurzschluss-Schutz, z. B. vor Umspannwerken geringer Leistung und in Industrie-Einspeisungen, werden Circuit Switcher speziell zum Schalten von Kapazitäten, Drosselspulen und zum Öffnen von Ringen verwendet, da sie dort gegenüber „echten" Leistungsschaltern einen wirtschaftlichen Vorteil bieten.

Sie werden in älteren Publikationen oft als „Leistungstrennschalter" bezeichnet. Um gegebenenfalls das Kurzschluss-Ausschaltvermögen zu erhöhen oder die Ausschaltzeit zu verringern, werden Circuit-Switcher mit einer in Reihe geschalteten Sicherung kombiniert.

Hinsichtlich des Schaltvermögens sind Circuit-Switcher einzuordnen zwischen Lastschalter bzw. zwischen Lasttrennschalter und Leistungsschalter. Dementsprechend sind sie erfasst in der Norm DIN EN 62271-107 (**VDE 0671-107**), die eine wörtliche Übersetzung der IEC 62271-107 ist. Deren Originaltitel lautet „Alternating current fused circuit-switchers for rated voltages above 1 kV and including 52 kV".

33 Schalter für HGÜ-Anlagen

Wie in der Einleitung (Kapitel 1) erwähnt, stehen (noch) keine Schalter zur Verfügung, um Gleichstrom bei Hochspannung zu unterbrechen. Um einzelne Stromrichter-Gruppen außer Betrieb nehmen zu können, ohne dass die gesamte Kopfstation der Hochspannungs-Gleichstrom-Übertragung (HGÜ) stillgelegt werden muss, sowie für den Fall, dass ein Fehler in einer Stromrichter-Gruppe auftritt, werden auf der Gleichstromseite der Kopfstationen adaptierte Drehstrom-Schalter eingesetzt, die in der Lage sind, Gleichstrom gegen eine begrenzte Gleichspannung zu kommutieren. Sie gelten damit aber noch nicht als Gleichstromschalter.

Um HGÜ-Netze realisieren zu können, werden seit einiger Zeit Überlegungen zur Entwicklung von Hochspannungs-Gleichstrom-Schaltern angestellt. Sie stützen sich im Wesentlichen auf zwei Prinzipien:

1. Mechanische Schalter, die im Wesentlichen Wechselstrom-Schaltgeräten entsprechen, denen ein Schwingkreis oder Impulskreis parallel geschaltet wird. Es wird ein Schwing- oder Impulsstrom erzeugt, der dem abzuschaltenden Gleichstrom überlagert wird, sodass sich ein Stromnulldurchgang ergibt, in dem der Schalter unterbrechen kann (zum Beispiel [109, 110]).
2. Hybrid HGÜ-Leistungsschalter, die zum eigentlichen Schalten spannungsgesteuerte Umrichter verwenden, mit denen ein mechanisches Schaltgerät in Reihe geschaltet wird, um den abgeschalteten Netzteil sicher vom spannungsführenden Netz zu trennen (zum Beispiel [111].

33.1 Stromrichter-Überbrückungsschalter

Wie **Bild 33.1** zeigt, sind Stromrichter-Gruppen Überbrückungsschalter parallel geschaltet [80, 81]. Sie werden ergänzt durch Trennschalter, um für Wartungszwecke zugänglich zu sein.

Der Stromrichter-Überbrückungsschalter macht es möglich, eine der zwei in Reihe geschalteten Stromrichter-Gruppen eines Pols der HGÜ-Kopfstation in oder außer Betrieb zu nehmen, ohne dass die anderen Stromrichter-Gruppen des Bipols in ihrer Funktion gestört werden. Falls jeder Pol einer Kopfstation von nur einer Stromrichter-Gruppe gespeist wird, kann auf den Stromrichter-Überbrückungsschalter verzichtet werden.

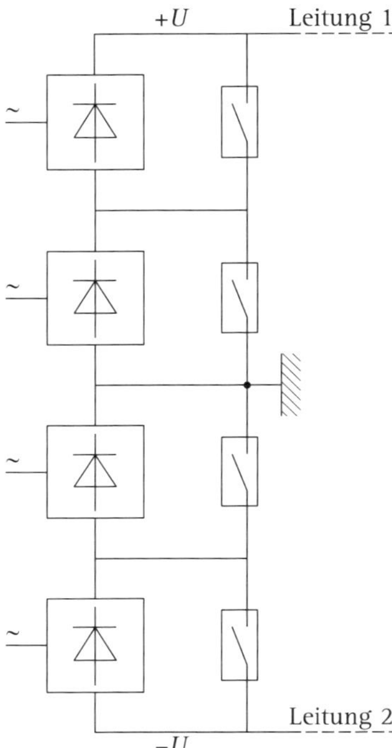

Bild 33.1 Stromrichter-Überbrückungsschalter in einem Pol einer HGÜ-Kopfstation

Soll eine Stromrichter-Gruppe außer Betrieb gehen oder tritt in ihr ein Fehler auf, so zünden zunächst Überbrückungsventile, und die Stromrichter-Gruppe wird blockiert. Anschließend schließt der Stromrichter-Überbrückungsschalter die ihm zugeordnete Stromrichter-Gruppe kurz. Beim Einschalten verhält sich der Schalter wie beim Einschalten eines Wechselstroms. Solange er geschlossen ist, führt er den Gleichstrom aus den in Betrieb bleibenden Stromrichter-Gruppen.

Zur Inbetriebnahme der Stromrichter-Gruppe werden die Überbrückungsventile gezündet und der Stromrichter-Überbrückungsschalter geöffnet. Seine Lichtbogenspannung verursacht das Kommutieren des Gleichstroms in die Überbrückungsventile. Nachdem der Überbrückungsschalter den von ihm getragenen Strom unterbrochen hat, zündet die Stromrichter-Gruppe. Die von ihr erzeugte Gleichspannung steigt entsprechend dem Zündwinkel an.

Eine betriebliche Alternative ist, dass zur Inbetriebnahme der Stromrichter-Gruppe die Steuerung zunächst den Gleichstrom auf den Stromrichter und den Überbrückungsschalter aufteilt. Der Überbrückungsschalter führt dann einen Wechselstrom, der im Wesentlichen aus einer 12. Oberschwingung besteht und Nulldurchgänge aufweist. Beim Öffnen kann der Schalter diesen Strom unterbrechen.

Sollte der Überbrückungsschalter versehentlich geöffnet werden, wenn er den vollen Gleichstrom führt, den er ja nicht unterbrechen kann, so wird er automatisch wieder geschlossen, um eine Beschädigung zu vermeiden.

33.2 Metallic Return Transfer Breaker (MRTB)

HGÜ-Freileitungsübertragungen sind im Allgemeinen bipolar: Zwei Leiter, einer für jede Polarität (positiv und negativ), tragen fast den gleichen Strom. Nur die Differenz dieser Ströme, die meist klein ist, fließt über die Erde, die als Rückleiter dient (**Bild 33.2**). Bei Ausfall eines Leiters fließt jedoch der volle Rückstrom des anderen über Erde. Dabei können Probleme entstehen durch die Wechselwirkung mit hoch- und betriebsfrequenten Netzen sowie durch Korrosion von metallischen Strukturen. Aus diesem Grund wird für den Strom über Erde eine Ampere-Stunden-Zahl als Limit vorgegeben.

In den meisten Fällen entsteht der Ausfall eines Pols durch eine Störung in einer Station, nicht auf der Leitung. Dann wird die Leitung des gestörten Pols, dessen Stromrichter-Überbrückungsschalter zu diesem Zweck geschlossen ist, als metallischer Rückleiter (Metallic Return) genutzt. Ein „Metallic Return Transfer Breaker

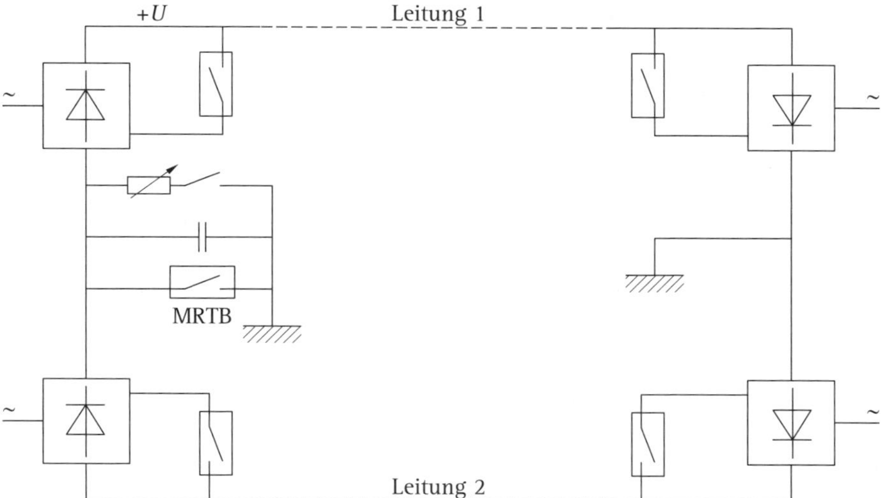

Bild 33.2 Anordnung des Metallic Return Transfer Breakers (MRTB) in der Stromrichteranlage

(MRTB)“ wird geöffnet und kommutiert den Rückstrom von der Erde in den zweiten Leiter. Dieser Leiter wird, wie Bild 33.2 zeigt, damit an einem Ende geerdet und am anderen isoliert. So kann zumindest die einpolige Leistung übertragen werden. Die Verluste werden jedoch im Vergleich zum zweipoligen Betrieb verdoppelt.

Der Metallic Return Transfer Breaker hat das grundsätzliche Problem zu beherrschen, dass der Spannungsfall zwischen den HGÜ-Kopfstationen durch die Erde geringer ist als über die einzuschaltende metallische Leitung. Der Unterschied kann etliche zig Kilovolt betragen. Das bedeutet, dass zum Kommutieren des über Erde fließenden Gleichstroms in den Leiter der Schalter den Gleichstrom gegen die Differenzspannung unterbrechen muss [82].

Damit ergibt sich die Situation, dass der MRTB als Gleichstromschalter arbeiten muss, wenn auch nur gegen eine im Vergleich zur Betriebsspannung der HGÜ geringere Gleichspannung. Am MRTB lassen sich dementsprechend die Bedingungen studieren, die ein echter Gleichspannungsschalter zu erfüllen hat: Um einen Stromnulldurchgang zu erzwingen, der die Voraussetzung für eine Stromunterbrechung bildet, muss beim Ausschaltvorgang im Schalter eine Spannung erzeugt werden, die mindestens so hoch ist, besser noch etwas höher, als die Netzspannung. Diese Spannung wirkt dann wie eine Quelle, die einen Strom erzeugt, der dem in der HGÜ-Anlage fließenden Strom entgegengesetzt ist. Die Stromsumme wird also null.

Als Metallic Return Transfer Breaker wird im Allgemeinen ein Einzelpol eines Drehstromschalters verwendet, dem, um den Strom durch den Schalter auf null zu zwingen, energieabsorbierende Elemente parallel geschaltet werden. Dazu dient beispielsweise eine Kombination aus Kondensator und spannungsabhängigem Widerstand (z. B. Metalloxid-Überspannungsableiter). Über den spannungsabhängigen Widerstand fließt schließlich ein relativ kleiner Reststrom, der von einem mit ihm in Reihe liegenden Leistungs- oder Lastschalter abgeschaltet wird.

Die Beanspruchung des Schalters und des spannungsabhängigen Widerstands lässt sich durch die Ansteuerung des in Betrieb bleibenden Stromrichters reduzieren. Da dies eine Verminderung der Leistungsübertragung bedeutet, wird sie im Allgemeinen vermieden. Die kurzzeitig auftretende, im Millisekunden-Bereich liegende, leichte Absenkung des Stroms, wenn der MRTB abschaltet, wird als wenig störend in Kauf genommen.

Die Rückkehr zum bipolaren Betrieb ist einfach und entspricht der umgekehrten Abfolge der Ausschaltung. Zunächst wird der spannungsabhängige Widerstand zugeschaltet. Anschließend wird der Widerstand durch den MRTB kurzgeschlossen. Schließlich wird, wie im Abschnitt 33.1 beschrieben, die ausgefallene Stromrichter-Gruppe wieder gezündet und der Stromrichter-Überbrückungsschalter geöffnet.

34 Isolationskoordination

Der Begriff Isolationskoordination beschreibt gemäß DIN EN 60071-1 (VDE 0111-1) die „Auswahl der dielektrischen Festigkeit von Betriebsmitteln, die für ein bestimmtes Netz vorgesehen sind, in Abhängigkeit von Spannungen, die in diesem Netz unter Berücksichtigung der betrieblichen Umgebungsbedingungen und der Eigenschaften der verfügbaren Überspannungs-Schutzeinrichtungen auftreten können".

Die angegebenen Bemessungs-Stoßspannungen und Bemessungs-Kurzzeit-Wechselspannungen sind als Stehspannungen genormt und dienen zum Nachweis des Isoliervermögens.

Die Norm DIN EN 60071-1 (VDE 0111-1) und DIN EN 60071-2 (VDE 0111-2) ist die Basis für die Bemessung der Isolierung aller im Netz eingesetzten Komponenten mit Bemessungsspannungen ab 3,6 kV. Da für Hochspannungs-Schaltgeräte zusätzliche Bedingungen für die Spannungsfestigkeit der offenen Schaltstrecke zu definieren sind, sind für diese Gerätegruppe eigene Prüfwerte vorgegeben, die von der genannten Norm abgeleitet wurden. Die speziell für Hochspannungs-Schaltgeräte relevanten Werte der Bemessungs-Stehspannungen sind in den Tabellen 1 und 2 der DIN EN 62271-1 (VDE 0671-1):2012-06 aufgeführt.

Hinsichtlich der Spannungsfestigkeit über offene Schaltstrecken wird unterschieden zwischen den Leistungskriterien „Betriebs-Funktion" und „Sicherheits-Funktion". Erstere wird vom Leistungs- oder Lastschalter übernommen. Sie ermöglicht die zuverlässige Trennung zweier Teile oder Komponenten eines Netzes. Die „Sicherheits-Funktion" ist die Voraussetzung, dass in einem abgeschalteten Netzteil, wo Menschen arbeiten, keine Spannung auftritt. Es wird davon ausgegangen, dass die elektrische Festigkeit der offenen Schaltstrecke eines Leistungs- oder Lastschalters – wegen der möglichen Verunreinigung infolge des Schalt-Lichtbogens und der Abbrandspuren auf den Kontakten – nur bedingt gewährleistet ist. Durch die zusätzlich vorhandene offene Trennstrecke eines Trennschalters ist eine höhere Sicherheit gegeben, insbesondere da mit relativ einfachen konstruktiven Maßnahmen dem Trennschalter ein höheres Niveau der Nenn-Stehspannungen zugeordnet werden kann. Im Allgemeinen sind daher die offenen Schaltstrecken der Geräte, die die „Sicherheits-Funktion" zu übernehmen haben, mit einer, verglichen zur „Betriebs-Funktion", um etwa 15 % höheren Spannung zu prüfen.

(Anmerkung: Für das sichere Arbeiten an abgeschalteten Netzelementen ist unabhängig davon Voraussetzung, dass eine sichtbare Trennstrecke vorhanden ist bzw., sofern dies nicht möglich ist, dass die in Kapitel 31 genannten Bedingungen eingehalten werden und dass das betreffende Netzelement geerdet wird.)

Die Prüfspannungen für den Nachweis des Bemessungs-Isolationspegels sind in zwei Bereiche aufgeteilt: Der Bereich I betrifft die Bemessungsspannungen U_r von 3,6 kV bis 245 kV. Dabei ist vorausgesetzt, dass in diesem Spannungsbereich sowohl geerdete als auch isolierte Netze betrieben werden. Es sind Prüfungen vorgeschrieben mit betriebsfrequenter Wechselspannung von 1 min Dauer (die angegebenen Spannungswerte sind Leiter-Erd-Spannungen) und mit Blitzstoßspannung (Anstiegszeit 1,2 µs, Rücken-Halbwertszeit 50 µs). Netze mit den im Bereich II genannten Bemessungsspannungen ab 300 kV sind generell geerdet. Daher wird in diesen Netzen die Isolierung geringer beansprucht, sodass auch – relativ gesehen – niedrigere Prüfspannungen vorgegeben werden können. Zusätzlich werden in diesem Spannungsbereich Prüfungen mit Schaltstoßspannung (Anstiegszeit 250 µs, Rücken-Halbwertszeit 2 500 µs) gefordert.

Bezogen auf die Bemessungsspannung sind die Blitzstoß-Prüfspannungen umso knapper, je höher die Bemessungsspannungen werden. Damit ist jedoch keine Beeinträchtigung der Betriebssicherheit verbunden, da durch Einsatz von entsprechend dimensionierten Überspannungsableitern die Geräte im Allgemeinen nicht bis zu ihrer Steh-Blitzstoßspannung beansprucht werden.

Die Prüfung mit Schaltstoßspannung dient zur Nachbildung der Schaltüberspannungen im Netz. Die Blitzstoß-Prüfspannungswerte des Bereichs I decken die Beanspruchung durch Schaltstoßspannungen ab. Die Scheitelwerte der Bemessungs-Schaltstoßspannungen liegen bei etwa 70 % der Scheitelwerte der zugehörigen Blitzstoßspannungen.

Schaltgeräte der Bemessungsspannungen gemäß Bereich II sind bei Typprüfungen über die offene Schaltstrecke mit „Gegenspannung“ zu prüfen. Dabei ist auf der einen Seite der offenen Schaltstrecke die Schalt- bzw. Blitzstoßspannung anzulegen, auf der anderen Seite die betriebsfrequente Leiter-Erd-Spannung. Der Stoßspannungsimpuls soll dann auftreten, wenn beide Spannungen entgegengesetzte Polarität haben, sodass sie sich über der offenen Schaltstrecke addieren. Dem Blitzstoßspannungsimpuls wird der Effektivwert, dem Schaltstoßspannungsimpuls der Scheitelwert der Wechselspannung überlagert.

Die vorgegebenen Prüfspannungswerte gemäß DIN EN 62271-1 (**VDE 0671-1**) gelten für den Einsatz der Schaltgeräte in Höhenlagen bis 1 000 m über Normal-Null (NN). Sind die Geräte in größeren Höhen aufzustellen, so ist ihr äußeres Isoliervermögen durch die geringere Luftdichte beeinträchtigt. Sie müssen also bei Prüfungen unterhalb 1 000 m entsprechend reichlicher dimensioniert werden. Dazu sind in der Norm Höhen-Korrekturfaktoren angegeben, die den Bereich 1 000 m bis 4 000 m über NN abdecken.

Die Prüfbedingungen sind in DIN EN 60432-1 (**VDE 0715-1**) spezifiziert.

35 Ferroresonanz

Bei Schalthandlungen können in Schaltanlagen und Umspannwerken, die mit induktiven Spannungswandlern zur Messung der Leiter-Erd-Spannung ausgerüstet sind, stationäre Schwingungen auftreten, die als Ferroresonanz bezeichnet werden. Sie werden verursacht durch das Anregen eines Schwingkreises, der aus einem oder mehreren Spannungswandlern sowie Kopplungs- und Erdkapazitäten besteht [105]. In der Praxis hat sich gezeigt, dass Steuer- bzw. Parallelkondensatoren von Hochspannungs-Leistungsschaltern mit Werten > etwa 500 pF über den gesamten Schalterpol sowie die Kapazitäten der Sammelschiene ausgedehnter gasisolierter Schaltanlagen das Auftreten von Ferroresonanz unterstützen.

In [105] wird dargestellt, dass induktive Spannungswandler eines 110-kV-Systems durch Ferroresonanz beschädigt worden sind. Aus einer parallel auf denselben Masten geführten 380-kV-Freileitung wurde kapazitiv Spannung in das abgeschaltete, zu dem fraglichen Zeitpunkt nicht geerdete 110-kV-System induziert. Sie verursachte eine stationäre Schwingung in dem aus der Induktivität der Spannungswandler und der Erdkapazität gebildeten Schwingkreis. Die in dieser Schwingung enthaltene Energie reichte jedoch nicht aus, um die Spannungswandler zu schädigen. Erst der mit der zunächst einseitigen Wiederzuschaltung der 110-kV-Leitung verbundene Einschwingvorgang regte eine Ferroresonanzschwingung mit einer Frequenz < 50 Hz an, deren Spannungsverlauf so energiereich war, das sie den Spannungswandler in der Anlage, in der der Leistungsschalter wieder zugeschaltet worden war, thermisch überlastete.

Ferroresonanzen können sowohl mit Frequenzen < 50 Hz (subharmonische Ferroresonanzschwingung) als auch stationär bei Betriebsfrequenz mit hohen Überspannungen auftreten.

Voraussetzung für Ferroresonanz ist, dass der betreffende Netzteil nicht geerdet ist, sodass seine Erdkapazität wirksam sein kann. Ein derartiger Schaltzustand ist im Verlauf der Wiederinbetriebnahme einer zuvor geerdeten Freileitung möglich, nachdem die Erdungsschalter geöffnet und die Trennschalter bereits eingeschaltet sind, bevor aber der erste Leistungsschalter zuschaltet.

Wirksam vermieden werden Ferroresonanzen durch eine ausreichende Dämpfung. Eine mögliche Maßnahme bildet das Bebürden der Spannungswandler. Wandler mit hohen Messleistungen sind jedoch bei ungünstiger Anlagenkonfiguration nicht ausreichend bedämpft.

[106] enthält eine Tabelle, die einen Überblick über die für Ferroresonanz ausschlaggebenden Anlagenparameter für die Spannungsebenen von 123 kV bis 550 kV bietet.

36 Stromtragfähigkeit

Die Modalitäten der Erwärmungsprüfung mit dem Bemessungs(Dauer)strom und der Stoß- und Kurzzeitstrom-Prüfung sind in DIN EN 62271-1 (VDE 0671-1) gegeben. Diese Norm empfiehlt auch, die Werte für Bemessungs-Betriebsströme und Bemessungs-Kurzschlussströme der R10-Reihe zu entnehmen, die in DIN EN 60059 (VDE 0175-2):2010-03 spezifiziert ist.

Die R10-Reihe ergibt sich aus den zehnten Wurzeln der Größen 10^0, 10^1, 10^2, ..., 10^9. Sie führt zu den Werten 1 – 1,25 – 1,6 – 2 – 2,5 – 3,15 – 4 – 5 – 6,3 – 8, und ihr Produkt mit 10^n.

36.1 Bemessungs(Nenn- bzw. Dauer)strom und Erwärmung

Häufig findet sich auf den Typenschildern auch gegenwärtig produzierter Schaltgeräte die Bezeichnung „Nennstrom“. Dies ist der dauernd vom Schalter zu führende Bemessungsstrom.

Die Bemessungs(Nenn bzw. Dauer)strom-Tragfähigkeit ist begrenzt durch die zulässige Erwärmung der Bauteile in der Strombahn selbst und der in ihrer Nachbarschaft befindlichen Bauteile. Die Angaben in DIN EN 62271-1 (VDE 0671-1):2012-06, Tabelle 3, beziehen sich auf eine Umgebungstemperatur von +40 °C. In Abhängigkeit vom Isolier- und Löschmedium, mit dem die Schaltgeräte gefüllt sind, kann es oberhalb gewisser Temperaturen an Kontakt- und Verbindungsstellen innerhalb des Schaltgeräts zu Oxidations- oder Korrosionsprozessen kommen. Da dies in SF_6 nicht der Fall ist und SF_6 auch nicht altert, sind in SF_6-Schaltgeräten für Kontakte und feste Verbindungen die höchsten Übertemperaturen zugelassen. Für Isoliermaterialien und für Metallteile, die mit Isoliermaterialien verbunden sind, wurden eigene Grenzwerte festgelegt. Sie berücksichtigen, dass Materialien verschiedener Isolierteile, die die Strombahn fixieren, bei bestimmten Temperaturen beginnen, ihre Festigkeit zu verlieren.

Für die äußeren Anschlussflächen gelten maximal zulässige Temperaturen, die sich daraus ergeben, dass bestimmte Metalle, wie Aluminium und Kupfer, bei Temperaturen ab knapp über 100 °C zum Fließen neigen. Dies ist insbesondere dann der Fall, wenn diese Bauelemente ständig unter mechanischer Spannung stehen, wie dies durch durch den Zug und das Gewicht der angeschlossenen Leiterseile der Fall sein kann.

Führt ein Leiter Wechselstrom, so bewirkt die Induktion durch das magnetische Wechselfeld H_i innerhalb des Leiters eine Stromverdrängung („Skin-Effekt") in die äußere Schicht des Leiters hinein. Als Folge ist der wirksame Leiterquerschnitt bei Wechselstrom kleiner und damit sein Widerstand und dementsprechend die im Leiter erzeugte Verlustleistung größer als bei Gleichstrom, der den Leiter gleichmäßig durchsetzt.

Das Verhältnis von Wechselstromwiderstand R_{ac} zu Gleichstromwiderstand R_{dc} wird durch den Stromverdrängungsfaktor k angegeben [100]:

$$k = \frac{R_{ac}}{R_{dc}} > 1 \tag{36.1}$$

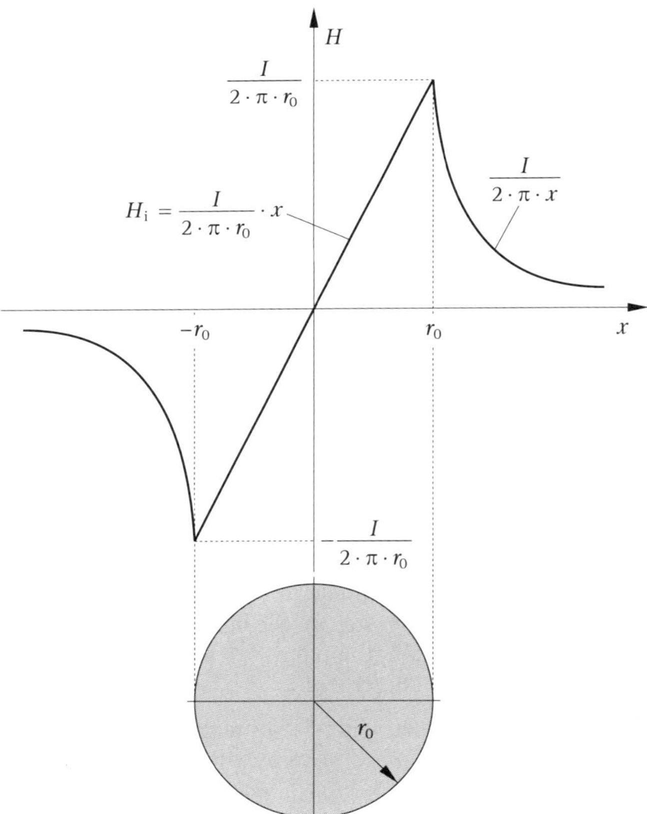

Bild 36.1 Magnetisches Feld H innerhalb und außerhalb eines Rundleiters bei konstanter Stromdichte; H_i magnetische Feldstärke im Leiterinnern I Gleichstrom durch den Leiter

Betrachtet man einen langen homogen stromdurchflossenen Massivleiter mit rundem Querschnitt, so erhält man eine magnetische Feldstärke, die, ausgehend vom Wert null in der Leiterachse ($r_0 = 0$), linear mit dem Leiterradius r_0 im Leiter größer und mit $1/r$ außerhalb des Leiters kleiner wird (**Bild 36.1**).

Den größten Wert erreicht die magnetische Feldstärke an der Oberfläche des Leiters. Daher gibt es einen Zusammenhang zwischen zeitlicher Stromänderung und radialer Stromverteilung (**Bild 36.2**).

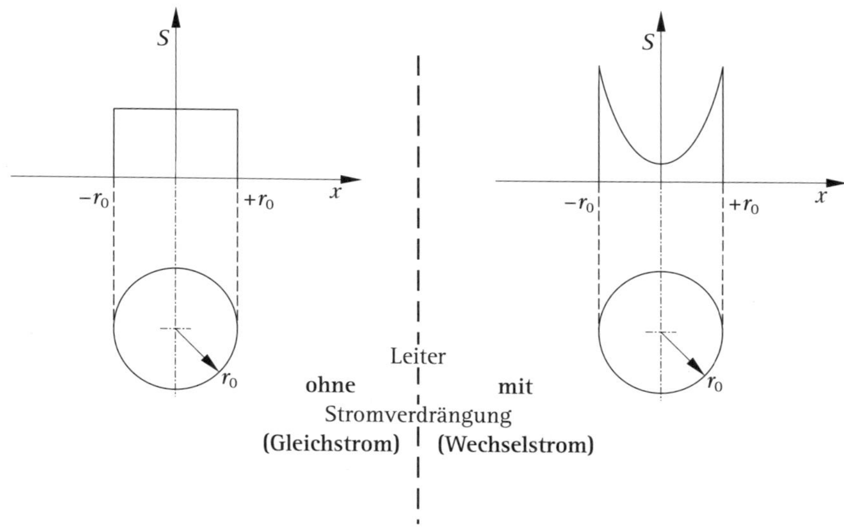

Bild 36.2 Wechselstromdichte *S* in einem massiven Rundleiter als Folge der Stromverdrängung

Nimmt man an, dass sich der Strom gleichmäßig über den Ringquerschnitt

$$A = \pi \cdot r^2 - \pi \cdot (r - \delta)^2 \tag{36.2}$$

verteilt [19], so kann die Eindringtiefe δ des Stroms in einen Massivleiter ermittelt werden:

$$\delta = \sqrt{\frac{2}{\omega \cdot \mu \cdot \kappa}} == \sqrt{\frac{2}{\omega \cdot \mu_0 \cdot \mu_r \cdot \kappa}} \tag{36.3}$$

Als Folge der Stromverdrängung tritt bei einem Bemessungsstrom mit 60 Hz eine höhere Erwärmung auf als bei 50 Hz, da die Eindringtiefe bei der höheren Frequenz geringer ist. Für Kupfer und Aluminium ergeben sich folgende Werte (Annahme: $\mu_r = 2$):

	Elektrische Leitfähigkeit κ in A m/(V mm²)]	Eindringtiefe in mm	
		$f = 50$ Hz	$f = 60$ Hz
Aluminium	35	12,33	11,25
Kupfer	56	6,79	6,19

Physikalisch korrekt dargestellt, nimmt die Stromdichte S mit wachsender Tiefe $(r_0 - r)$ im runden Vollleiter mit dem Radius r_0 etwa nach einer Exponentialfunktion ab [12, 19]:

$$S(r) = \frac{I}{2 \cdot \pi \cdot r_0} \cdot \sqrt{\omega \cdot \mu \cdot \kappa} \cdot \sqrt{\frac{r_0}{r}} \cdot e^{-\sqrt{\pi \cdot f \cdot \mu \cdot \kappa} \cdot (r_0 - r)} \tag{36.4}$$

$$= \frac{I}{2 \cdot \pi \cdot r_0} \cdot \frac{\sqrt{2}}{\delta} \cdot \sqrt{\frac{r_0}{r}} \cdot e^{-\frac{1}{\delta} \cdot (r_0 - r)}$$

Setzt man

$$x = \frac{r_0}{\delta}$$

so errechnet sich für Vollleiter, bei denen die Eindringtiefe $\delta > r_0$ ist (d. h. $x < 1$), der Wechselstrom-Widerstand R_{ac} des Leiters zu:

$$R_{ac} = R_{dc} \cdot \left(1 + \frac{1}{3} \cdot x^4\right) \tag{36.5}$$

Der Gleichstromwiderstand des Leiters ist: $R_{dc} = \frac{1}{r_0^2 \cdot \pi \cdot \kappa}$ (36.6)

Bei parallelen Leitern, die von gleich großen Strömen in gleicher Richtung durchflossen werden, überlagern sich die Magnetfelder und heben sich teilweise auf (**Bild 36.3**). Damit verringern sich die Magnetfelder und dementsprechend die Stromverdrängung in den einzelnen Leitern (Nähe- oder Proximity-Effekt). Die Gesamt-Stromtragfähigkeit ist in diesem Fall größer als die Summe der Stromtragfähigkeit der einzelnen Leiter.

Erwärmungsprüfungen an dreipoligen Schaltgeräten sollen dreiphasig durchgeführt werden, da sich im Allgemeinen die Pole in ihrer Erwärmung gegenseitig beeinflussen. Ist vorgesehen, die drei Pole als einpolige Einheiten zu installieren, wodurch eine gegenseitige Beeinflussung ausgeschlossen ist, so wird einphasig geprüft. Es ist sicherzustellen, dass die Wärmeabfuhr durch die Stromzuführungen vernachlässigbar bleibt, und dass nur sehr schwache Luftbewegungen auftreten.

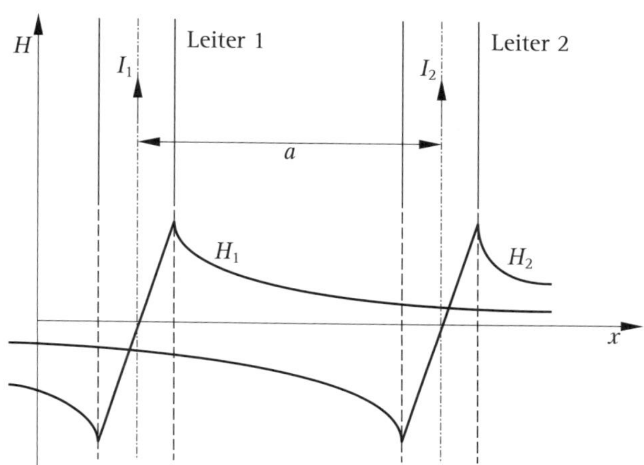

Bild 36.3 Magnetische Felder bei parallelem Stromfluss in den Leitern 1 und 2
a Leiterabstand

Die Temperatur des geprüften Geräts steigt normalerweise mit der Zeit nach einer e-Funktion. Die zu ermittelnde Endtemperatur gilt als erreicht, wenn der Temperaturanstieg nicht mehr als 1 K pro Stunde beträgt.

Zitat: „Ein Schalter soll Geld verdienen, und das ist der Fall, wenn er Strom führt."

36.2 Stoß- und Kurzzeitstrom

Schaltgeräte müssen im geschlossenen Zustand in der Lage sein, einen auftretenden Kurzschlussstrom bis zur Höhe ihres Bemessungs-Kurzschlussstroms zu tragen, ohne dass es zu einer Beschädigung kommt, beispielsweise von Kontakten. Das bedeutet, dass Kontakte weder abheben noch verschweißen dürfen.

Die konstruktiven Maßnahmen zur Gestaltung von Kontakten, die diesen Bedingungen genügen, sind in [15] dargestellt.

Wie im Abschnitt 16.1 abgeleitet, kann durch die Überlagerung des Wechselstromglieds mit einem Gleichstromglied die erste Amplitude des Kurzschlussstroms einen besonders hohen Wert erreichen, dem sogenannten Stoßkurzschlussstrom. Würde das bei einem dreiphasigen, in den drei Leitern gleichzeitig eintretenden Kurzschluss maximal mögliche Gleichstromglied nicht abklingen, so hätte der Stoßkurzschlussstrom die Amplitude $2 \cdot \sqrt{2} \cdot I''_{K3}$. Bedingt durch die im Kurzschlusskreis immer vorhandenen ohmschen Widerstände klingt aber das Gleichstromglied ab.

In DIN EN 62271-1 (**VDE 0671-1**) ist diese Abkling-Zeitkonstante für Bemessungsspannungen bis 550 kV mit τ = 45 ms genormt. Eine halbe Periode nach Kurzschlusseintritt, wenn es zum Stoßkurzschlussstrom kommt, ist seine Amplitude daher abgeklungen auf $2{,}5 \cdot I''_{K3}$ im 50-Hz-Netz bzw. $< 2{,}6 \cdot I''_{K3}$ im 60-Hz-Netz. Als Prüfwert für die Stoßkurzschlussstrom-Prüfung ist in den Normen der Faktor 2,5 sowohl für 50 Hz als auch für 60 Hz vorgegeben.

Ist die Abkling-Zeitkonstante $\tau > 45$ ms, so ist die Stoßstromprüfung mit $2{,}7 \cdot I''_{K3}$ durchzuführen.

Die Prüfung geschieht im Allgemeinen mit einer Kombination des Stoßkurzschlussstroms mit dem Dauer-Kurzschlussstrom. Der Dauer-Kurzschlussstrom muss während 1 s getragen werden, in Ausnahmefällen 3 s lang.

Während im Netz der Dauer-Kurzschlussstrom (transiente Komponente) im Verlauf von etwa 1 s auf den kleineren stationären Wert abklingt, wird in der Norm gefordert, dass der Kurzzeitstrom über den gesamten Zeitraum der Prüfung ohne abzuklingen mindestens den Wert des Bemessungs-Kurzschlussstroms I''_{K3} behält. Damit ist sichergestellt, dass das erfolgreich geprüfte Schaltgerät unter allen denkbaren Bedingungen den Kurzschlussstrom zu tragen in der Lage ist.

37 Aktuelle Normen

Die internationalen Normen für Hochspannungs-Schaltgeräte und fabrikfertige Hochspannungs-Schaltanlagen werden von IEC TC 17 („Switchgear and controlgear") bzw. IEC SC 17A („High-voltage switchgear and controlgear") und SC 17C („High-voltage switchgear and controlgear assemblies") erarbeitet und von CENELEC als europäische Normen übernommen. In Deutschland ist für diese Normengruppen das DKE-Komitee K432 mit seinen Unterkomitees UK 432.1 und UK 432.2 zuständig.

Da sich Deutschland verpflichtet hat, die europäischen Normen in die deutsche Sprache übersetzt zu übernehmen, entsprechen die deutschen Normen – bis auf die Sprache – auch den IEC-Standards. Dies schließt nicht aus, dass sie durch Zusätze ergänzt werden, die Landesgegebenheiten Rechnung tragen.

In ihren Bezeichnungen lehnen sich die deutschen Normen (DIN bzw. VDE) an die internationalen bzw. europäischen (EN) Normen an. Beispiel: IEC 62271-100 wird EN 62271-100 und schließlich deutsche Norm DIN EN 62271-100 (**VDE 0671-100**):2013-08. Ist während des Entwurfsstadiums der deutschen Norm das europäische Übernahme-Verfahren noch nicht abgeschlossen, so lautet die deutsche Bezeichnung Entwurf DIN IEC 62271-... (**VDE 0671-...**).

Die Klassifizierung im VDE-Vorschriftenwerk folgt einer eigenen Gruppierung. So lautet für die Normengruppe DIN EN 62271-... die Bezeichnung der VDE-Norm DIN EN 62271-... (**VDE 0671-...**).

Die Nummerierung der IEC-, EN- und DIN EN-Normen der Gruppen 62271 bzw. **VDE 0671** folgt dem Prinzip:

- mit -1 usw. oder -300 usw. bezeichnete Normen wurden von SC 17A und SC 17C bzw. UK 432.1 und UK 432.2 gemeinsam erarbeitet
- mit -100 usw. bezeichnete Normen wurden von SC 17A bzw. UK 432.1 erarbeitet
- mit -200 usw. bezeichnete Normen wurden von SC 17C bzw. UK 432.2 erarbeitet

Der Vollständigkeit halber sind in dieser Tabelle auch Normen der Gruppen DIN EN 62271-... (**VDE 0671-...**) aufgeführt, die in den Kapiteln dieses Buches nicht genannt sind, da sie keinen Bezug zu den diskutierten Schaltvorgängen haben.

Andererseits finden Sie Normen außerhalb dieser Gruppen, die für Schaltgeräte relevant sind und auf die in dieser Schrift Bezug genommen worden ist. Ein Teil der aufgeführten VDE-Normen befand sich zum Zeitpunkt des Erstellens dieser Normübersicht noch in der Entwurfsphase.

Zu finden sind die aktuellen VDE-Normen und IEC-Richtlinien unter dem Link

https://www.vde-verlag.de/normen/suchen.html/

bzw. die Normkommentare der VDE-Schriftenreihe unter dem Link

https://www.vde-verlag.de/buecher/normen-und-kommentare/vde-schriftenreihe/

des VDE VERLAGs, Berlin und Offenbach, bzw. der DKE Deutsche Kommission Elektrotechnik Elektronik Informationstechnik im DIN und VDE unter

http://www.dke.de/DE/Seiten/Startseite.aspx/

Darüber hinaus ist sicherlich hilfreich bei der Suche nach Begriffen der Elektrotechnik der Link zum DKE-IEV, der deutschen Online-Ausgabe des IEV International Electrotechnical Vocabulary:

http://www.dke.de/de/online-service/dke-iev/documents/dke-iev%20beschreibung.pdf

Aber auch auf der Homepage des DIN kann man sich über aktuelle Normen informieren

http://www.beuth.de/de/normung-technische-grundlagen-messwesen/BVFR010/

Normen, die überarbeitet und durch eine neue Norm ersetzt worden sind, und die daher in absehbarer Zeit zurückgezogen werden, wurden hier nicht mehr aufgenommen.

Aktuelle Normen

Hochspannungs-Schaltgeräte und -Schaltanlagen

DIN VDE 0670-801 (**VDE 0670-801**):1987-04
Kapselungen aus Leichtmetallguß für gasgefüllte Hochspannungs-Schaltgeräte und -Schaltanlagen

DIN EN 50052/A2 (**VDE 0670-801/A2**):1995-10
Kapselungen aus Leichtmetallguß für gasgefüllte Hochspannungs-Schaltgeräte und -Schaltanlagen

DIN EN 50052/A2 (**VDE 0670-801/A2**) Berichtigung 1:2008-06
Berichtigungen zu DIN EN 50052/A2 (VDE 0670-801/A2):1995-10

Entwurf DIN VDE 0670-801 (VDE **0670-801**):2014-07
Kapselungen aus Leichtmetallguss für gasgefüllte Hochspannungs-Schaltgeräte und -Schaltanlagen

DIN EN 62271-1 (VDE **0671-1**):2009-08
Teil 1: Gemeinsame Bestimmungen

DIN EN 62271-1/A1 (VDE **0671-1/A1**):2012-04
Teil 1: Gemeinsame Bestimmungen

Entwurf DIN EN 62271-1 (VDE **0671-1**):2012-12
Teil 1: Gemeinsame Bestimmungen

DIN EN 62271-3 (VDE **0671-3**):2007-06
Teil 3: Digitale Schnittstellen nach IEC 61850

Entwurf DIN EN 62271-3 (VDE **0671-3**):2012-12
Teil 3: Digitale Schnittstellen nach IEC 61850

DIN EN 62271-4 (VDE **0671-4**):2014-06
Handhabungsmethoden im Umgang mit Schwefelhexafluorid (SF_6) und seinen Mischgasen

DIN EN 62271-100 (VDE **0671-100**):2013-08
Entwurf DIN EN 62271-100/A2 (VDE **0671-100/A2**):2014-07
Hochspannungs-Wechselstrom-Leistungsschalter

DIN EN 62271-101 (VDE **0671-101**):2013-08
Entwurf DIN EN 62271-101/A1 (VDE **0671-101/A1**):2014-09
Synthetische Prüfung

DIN EN 62271-102 (VDE **0671-102**):2012-06
DIN EN 62271-102/A2 (VDE **0671-102/A2**):2013-12
Wechselstrom-Trennschalter und -Erdungsschalter

DIN EN 62271-103 (VDE **0671-103**):2012-04
Lastschalter für Bemessungsspannungen über 1 kV bis einschließlich 52 kV

DIN EN 62271-104 (VDE **0671-104**):2010-03
Teil 104: Wechselstrom-Lastschalter für Bemessungsspannungen über 52 kV

Entwurf DIN EN 62271-104 (VDE **0671-104**):2013-12
Teil 104: Wechselstrom-Lastschalter für Bemessungsspannungen über 52 kV

DIN EN 62271-105 (VDE **0671-105**):2013-08
Wechselstrom-Lastschalter-Sicherungs-Kombinationen für Bemessungsspannungen über 1 kV bis einschließlich 51 kV

DIN EN 62271-106 (**VDE 0671-106**):2012-06
Wechselstrom-Schütze, Kombinationsstarter und Motorstarter mit Schützen

DIN EN 62271-107 (**VDE 0671-107**):2013-03
Wechselstrom-Lastschalter-Sicherungs-Kombinationen für Bemessungsspannungen über 1 kV bis einschließlich 52 kV

DIN EN 62271-108 (**VDE 0671-108**):2006-10
Hochspannungs-Wechselstrom-Leistungsschalter mit Trenn-Funktion für Bemessungsspannungen größer oder gleich 72,5 kV

DIN EN 62271-109 (**VDE 0671-109**):2014-02
Wechselstrom-Überbrückungsschalter für Reihenkondensatoren

DIN EN 62271-110 (**VDE 0671-110**):2013-08
Schalten induktiver Lasten

Entwurf DIN EN 62271-111 (**VDE 0671-111**):2014-09
Automatische Wiedereinschalter und Fehlerunterbrecher für Wechselspannungssysteme bis 38 kV

DIN EN 62271-112 (**VDE 0671-112**):2014-06
Schnellschaltender Wechselstrom-Erdungsschalter zum Löschen von sekundären Lichtbögen aus Freileitungen

DIN EN 62271-200 (**VDE 0671-200**):2012-08
Metallgekapselte Wechselstrom-Schaltanlagen für Bemessungsspannungen über 1 kV bis einschließlich 52 kV

DIN EN 62271-201 (**VDE 0671-201**):2007-07
Teil 201: Isolierstoffgekapselte Wechselstrom-Schaltanlagen für Bemessungsspannungen über 1 kV bis einschließlich 52 kV

Entwurf DIN EN 62271-201 (**VDE 0671-201**):2012-04
Teil 201: Feststoffisoliert-gekapselte Wechselstrom-Schaltanlagen für Bemessungsspannungen über 1 kV bis einschließlich 52 kV

DIN EN 62271-202 (**VDE 0671-202**):2007-08
Teil 202: Fabrikfertige Stationen für Hochspannung/Niederspannung

Entwurf DIN EN 62271-202 (**VDE 0671-202**):2012-03
Teil 202: Fabrikfertige Stationen für Hochspannung/Niederspannung

DIN EN 62271-203 (**VDE 0671-203**):2012-11
Gasisolierte metallgekapselte Schaltanlagen für Bemessungsspannungen über 52 kV

DIN EN 62271-204 (**VDE 0871-204**):2012-05
Starre Übertragungsleitungen für Bemessungsspannungen über 52 kV

DIN EN 62271-205 (**VDE 0671-205**):2008-12
Kompakte Schaltgerätekombinationen für Bemessungsspannungen über 52 kV

DIN EN 62271-206 (**VDE 0671-206**):2011-11
Spannungsanzeigesysteme für Bemessungsspannungen über 1 kV bis einschließlich 52 kV

DIN EN 62271-207 (**VDE 0671-207**):2013-02
Erdbebenqualifikation für gasisolierte Schaltgeräte-Kombinationen mit Bemessungsspannungen über 52 kV

DIN CLC/TR 62271-208 (**VDE 0671-208**):2012-05
Bestimmung der stationären, betriebsfrequenten elektrischen Felder von HS-Schaltanlagen und fabrikfertigen HS-/NS-Stationen

DIN EN 62271-209 (**VDE 0671-209**):2008-07
Kabelanschlüsse für gasisolierte metallgekapselte Schaltanlagen für Bemessungsspannungen über 52 kV – Kabel mit flüssigkeitsgefüllter und extrudierter Isolierung – Fluidgefüllte und feststoffisolierte Kabelendverschlüsse

Entwurf DIN EN 62271-210 (**VDE 0671-210**):2010-10
Erdbebenqualifikation für gekapselte Schaltanlagen mit Bemessungsspannungen über 1 kV bis einschließlich 52 kV

Entwurf DIN EN 62271-211 (**VDE 0671-211**):2011-06
Direkte Verbindungen zwischen Leistungstransformatoren und gasisolierten metallgekapselten Schaltanlagen für Bemessungsspannungen über 52 kV

Entwurf DIN EN 62271-212 (**VDE 0671-212**):2014-06
Teil 212: Kompakte Gerätekombinationen für Verteilstationen (CEADS)

Entwurf DIN EN 62271-304 (**VDE 0671-304**):2007-04
Zusätzliche Anforderungen an gekapselte Schaltgerätekombinationen und Hochspannungsschaltanlagen von 1 kV bis 52 kV für den Einsatz unter erschwerten klimatischen Bedingungen

Entwurf DIN IEC/TR 62271-307 (**VDE 0671-307**):2014-01
Leitfaden für die Erweiterung des Geltungsbereichs von Typprüfungen an Metall- und isolierstoffgekapselten Wechselstrom-Schaltanlagen für Bemessungsspannungen über 1 kV und bis einschließlich 52 kV

Entwurf DIN IEC 62271-37-013 (**VDE 0671-37-013**):2012-09
Wechselstrom-Generatorschalter

Entwurf DIN IEC 62271-37-082 (**VDE 0671-37-082**):2011-08
Normverfahren für die Messung von Schalldruckpegeln an Wechselstrom-Leistungsschaltern

Andere relevante Normen

DIN EN 60071-1 (**VDE 0111-1**):2010-09
Isolationskoordination
Teil 1: Begriffe, Grundsätze und Anforderungen

DIN EN 60071-2 (**VDE 0111-2**):1997-09
Isolationskoordination, Teil 2: Anwendungsrichtlinie

DIN VDE 0845-6-1 (**VDE 0845-6-1**):2013-04
Maßnahmen bei Beeinflussung von Telekommunikationsanlagen durch Starkstromanlagen
Teil 1: Grundlagen, Grenzwerte, Berechnungs- und Messverfahren

DIN VDE 0845-6-2 (**VDE 0845-6-2**): 2014-09
Maßnahmen bei Beeinflussung von Telekommunikationsanlagen durch Starkstromanlagen
Teil 2: Beeinflussung durch Drehstromanlagen

DIN VDE 0845-6-5 (**VDE 0845-6-5**): 2014-09
Maßnahmen bei Beeinflussung von Telekommunikationsanlagen durch Starkstromanlagen
Teil 5: Beeinflussung durch Hochspannungs-Gleichstrom-Übertragungsanlagen (HGÜ-Anlagen)

DIN EN 60060-1 (**VDE 0432-1**):2011-10
Hochspannungs-Prüftechnik, Teil 1: Allgemeine Begriffe und Prüfbedingungen

DIN EN 60282-1 (**VDE 0670-4**):2010-08
Hochspannungssicherungen, Teil 1: Strombegrenzende Sicherungen

E DIN EN 60282-1/A1 (**VDE 0670-4/A1**):2012-07
Hochspannungssicherungen, Teil 1: Strombegrenzende Sicherungen

38 Literatur

Dieses Literaturverzeichnis bietet lediglich einen Überblick über die einschlägige Literatur und erhebt keinen Anspruch auf Vollzähligkeit.

38.1 Fachbücher (Auswahl)

[1] Flurscheim, C. H. (Editor): Power Circuit Breaker Theory and Design, Revised Edition. IEE Power Engineering Series 1. Peter Peregrinus Ltd., 1982

[2] Garzon, R. D.: High Voltage Circuit Breakers, Design and Application. Electrical Engineering and Electronics Series of Reference Books and Textbooks. Marcel Dekker Inc., 1997

[3] Greenwood, A.: Electrical Transients in Power Systems, 2nd Edition. John Wiley & Sons Inc., 1991

[4] Hosemann, G. (Hrsg.): Hütte-Taschenbücher der Technik: Elektrische Energietechnik, Band 3: Netze. 30. Aufl., Springer-Verlag, 2000

[5] Lindmayer, M. (Hrsg.): Schaltgeräte: Grundlagen, Aufbau, Wirkungsweise. Springer-Verlag, 1987

[6] Noack, F.: Schalterbeanspruchungen in Hochspannungsnetzen. VEB Verlag Technik, 1980

[7] Roeper, R.: Short-circuit Currents in Three-phase Systems, 2nd Edition. John Wiley & Sons Ltd., 1985

[8] Ryan, H. M.; Jones, G. R.: SF_6 Switchgear. IEE Power Engineering Series 10. Peter Peregrinus Ltd., 1989

[9] Slamecka, E.: Prüfung von Hochspannungs-Leistungsschaltern. Springer-Verlag, 1966

[10] van der Sluis, L.: Transients in Power Systems. John Wiley & Sons Ltd., 2001

[11] Rüffer, K.: Schalten von Elektromotoren. VEB Verlag Technik, 1990

[12] Küpfmüller, K.; Mathis, W.; Reibiger A.: Theoretische Elektrotechnik. 17. Aufl., Springer-Verlag, 2006

[13] Flosdorff, R.; Hilgarth, G.: Elektrische Energieverteilung. 9. Aufl., B. G. Teubner Verlag, 2005

[14] Beyer, M.; Boeck, W.; Möller, K.; Zaengl, W.: Hochspannungstechnik. Springer-Verlag, 1986

[15] Kesselring; F.: Theoretische Grundlagen zur Berechnung der Schaltgeräte. Sammlung Göschen Band 711/711a/711b. Walter de Gruyter & Co., 1968

[16] Zühlke; M.: Hochspannungsschaltgeräte. Starkstromtechnik II, Taschenbuch für Elektrotechniker. 8. Aufl., pp. 1–102. Wilhelm Ernst & Sohn, 1960

[17] Finkelnburg, W.; H. Maecker: Elektrische Bögen und thermisches Plasma. Handbuch der Physik, Band XXII. Springer-Verlag, 1956

[18] Weizel, W.; Rompe, R.: Theorie elektrischer Lichtbögen und Funken. Johann Ambrosius Barth, Leipzig, 1949

[19] Philippow, E.: Grundlagen der Elektrotechnik. Akademische Verlagsanstalt Geest & Portig K. G., Leipzig, 1976

38.2 Guide for Application of IEC 62271-100 and IEC 62271-1 (Anwendungsrichtlinie)

Published by CIGRÉ, Paris. 2006:

[20] Part 1: General Subjects. CIGRÉ-Brochure, No. 304
Part 2: Making and Breaking Tests. CIGRÉ-Brochure, No. 305

(Der „Application Guide" ist keine Norm und auch nicht als solche zu verwenden. Er ist gedacht zur Unterstützung der Interpretation und Anwendung der genannten IEC-Normen.)

38.3 Dissertationen und andere Veröffentlichungen

[21] Cassie, A. M.: Arc Rupture and Circuit Severity. A new Theory. CIGRÉ Report no. 102 (1939)

[22] Mayr, O.: Beiträge zur Theorie des statischen und des dynamischen Lichtbogens. Archiv Elektrotechnik 37 (1943) S. 588 ff.

[23] Habedank, U.: On the Mathematical Description of Arc Behaviour in the Vicinity of Current Zero. etzArchiv 10 (1988) pp 339–343

[24] CIGRÉ Arbeitsgruppe 13.01: State of the Art of Circuit-Breaker Modelling. CIGRÉ-Brochure, no. 135 (1998)

[21] CIGRÉ Arbeitsgruppe 13.01: Transient Recovery Voltage in Extra-High Voltage Networks (362 kV and above). Electra No. 63 (1979) pp. 37–63

[22] CIGRÉ SC 13 Ad-hoc Arbeitsgruppe „Transient Recovery Voltage": Characteristic Values of the Transient Recovery Voltage for Different Types of Short Circuits in an Extensive 420 kV System. ETZ-A Elektrotech. Z., Ausgabe A, Bd. 97 (1976) S. 489–493

[23] Braun, A.; Eidinger, A.; Ruoss, E.: Das Ausschalten von Kurzschluss-Wechselströmen in Hochspannungsnetzen. Brown Boveri Mitt. Bd. 66 (1979) S. 240–254

[24] Basak, P. K. et al.: Survey of TRV Conditions on the CEGB 400 kV System. IEE Proc., vol. 128, pt. C (1981) pp. 342–350

[25] Esmeraldo, P. C. V. et al.: Circuit-Breaker Requirements for Alternative Configurations of a 500 kV Transmission System. IEEE Trans. on Power Delivery, vol. 14 (1999) pp. 169–175

[26] Schultz, W.: Interner Bericht der Siemens AG TS 138 J/543.36 (1965)

[31] Wallner, Chr.: Beanspruchungen von Hochspannungs-Leistungsschaltern bei Schaltvorgängen an langen Freileitungen. Dissertation TU Graz, 2006

[32] Kummerow, G.: Die Spannungsbeanspruchung von Hochspannungs-Hochleistungsschaltern beim Ausschalten von Abstandskurzschlüssen. Siemens-Zeitschrift, Jg. 38 (1964) S. 350–356

[33] Hamada, H. et al.: Severe Duties on High-Voltage Circuit-Breakers Observed in Recent Power Systems. CIGRÉ-Report 13-103 (2002)

[34] Colclaser, R. G., Jr.; Berkebile, L. E.; Buettner, D. E.: The Effect of Capacitors on the Short-Line Fault Component of Transient Recovery Voltage. IEEE Trans. on Power Apparatus and Systems, vol. PAS-90 (1971) pp. 660–669.

[35] Bitsch, R.; Richter, F.: Über die Bemessung von Zusatzkapazitäten zur Erhöhung des Ausschaltvermögens von Hochspannungs-Leistungsschaltern unter Abstandskurzschlussbedingungen. ETZ-A Elektrotech. Z., Ausgabe A, Bd. 98 (1977) S. 137–141

[36] WG 13.01 des CIGRÉ SC 13 (Dubanton, Chr.; Gervais, G.; van Nielsen): Surge Impedance of Overhead Lines with Bundle Conductors during Short-Line Faults. Electra no. 17 (1971) pp. 113–122

[37] Calvino, B. et al.: Some Aspects of the Stresses supported by HV Circuit-Breakers Clearing a Short-Circuit. CIGRÉ-Report 13-08 (1974)

[38] DIN VDE 0845-6-2 (**VDE 0845-6-2**):2014-09: Maßnahmen bei Beeinflussung von Telekommunikationsanlagen durch Starkstromanlagen. Teil 2: Beeinflussung durch Drehstromanlagen. Berlin: VDE-VERLAG GmbH

[39] Webs, A.: Sonderprobleme bei Kurzschlüssen in Drehstromnetzen. VDE-Fachbericht Bd. 24 (1966) S. 138–148

[40] Owen, R. E.; Lewis, W. A.: Asymmetry Characteristics of Progressive Short-circuits on large Synchronous Generators. IEEE Trans. PAS Bd. 90 (1971) pp. 587–596

[41] Schramm, H.-H.: Abschalten generatornaher Kurzschlüsse beim Ausbleiben von Strom-Nulldurchgängen. ETZ-A Elektrotech. Z., Ausgabe A, Bd. 98 (1977) S. 149–153

[42] Brinkhoff, R.; Kulicke, B.; Schramm H.-H.: Ausschalten nicht-simultaner Kurzschlüsse mit ausbleibenden Stromnulldurchgängen durch SF_6-Blaskolbenschalter. Elektrizitätswirtschaft Bd. 77 (1978) S. 385–393

[43] Kulicke, B.; Schramm, H.-H.: Application of Vacuum Circuit-Breakers to Clear Faults with Delayed Current Zeros. IEEE/PES 1987 Summer Meeting; IEEE paper 87 SM 584-6

[44] van der Linden, Smeets: Testing of SF_6 Generator Breakers. IEEE Transactions on Power Delivery, vol. 13, no. 4, pp. 1188–1193

[45] Smeets, Barts: CIGRE 2006, Paper A3-306

[46] Smeets; Jäger; Anger; Hoojmans: Test Experience on Generator Vacuum Circuit-Breakers. CIRED 2007, Paper 0383

[47] Klingbeil, L.: Leistungshalbleiter als strombegrenzende Schalter im Verteilungsnetz. Dissertation TU Berlin, 2003

[48] Dreimann, E.; Grafe, V.; Hartung, K.-H.: Schutzeinrichtung zur Begrenzung von Kurzschlussströmen. etz Elektrotech. Z., Bd. 115 (1994) S. 492–494

[49] Kleinmeier, M.: Supraleitende Kurzschlussstrombegrenzer – Einsatzgebiete, Anforderungen und Bauarten. ETG-Fachbericht Nr. 83: Schaltanlagen für Verteilungsnetze unter neuen Rahmenbedingungen. Berlin und Offenbach: VDE VERLAG, 2001

[50] CIGRÉ SC 13 WG 02: Interruption of Small Inductive Currents. Grundlagen: Electra no. 72 (1980), Schalten von Motoren; Electra no. 75 (1981) und no. 95 (1984), Schalten von Drosselspulen; Electra no. 101 (1985) und no. 113 (1987), Schalten unbelasteter Transformatoren; Electra no. 133 (1990)

[51] van den Heuvel, W. M. C.; Papadias, B. C.: Interaction between Phases in Three-phase Reactor Switching. Part I: Grounded Reactors. Electra no. 91 (1983) pp. 11–50; Part II: Ungrounded Reactors, Electra No. 112 (1987) pp. 57–81

[52] Leu, C.: Lichtbogenvorgänge beim Schalten kleiner induktiver Ströme in SF_6. Dissertation TU Ilmenau, 1999

[53] Application Guide for Shunt Reactor Switching. IEEE C 37.015 (December 1993)

[54] Hoffmann, E.; Stößer, B.: Schaltversuche mit unbelasteten und induktiv belasteten 380-kV-Transformatoren. Elektrizitätswirtschaft Bd. 79 (1980) S. 264–269

[55] Luxa, A.: Messtechnische und rechnerische Untersuchung von multiplen Wiederzündungen beim Schalten von Motoren mit Vakuumschaltern. Dissertation TU Berlin, 1987

[56] Zaima, E. M.: Reignition Surges at Reactor Current Interruption in Cable-System GIS. IEEE Trans. on Power Delivery 5 (1990) pp. 947–953

[57] Andrä, W.; Emberger, G.; Hartz, W.: Einfluß des Gleichlaufs von Leistungs-Schaltern beim Einschalten von Drehstromtransformatoren. Elektrizitätswirtschaft Bd. 78 (1979) S. 356–359

[58] Pender, J. T.; Kirkland, I.: Large Transient Neutral Currents during Energisation of 3-phase Transformers. Proc. IEE 122 (1975) pp. 369–372

[59] Dijk, H. E.: Voltage Jump at Transformer Terminals due to Non-simultaneous Switching. IEEE Trans. on Power Delivery 3 (1986) pp. 147–155

[60] Leibfried, Th.; Schiel, D.; Reiter, K.; Roth, K.; Schmied, Ch.: Schaden an einem 110-kV-Transformator durch eine Gleichlaufstörung des Leistungsschalters. Elektrizitätswirtschaft Bd. 106 (2007) H. 6, S. 36–41

[61] Hoffmann, E.; Sowade, H.-J.; Stapelberg, W.; Tubandt, H.-P.: Schaltversuche mit unbelasteten und induktiv belasteten 220-kV- und 380-kV-Transformatoren. Elektrizitätswirtschaft Bd. 72 (1973) S. 753–761

[62] Sowade, H.-J.: Zusammenfassung einer Diskussion über „Schaltversuche mit unbelasteten und induktiv belasteten 220-kV- und 380-kV-Transformatoren". Elektrizitätswirtschaft Bd. 72 (1973) S. 762–764

[63] Peelo, D. F.: Mitigation of Circuit Breaker Transient Recovery Voltages Associated with Current Limiting Reactors. IEEE Trans. on Power Delivery 11 (1996) pp. 865–870

[64] Philipps, W.: Die elektrische Beanspruchung der Windungsisolierung von Hochspannungsmotoren beim Schalten. Techn. Mitt. AEG-TELEFUNKEN Bd. 67 (1977) pp. 195–199

[65] Binder, E.; Schopper, E.; Wenger, S.; Zwicknagl, W.: Schaltversuche an 6-kV-Motoren. Elektrotechnik und Maschinenbau Bd. 104 (1987) S. 178–188

[66] Schopper, E.: Stoßspannungsbeanspruchung als Kriterium für die Auslegung der Isolation rotierender elektrischer Maschinen. Elektrotechnik und Maschinenbau Bd. 100 (1983) S. 200–205

[67] Trapp, N.: Erfassung des zeitlichen Verlaufs und der Wirkungsparameter von Blitzströmen in automatisch arbeitenden Blitzmeßstationen. Dissertation TU München, 1985

[68] Janssen, A. L. J.; van der Sluis, L.: Controlling the Transient Currents and Overvoltages after the Interruption of a Fault near Shunt Capacitor Banks. CIGRÉ-Bericht 13-13 (1988)

[69] van der Sluis, L.; Janssen, A. L. J.: Clearing Faults near Shunt Capacitor Banks. IEEE Trans. on Power Delivery 5 (1990) pp. 1346–1354

[70] Krafft, B.-H.; Schramm. H.-H.: Bypass für Reihenkompensation. Siemens EV Report 10 (1999) S. 16–17

[71] Eriksson, R.; Rashkes, V. S.: Three-Phase Interruption of Single and Two-Phase Faults: Breaking Stresses in the Healthy Phases. Electra no. 67 (1979) pp. 77–92

[72] Patrunky, H. et al.: Switching of Transformers, Reactors and Long Transmission Lines. Field Tests in German 420 kV Networks. CIGRÉ-Report 13-08 (1980)

[73] Kuhn, H.-D.: Schaltspannungen in Hochspannungsnetzen beim Zuschalten unbelasteter Drehstromleitungen und bei Kurzunterbrechung. ETZ-A Elektrotech. Z., Ausgabe A, Bd. 85 (1964) S. 593–598

[74] Sweeting, D. K.: Overvoltages Produced when Energizing Transmission Lines. Electra no.22 (1972) pp. 63–107

[75] Glatitsch, H.; Karrenbauer, H.; Völcker, O.: Einfluß verschiedener Netzparameter auf Höhe und Verlauf von Schaltspannungen. ETZ-A Elektrotech. Z., Ausgabe A, Bd. 91 (1970) S. 206–211

[76] Kuhn, H.-D.; Rogalsky, I.: Schaltspannungen in Höchstspannungsnetzen. ETZ-A Elektrotech. Z., Ausgabe A, Bd. 89 (1968) S. 577–582

[77] Gellissen, H. D.: Leerlaufende Leitungen – Verhalten einer konzentrierten Kapazität oder eines Wellenleiters? Elektrizitätswirtschaft Bd. 82 (1983) S. 925–931

[78] Ito, H. et al.: Technical Requirements for Substation Equipment exceeding 800 kV. CIGRÉ-Report A3-211 (2008)

[79] Fröhlich, K. et al.: Controlled Switching – A State of the Art Survey. Electra no. 163 (1995) and no. 164 (1996)

[80] CIGRÉ-Arbeitsgruppe 13.08: Switching Devices other than Circuit Breakers for HVDC Systems. Part 1: Current-commutation Switches. Electra no 125 (1989) pp. 41–55

[81] Fredrich, D.; Hagen, J.; Trapp, N.: Bypass Circuit-Breaker for 800 kV DC. Siemens-Publikation „High-Voltage Circuit-Breakers: Trends and Recent Developments“ (2011), **www.siemens.com/energy**

[82] Greenwood, A. et al.: The Metallic Return Transfer Breaker in High Voltage Direct Current Transmission. Electra no. 68 (1980) S. 21–30

[83] Pastors, Ch.: Kontrolliertes Schalten mit Hochspannungs-Leistungsschaltern. Dissertation Erlangen, 1996

[84] Bräunlich, R. u. a.: Ferroresonanzschwingungen in Hoch- und Mittelspannungsnetzen. Teil 1: Definitionen und allgemeine Erklärungen. Bulletin SEV/AES Bd. 23 (2006) S. 17–22; Teil 2: Fallbeispiele. Bulletin SEV/AES Bd. 24/25 (2006) S. 27–30

[85] Li, Q. u. a.: Impact Research of Inductive FCL on the Rate of Rise of Recovery Voltage with Circuit Breakers. IEEE Trans. on Power Delivery 23 (2008) pp. 1978–1985

[86] Hochrainer, H.: Synthetische Prüfverfahren für Hochspannungs-Leistungsschalter. ETZ-A Elektrotech. Z., Ausgabe A, Bd. 81 (1960) S. 349–355

[87] Slamecka, E.: Systeme synthetischer Prüfschaltungen. ETZ-A Elektrotech. Z., Ausgabe A, Bd. 84 (1963) S. 581–586

[88] de Vries, L. M. J.; Damstra, G. C.: A Reignition Installation with Triggered Vacuum Gaps for Synthetic Fault Interruption Testing. IEEE Trans. on Power Systems PWRD-1 (1986) pp. 75–80

[89] Sheng, B. L.; van der Sluis, L.: A New Synthetic Test Circuit for Ultra-High-Voltage Circuit Breakers. IEEE Trans.on Power Delivery 12 (1997) pp. 1514–1519

[90] Slamecka, E. et al.: Synthetic Make Test Requirements, I. Circuit-breakers not fitted with making resistors. Electra no. 38 (1975) pp. 43–51

[91] Manganaro, S.; Rovelli, S.: A New Circuit for Synthetic Autoreclosing Test Duties under Short Circuit Conditions on High-Power Circuit-Breakers. IEEE Trans. on Power Apparatus and Systems PAS-96 (1977) pp. 1620–1630

[92] Manganaro, S.; Romiti, A.; Rovelli, S.: Recent Experience with Synthetic Circuits for Capacitive Current Switching Tests on HV Circuit-Breakers. IEEE Trans. on Power Apparatus and Systems PAS-102 (1983) pp. 3329–3337

[93] Working Group CC03 of CIGRÉ Study Committee 13: Transient Recovery Voltages in Medium Voltage Networks. CIGRÉ Brochure No. 134, December 1998

[94] Peelo, D. F. et al.: Mitigation of Circuit Breaker Transient Recovery Voltages Associated with Current Limiting Reactors. IEEE Trans. on Power Delivery 11 (April 1996)

[95] Neumann, C.: Nichtstandardisierte betriebliche Beanspruchungen beim Schalten von Trenn- und Erdungsschaltern im Hochspannungsnetz. Dissertation TU Darmstadt, 1992

[96] Peelo, D. F.: Current Interruption using High Voltage Air-Break Disconnectors. Dissertation TU Eindhoven, 2004

[97] Habedank, U.; Lührmann, K.: Stresses on Grounding Switches During Opening. IEEE Trans. on Power Apparatua and Systems PAS-104 (1985) pp 1226–1232

[98] Haas, H. U.; Wilhelm, D.: Sicherer Schutz von Verteiltransformatoren mit Lastschalter-Sicherungs-Kombinationen. netzpraxis 44 (2005) H. 3, S. 14–19

[99] Löffler, R.; Haas, H. U.: Hochspannungssicherungen für Schalter-Sicherungs-Kombinationen. etz Elektrotech. Z. (2001) H. 7-8, S. 68–73

[100] Löbl, H.: Stromverdrängung in elektrischen Leitern. Script Praktikum Hochstromtechnik, Versuch G 7, TU Dresden, Institut für Elektrische Energieversorgung und Hochspannungstechnik, 2001

[101] Rizk, F. A. M.: Arc Instability and Time Constant in Air Blast Circuit Breakers. CIGRÉ-Report no. 107, Paris 1964

[102] Muschong, M.: Aktiver Störlichtbogenschutz. de – Der Elektro- und Gebäudetechniker Bd. 84, (2009) H. 6, S. 46–47

[103] CIGRÉ-Working Group A3.22: Technical Requirements for Substation Equipment exceeding 800 kV AC. Electra no 241, December 2008, pp. 24–33 (sowie: CIGRÉ Technical Brochure no. 362, 2009)

[104] Ibs, S.: Trockentransformator und Vakuum-Leistungsschalter – ein Schadenfall. etz Elektrotech. Z. (2003) H. 11-12, S. 18–22

[105] Bräunlich, R. u. M.: Ferroresonanz an 220/420-kV-Spannungswandlern bei Schalthandlungen. etz Elektrotech. Z. (2007) H. 7, S. 36–41

[106] Bräunlich, R. u. M.: Einphasige Ferroresonanzschwingungen in Hochspannungsanlagen. etz Elektrotech. Z. (2009) H. 1, S. 40–51

[107] Stürmer, H.: Aufteilung der Spannungsbeanspruchung über den Unterbrechereinheiten eines Hochspannungs-Leistungsschalters ohne Steuerkondensatoren. Dissertation BTU Cottbus, 2012

[108] Controlled Switching of HVAC Circuit-Breakers: Planning, Specification and Testing of Controlled Switching Systems. Electra 97 (Edition 2001, pp. 23–33; Q CIGRÉ Rechnical Brochure 264

[109] Pauli, B. et al.: Development of a High Current HVDC Circuit-Breaker with Fast Fault Clearing Capability. IEEE Trans. on Power Delivery, vol. 3 (1988) pp. 2072–2080

[110] Meyer, C. et al.: Circuit-Breaker Concepts for Future High Power DC-Applications. Paper IEEE (2005) 0-7803-9208-6

[111] Häfner, J.; Jacobson, B.: Proactive Hybrid HVDC Breakers – A Key Innovation for Reliable HVDC Grids. CIGRÉ Symposium Bologna 2011, Paper No. 264

[112] Ahn, S.-P. et al.: The Adequacy Analysis for Installation of High Speed Grounding Switches on the Korean 765 kV Single Transmission Line. J. of El. Engineering & Technology, vol. 1 (2006) no. 4, pp. 427–434

[113] Interne Berichte: KERI (2005), KEPCO (2007), TEPCO (2009)

[114] da Silva, F. F. et al.: Methods to Minimize Zero-Missing Phenomena. IEEE Trans. on Power Delivery, vol. 25 (2010) no. 4, pp. 2923–2930

[115] Janssen, A. L. J. et al.: Changing Network Conditions and System Requirements. Part 1: Distributed Generation. CIGRÉ SC A3 & B3 Colloquium 2005, Tokyo, Rep. 103

[116] Janssen, A. L. J.; Dufournet, D.: Travelling Waves at Line Fault Clearing and other Transient Phenomena. CIGRÉ Report A3-102 (2010)

[117] Lippmann, H.-J.: Schalten im Vakuum – Physik und Technik der Vakuumschalter. Berlin u. Offenbach: VDE VERLAG, 2003

Stichwortverzeichnis

E

K

L

M

N

O

P

T

U

V

W

Z